数字媒体技术应用专业创新型系列教材

Photoshop CS6 图像处理案例实训

（修订版）

刘　斯　主　编
胡　萍　许碧玉　副主编

科 学 出 版 社
北　京

内 容 简 介

本书根据编者多年的教学经验和学生比较感兴趣的案例编写而成，内容丰富、通俗易懂、任务得当、图文并茂，可以帮助读者轻松地学会利用 Photoshop CS6 处理图形图像的方法。全书共 12 个项目，详细介绍了 Photoshop CS6 的各项功能与工具使用的基本技巧，并通过综合实例培养学生图形图像处理的能力。本书所选任务典型且具有代表性，有很强的实用性和可操作性。通过任务性的职业技能活动，帮助学生积累实际工作经验，全面提高学生的职业实践能力和职业素养。

本书是“十四五”职业教育国家规划教材，可作为职业院校数字媒体技术应用专业、计算机动漫与游戏制作专业、计算机平面设计专业等图形图像与平面设计课程的教材，也可作为图形图像处理人员、产品外观设计人员、商业广告设计人员等商业设计领域人员的参考用书，还可作为各类计算机培训学校的培训教材。

图书在版编目（CIP）数据

Photoshop CS6 图像处理案例实训/刘斯主编. —北京：科学出版社，2017
（“十四五”职业教育国家规划教材・数字媒体技术应用专业创新型系列教材）

ISBN 978-7-03-053302-9

Ⅰ. ①P…　Ⅱ. ①刘…　Ⅲ. ①图像处理软件-中等专业学校-教材
Ⅳ. ①TP391.413

中国版本图书馆 CIP 数据核字（2017）第 127066 号

责任编辑：陈砺川　王会明 / 责任校对：陶丽荣
责任印制：吕春珉 / 封面设计：东方人华设计部

科学出版社出版
北京东黄城根北街 16 号
邮政编码：100717
http://www.sciencep.com

三河市骏杰印刷有限公司印刷
科学出版社发行　各地新华书店经销
*
2017 年 11 月第 一 版　开本：787×1092　1/16
2022 年 9 月修 订 版　印张：20 3/4
2024 年 1 月第十六次印刷　字数：492 000

定价：55.00 元

（如有印装质量问题，我社负责调换〈骏杰〉）
销售部电话 010-62136230　编辑部电话 010-62135397-1028

版权所有，侵权必究

序

FOREWORD

当今世界，以信息技术为代表的科技创新日新月异，深刻改变着人类社会的生产生活形态。信息技术的飞速发展，特别是互联网、大数据、物联网和人工智能等新一代信息技术与人类生产、生活深度交汇融合，催生出现实空间与虚拟空间并存的信息社会，构建出智慧社会的发展前景。信息技术的应用已融入社会的各个领域，智能制造、智慧农业、电子商务、网络教学、数字娱乐、在线办公等，新技术、新应用、新业态不断涌现，并引发新一轮的人才供需热潮。信息技术已成为支持经济社会转型发展的主要驱动力，是建设创新型国家、制造强国、网络强国、数字中国、智慧社会的基础支撑。

职业教育作为一种类型教育，为我国经济社会发展提供着重要的人才和智力支撑。随着我国进入新的发展阶段，产业升级和经济结构调整不断加快，各行各业对技术技能人才的需求越来越紧迫，职业教育的重要地位和作用越来越凸显。随着产业的转型升级和技术的更新迭代，技术技能人才培养定位也在不断调整，引领着职业教育专业及课程的教学内容与教学方法变革，推动其不断推陈出新、与时俱进。

最近几年人力资源和社会保障部新发布、公示和调整的职业工种，大部分与信息技术相关联，6 成以上的新求职者希望从事与信息技术相关的工作，大多数企业在新招录员工时要求入职者应具有信息技术专业能力。这些与信息技术相关联的新工程、新岗位，对职业院校信息技术相关专业及普及型应用人才的培养提出了新的要求。信息技术相关专业与课程的教学需要顺应时代要求，把握好技术发展的新态势和人才培养的新方向，推动教育教学改革与产业转型升级相衔接，突出“做中学、做中教”的职业教育特色，强化教育教学实践性和职业性，实现学以致用、用以促学、学用相长。

2021 年，教育部颁布了《职业教育专业目录（2021 年）》，构建起覆盖中等、专科、本科层次的职业教育的专业人才培养的顶层框架。“网络信息安全、移动应用技术与服务、大数据技术应用、物联网技术应用、服务机器人装调与维护”等一批新的中职专业列入专业目录中。全国工业和信息化职业教育教学指导委员会随之启动了相关专业的教学标准研发编制工作。与此同时，一大批“1+X”职业技能等级标准陆续颁布，为职业院校信息技术应用人才的培养提供了标准和依据。

为落实国家职业教育改革的要求，使国内优秀职业院校积累的宝贵经验得以推广，科学出版社组织编写了本套信息技术类专业创新型系列教材，并陆续出版发行。

本套教材建设团队以落实“立德树人”为根本任务，依据教育部提出的深化“教师、教材、教法”改革，以真实生产项目、典型工作任务及案例等为载体组织教学单元，开发体现产业发展的新技术、新工艺、新规范、新标准的高质量教材；在教材中广泛运用启发式、探究式、讨论式、参与式等教学方法，推广翻转课堂、混合式教学、理实一体教学等新型教学模式，推动课堂教学改革；兼顾职业教育“就业和发展”人才培养定位，在教学体系的建立、课程标准的落实、典型工作任务或教学案例的筛选，以及教材内容、结构设计与素材配套等方面，均进行了精心设计。本套教材的编写，倾注了数十所国家示范学校一线教师的心血，他们将基层学校教学改革成果、经验、收获转化到教材的编写内容和呈现形式之中，为教材提供了丰富的内容素材和鲜活的教学活动案例。

本套创新教材集中体现了以下特点。

1．体现立德树人，培育职业精神。教材编写以习近平新时代中国特色社会主义思想为指导，贯彻全国职教大会精神，将培育和践行社会主义核心价值观融入教材知识内容和设计的活动之中，充分发挥课程的德育功能，推动课程与思政形成协同效应，有机融入职业道德、劳动精神、劳模精神、工匠精神教育，培育学生职业精神。

2．体现校企合作，强调就业导向。注重校企合作成果的收集和使用，将企业的生产模式、活动形态和岗位要求整合到教材内容与编写体例之中，对接最新技术要求、工艺流程、岗位规范，有机融入“1+X”证书等内容，以此推动校企合作育人，创新人才培养模式，构建复合型技术技能人才培养模式，提升学生职业技能水平，拓展学生就业创业本领。

3．体现项目引领，实施任务驱动。将职业岗位典型工作任务进行拆分，整合课程专业基础知识与技能要求，转化为教材中的活动项目与教学任务。以项目活动引领知识、技能学习，通过典型的教学任务学习与实施，学生可获得职业岗位所要求的综合职业能力，并在活动中体验成就感。

4．体现内容实用，突出能力养成。本套教材根据信息技术的最新发展应用，以任务描述、知识呈现、实施过程、任务评价以及总结与思考等内容作为教材的编写结构，并安排有拓展任务与关联知识点的学习。整个教学过程与任务评价等均突出职业能力的培养，以“做中学，做中教”“理论与实践一体化教学”作为体现教材辅学、辅教特征的基本形态。

5．体现资源多元，呈现形态多样。信息化教学深刻地改变着教学观念与教学方法。基于教材和配套教学资源对改变教学方式的重要意义，科学出版社开发了网站，为此次出版的教材提供了丰富的数字资源，包括教学视频、音频、电子教案、教学课件、素材图片、动画效果、习题或实训操作过程等多媒体内容。读者可通过登录出版社提供的网站 www.abook.cn 下载并使用资源，或通过扫描书中提供的二维码，打开资源观看。依据课程及资源的性质不同，这两种资源的使用形式均可能出现。提供的丰富的资源，不仅方便了教师教学，也能帮助学生学习，可以辅助学校完成翻转课堂的教学活动。

6．体现以学生为本，符合职业教育特点。本套教材以培养学生的职业能力和可持续性发展为宗旨，体例设计与内容的表现形式充分考虑到职业学校学生的身心发展规律，案例难易程度适中，重点突出，体例新颖，版式活泼，便于阅读。

本套教材的开发受限于时间、作者能力等因素，还有很多不足之处，敬请各位专家、老师和广大读者不吝赐教。希望本系列教材的出版能进一步助推优秀教学改革成果的呈现，为我国职业教育信息技术应用人才的培养和教学改革的探索创新做出贡献。

全国工业和信息化职业教育教学指导委员会
计算机职业教育教学指导分委员会　委员

前 言

PREFACE

Photoshop 是一款优秀的图形图像处理软件，在专业领域，它使与图像有关的设计行业发生了巨大的变化。全球每天有数以万计的设计师在使用此软件设计制作优秀作品。无论是广告设计、产品包装、报纸插图、杂志封面，还是网页图画，只要有图像的地方，都能找到 Photoshop 的影子。

育人的根本在于立德。编者在编写本书的过程中不仅充分考虑了职业学校的实际情况和今后的就业需求，尽量选取贴近生活、贴近实际应用的实训，更以社会主义核心价值观为引领，选取弘扬革命文化的优秀案例，深化爱国主义、集体主义、社会主义教育；在内容安排上，尽量做到寓教于乐，使学生在学习和实践的过程中逐步加深对一些图像处理基本概念的理解，逐步掌握有关技巧和技能，做到举一反三、融会贯通，在学习和模仿的基础上，自我探索，用自己的创意和方法来设计相关的平面作品，使学生在完成一个个具体任务的过程中，充分感受设计和创作的成就感。本书遵循初学者的认知规律，由浅入深、循序渐进地介绍中文版 Photoshop CS6 的操作方法和设计技巧。全书共 12 个项目，主要内容包括 Photoshop CS6 快速入门、图像的选取与移动、图像的绘制与编辑、图层的使用、颜色调节与色彩校正、图像的修饰与修复、矢量图的绘制和编辑、通道的使用、蒙版的使用、滤镜的应用，以及快捷高效的动作功能和项目实训。

本书具有如下特点。

1）遵循教育部对教材“三年一修订”的要求，编者于 2022 年 9 月完成本教材第二次修订。修订后的教材，进一步加强和明确了课程思政方面的内容：①把教材中涉及思政内容及素养目标提炼出来，在每个项目首页加以明确，并有针对性地对学生实施考核；②更换部分案例图片或素材，更换后的图片或素材，更加突显中国传统文化、强调民族文化自信、向上向美、关注生态文明等社会主义核心价值观，落实教材应“立德树人”的根本任务。

2）针对性强。本书切实从职业学校学生的实际出发，以浅显易懂的语言和丰富的图示进行说明，不强调理论和概念，主要介绍操作技能技巧，旨在培养学生的职业能力，扩大学生的视野，弘扬劳动精神、奋斗精神、创新精神，培养学生独立解决问题的能力与创业能力。

3）实用性强。本书摒弃了以往 Photoshop 类书籍中过多的理论文字描述，从实用、专业的角度出发，剖析各个知识点，以练代讲，使学生在练中学、学中悟，只要学生能跟随操作步骤完成每个任务实例的制作，就可以掌握 Photoshop 的技术精髓。这种全新的教学方式不仅大幅提高了学习效率，而且可以很好地激发学生的学习兴趣和创作灵感。

4）结构清晰。每个项目的开始部分明确地指出了本项目的学习目标，有助于学生抓住重点，明确学习计划。内容部分将知识点贯穿于任务实例中进行讲解，在每个项目的结束部分均配有项目小结，为学生做好知识点的总结，以帮助学生巩固所学的内容，达到举一反三

新年快乐！

80分
中国邮政

王
虎虎生威

2012

项目 1

Photoshop CS6 快速入门

项目导读

Photoshop 是设计领域中较为常用的软件之一，随着 Photoshop CS6 版本的推出，其功能变得更为强大，应用范围也变得更加广泛。在本项目的学习中，我们首先来了解 Photoshop 在设计领域中的作用，熟悉 Photoshop CS6 的工作环境及图像的基础知识，然后通过实例进一步了解文件的基本操作与图像文档的入门编辑应用。

学习目标

1）了解 Photoshop 在设计领域的应用及其图像的基本概念。
2）熟悉 Photoshop CS6 的工作环境及基本操作。
3）掌握图像文件的管理方法。
4）掌握图像颜色的设置与填充方法。
5）掌握图像标尺及参考线的应用。
6）了解文档的基本操作。

素养目标

1）引导学生自觉传承和弘扬中华优秀传统文化。
2）加强生态文明教育，树立和践行绿水青山就是金山银山的理念。
3）加强革命传统教育，增强爱国爱党之情。

任务 1.1　走进 Photoshop CS6——制作生日贺卡

作为设计领域常用的图像编辑软件，Photoshop 软件已从 1.0 版本发展到 CS6 版本，其功能越来越强大，设计越来越便捷。Photoshop CS6 已经成为设计界图像处理的行业标准。那么，Photoshop CS6 在设计领域中有哪些广泛的应用？Photoshop CS6 文件操作是否复杂？下面我们一起来揭开 Photoshop CS6 软件的神秘面纱。

任务目的

1）通过展示 Photoshop 软件在设计领域的应用，使学生了解软件的应用范围，学习在实际设计中如何设置图像。

2）通过制作图 1.1.1 所示的生日贺卡，使学生了解软件的工作环境。

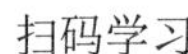

制作生日贺卡

图 1.1.1　生日贺卡

相关知识

1. Photoshop 的设计领域

（1）广告设计

随着科技的发展，计算机设计在广告设计中已经占据主导地位。Photoshop 软件广泛地应用于平面广告及招贴的设计中，人们平时经常看到的平面广告展板、海报、传单等大部分是由 Photoshop 软件制作的。由 Photoshop 软件制作的平面广告更直观，表达更透彻，形象也更加鲜明、生动，便于加强销售和传达信息，如图 1.1.2～图 1.1.4 所示。

（2）电影海报

随着社会和科技的发展，电影海报不仅可以作为电影上映的宣传广告，而且可以作为收藏的艺术品。当今的电影海报大多画面精美，即使是同一部电影的海报，不同国家的版本可能采用不同的表现手法，也可能突出不同的主题。电影海报常需要通过 Photoshop 软件制作出精彩的画面效果，突出人物形象及剧情氛围，以达到吸引观众的目的，如图 1.1.5 和图 1.1.6 所示。

图 1.1.2 商品广告（一）

图 1.1.3 商品广告（二）

图 1.1.4 垃圾分类公益广告

图 1.1.5 电影海报（一）

图 1.1.6 电影海报（二）

（3）包装设计

随着经济社会的发展，越来越多的产品除了注重本身的品质外，还特别注重包装设计，如食品、服装、办公用品等，都力求包装精美，以达到吸引消费者的目的。而精美的包装设计，其封面图案大多用 Photoshop 软件就能实现设计效果，如图 1.1.7 和图 1.1.8 所示。

图 1.1.7 封面图案（一）

图 1.1.8 封面图案（二）

（4）VI 设计

在商品繁多的时代，只有独特的品质及视觉形象才能吸引消费者，才能充分地表达企业的文化精神。VI（visual identity，视觉识别系统）设计以企业的标志设计为核心，力求简约、大方、醒目，如图 1.1.9 和图 1.1.10 所示。VI 设计大多通过 Illustrator、CorelDRAW、Photoshop 这三个软件来完成。

（5）视觉艺术

视觉艺术的特点：迷幻的线条，大胆的用色与配比，夸张的表达方式，以及不失实用主义的图形应用，具备强烈的视觉冲击力，渗透独特的气质。这种视觉艺术常用于个人的创意设计，可以天马行空，追求独特，常用 Photoshop 与 Illustrator 结合制作，如图 1.1.11 和图 1.1.12 所示。

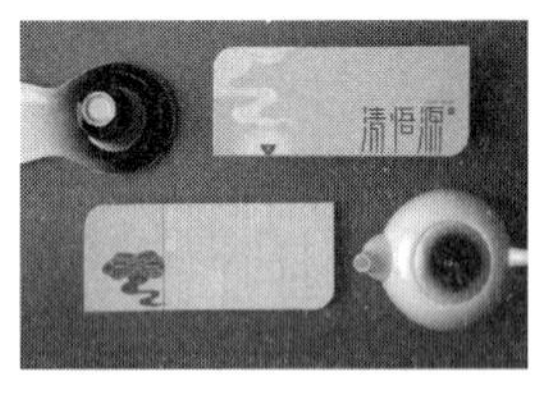

图 1.1.9　茶馆形象

图 1.1.10　标志设计

图 1.1.11　创意设计（一）

图 1.1.12　创意设计(二)

（6）网页设计

在追求个性的互联网信息时代，许多企业、学校、个人通过网页来宣传自己。在众多的网页中，制作精美、充满个性的页面往往令人印象深刻和喜爱，同时也有利于网站信息的传播。网页的绘制利用 Photoshop 软件设计即可实现，如图 1.1.13 和图 1.1.14 所示。

图 1.1.13　网页设计（一）

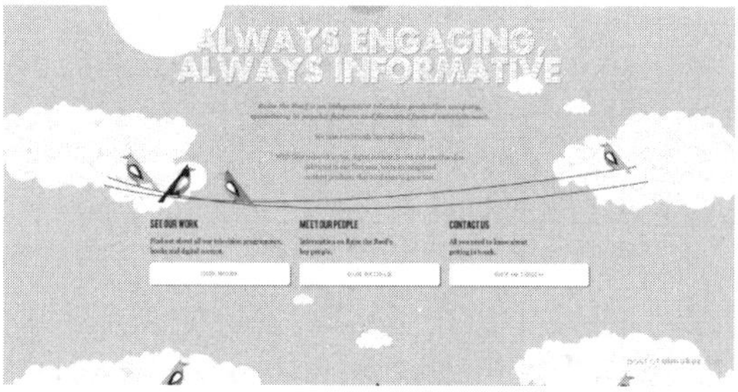

图 1.1.14　网页设计（二）

除了以上六大方面，Photoshop 软件还应用于影楼后期图像处理（如婚纱照、艺术照、证件照修饰）、建筑后期上色（如室内装潢）、书籍封面设计、插画绘制等方面。

2. 图像的基本概念

计算机图形图像可以分为位图图像和矢量图像两种，两者之间有着本质的区别，Photoshop 是以处理位图图像为主的软件，同时又能导入矢量图像，因此若想学好 Photoshop，理解并掌握这两种形式图像的区别非常重要。

（1）位图图像

位图图像由像素组成，也被称作栅格图像，像素就是一个个带有颜色的小方格，每个小方格拥有独立的颜色和位置。将这一类图像放大到一定程度，图像会显示出明显的点块化像素，当位图图像被放大甚至超出原尺寸比例 100%时就会显示明显的锯齿，如图 1.1.15 和图 1.1.16 所示。位图图像的优点就是颜色逼真。位图图像的文件格式包括 BMP 格式、JPEG 格式、PSD 格式等，这里主要介绍经常使用的文件格式。

图 1.1.15 放大前

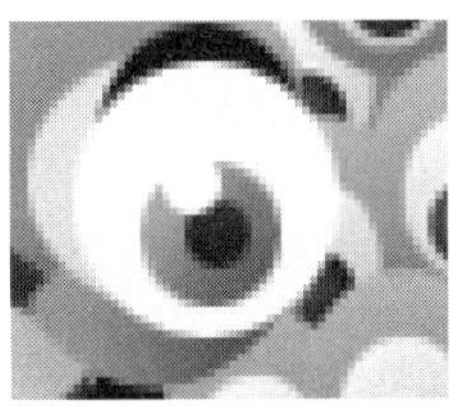

图 1.1.16 放大后

1）BMP 格式：支持 RGB、索引颜色、灰度和位图样式模式，但不支持 Alpha 通道。BMP 格式不会将文件压缩，因此 BMP 文件所占用的空间很大，但图像中的资料会保存得很完整，不会丢失。

2）JPEG 格式：存储照片的标准格式，采用有损压缩的方式存储文件，具有较好的压缩效果，存储空间较小，常用于网络上传和图片预览。

3）PSD 格式：Photoshop 文件的默认格式，能保持 Photoshop 对图像进行特殊处理的信息。在没有最终确定文件存储的格式前，最好先以此种格式存储，方便以后编辑修改，其最大的缺点就是占用的存储空间较大。

4）TIFF 格式：常用的打印格式，大量用于传统的图像印刷，可进行有损压缩或无损压缩。

5）PDF 格式：便携式文件格式，可包括多页信息，其中可以包含图像和文本。

6）GIF 格式：支持透明背景和动画，被广泛地用在网格文档中。GIF 文档比较小，形成一种压缩的 8 位图像文件。

7）PNG 格式：用于无损压缩和在 Web 上显示图像。PNG 格式不仅兼有 JPEG 格式和 GIF 格式所能使用的所有颜色模式，而且能将图像压缩到最小以便于网络上的传输。

（2）矢量图像

矢量图像是由 CorelDraw、Illustrator 等软件绘制，用数学方式描述的曲线及曲线围成的色块制作的图形，其基本单位是锚点和路径。因此，矢量图像无论放大或缩小多少，都有一样平滑的边缘，一样的视觉细节和清晰度，如图 1.1.17 所示。矢量图像处理软件多用于标志、图案、文字设计。矢量图像的文件格式包括 AI 格式、SWF 格式、EPS 格式、SVG 格式、WMF 格式、DXF 格式等。

1）AI 格式：是一种矢量图形文件，AI 文件也是一种分层文件，用户可以对图形内所存在的层进行操作。

2）SWF 格式：是二维动画软件 Flash 中的矢量动画格式，这种格式的动画图像能够用比较小的体积来表现丰富的多媒体形式。

3）EPS 格式：为压缩 PostScript 格式，既可存储矢量图，也可存储位图，最高表示 32

位颜色深度。

4）SVG 格式：可以任意放大图像，却不会使图像的质量受损。

5）WMF 格式：是一种常见的文件格式，其图形往往会显得较粗糙。

6）DXF 格式：以 ASCII 码方式存储文件，能十分精确地表现图像的大小。

（3）分辨率的设置

分辨率是指图像中每单位长度上显示的像素数量，分辨率越高，图像越清晰。针对不同类型的设计，分辨率有着不同的要求。例如，在进行网页设计和软件界面设计时，由于计算机屏幕的分辨率为 72dpi（d/in，即点/英寸，dpi 为习惯用法），所以将分辨率设置为 72dpi 就可以了，如图 1.1.18 所示。

当设计作品需要印刷喷墨时，要求设置的分辨率达到 300dpi 以上，如我们看到的海报、书籍、请柬、招贴等，如图 1.1.19 所示。如果是进行室外大型喷绘，超过 3m，分辨率则设置为 45dpi，而写真喷绘则要求在 72～100dpi 范围内。

图 1.1.17　矢量图

图 1.1.18　网页

图 1.1.19　书籍

小贴示

在新建图像前，一定要根据图像的用途来设置图像的分辨率。一般用于计算机屏幕观看的图像，其分辨率默认设为 72dpi 即可。

3. Photoshop CS6 的工作界面

双击 Photoshop CS6 软件快捷方式图标，即可打开 Photoshop CS6 的工作界面，如图 1.1.20 所示。Photoshop CS6 的工作界面主要由菜单栏、工具属性栏、工具箱、工作区、状态栏和浮动控制面板等部分组成。Photoshop CS6 的工作界面较之前的版本有了一些变化，除了工具箱和面板依附在界面两侧，可以拖动出来自由组合外，图像窗口也可以依附在工作区的上方，且可以将多个图像窗口组合在一起。

各部分介绍如下。

1）菜单栏：由文件、编辑、图像、图层、文字、选择、滤镜、视图、窗口和帮助菜单项组成，每个菜单项内置了多个菜单命令。

2）工具箱：使用工具箱可以进行绘制图像、修饰图像、创建选区和调整图像显示比例等操作。要选择工具箱中的工具，只需单击该工具对应的图标按钮即可。有的工具按钮右下角有一个黑色的小三角，表示该工具位于一个工具组中，其下还有一些隐藏的工具。在该工具按钮上按住鼠标左键不放或右击，可显示该工具组中隐藏的工具。

3）工具属性栏：Photoshop CS6 中大部分工具的属性在工具属性栏中进行设置，它位于菜单栏的下方。在工具箱中选择不同的工具后，工具属性栏也会随着当前工具的不同而发生变化，用户可以很方便地利用它来设定该工具的各种属性。

4）浮动控制面板：在 Photoshop CS6 中，通过浮动控制面板可以进行选择颜色、编辑图层、新建通道、编辑路径和撤销编辑等操作。单击“窗口”菜单，在弹出的子菜单中可以选择需要打开的面板。系统默认情况下，打开的面板都是以面板组的形式出现的，通常依附在工作界面右侧，使用时只需直接单击所需的面板按钮，即会弹出该面板。

5）工作区：工作区是对图像进行浏览和编辑操作的主要场所，具有显示图像文件、编辑或处理图像的功能。在图像的上方是标题栏，标题栏中会显示当前文件的名称、格式、显示比例、色彩模式、所属通道和图层状态。如果该文件没有存储，则标题栏会以“未命名”并加上连续的数字作为文件的名称。

6）状态栏：位于图像窗口的底部，最左端的百分比为当前图像窗口的显示比例，在其中输入数值后按“Enter”键可以改变图像的显示比例；中间显示当前图像文件的大小；右端显示滑动条。

图 1.1.20　Photoshop CS6 的工作界面

任务分析

首先新建图像，制作背景；然后将素材导入图像中，利用自由变换工具对其进行方向、大小、位置的调整；最后添加文字，并对文字进行修饰，完成生日贺卡的制作。

任务实施

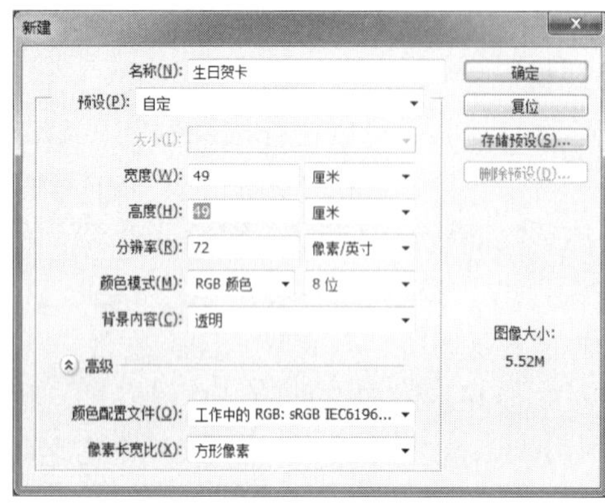

图 1.1.21 【新建】对话框

01 新建文件。选择【文件】→【新建】命令，弹出【新建】对话框，参数设置如图 1.1.21 所示。

02 选择【文件】→【打开】命令，打开“背景.jpg”图像文件。使用工具箱中的【移动工具】，将素材图像移动到“生日贺卡.psd”文件中，调整其位置，效果如图 1.1.22 所示。

03 选择【文件】→【打开】命令，打开“男孩.jpg”图像文件。选择工具箱中的【磁性套索工具】，在其属性栏中，将【羽化】设置为 10 像素，创建如图 1.1.23 所示的选区。

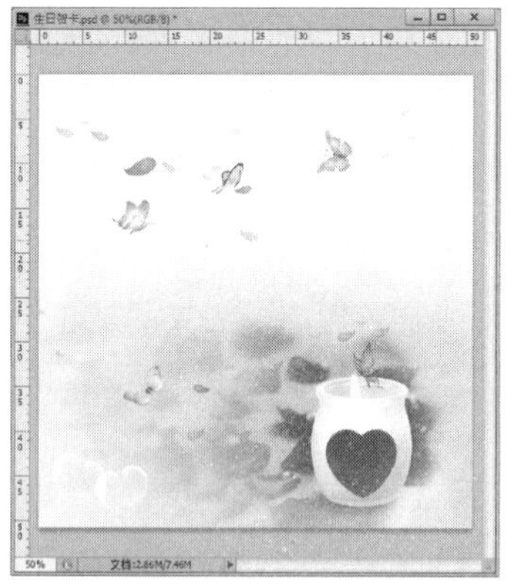

图 1.1.22 添加素材文件

图 1.1.23 创建选区

04 使用工具箱中的【移动工具】，将选区的素材图像移动到“生日贺卡.psd”文件中，按“Ctrl+T”组合键调整好位置和大小，效果如图 1.1.24 所示。

05 选择工具箱中的【横排文字工具】，在其属性栏中将文字的颜色设置为黄色、红色，并在图像上输入“Happy Birthday to you”和“生日快乐！”字样。

06 设置文字图层的图层样式。选择【窗口】→【图层】命令，弹出【图层】面板，单击【图层】面板下方的【添加图层样式】按钮，勾选【投影】和【内发光】复选框，【投影】图层样式和【内发光】图层样式的设置如图 1.1.25 和图 1.1.26 所示。设置完成，得到最终的效果如图 1.1.1 所示。

07 选择【文件】→【存储】命令，将素材保存为“生日贺卡.psd”。

小 贴 示

为了使图片在网络中传输的速度更快，一般将图像处理的最终效果保存为“.jpg”格式，而不是“.psd”格式。

图 1.1.24　调整素材位置和大小

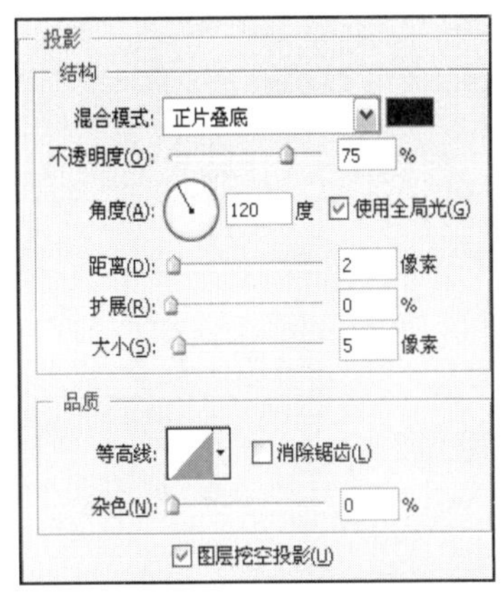

图 1.1.25　设置【投影】图层样式

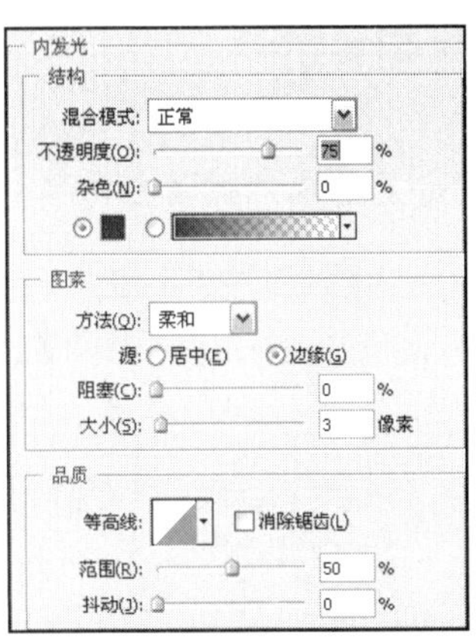

图 1.1.26　设置【内发光】图层样式

任务 1.2　图像文件基础操作——制作公益广告

在一些杂志中经常可以看到颇有创意的公益广告图片，想必大家都跃跃欲试了，也想制作一张属于自己的公益广告。如何制作呢？其实，只要通过 Photoshop 进行简单的处理操作就能够实现。在设计前，首先要进行文件的基本操作，如文件的新建、打开、关闭等。这些基本操作看起来很简单，但是跟建房屋打地基一样，都是十分重要的。

任务目的

本任务通过制作图 1.2.1 所示的公益广告实例，使学生掌握文件的新建、打开、关闭等命令操作方法，掌握调整图像大小、画布大小和画布方向的方法，以及魔棒工具、套索工具的使用等图像编辑技能。

图 1.2.1　公益广告制作效果

扫码学习

制作公益广告

相关知识

1. 文件的基本操作

（1）文件的新建

进行设计前，要新建一个所需要的图像。选择【文件】→【新建】命令，在弹出的【新建】对话框中可以设定图像的尺寸、分辨率、颜色模式和背景内容等，如图 1.2.2 所示。

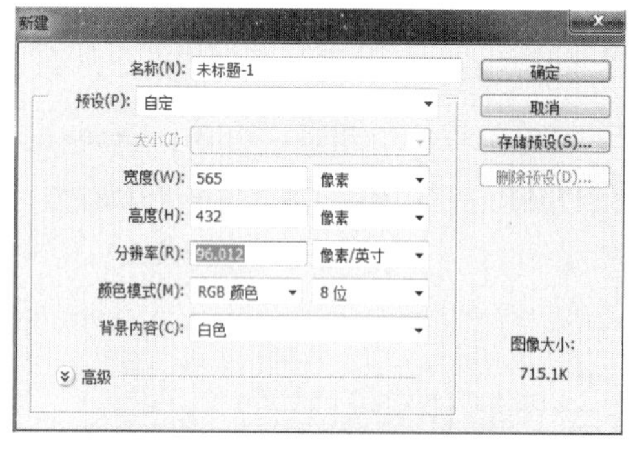

图 1.2.2 【新建】对话框

1）名称：是图像的“名字”，可根据设计的需求对图像的名称进行修改。系统默认的名称为“未标题-1”，如果不修改名称，再次新建图像时，系统将依次命名为“未标题-2”“未标题-3”……

2）预设：为 Photoshop 默认的尺寸设置，可以根据需要来设置尺寸，如图 1.2.3 所示。

3）高度和宽度：设置图像尺寸大小。单位除了像素外，还有英寸、厘米、毫米、点、派卡和列，如图 1.2.4 所示。

4）分辨率：根据设计类型，确定不同的分辨率。用于计算机浏览、印刷出品、室外喷绘的作品是有具体分辨率要求的，此时，需要根据要求进行设定。

5）颜色模式：颜色模式主要有 RGB 模式、位图模式、灰度模式、CMYK 模式和 Lab 模式。其中，RGB 模式是屏幕常用的颜色模式，CMYK 模式主要用于印刷。

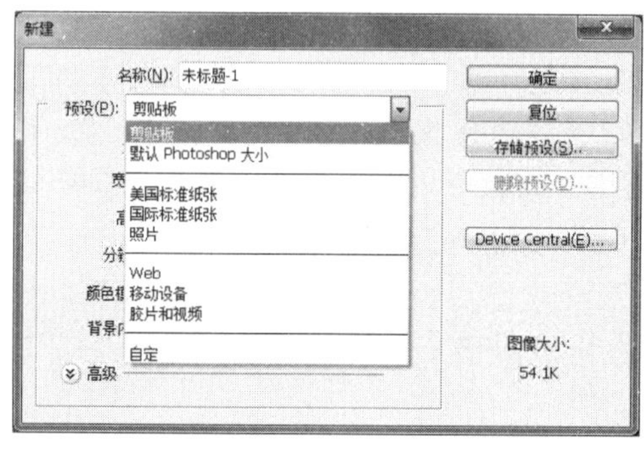

图 1.2.3 预设尺寸选项

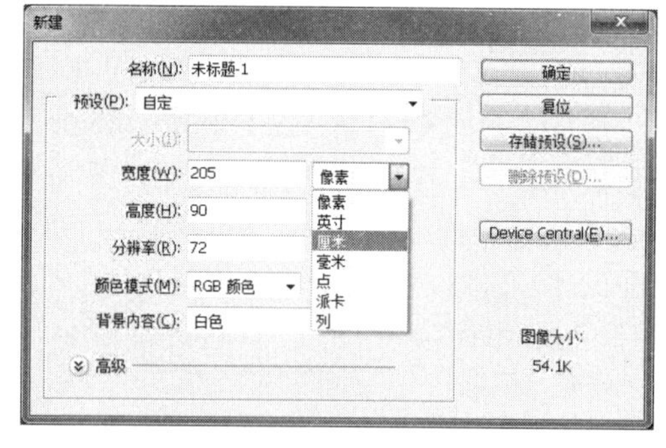

图 1.2.4 设置单位选项

6）背景内容：背景常用的颜色为白色，在其下拉列表框中还包括背景色和透明两个选项。

（2）文件的打开

新建文件后，需要置入素材图片，这时，选择【文件】→【打开】命令，如图 1.2.5 所示，在弹出的【打开】对话框中选择所需要的素材文件，然后在 Photoshop 中打开。

此外，还可以在 Photoshop 界面的工作区双击，在弹出的如图 1.2.6 所示的【打开】对话框中打开素材图片，也可以将素材图片拖入工作界面打开。

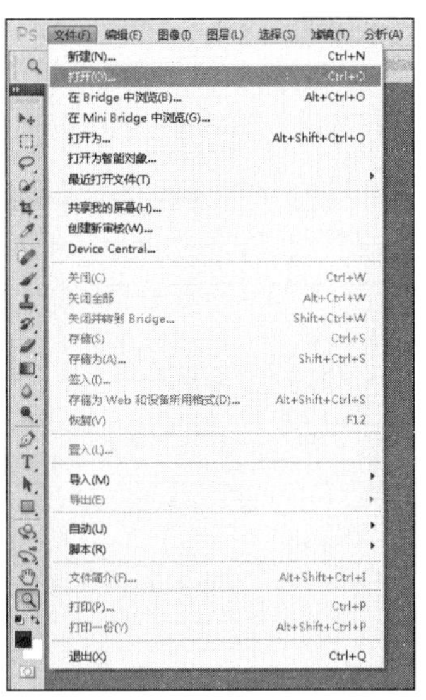

图 1.2.5　选择【文件】→【打开】命令

图 1.2.6　【打开】对话框

（3）文件的格式与保存

设计好作品后，需要保存图像。选择【文件】→【存储】命令，如图 1.2.7 所示。在弹出的【存储为】对话框中，选择文件存放的位置和文件的格式。当确定文件格式后，即可保存，保存的文件格式如图 1.2.8 所示。

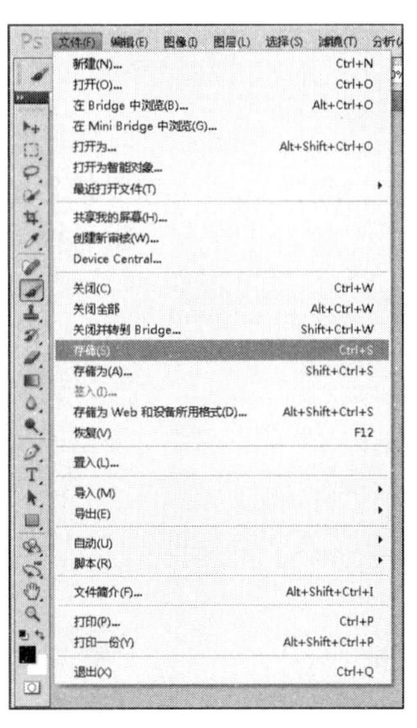

图 1.2.7　选择【文件】→【存储】命令

图 1.2.8　保存的文件格式

2. 画布大小的调整

在编辑图片时，如果已经设置好的图像大小不符合要求，可按以下方法对画布的大小进行合理调整。

如图 1.2.9 所示，选择【图像】→【画布大小】命令，在弹出的【画布大小】对话框中，对画布的大小进行设置。若直接输入需要更改的尺寸大小，设置画布添加部分的位置，则必须勾选【相对】复选框。此外，添加画布的颜色可以自行设定，如图 1.2.10 所示。

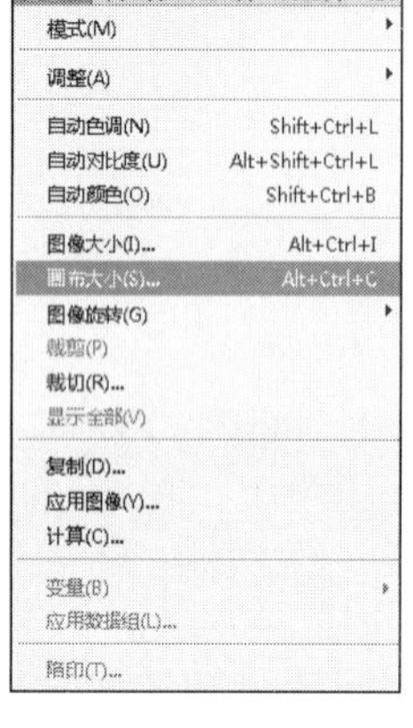

图 1.2.9　选择【画布大小】命令

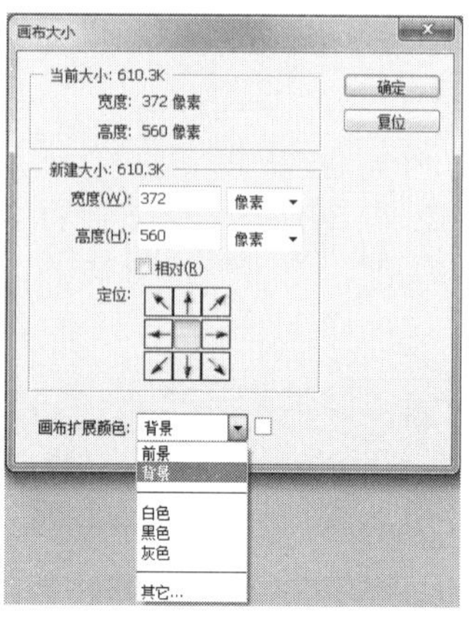

图 1.2.10　添加画布的颜色

3. *移动工具*

使用【移动工具】可以在同一图像文件中移动素材图像，或是在不同的图像文件中相互移动，其属性栏如图 1.2.11 所示。

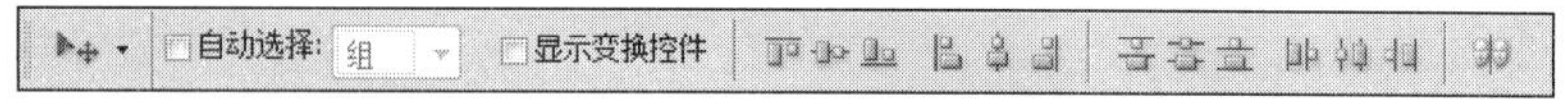

图 1.2.11　【移动工具】的属性栏

自动选择：若勾选该复选框，则在图像上单击，可自动选择鼠标光标所接触的非透明图像的图层。若在图像上右击，则出现鼠标指针所在处非透明的各个图层，可单击选择所需的图层。

任务分析

本任务是制作爱护新生命的公益广告图片，制作流程如图 1.2.12 所示。

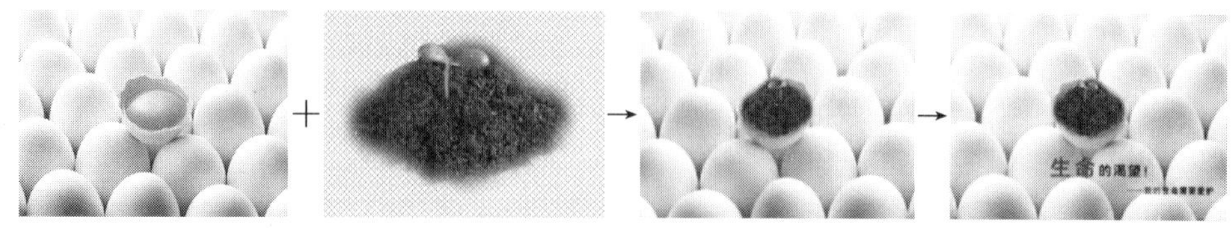

图 1.2.12　公益广告制作流程

任务实施

01 打开素材文件。选择【文件】→【打开】命令，打开素材“生命蛋.psd”图像和“幼苗.jpg”图像。

02 选择工具并设置其属性。激活“幼苗.jpg”图像，选择【魔棒工具】，在其属性栏中设置各项参数，如图 1.2.13 所示。

图 1.2.13 【魔棒工具】属性栏

03 选择背景。将鼠标指针放置在背景中的白色处单击，此时只有部分背景被选择，利用“魔棒工具”属性栏中的选区运算按钮，可以选择整个背景，还可以结合其他的图像选取工具。最终的选择效果如图 1.2.14 所示。

04 选区反选操作。选择菜单栏中的【选择】→【反向】命令，将选区反向选择，达到选择幼苗的目的，效果如图 1.2.15 所示。

05 设置羽化值。为了使两幅图像达到较好的融合效果，需要将选区进行羽化。选择菜单栏中的【选择】→【羽化】命令，在弹出的【羽化选区】对话框中设置参数，如图 1.2.16 所示。

图 1.2.14 选择的背景图像

图 1.2.15 选择的幼苗图像

图 1.2.16 【羽化选区】对话框

06 确认羽化操作。单击【羽化选区】对话框中的【确定】按钮，选区被羽化 2 个像素。

07 复制选区内的图像。选择菜单栏中的【编辑】→【拷贝】命令或按“Ctrl+C”组合键，复制选区内的图像。

08 粘贴图像。激活“生命蛋.psd”图像，选择菜单栏中的【编辑】→【粘贴】命令或按“Ctrl+V”组合键，将复制的图像粘贴在“生命蛋”图像中，并且生成新的“图层 1”，粘贴效果如图 1.2.17 所示。

09 等比例缩小图像。选择菜单栏中的【编辑】→【自由变换】命令或按“Ctrl+T”组合键，图像周围出现变形框。将鼠标指针放置在变形框右上角的角点处，按住“Ctrl+Alt”组合键的同时，向外拖动鼠标等比例放大图像，效果如图 1.2.18 所示。

图 1.2.17 粘贴后的图像效果

图 1.2.18 等比例放大的效果

10 选择部分图像。选择工具箱中的【套索工具】，在其属性栏中设置【羽化】值为 10 像素，其他选项均为系统默认设置。将鼠标指针放置在图像中，按住鼠标左键并拖动进行幼苗的泥土选择，如图 1.2.19 所示。

11 删除选区内的图像。选择菜单栏中的【编辑】→【清除】命令或按“Delete”键，删除选区内的图像。然后按“Ctrl+D”组合键，取消选区，效果如图 1.2.20 所示。

12 添加公益文字，并使用【移动工具】将其移动到图 1.2.21 所示的位置。

13 保存文件。选择菜单栏中的【文件】→【存储为】命令，将做好的文件重新命名为“爱护新生命.psd”。

图 1.2.19　选择的效果

图 1.2.20　删除后的图像效果

图 1.2.21　添加的公益文字

任务 1.3　颜色的设置与填充——制作彩色风车

童年的美好回忆中，总有一段是关于风车的。带给我们快乐的风车应该是彩色的，在 Photoshop 中，如何为白色的风车上色呢？本任务将通过颜色的设置及填充来完成。

任务目的

本任务通过制作图 1.3.1 所示的彩色风车实例，使学生掌握有关前景色和背景色的设置以及填充颜色的方法。

扫码学习

制作彩色风车

图 1.3.1　彩色风车效果图

相关知识

1. 前景色和背景色设置的相关知识

(1) 工具箱上的前景色和背景色设置

Photoshop 软件中的颜色大致分为前景色和背景色，前景色主要用于描边、画笔颜色、文本颜色等颜色的设置，背景色主要用于部分选区删除后的颜色、橡皮擦的颜色、背景色的填充等。

工具箱上的前景色和背景色在默认的情况下是黑色和白色，使其恢复默认的颜色时，只需单击工具箱上的【默认前景色和背景色】按钮即可，单击双向箭头时，可将前景色和背景色进行互换。

更改颜色时，单击【设置前景色】按钮，弹出图 1.3.2 所示的【拾色器（前景色）】对话框，可以在颜色框内选取同类色系的不同颜色，也可以通过右侧的彩条选框，更改颜色框的颜色系。确定颜色后，单击【确定】按钮即可更换前景色。背景色的更改操作与前景色的更改大致相同。

【拾色器（前景色）】对话框中包括 4 种颜色模式，还有一个十六进制的颜色值，都可以用来精准地设置颜色值。HSB 模式是将色彩分为色相、饱和度、亮度 3 个部分，其色相色域为 0～360，饱和度和亮度色域为 0～100。RGB 模式分为红、绿、蓝 3 个组成色，分为 0～255 个色阶。CMYK 模式主要通过控制青色、洋红色、黄色、黑色 4 色的值进行调色。而 Lab 模式通过调整 a、b 两个色调参数和光强度来进行调色。

在该对话框中，【新的/当前】区域中多了一个“感叹号”标志，其下方有两个不同颜色的正方形，这表示当前所选的颜色无法用于印刷，而印刷出的颜色为“感叹号”标志下的颜色。如果颜色要用于印刷，则可以单击“感叹号”标志，颜色马上变为印刷色。

单击【颜色库】按钮即可弹出【颜色库】对话框，在该对话框中，可以挑选不同类型已经搭配好的颜色系，如图 1.3.3 所示。

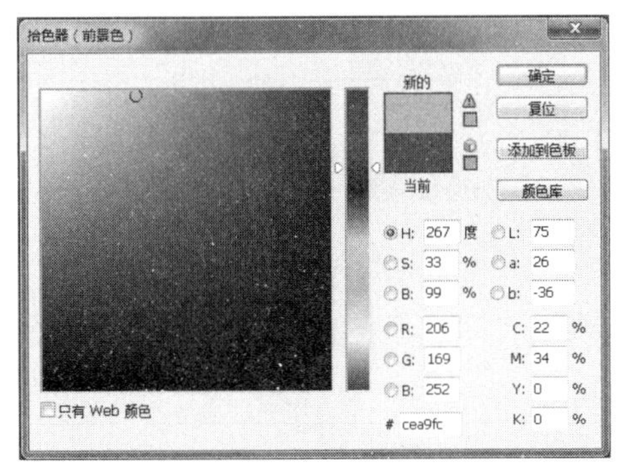

图 1.3.2　【拾色器（前景色）】对话框

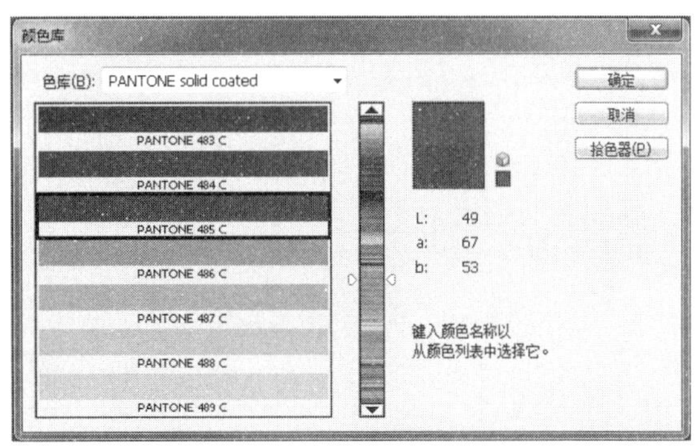

图 1.3.3　【颜色库】对话框

(2)【颜色】面板和【色板】面板

除了通过单击工具箱上的【设置前/背景色】按钮，弹出对应的拾色器对话框更改颜色外；还可以通过【颜色】面板和【色板】面板来更改前景色和背景色。

在【颜色】面板中包含不同模式的滑块系列，如图 1.3.4 所示。当滑动滑块时，前景色随之发生变化。在【色板】面板中，可以直接单击色块选取颜色改变前景色，如图 1.3.5 所示，若要改变背景色，则需要按住“Ctrl”键再选取颜色。

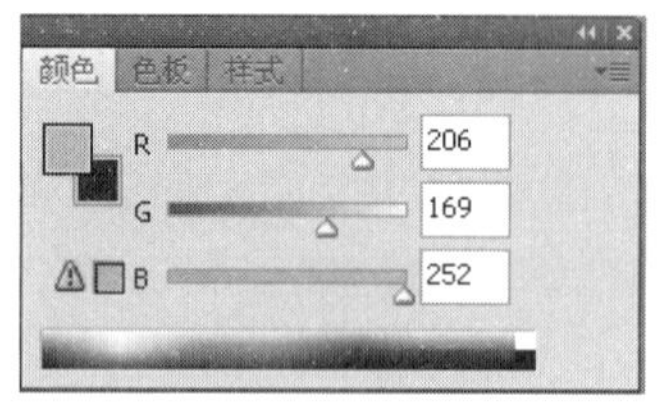

图 1.3.4 【颜色】面板

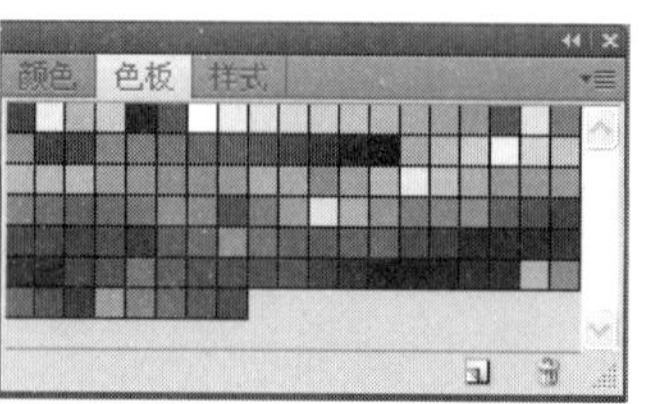

图 1.3.5 【色板】面板

此外，若一种自定义的颜色没有出现在面板上，则可以单击面板下方的【创建前景色的新色板】按钮，将颜色保存起来，便于颜色切换时应用。

2. 填充颜色

（1）快捷键方式

按“Alt+Delete”组合键即可填充前景色，按“Ctrl+Delete”组合键即可填充背景色。

（2）菜单命令方式

选择【编辑】→【填充】命令，弹出【填充】对话框，如图 1.3.6 所示，选择填充用的内容及模式，即可将所选的颜色进行填充。假如要选择不是前景色和背景色的颜色，可以选择【使用】下拉列表框中的【颜色】选项，弹出【选取一种颜色:】对话框，即可挑选自己喜欢的颜色，如图 1.3.7 所示。除了可以填充颜色外，还可以填充图案，方法跟填充颜色一致。

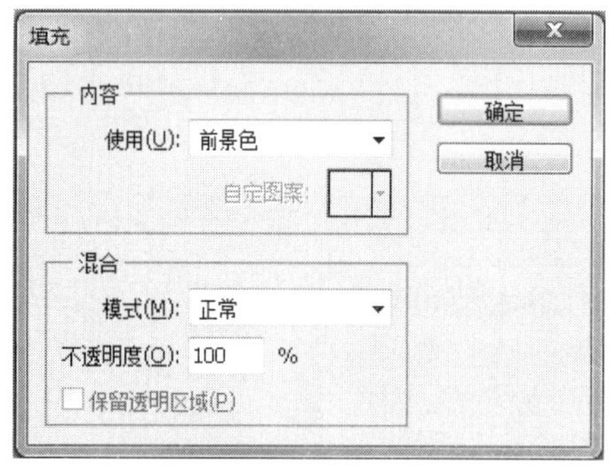

图 1.3.6 【填充】对话框

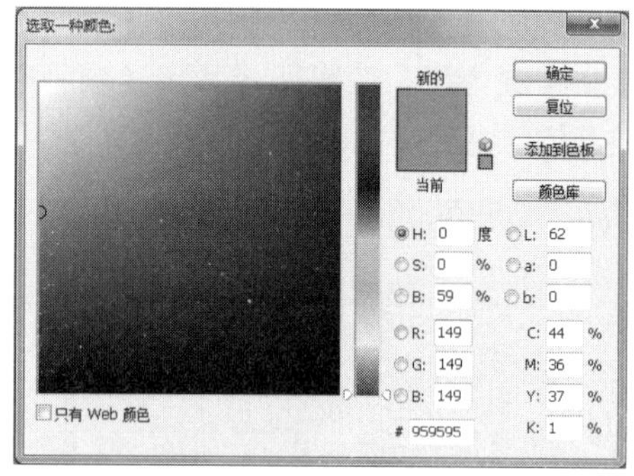

图 1.3.7 【选取一种颜色:】对话框

3. 魔棒工具

使用【魔棒工具】可以选择颜色一致的区域，其属性栏设置如图 1.3.8 所示。【魔棒工具】的容差范围为 0～255，当容差值设为 0 时，选区只能是和取样颜色完全相同的颜色区域，随着容差值的递增，选择的色彩范围越来越大。如果勾选属性栏中的【连续】复选框，那么【魔棒工具】在选择时只选择连续区域。

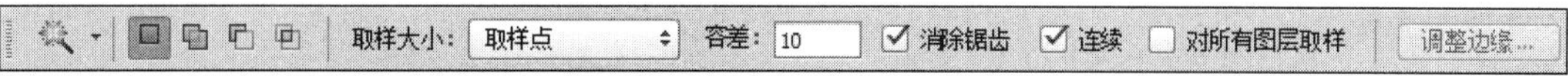

图 1.3.8　【魔棒工具】属性栏

任务分析

首先打开“风车.psd”素材，运用【魔棒工具】选取区域，新建图层；然后打开【色板】面板选取颜色，并应用快捷键填充颜色。

任务实施

01 选择【文件】→【打开】命令，打开“风车.jpg”素材。

02 选择工具箱上的【魔棒工具】，单击【添加到选区】按钮，设置容差为 10，勾选【连续】复选框，选择相邻区域的颜色。

03 使用【魔棒工具】选中 1 个叶片共 4 个选区，如图 1.3.9 所示。

04 新建图层，在【色板】面板上选取黄色，这时前景色变成黄色，按“Alt+Delete”组合键，即可在选区内填充黄色，如图 1.3.10 所示。然后按“Ctrl+D”组合键，取消选区。

05 选择“背景”图层，切换回“背景”图层，如图 1.3.11 所示。使用【魔棒工具】，选中第 2 个叶片区域，然后在【色板】面板上选取橙色，切换回刚新建的图层并按“Ctrl+Delete”组合键填充，如图 1.3.12 所示。

图 1.3.9　选中 1 个叶片

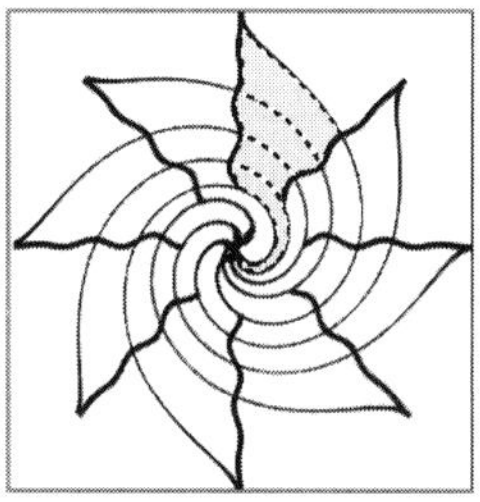

图 1.3.10　选区内填充前景色

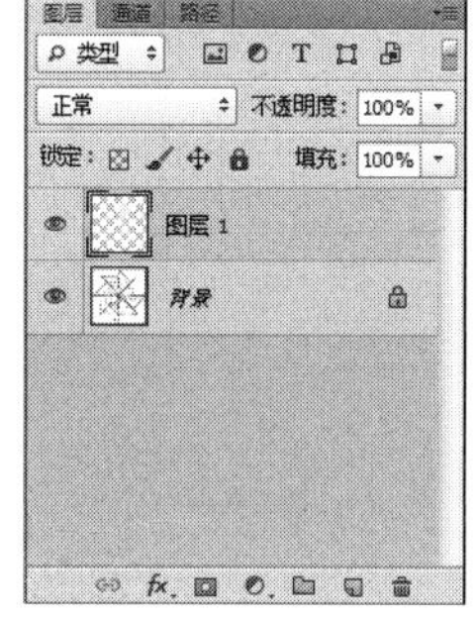

图 1.3.11　切换回“背景”图层

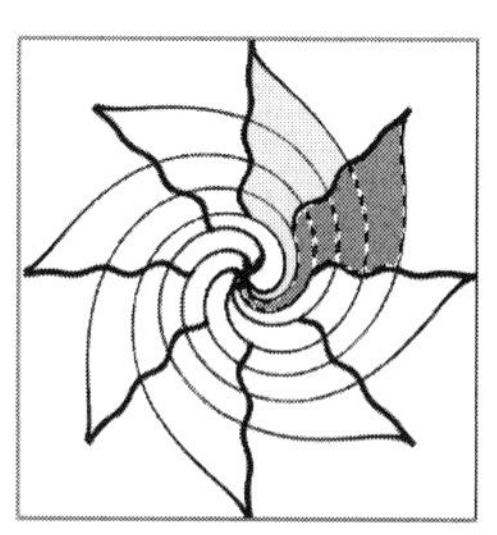

图 1.3.12　填充第 2 个叶片区域

06 在“背景”图层上建立选区，然后切换回新建图层，在【色板】面板上依次选取桃红、紫色、蓝色、湖蓝、绿色、浅绿，分别对剩余的 6 个选区进行填色，最终效果如图 1.3.1 所示。

07 选择【文件】→【存储】命令，将该作品保存为“彩色风车.psd”。

任务 1.4　图像标尺与参考线的使用——制作飘动的九格图片

为了使设计的图像更加精准，在设计的过程中经常会用到参考线，如进行 Logo 设计、网页绘制、对称图像的制作等。如何操作呢？标尺和参考线是什么呢？本任务将介绍相关知识。

任务目的

本任务通过制作图 1.4.1 所示的飘动的九格图片实例，使学生掌握辅助线的应用知识与技巧，提高图片设计的精准度。

扫码学习

制作飘动的九格图片

图 1.4.1　飘动的九格图片效果图

相关知识

1. 标尺的应用

标尺可帮助我们精确地确定图像或元素的位置。选择【视图】→【标尺】命令或按“Ctrl+R”组合键即可打开标尺。标尺的单位可以改变，可以为厘米、毫米、像素、英寸等，如图 1.4.2 所示。通过标尺，可以了解图形的大小，结合辅助线，可使图像的位置更加精准。此外，双击标尺可弹出【首选项】对话框，在该对话框中可以直接更改图片文件的单位及文字大小，设置装订线的大小、文件容纳文字大小、打印大小以及屏幕的大小等，如图 1.4.3 所示。

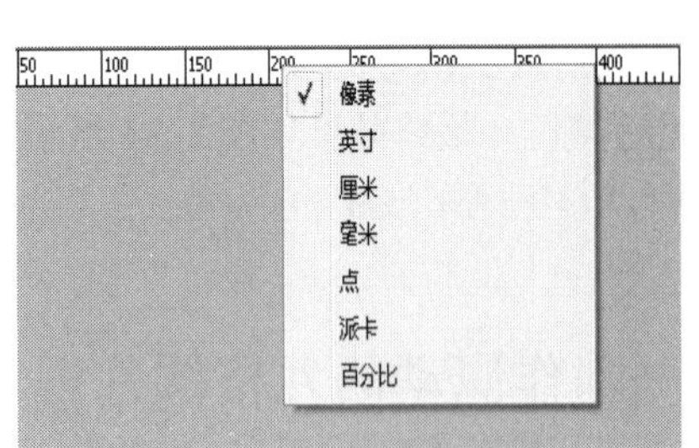

图 1.4.2　标尺的单位设置

图 1.4.3　【首选项】对话框

2. 参考线的应用

在设定辅助线前，必须先打开标尺工具，可使用【移动工具】并拖动鼠标从标尺位置拖出参考线，也可以选择【视图】→【新建参考线】命令，在弹出的【新建参考线】对话框中完成参考线设置，如图 1.4.4 所示。完成设计后，选中参考线，并拖动鼠标将参考线拖回标尺，或选择【视图】→【清除参考线】命令即可删除参考线。拖动鼠标添加与删除参考线的操作方法如图 1.4.5 所示。

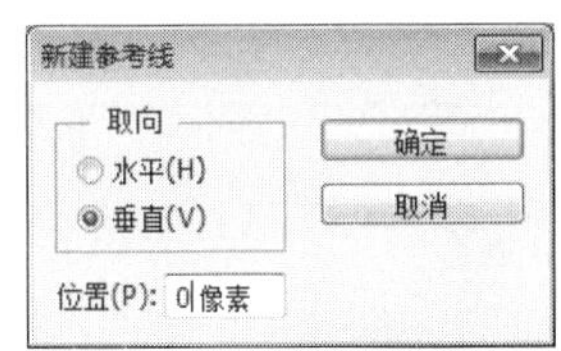

图 1.4.4 【新建参考线】对话框

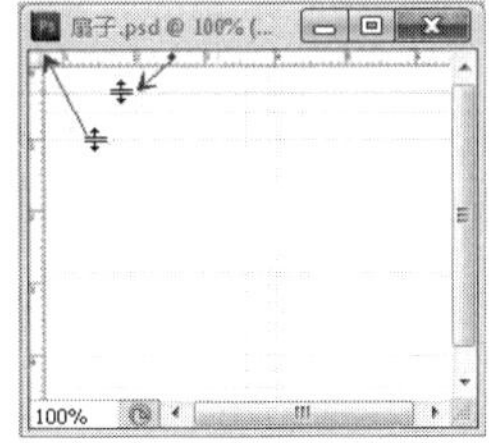

图 1.4.5 添加、删除参考线的操作方法

小贴示

可以通过选择【视图】→【显示额外内容】命令或按“Ctrl+H”组合键将参考线与标尺隐藏。

任务分析

打开图像设置标尺后，通过新建参考线，将图像平分为 9 个区域，使视图对齐到参考线上；然后使用选框工具，选取大小一致的小图片进行复制；最后对小图片进行缩小，添加投影效果完成实例。

任务实施

01 打开图片素材“向日葵.jpg”，按“Ctrl+R”组合键，打开标尺。该图片的大小为 1080 像素×1080 像素，要将图片变成 9 等份。选择【视图】→【新建参考线】命令，在弹出的【新建参考线】对话框中输入参考线的位置，如图 1.4.6 所示，分别在水平方向和垂直方向的 360 像素、360 像素位置建立两条参考线，效果如图 1.4.7 所示。

02 选择【视图】→【对齐到】命令并选择【参考线】选项，如图 1.4.8 所示，以使接下来的绘图能够对齐参考线。欲将图像分为 9 个小格子，必须建立格子的选取范围。切换到选框工具，在【矩形选框工具】属性栏中设置矩形大小为 360 像素×360 像素。这样绘制的每个矩形选框大小都一致，避免图像不够精准，如图 1.4.9 所示。

03 将一张图片变成 9 部分，必须分别选取，然后复制到新的图层进行缩小，重新排版。因此，使用固定好大小的【矩形选框工具】在参考线画好的格子里画一个 360 像素×360 像素大小的正方形选区，如图 1.4.10 所示。

04 按“Ctrl+J”组合键复制“背景”图层选中的区域，如图 1.4.11 所示，并移动选区到不同的参考线方格位置。然后返回“背景”图层，按“Ctrl+J”组合键复制，重复步骤直到把“背景”图层分为 9 块，如图 1.4.12 所示。

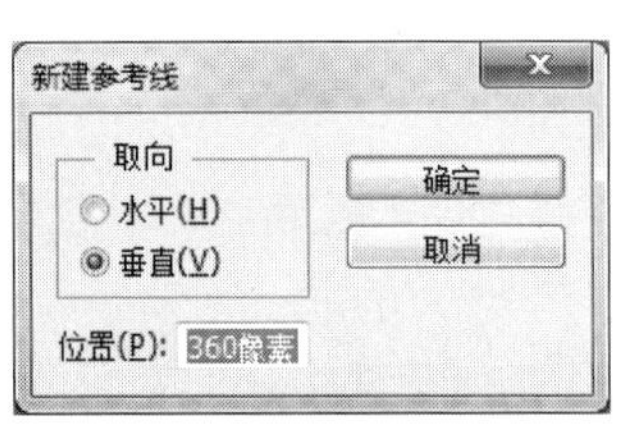

图 1.4.6 【新建参考线】对话框

图 1.4.7 参考线效果

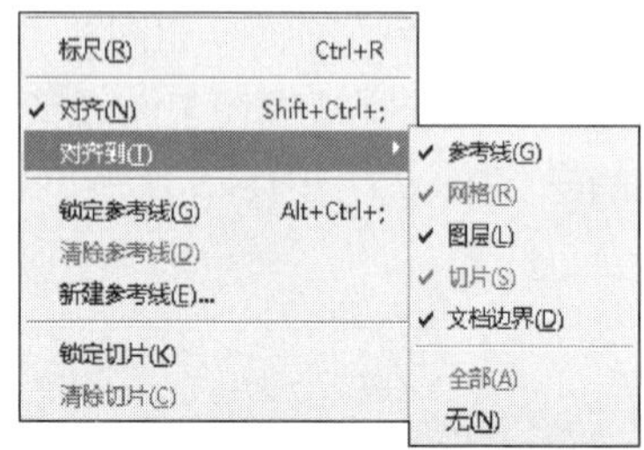

图 1.4.8 选择【参考线】选项

图 1.4.9 【矩形选框工具】的属性栏设置

图 1.4.10 绘制正方形选区

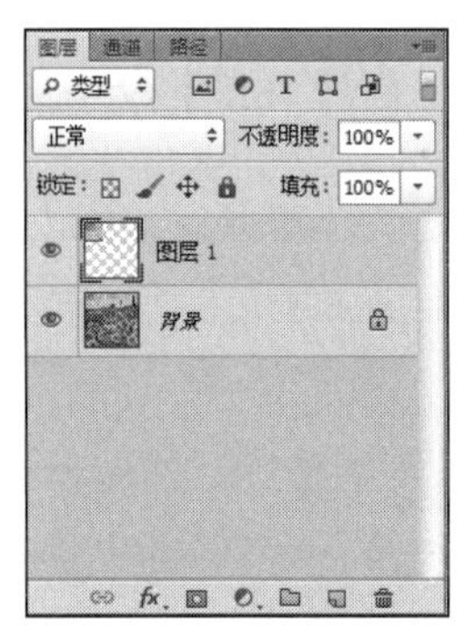

图 1.4.11 复制“背景”图层选中区域

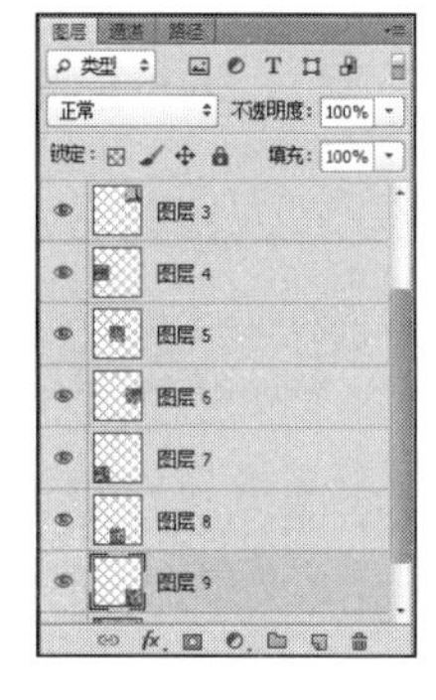

图 1.4.12 复制“背景”图层其他区域

05 选择“背景”图层，将前景色设置为白色，按“Alt+Delete”组合键将“背景”图层变成白色。选择图层 9，按“Ctrl+T”组合键对其进行自由变换，为了使每个图层缩小的比例一致，不建议使用手动修改，而是使用变换的属性修改，具体数值修改如图 1.4.13 所示。

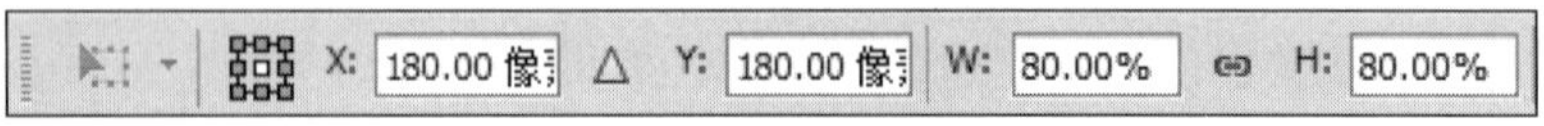

X: 180.00 像 Y: 180.00 像 W: 80.00% H: 80.00%

图 1.4.13 缩小图层设置

06 对每个图层进行同样的设置，将高和宽的比值设置为 80%，图像的效果如图 1.4.14 所示。

07 为了使图片更加立体，为其添加图层样式的投影效果。单击【图层】面板上的【混合选项】按钮 fx，弹出【图层样式】对话框，其中的【投影】图层样式主要通过叠在其下的“影子”图层的颜色、大小、距离、扩展来凸显图像的立体感。颜色为阴影的颜色，一般默认为 75%的黑；大小为影子的大小，扩展为影子的模糊程度，距离为图像与影子的距离。具体的参数设置如图 1.4.15 所示。

图 1.4.14　缩小图层的图像效果

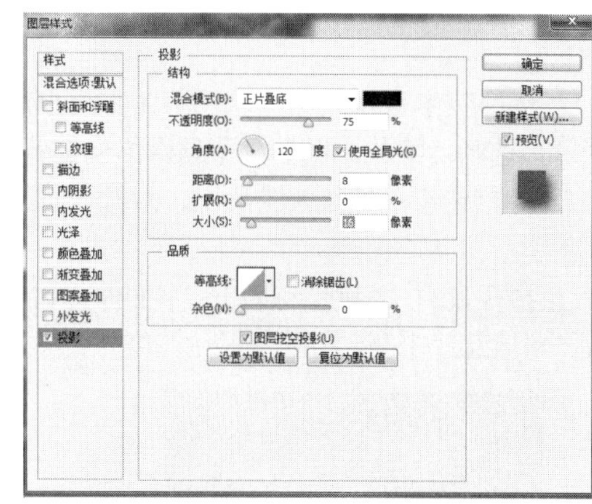

图 1.4.15　【投影】图层样式参数设置

08 为图层 1～图层 9 都添加投影效果后，为了使图像看起来更加动感，更加生动，可按“Ctrl+T”组合键，将鼠标指针移动到矩形块的顶点，当其变为双向箭头时移动方向。不同的图层移动的方向不用相同，这样图片看起来就有动感，最终效果如图 1.4.1 所示。

09 选择【文件】→【存储为】命令，将图像保存为“飘动的九格图片.psd”。

项 目 小 结

本项目通过 4 个任务的实际操作，简单介绍了 Photoshop 在设计领域的应用和应用图像的基本概念及 Photoshop CS6 的工作环境；详细介绍了有关图像文件的管理、图像颜色的设置与填充、标尺与参考线的应用，以及文档的基本操作。

实 践 探 索

一、选择题

1. 用于网络上传和图片预览的文件存储格式为（　　）。
   A．JPEG 格式　　B．PSD 格式　　C．TIFF 格式　　D．BMP 格式
2. 下列说法正确的是（　　）。
   A．进行网页设计和软件界面设计时，将分辨率设为 72dpi
   B．当设计作品需要印刷喷墨时，设置的分辨率需达到 72dpi
   C．分辨率是指显示器所能显示的像素的多少，分辨率越高，图像越模糊
   D．针对不同类型的设计，分辨率有着相同的标准要求

3．按（　　）组合键可以快速向图像中填充工具箱中的前景色。

A．Alt+Delete　　B．Ctrl+Delete　　C．Ctrl+Shift　　D．Ctrl+Alt

二、操作题

1．运用贺卡素材绘制一个图 1.1 所示的教师节贺卡（提示：利用工具箱中的【移动工具】，选择【缩放比例】命令制作图像的背景；使用【魔棒工具】将素材抠取出，使用【移动工具】将素材移入图片中，为贺卡添加装饰图像；利用工具箱中的文本工具，输入贺卡文字）。

2．打开素材“拼图练习.jpg”文件，设计一个图 1.2 所示的九格图片（提示：主要利用标尺和辅助线工具制作）。

图 1.1　教师节贺卡

图 1.2　九格图片

图像的选取与移动

项目导读

图像的选取和移动是深入学习 Photoshop 中图像合成与设计的基础，选区的操作在设计中的应用非常多，经常根据设计的需要，用不同的选取工具来建立选区。在本项目中，将详细介绍与讲解有关选取工具和移动工具的使用方法。

学习目标

1）掌握选区的调整与填充方法。
2）掌握固定选区工具的应用。
3）掌握不规则物体的选择方法。
4）掌握相似颜色物体的选择方法。
5）掌握图像的移动和裁切的应用。

素养目标

1）引导学生立足时代，深入生活，增强爱乡之情。
2）弘扬中华优秀茶文化，提高学生人文素养，增强文化自信。

任务 2.1　选区的调整与填充——绘制 RGB 色谱

在平面设计中常常要接触不同的色彩模式，如 RGB 色彩模式、CMYK 色彩模式、Lab 色彩模式等。RGB 色彩模式是工业界的一种颜色标准，是代表红、绿、蓝 3 个通道的颜色，这个标准几乎包括了人类视力所能感知的所有颜色。那 RGB 色谱如何绘制呢？我们将在本任务中进行相关知识及技能的学习。

任务目的

本任务通过学习绘制 RGB 色谱的实例（如图 2.1.1 所示），使学生掌握选区保存和载入的方法。

扫码学习

绘制 RGB 色谱

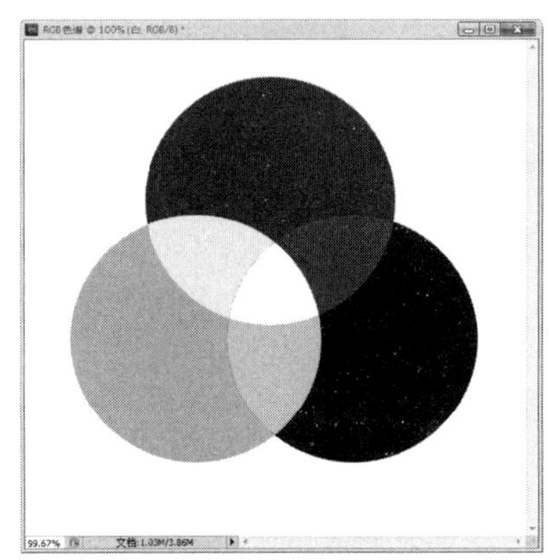

图 2.1.1　RGB 色谱效果图

相关知识

1. 固定选区工具的应用

选框类工具的轮廓比较固定，可以利用它们来制作一些形状较规则的选区，如矩形选区、椭圆选区等。选框工具共有 4 种，包括矩形选框工具、椭圆选框工具、单行选框工具和单列选框工具。它们的功能十分相似，但也有各自不同的特点。

（1）矩形选框工具

使用【矩形选框工具】可以方便地在图像中制作出长宽随意的矩形选区。其属性栏如图 2.1.2 所示，该属性栏包括选择方式、羽化和消除锯齿、样式和调整边缘等部分。这些部分分别提供对【矩形选框工具】各种不同参数的控制。

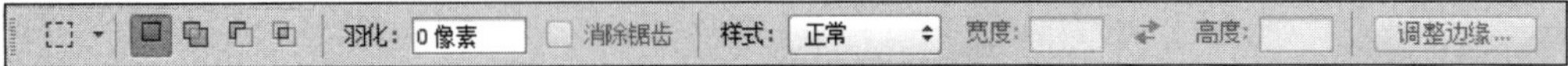

图 2.1.2　【矩形选框工具】属性栏

1）在实际操作中，常常会遇到多个选区相加或者相减的问题，可以通过不同的选择方式来解决。

①【新选区】：清除原有的选择区域，直接新建选区。

②【添加到选区】：在原有选区的基础上，增加新的选择区域，形成最终的选择范围，如图 2.1.3 所示。

③【从选区减去】：在原有选区中，减去与新的选择区域相交的部分，形成最终的选择范围，如图 2.1.4 所示。

④【与选区交叉】：使原有选区和新建选区相交的部分成为最终的选择范围，如图 2.1.5 所示。

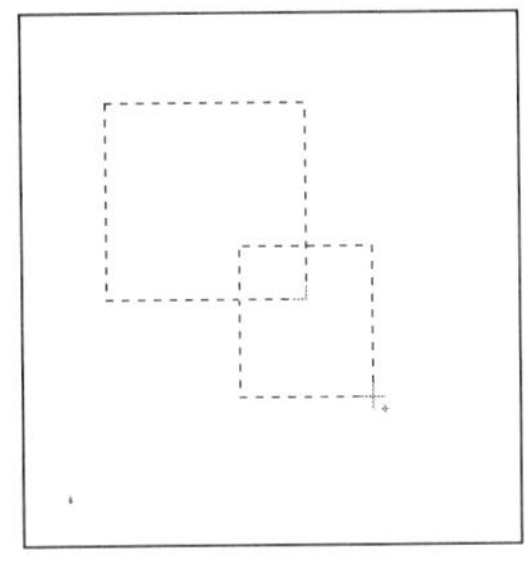

图 2.1.3　添加到选区

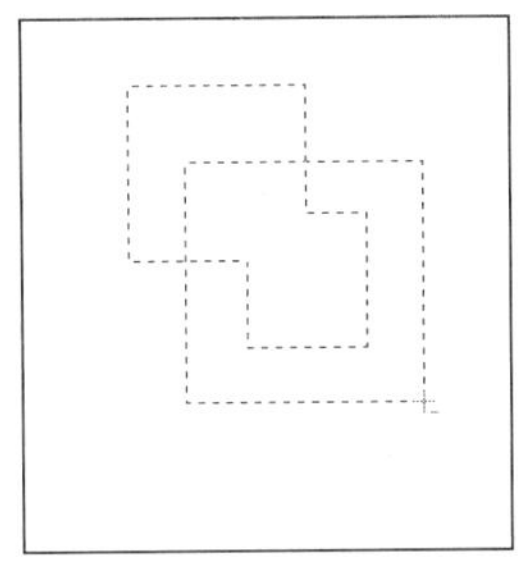

图 2.1.4　从选区减去

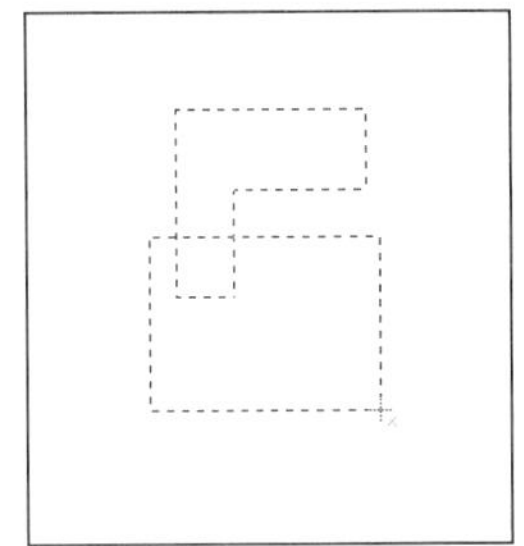

图 2.1.5　与选区交叉

2）羽化：设置羽化参数可以有效地消除选择区域中的硬边界并将它们柔化，使选择区域的边界产生朦胧渐隐的过渡效果。该参数的取值范围是 0～250 像素，取值越大选区的边界会变得越朦胧。羽化前后的图片如图 2.1.6 和图 2.1.7 所示。

图 2.1.6　对选区羽化处理前的图片

图 2.1.7　对选区羽化处理后的图片

3）消除锯齿：消除锯齿的原理就是在锯齿之间插入中间色调，这样就使那些边缘不规则的图像在视觉上消除了锯齿现象。Photoshop 中的图像由一个个正方形的色块构成，如果没有勾选【消除锯齿】复选框，在制作圆形选区或者其他形状不规则的选区时就会产生难看的锯齿边缘。

4）样式：提供了 3 种样式。

① 正常：这是默认的选择样式，可以用鼠标创建长宽任意的矩形选区。

② 固定比例：可以为矩形选区设定任意的长宽比。只要在对应的宽度和高度参数框中填入宽度和高度比值即可。默认状态下，宽度和高度的比值为 1∶1。

③ 固定大小：可以直接输入宽度值和高度值来精确定义矩形选区的大小。

（2）椭圆选框工具

使用【椭圆选框工具】可以在图像中制作半径随意的椭圆形选区。它的使用方法和工具属性栏的设置与【矩形选框工具】大致相同。创建正圆选区，只要按住“Shift”键再拖动【椭圆选框工具】做选区即可。创建以鼠标单击点为中心的椭圆选区，按住“Alt”键再拖动【椭圆选框工具】做选区即可。

（3）单行选框工具和单列选框工具

使用【单行选框工具】可以在图像中制作 1 像素高的单行选区。该工具的属性栏中只有选择方式可以设置，用法和原理都和【矩形选框工具】相同。使用【单列选框工具】的方法与【单行选框工具】相同，可以在图像中制作出 1 像素宽的单列选区。

2. 选区的填充

当在图像中建立区域范围时，可以为其填充颜色、图案，使画面生动活泼。

（1）颜色的填充

方法一：使用快捷方式填充，若要填充前景色按“Alt+Delete”组合键，若要填充背景色则按“Ctrl+Delete”组合键。

方法二：使用【油漆桶工具】，直接在选区范围上单击即可填充，填充的颜色为所设置的前景色。

方法三：选择【编辑】→【填充】命令，弹出【填充】对话框，选择【使用】下拉列表框中的【颜色...】选项，弹出【选取一种颜色：】对话框，在该对话框中选取自己想要的颜色，即可填充选区。

（2）图案的填充

建立选区后，若要填充系统自带的图案，则选择【编辑】→【填充】命令，弹出【填充】对话框，选择【使用】下拉列表框中的【图案】选项，在弹出的【自定图案】对话框中选取所需要的图案，并且可以通过向右的小箭头，追加所需要的纹理图案。

3. 选区的存储与载入

在进行图像处理时，有些选区尤其是一些创建时比较费时的选区，虽然目前无多大用处，但在以后的操作中还会用到，这时可以把这类选区保存起来。如果以后用到该选区，可以通过【载入选区】命令将其载入原图像中。适当保存选区，可以减少许多不必要的麻烦。

（1）选区的存储

当图像文件中有选区时，可选择【选择】→【存储选区】命令，弹出【存储选区】对话框，如图 2.1.8 所示。在【名称】文本框中输入选区命名，即可保存选区。

（2）选区的载入

选择【选择】→【载入选区】命令，弹出【载入选区】对话框，如图 2.1.9 所示，在【通道】下拉列表框中选择相应的通道，可将其中保存的选区载入。

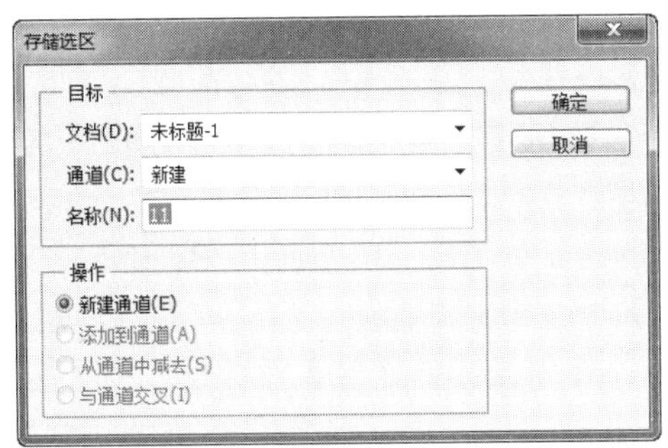

图 2.1.8　【存储选区】对话框

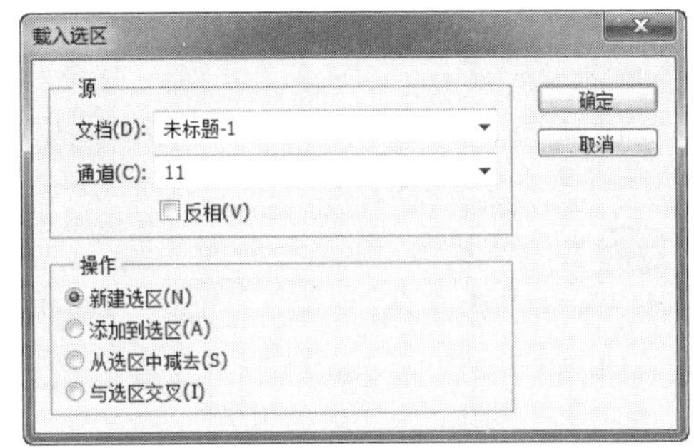

图 2.1.9　【载入选区】对话框

任务分析

新建图像，使用【椭圆选框工具】设置大小，在新图层中建立正圆选框，并针对不同正圆的图层填充颜色。三圆相交的区域通过选择【选择】→【载入选区】命令将其载入，并填充颜色，完成效果。

任务实施

01 新建文件。选择【文件】→【新建】命令，弹出【新建】对话框，设置文件的【宽度】为 600 像素，【高度】为 600 像素，【分辨率】为 72 像素/英寸，【背景内容】为白色。

02 选择【椭圆选框工具】，其属性栏设置如图 2.1.10 所示。

图 2.1.10　【椭圆选框工具】属性栏设置

03 新建图层，将其命名为“红”。设置前景色为红色（R：255，G：0，B：0）。使用【椭圆选框工具】绘制一个正圆，并选择【编辑】→【填充】命令，填充前景色，效果如图 2.1.11 所示。选择【选择】→【存储选区】命令，弹出【存储选区】对话框，在【名称】文本框中输入选区的名称“红”，如图 2.1.12 所示。

图 2.1.11　填充红色

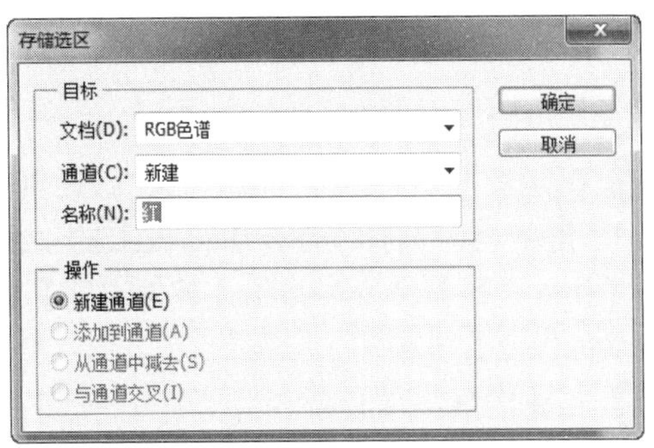

图 2.1.12　【存储选区】对话框

04 新建图层，将其命名为“绿”。设置前景色为绿色（R：0，G：255，B：0）。使用【椭圆选框工具】绘制一个正圆，并选择【编辑】→【填充】命令，填充前景色，效果如图 2.1.13 所示。选择【选择】→【存储选区】命令，弹出【存储选区】对话框，在【名称】文本框中输入选区的名称“绿”。

05 新建图层，将其命名为“蓝”。设置前景色为蓝色（R：0，G：0，B：255）。使用【椭圆选框工具】绘制一个正圆，并选择【编辑】→【填充】命令，填充前景色，效果如图 2.1.14 所示。选择【选择】→【存储选区】命令，弹出【存储选区】对话框，在【名称】文本框中输入选区的名称“蓝”。

图 2.1.13　填充绿色

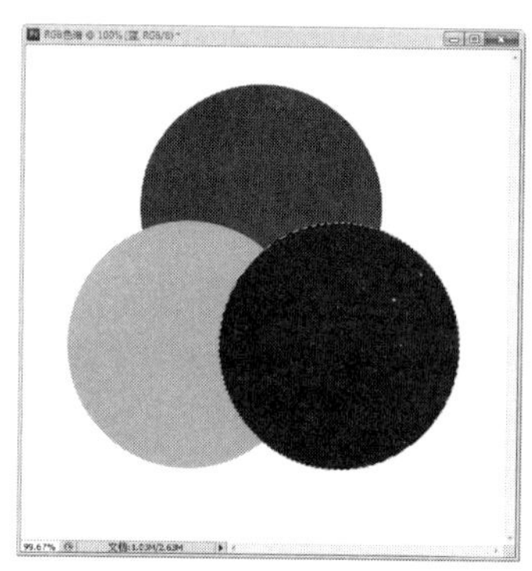

图 2.1.14　填充蓝色

06 新建图层，将其命名为“青”。设置前景色为青色（R：0，G：255，B：255）。选择【选择】→【载入选区】命令，弹出【载入选区】对话框，如图 2.1.15 所示。在选区中填充前景色，效果如图 2.1.16 所示。

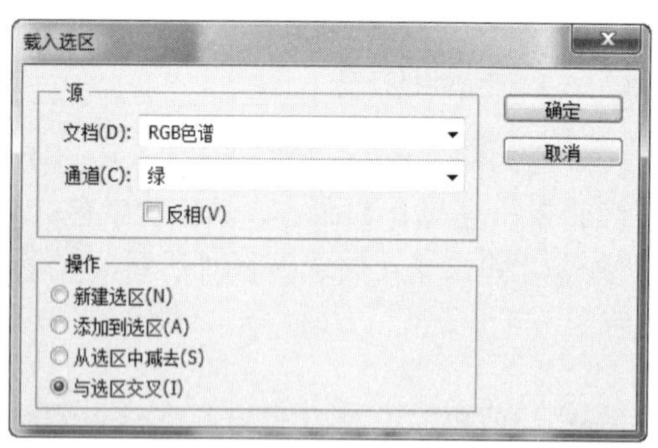

图 2.1.15　【载入选区】对话框（一）

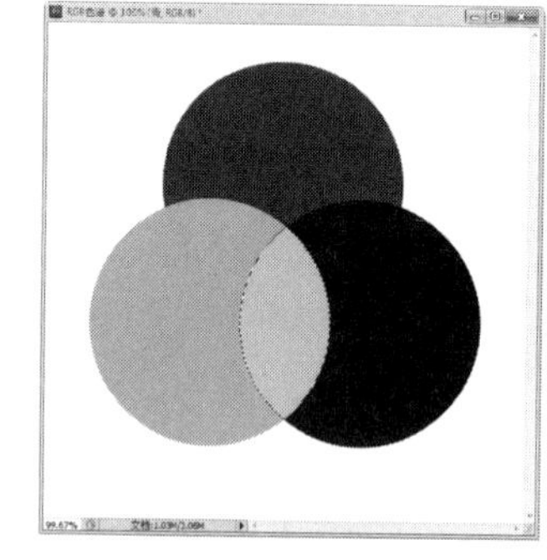

图 2.1.16　填充青色

07 新建图层，将其命名为“黄”。设置前景色为黄色（R：255，G：255，B：0）。按“Ctrl”键的同时选择【图层】面板上的“绿”图层，出现绿色圆的图像选区。选择【选择】→【载入选区】命令，弹出【载入选区】对话框，如图 2.1.17 所示。在选区中填充前景色，效果如图 2.1.18 所示。

08 新建图层，将其命名为“紫”。设置前景色为紫色（R：255，G：0，B：255）。按“Ctrl”键的同时选择【图层】面板上的“红”图层，出现红色圆的图像选区。选择【选择】→

【载入选区】命令，弹出【载入选区】对话框，如图 2.1.19 所示。在选区中填充前景色，效果如图 2.1.20 所示。

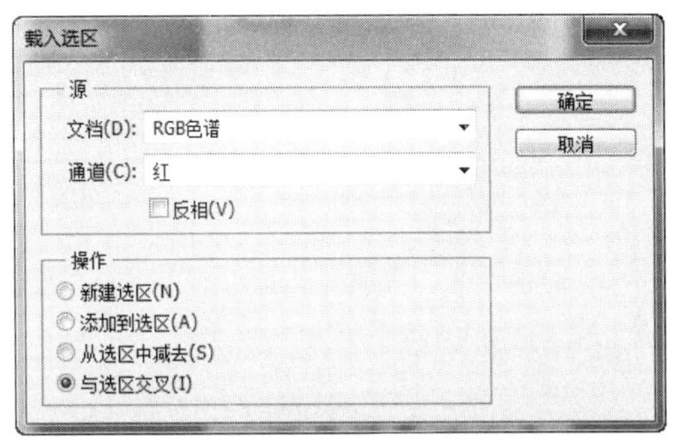

图 2.1.17　【载入选区】对话框（二）

图 2.1.18　填充黄色

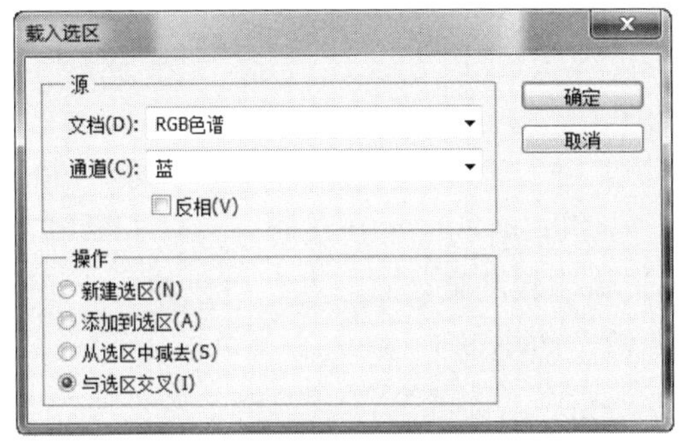

图 2.1.19　【载入选区】对话框（三）

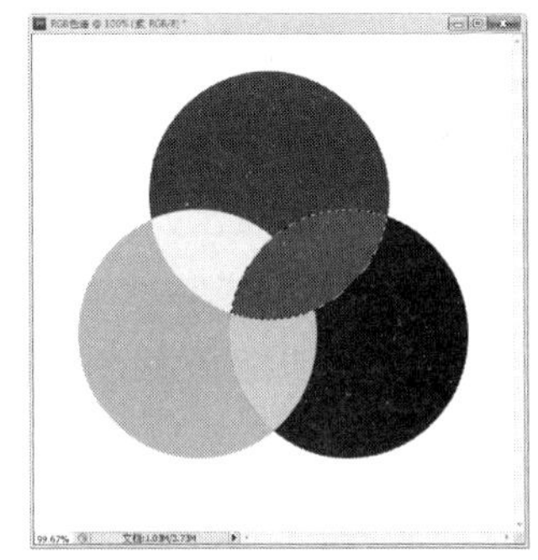

图 2.1.20　填充紫色

09 设置前景色为白色。新建图层，将其命名为“白”。选择【选择】→【载入选区】命令，弹出【载入选区】对话框，如图 2.1.15 所示。在选区中填充前景色，取消选区。最后保存文件，最终效果如图 2.1.1 所示。

任务 2.2　选框工具、套索工具和魔棒工具的综合使用——制作宣传图片

常常在公交车站、商场外看到一些制作精美的旅游海报，漂亮的背景加上一些地方标志性建筑、文字和人物，很吸引人。那么，类似这样的旅游海报是怎么制作的呢？如何把其他图片中喜欢的元素选取出来移到新的图像上？如何拼贴呢？

任务目的

本任务通过制作游厦门品茗茶宣传图片（如图 2.2.1 所示），使学生进一步学习并掌握固定选区工具、不规则物体选择的相关知识及技能，以及【椭圆选框工具】、【魔棒工具】

、【磁性套索工具】等工具的使用方法。

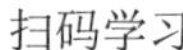

游厦门品茗茶

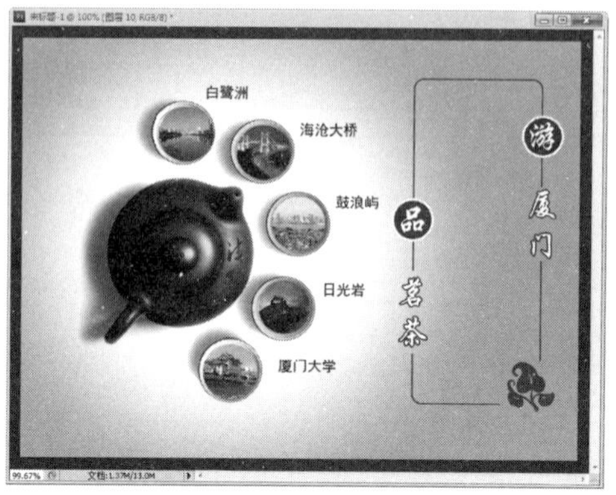

图 2.2.1　宣传图片效果图

相关知识

不规则物体的选取可通过套索工具或魔棒工具。

（1）套索工具

套索工具组里的【套索工具】用于任意不规则选区，【多边形套索工具】用于有一定规则的选区，【磁性套索工具】用于制作边缘比较清晰，且与背景颜色相差比较大的图片的选区，【磁性套索工具】的属性栏如图 2.2.2 所示。

图 2.2.2　【磁性套索工具】属性栏

1）选区加减的设置：做选区的时候，单击【新选区】按钮选择方式较多。

2）羽化：取值范围为 0～250 像素，可羽化选区的边缘，数值越大，羽化的边缘越大。

3）消除锯齿：消除锯齿的功能使选区更平滑。

4）宽度：取值范围为 1～256 像素，一般使用默认值 10 像素。

5）对比度：取值范围为 1%～100%，它可以设置【磁性套索工具】检测边缘图像灵敏度。如果选取的图像与周围图像间的颜色对比度较强，那么应设置一个较高的百分数值。反之，则输入一个较低的百分数值。

6）频率：取值范围为 0～100，它是用来设置在选区时关键点创建速率的一个选项。数值越大，速率越快，关键点就越多。当图的边缘较复杂时，需要较多的关键点来确定边缘的准确性，可采用较大的频率值，一般使用默认值 57。

（2）魔棒工具

使用【魔棒工具】可轻易得到基于颜色的选区，能把图像中连续或不连续的颜色相近的区域作为选区的范围，以选择颜色相同或相近的色块。其属性栏如图 2.2.3 所示。

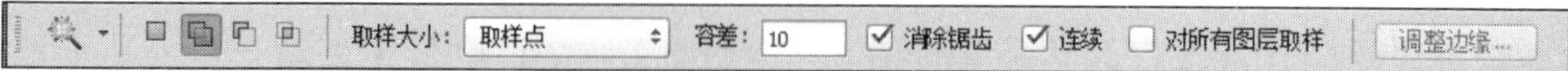

图 2.2.3　【魔棒工具】属性栏

容差：用来控制【魔棒工具】在识别各像素色值差异时的容差范围。可以输入 0～255 范围内的数值，取值越大容差的范围越大；取值越小容差的范围越小。图 2.2.4 和图 2.2.5 为容差值不同时的选择效果。容差选项是最常用到的选项，它能够有效地控制魔棒工具的选择灵敏度。

图 2.2.4　“容差较大”效果

图 2.2.5　“容差较小”效果

任务分析

首先新建图像文件，填充渐变；然后将抠取的茶具素材移入图像中，使用选取工具复制茶具素材中的一个部分；最后将风景素材选中移入固定的选区中，添加文字，并为图像建立边框。

任务实施

01 设置前景色为白色，背景色为橙色（#f69d49），按“Ctrl+Delete”组合键在背景图层中填充背景色。使用【椭圆选框工具】创建一个正圆选区，效果如图 2.2.6 所示。选择【选择】→【修改】→【羽化】命令，在弹出的【羽化选区】对话框中，将【羽化半径】设置为 50 像素。按“Alt+Delete”组合键在选区中填充前景色，并取消选区，效果如图 2.2.7 所示。

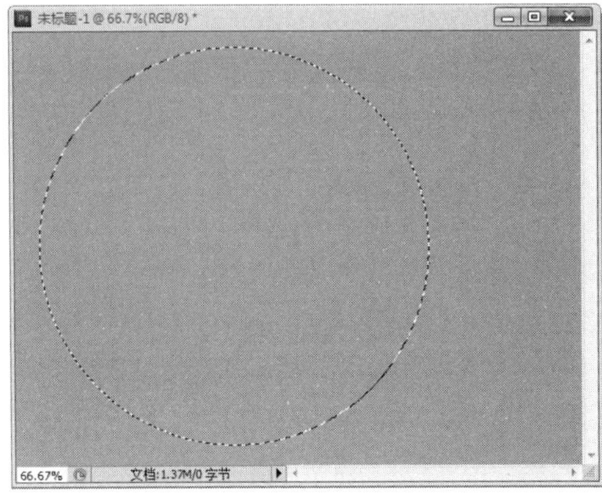

图 2.2.6　创建选区

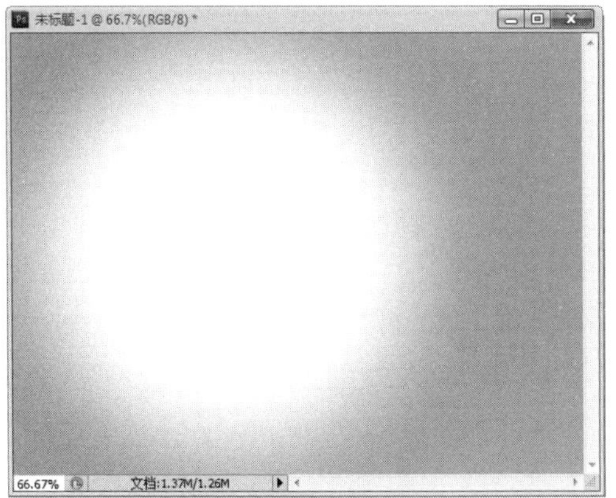

图 2.2.7　填充前景色

02 打开素材文件“茶具.jpg”。选择工具箱中的【魔棒工具】，其属性设置如图 2.2.3

图 2.2.8 创建茶具选区

所示，勾选【连续】复选框，以使图像上所有颜色类似的区域都选上。在素材“茶具.jpg”的白色区域单击，将白色区域选中，选择【选择】→【反向】命令，即可选中茶具如图 2.2.8 所示。

03 抠取选取的茶具素材，使用【移动工具】将其移入背景中。然后按“Ctrl+T”组合键，调整茶具的大小。

04 打开“白鹭洲.jpg”素材文件。使用【椭圆选框工具】创建一个正圆选区，使用【移动工具】将其移入背景中，按“Ctrl+T”组合键，调整风景图的大小，效果如图 2.2.9 所示。

05 打开其他 4 个厦门风光的图片，添加素材方法同步骤 04。

06 使用【横排文字工具】输入风景胜地的名称，效果如图 2.2.10 所示。

图 2.2.9 添加风景图素材

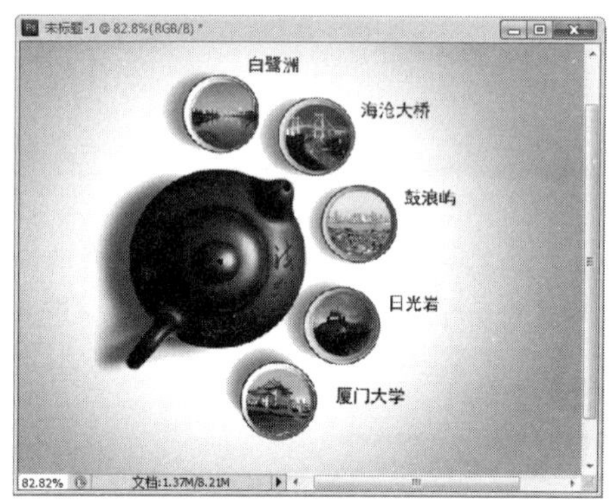

图 2.2.10 添加文字

07 新建一个图层，使用【矩形选框工具】创建图 2.2.11 所示选区。选择【选择】→【修改】→【平滑】命令，弹出【平滑选区】对话框，设置【取样半径】为 10 像素。选择【编辑】→【描边】命令，在弹出的【描边】对话框中，设置描边宽度为 2 像素，颜色为棕色，其余设置如图 2.2.12 所示。

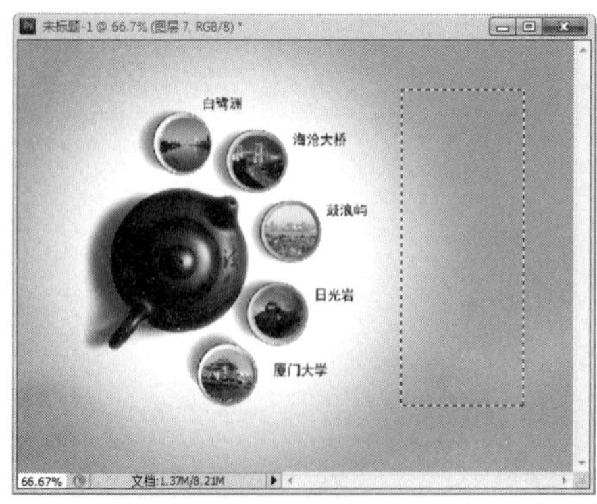

图 2.2.11 创建选区

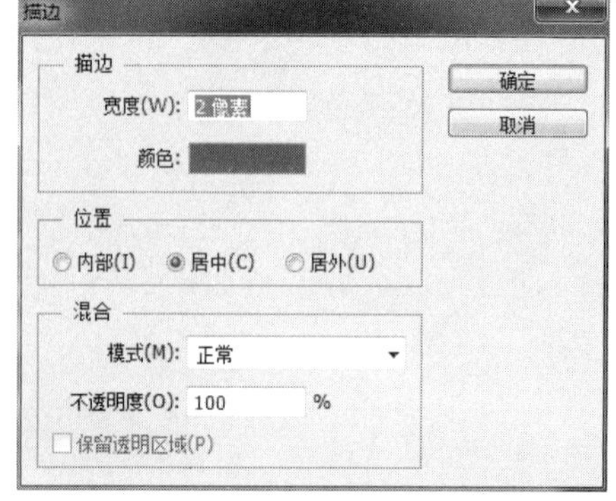

图 2.2.12 设置【描边】对话框参数

08 新建一个图层，使用【椭圆选框工具】创建一个正圆选区。设置前景色为白色，按“Alt+Delete”组合键在选区中填充前景色，取消选区，效果如图 2.2.13 所示。

09 设置前景色为棕色（#4d200a）。使用【椭圆选框工具】创建一个比白色圆更小的正圆选区，按“Alt+Delete”组合键在选区中填充前景色，取消选区，效果如图 2.2.14 所示。

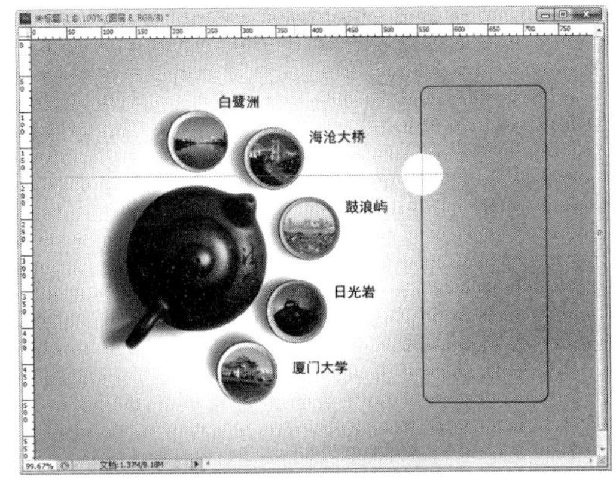

图 2.2.13　绘制白色圆

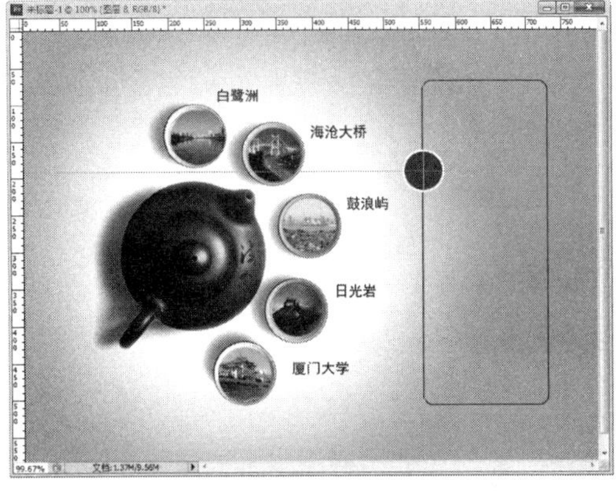

图 2.2.14　绘制棕色圆

10 复制该图层，使用【移动工具】调整两个图层上图像的位置，效果如图 2.2.15 所示。

11 使用【横排文字工具】输入“品”和“游”字样。使用【直排文字工具】输入“茗茶”和“厦门”字样。在【图层】面板，单击面板下方的按钮，添加【描边】图层样式，设置如图 2.2.16 所示，设置后的效果如图 2.2.17 所示。

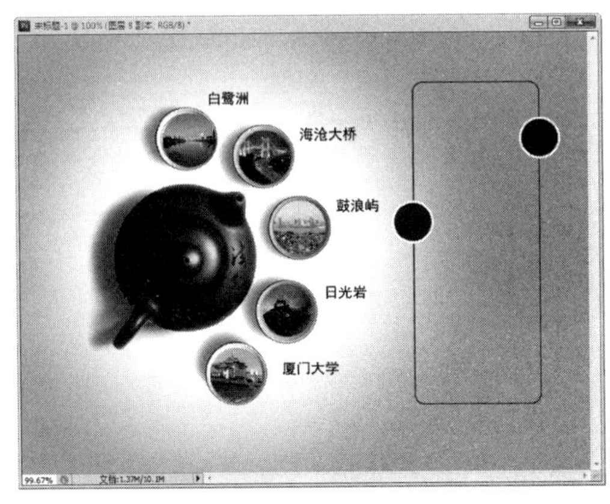

图 2.2.15　复制图层

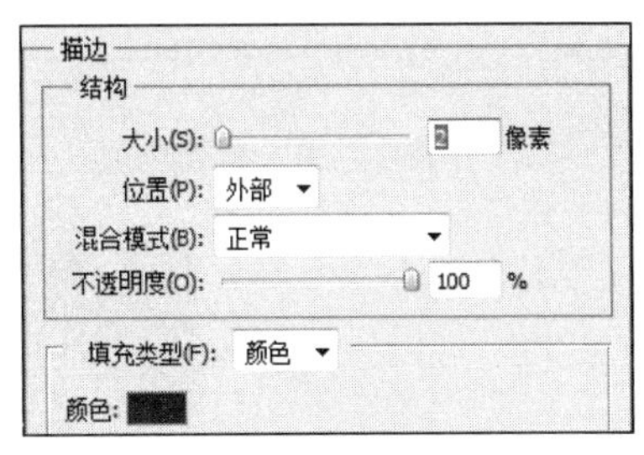

图 2.2.16　设置【描边】图层样式参数

12 选择线框所在图层，使用【橡皮擦工具】擦除多余图像，效果如图 2.2.18 所示。

13 新建一个图层，选择【自定形状工具】，其属性栏设置如图 2.2.19 所示。前景色设置为棕色（#6f2e00），绘制一朵小花，效果如图 2.2.20 所示。选择线框所在图层，使用【橡皮擦工具】擦除多余图像，效果如图 2.2.21 所示。

14 新建一个图层，并将该新建图层移动至最上方。设置前景色为棕色（#4d200a），按“Alt+Delete”组合键填充前景色。使用【矩形选框工具】创建图 2.2.22 所示矩形选区。

删除选区中的图像，取消选区。使用【横排文字工具】 输入“游厦门系列”，并将“游”字突出，用暗红色，加大字号，最终效果如图 2.2.1 所示。

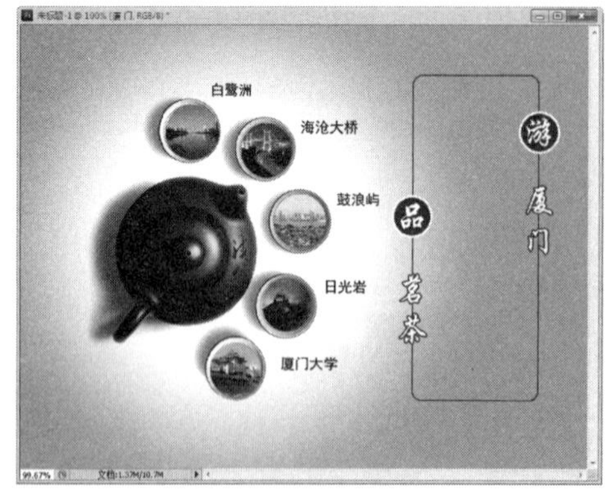

图 2.2.17　添加图层样式后效果

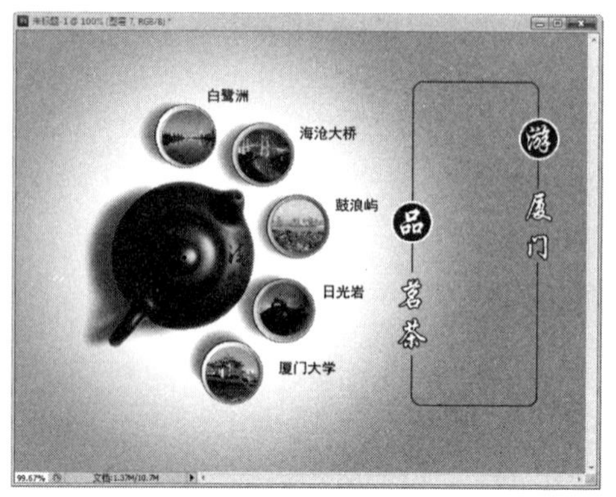

图 2.2.18　擦除多余图像（一）

图 2.2.19　设置【自定形状工具】 属性栏

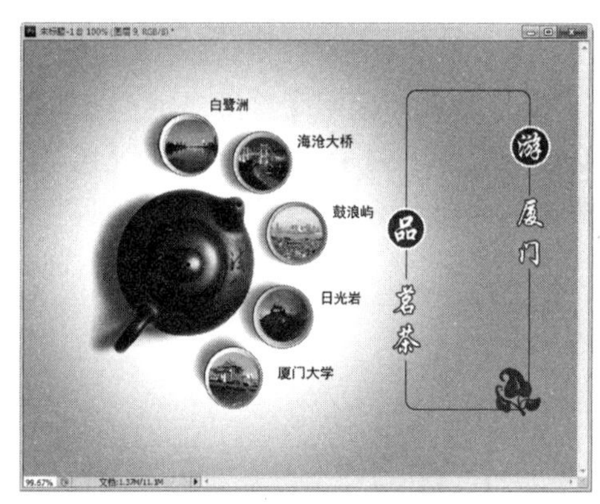

图 2.2.20　绘制花朵

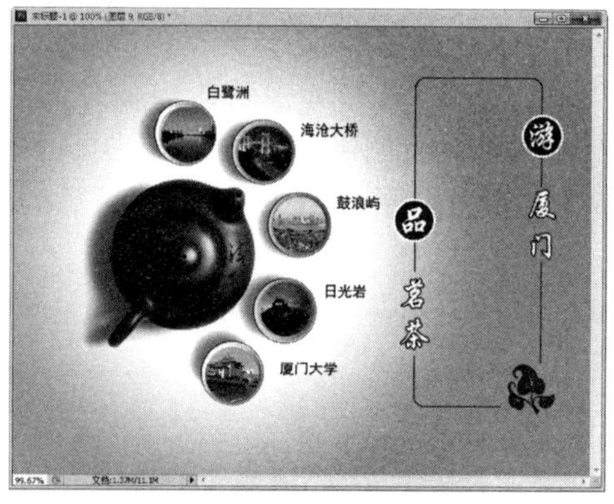

图 2.2.21　擦除多余图像（二）

图 2.2.22　创建选区

任务 2.3　选框工具、套索工具的综合使用——制作齿轮

任务目的

本任务通过学习制作齿轮实例（如图 2.3.1 所示），使学生进一步掌握固定选区工具、不规则物体选择的相关知识及技能，以及【椭圆选框工具】、【磁性套索工具】等工具的使用方法。

图 2.3.1　齿轮效果图

扫码学习

制作齿轮

任务分析

首先新建图像文件，然后绘制多边形图形并旋转图形，形成齿轮轮廓；通过画笔工具、选框工具等添加其他元素，完成齿轮制作。

任务实施

01 新建文件。选择【文件】→【新建】命令，弹出【新建】对话框，设置【宽度】为 800 像素，【高度】为 800 像素，【分辨率】为 72 像素/英寸，【背景内容】为白色。

02 新建图层，按“Ctrl+R”组合键显示标尺，添加参考线，效果如图 2.3.2 所示。

03 使用【多边形套索工具】在新图层上绘制选区并填充黑色，效果如图 2.3.3 所示。

04 按“Ctrl+J”组合键复制多边形图形，按下“Ctrl+T”组合键并旋转 30°，效果如图 2.3.4 所示。

05 按“Enter”键，并按下“Ctrl+Shift+Alt+T”组合键复制六边形，再次运用变换操作（即在原来旋转角度的基础上再次旋转 30°），效果如图 2.3.5 所示。

06 选择 6 个六边形图层，按“Ctrl+E”组合键合并，然后将新图层命名为“轮廓”。

07 设置前景色为黑色，使用【椭圆选框工具】在“轮廓”图层上选中图形中心，然后按“Shift+Alt”组合键绘制一个正圆选区并填充前景色，效果如图 2.3.6 所示。

08 选中“轮廓”图层方框，按“Ctrl”键激活“轮廓”图层选区，选择【选择】→【修

改】→【平滑】命令，弹出【平滑选区】对话框，设置【取样半径】为 4 像素。设置后的效果如图 2.3.7 所示。

09 将选区再次填充为黑色，并将选区外的黑色按“Shift+Ctrl+I”组合键反选删除，效果如图 2.3.8 所示。

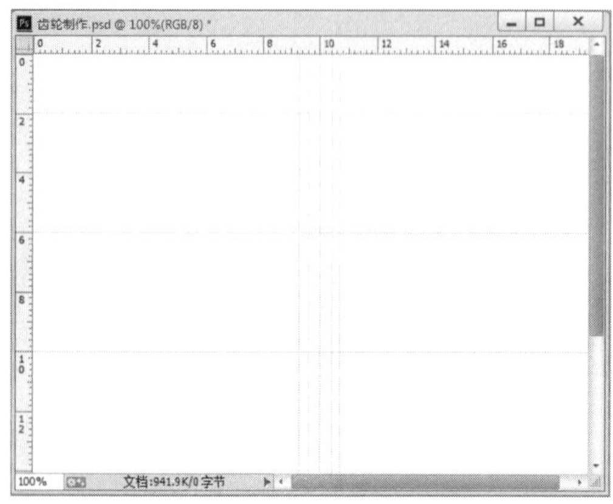

图 2.3.2　绘制参考线

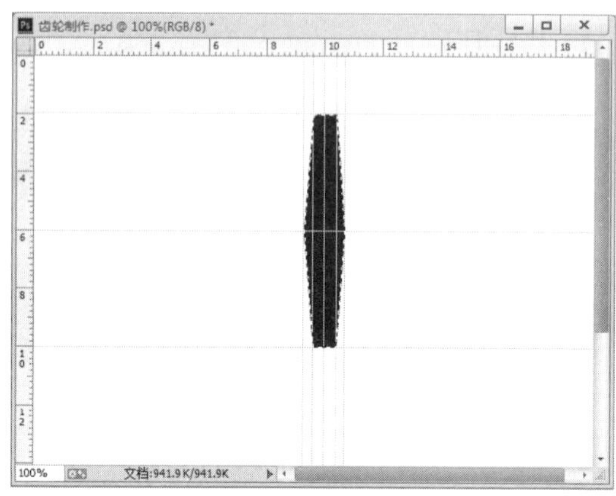

图 2.3.3　绘制基础图形

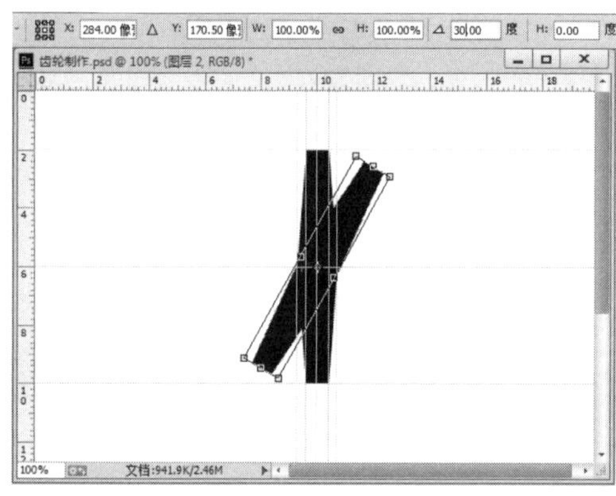

图 2.3.4　复制基础图形

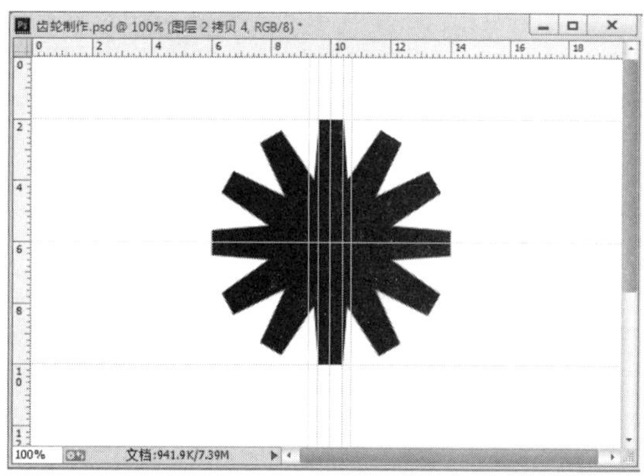

图 2.3.5　复制旋转图形

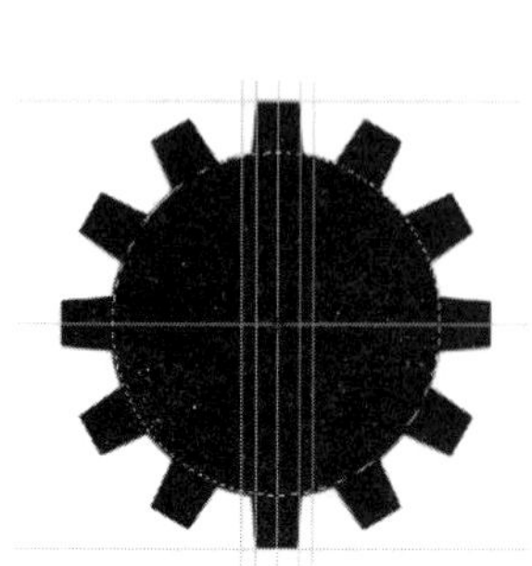

图 2.3.6　绘制同心圆

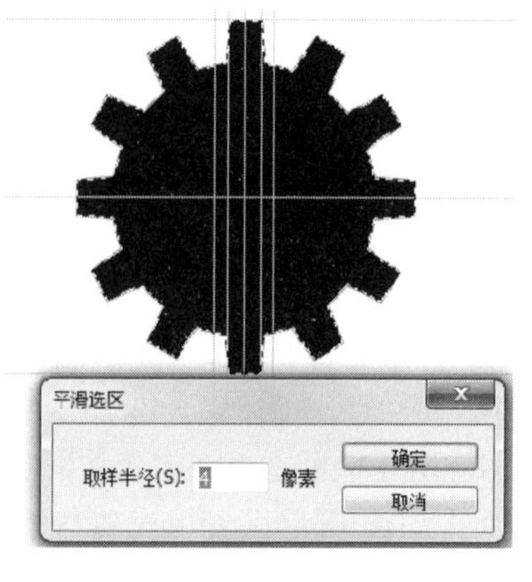

图 2.3.7　平滑选区

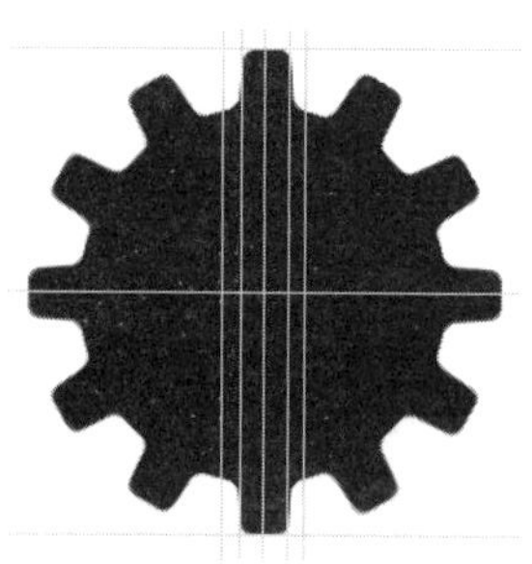

图 2.3.8　填充选区

10 复制“轮廓”图层，并重命名为“齿轮”图层，然后使用【椭圆选框工具】在“齿轮”图层绘制一个正圆选区；然后按“Delete”键删除选区内容，效果如图 2.3.9 所示。

11 新建图层，并命令为“小孔”，使用【画笔工具】在该图层绘制一个小圆（主直径：25 像素，硬度：100%），效果如图 2.3.10 所示。

12 复制“小孔”图层，并旋转 30°（调整图像中心点位置至十字标处），效果如图 2.3.11 所示。

图 2.3.9　删除正圆选区

图 2.3.10　绘制小孔

图 2.3.11　复制小孔并调整位置

13 使用与步骤 **11**、步骤 **12** 相同的方法制作一圈小圆，并将小孔合并成一个图层，效果如图 2.3.12 所示。

14 按住“Ctrl”键，选择【图层】面板上的“小孔”图层获取选区；选择“齿轮”图层，按“Delete”键删除选区内容，效果如图 2.3.13 所示。

15 在素材文件中找到“齿轮样式”，并将导入的样式应用于齿轮图像上，效果如图 2.3.14 所示。

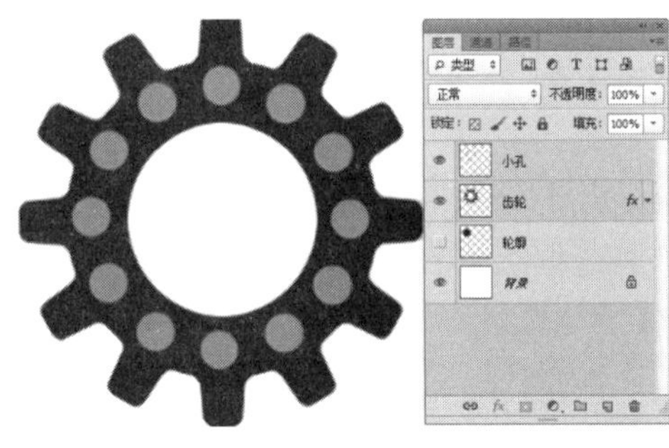

图 2.3.12　复制旋转小孔

图 2.3.13　删除小孔

图 2.3.14　应用样式

16 复制“齿轮”图层，然后设置图层的不透明度修饰作品，最终效果如图 2.3.1 所示。

任务 2.4　选框工具、套索工具和魔棒工具的使用——绘制星空

任务目的

本任务通过学习星空实例，如图 2.4.1 所示，使学生掌握固定选区工具、不规则物体选

择的相关知识及技能，以及【椭圆选框工具】、【魔棒工具】、【磁性套索工具】等工具的应用。

扫码学习

绘制星空

图 2.4.1 星空效果图

任务分析

首先新建图像文件，然后绘制月亮，创建月牙形选区，填充颜色；绘制云彩，创建云彩选区，填充颜色，添加图层样式；绘制彩虹，创建圆选区，填充颜色。最后使用画笔工具绘制星星。

任务实施

01 新建文件。选择【文件】→【新建】命令，弹出【新建】对话框，命名为“星空”，设置【宽度】为 20 厘米，【高度】为 14 厘米，【分辨率】为 72 像素/英寸，【背景内容】为白色。

02 设置前景色为深蓝色（#12204d），按“Alt+Delete”组合键在背景图层上填充前景色。

03 设置前景色为浅蓝色（#89bee4）。使用【椭圆选框工具】创建一个正圆选区。选择【选择】→【修改】→【羽化】命令，在弹出的【羽化选区】对话框中，设置【羽化半径】为 100 像素。按“Alt+Delete”组合键在选区中填充前景色，效果如图 2.4.2 所示。然后按“Ctrl+D”组合键取消选区，完成初步的背景设计。

04 绘制月亮。选择【窗口】→【图层】命令，弹出【图层】面板，单击【图层】面板下方的【创建新图层】按钮，新建一个图层，命名为“月亮”。使用【椭圆选框工具】创建一个正圆选区。

05 在【椭圆选框工具】的属性栏中单击【从选区减去】按钮，再创建一个椭圆选区，效果如图 2.4.3 所示，可生成一个月牙状选区。

06 设置前景色为白色，按“Alt+Delete”组合键在选区中填充前景色，然后取消选区，效果如图 2.4.4 所示。选择【滤镜】→【模糊】→【高斯模糊】命令，在弹出的【高斯模糊】对话框中设置【半径】为 0.5 像素。复制月亮图层，选择【图层】→【复制图层】命令，生成“月亮 副本”图层，选择【滤镜】→【模糊】→【高斯模糊】命令，在弹出的【高斯模糊】对话框中设置【半径】为 8 像素，效果如图 2.4.5 所示。

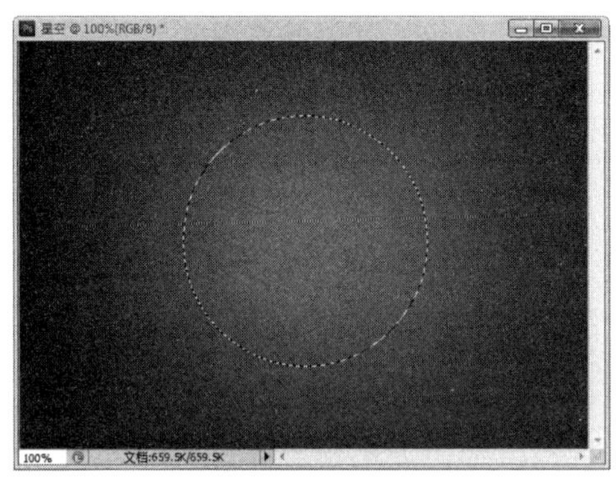

图 2.4.2 填充背景前景色

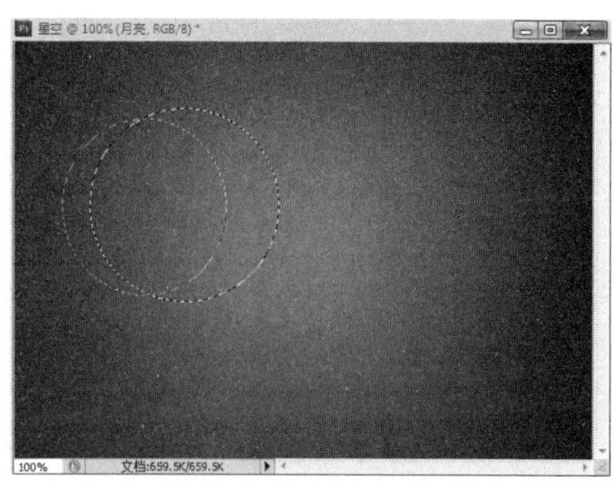

图 2.4.3 创建椭圆选区

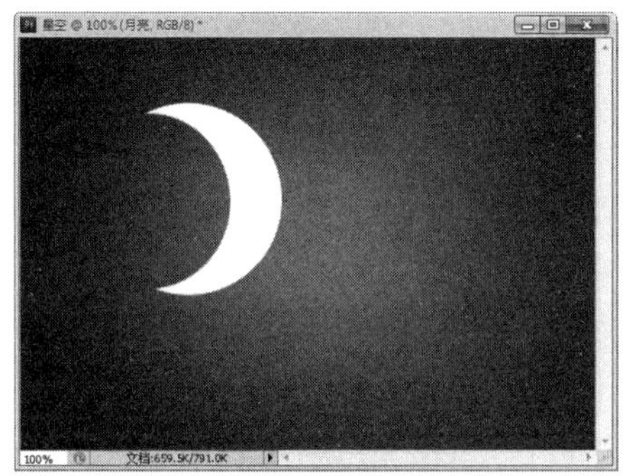

图 2.4.4 填充月亮前景色

图 2.4.5 【高斯模糊】设置效果

07 选中“月亮”和“月亮 副本”图层，按“Ctrl+T”组合键，调整月亮的大小和角度。

08 选择【窗口】→【图层】命令，弹出【图层】面板，单击【图层】面板下方的【创建新图层】按钮，新建一个图层，命名为“图层 1”，将其移动到背景图层上方。设置前景色为浅蓝色（#a1b0fc），背景色为深蓝色（#0a132e），选择【滤镜】→【渲染】→【云彩】命令，并设置该图层混合模式为【正片叠底】。

09 绘制云彩。选择【椭圆选框工具】，在其属性栏中单击【添加到选区】按钮，创建如图 2.4.6 所示选区。

10 选择【窗口】→【图层】命令，弹出【图层】面板，单击【图层】面板下方的【创建新图层】按钮，新建一个图层，命名为“云彩”。设置前景色为蓝色（#2b5180），并按“Alt+Delete”组合键在选区中填充前景色，效果如图 2.4.7 所示。

11 给“云彩”图层添加图层样式。在【图层】面板，单击下方的 fx. 按钮，添加【投影】【内发光】和【斜面和浮雕】图层样式，参数设置如图 2.4.8 所示。

12 再复制 6 个“云彩”图层，按“Ctrl+T”组合键，调整大小和位置，效果如图 2.4.9 所示。

13 选择【视图】→【标尺】命令，显示标尺。从标尺中各拖动出一条水平参考线和一条垂直参考线，效果如图 2.4.10 所示。

图 2..4.6　创建选区

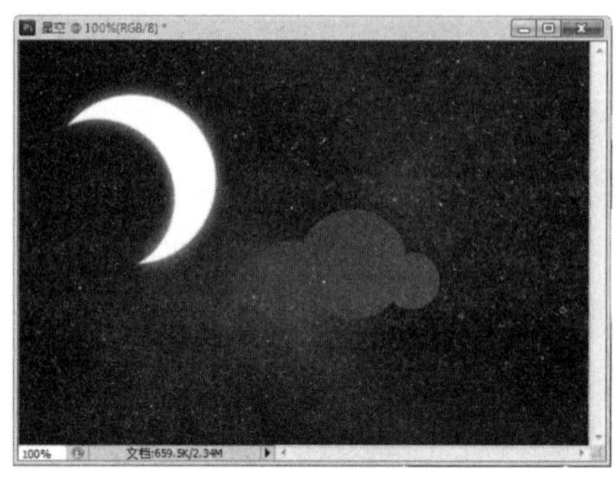

图 2.4.7　填充前景色

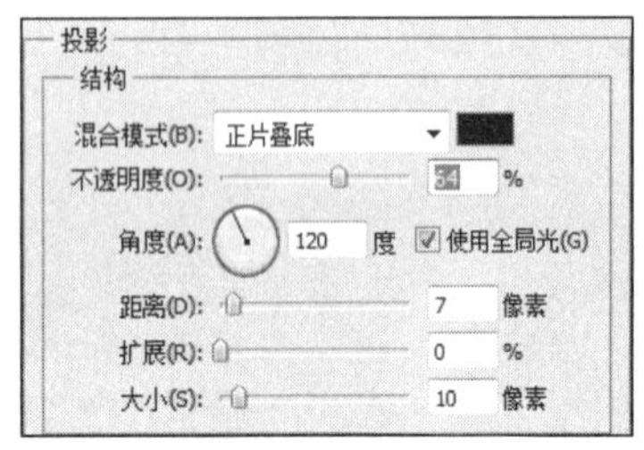

(a)【投影】图层样式设置

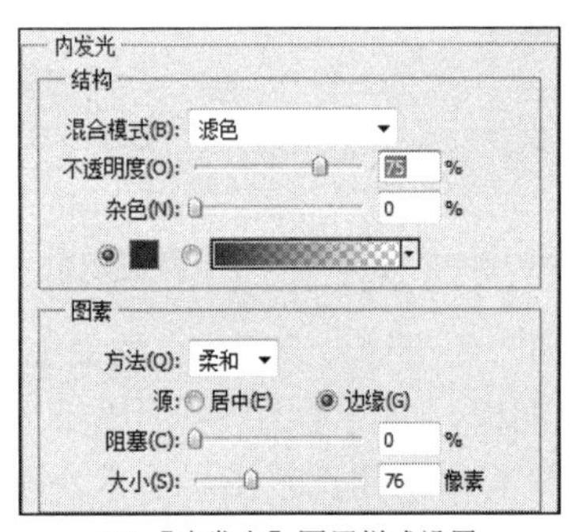

(b)【内发光】图层样式设置

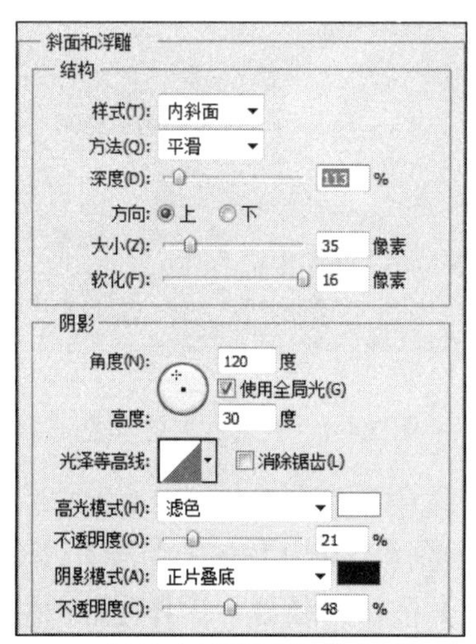

(c)【斜角和浮雕】图层样式设置

图 2.4.8　图层样式设置

图 2.4.9　复制云彩

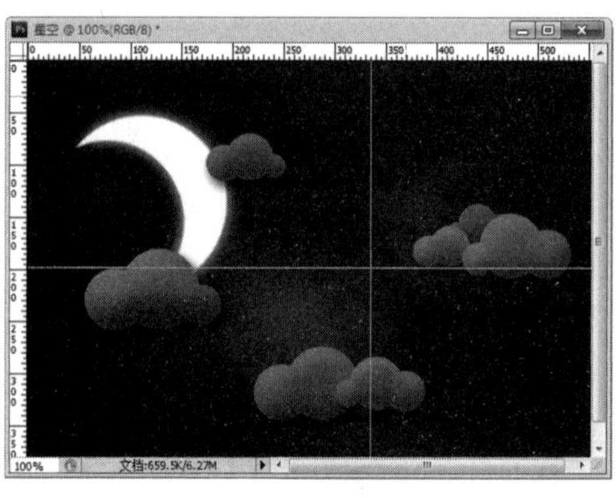

图 2.4.10　设置参考线

14 选择【窗口】→【图层】命令，弹出【图层】面板，单击【图层】面板下方的【创建新图层】按钮，新建一个图层，并命名为“彩虹”。选择【椭圆选框工具】，在其属性栏单击【新选区】按钮，以两条参考线的交点为圆心，按“Shift+Alt”组合键创建一个正圆选区，效果如图 2.4.11 所示。

15 设置前景色为红色，在选区中填充前景色。同样以两条参考线的交点为圆心，按“Shift+Alt”组合键再创建一个稍小的正圆选区，效果如图 2.4.12 所示，并在该选区填充黄色。

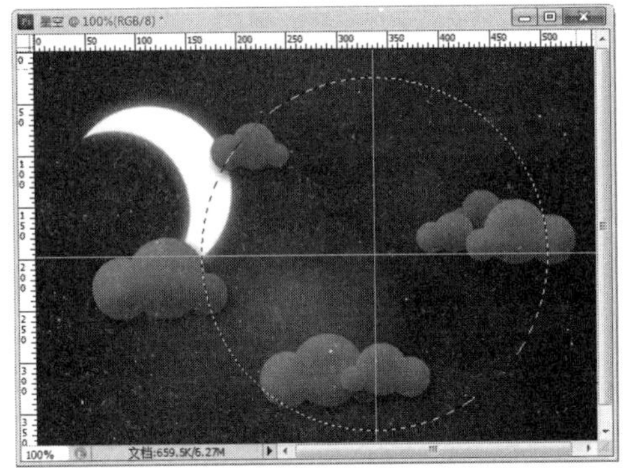

图 2.4.11 创建正圆选区（一）

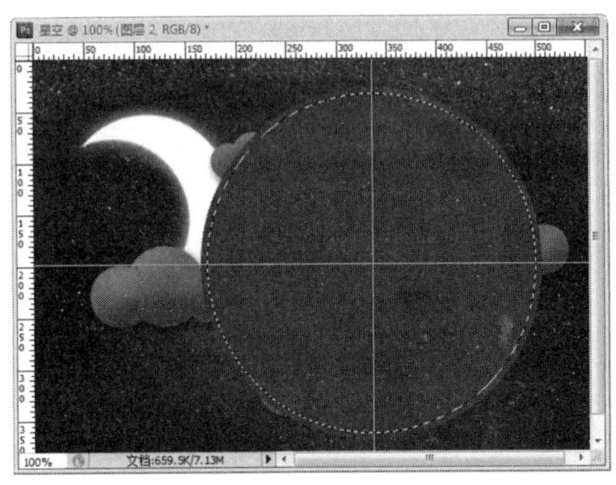

图 2.4.12 创建正圆选区（二）

16 使用与步骤 **15** 相同的方法分别在选区上填充绿色、蓝色和紫色，效果如图 2.4.13 所示。然后以两条参考线的交点为圆心，按“Shift+Alt”组合键再创建一个比紫色圆稍小的正圆选区，删除选区中图像，取消选区，效果如图 2.4.14 所示。

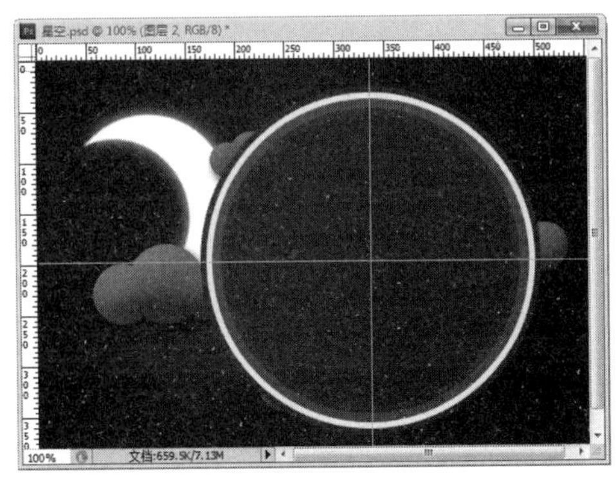

图 2.4.13 填充颜色

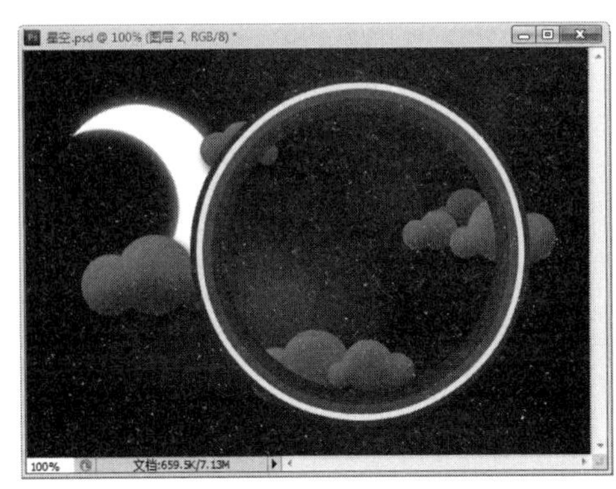

图 2.4.14 删除图像

17 使用【橡皮擦工具】擦除多余的彩虹，效果如图 2.4.15 所示。

18 选择【图像】→【调整】→【色相/饱和度】命令，弹出【色相/饱和度】对话框，在该对话框中设置参数，如图 2.4.16 所示。

19 选择【窗口】→【图层】命令，弹出【图层】面板，单击【图层】面板下方的【创建新图层】按钮，新建一个图层，命名为“星星”，并将其移动到“图层 1”上方。使用【画笔工具】选择其中“星形 14 像素”画笔，绘制星星，设置该图层的【不透明度】为 50%，最终效果如图 2.4.1 所示。

图 2.4.15　擦除图像

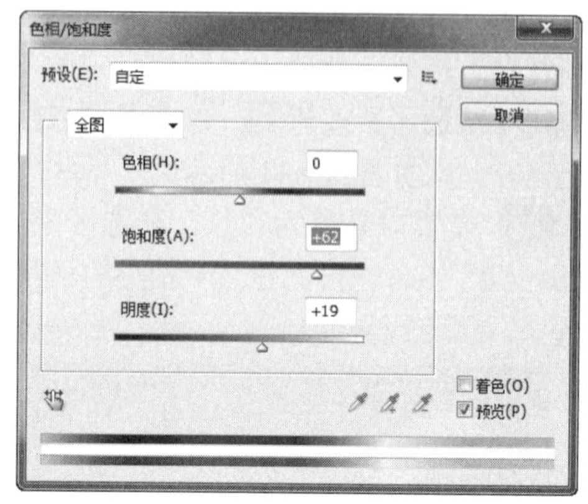

图 2.4.16　设置【色相/饱和度】对话框参数

项 目 小 结

本项目通过 4 个任务的实际操作，详细地介绍了不同选区工具的具体应用和编辑的方法，特别是不规则物体选区的创建、选择、填充以及不同选区工具的编辑方法，另外还简单介绍了选区的修改方式，如羽化、平滑等。

实 践 探 索

一、选择题

1．以下代表添加到选区的图标是（　　）。

A．　　B．　　C．　　D．

2．将一幅图像拖动至另一幅图像的便捷工具是（　　）。

A．【套索工具】　　B．【移动工具】

C．【圆角矩形工具】　　D．【抓手工具】

3．如图 2.1 所示的扇形形状，通过设置选区的（　　）属性可以实现。

A．新选区绘制

B．矩形与圆形的选区区域添加

C．矩形与圆形的选区区域相减

D．矩形与圆形的选区区域相交

二、操作题

设计一幅图 2.2 所示的主题网页的界面（提示：首先建立 800 像素×600 像素的文件，利用选区工具，设计背景框架；然后利用【磁性套索工具】绘制不规制图像，并为其建立柔和的选区边缘；最后添加文字标题，并利用图层的混合模式修饰文字效果）。

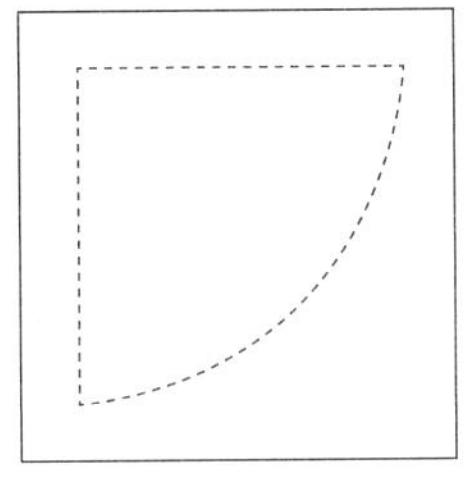

图 2.1　扇形形状

图 2.2　闽南古厝网页界面效果图

项目 3 图像的绘制与编辑

项目导读

Photoshop 提供了多种强大的绘图工具，灵活地使用这些工具可以充分发挥自己的创造性，绘制出更多、更精彩的平面作品。

学习目标

1）掌握画笔工具和画笔面板的使用方法。
2）掌握油漆桶工具和渐变工具的使用方法。
3）掌握图像的变形操作方法。
4）掌握图像的填充和描边操作方法。

素养目标

1）通过绘制风景画，增强学生热爱自然、保护环境的意识。
2）引导学生树立正确的艺术观，明白创作源于生活而又高于生活。

任务 3.1　画笔的使用——绘制风景画

在 Photoshop CS6 中画笔的功能很强大，使用画笔工具和橡皮擦工具，配合画笔面板，可以创作出各式各样的纹理、图案或图像。

任务目的

本任务通过制作如图 3.1.1 所示的风景画实例，使学生掌握各种绘图工具和【画笔】面板的使用方法和技巧。

图 3.1.1　风景画效果图

扫码学习

绘制风景画

相关知识

1. 绘图工具

(1) 画笔工具

使用工具箱中的【画笔工具】可绘制出边缘柔软的画笔效果，画笔的颜色为工具箱中的前景色。【画笔工具】的属性栏如图 3.1.2 所示。

图 3.1.2　【画笔工具】属性栏

1）：设置画笔的样式和画笔的粗细。单击【切换画笔面板】按钮，弹出【画笔】调板，可设置画笔的样式。

2）模式：设置画笔的混合模式。

3）不透明度：设置画笔在绘制图像时颜色的透明程度。

4）流量：设置画笔在绘制时笔墨扩散的量。

5）（启用喷枪模式）：选中该选项时，在绘制过程中如有停顿，则画笔中的颜料会不停地喷射出来，停顿时间越长，色点颜色越深，所占的面积也越大。

小贴示

若要绘制直线，可按住“Shift”键，使用【画笔工具】在图像窗口中拖动即可。

（2）铅笔工具

使用工具箱中的【铅笔工具】可绘制硬边的线条，如果画的是斜线，会有明显的锯齿，绘制的线条颜色是工具箱中的前景色。【铅笔工具】的属性栏如图 3.1.3 所示。

图 3.1.3 【铅笔工具】属性栏

自动抹除：勾选该复选框，如果铅笔线条的起点处是工具箱中的前景色，则铅笔工具会将前景色擦除，填充背景色；否则铅笔工具会填充前景色。

（3）橡皮擦工具

使用工具箱中的【橡皮擦工具】可将图像擦除至工具箱中的背景色，并可将图像还原到历史记录面板中图像的任何一个状态。【橡皮擦工具】的属性栏如图 3.1.4 所示。

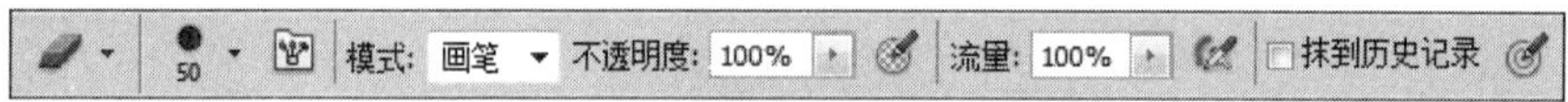

图 3.1.4 【橡皮擦工具】属性栏

1）模式：有 3 种不同的模式，分别是画笔、铅笔和块。选择【画笔】和【铅笔】选项时，和画笔工具、铅笔工具的用法相似，只是绘画和擦除的区别；选择【块】选项时，就是一个方形的橡皮擦。

2）抹到历史记录：勾选该复选框，配合历史记录面板的使用，可将图像还原到历史记录面板中图像的任何一个状态。

（4）背景橡皮擦工具

使用工具箱中的【背景橡皮擦工具】可将图层上的颜色擦除成透明，其属性栏如图 3.1.5 所示。

图 3.1.5 【背景橡皮擦工具】属性栏

1）（连续）：软件会随鼠标的移动而不断地取样颜色。

2）一次：以第 1 次单击的颜色为取样颜色，在擦除时只能做一次连续的擦除。

3）（背景色板）：以工具箱中的背景色为取样颜色，擦除与背景色相同或相邻的颜色像素。

4）限制：设置橡皮擦除的方式，有不连续、连续和查找边缘 3 种方式。选择【不连续】选项，表示擦除在容差范围内所有与取样点相同的颜色像素；选择【连续】选项，表示擦除在容差范围内所有与取样点相同并相邻的颜色像素；选择【查找边缘】选项，表示在擦除时保持图像较强的边缘效果。

5）容差：控制橡皮擦擦除的图像范围，数值越大擦除颜色的范围越大。

6）保护前景色：勾选该复选框，图像中与工具箱前景色相同的颜色像素将被保护，不被擦除。

（5）魔术橡皮擦工具

使用工具箱中的【魔术橡皮擦工具】可根据颜色近似程度来确定将图像擦除成透明的程度。其属性栏如图 3.1.6 所示。

图 3.1.6　【魔术橡皮擦工具】属性栏

1）消除锯齿：勾选该复选框，可使擦除后图像的边缘保持平滑。

2）连续：勾选该复选框，只会去除图像中和鼠标单击点相似并连续的部分。若不勾选该复选框，则将擦除图像中所有和鼠标单击点相似的像素，不论其是否与鼠标单击点连续。

3）对所有图层取样：勾选该复选框，不论当前在哪个图层上操作，都对所有的图层起作用，而不是只针对当前操作的层。

2.【画笔】面板

从 Photoshop 5.0 到 Photoshop CS6 都有一个专门的【画笔】面板来控制画笔的选项设置。选择工具箱中的【画笔工具】，单击其属性栏中的按钮，弹出【画笔】面板，如图 3.1.7 所示。

（1）设置【画笔笔尖形状】选项卡

在【画笔】面板中，选择【画笔笔尖形状】选项卡，其中参数设置如图 3.1.7 所示。

1）大小：控制画笔大小，最大取值为 5000 像素。

2）翻转 X 和翻转 Y：勾选相应复选框，可更改所选画笔的显示方向。

3）角度：控制画笔的角度，所设置的角度在【圆度】参数发生变化时有效。

4）圆度：控制画笔长短轴的比例，取值范围为 0%～100%。

5）硬度：控制画笔边缘的虚实程度，数值越大，画笔边缘越清晰，取值范围为 0%～100%。

6）间距：控制画笔笔触之间的距离，数值越大，笔触之间的距离越大，取值范围为 0%～1000%。

（2）设置【形状动态】选项卡

在【画笔】面板中，选择【形状动态】选项卡，其中参数设置如图 3.1.8 所示。

1）大小抖动：控制画笔在绘制线条过程中标记点大小的动态变化。

2）控制：其中，【关】表示关掉该属性；【渐隐】表示渐隐的绘图方式；【钢笔压力】表示在绘图过程中控制画笔的压力；【钢笔斜度】使画笔和画布保持一定的夹角，如同在斜握画笔状态下绘图；【光轮笔】是循环改变选项，如当选择画笔大小功能时，可逐渐放大或缩小画笔。

3）最小直径：控制画笔标记点可缩小的最小尺寸，以画笔直径的百分比为基础，取值范围为 0%～100%。

4）倾斜缩放比例：当【控制】下拉列表框选择【钢笔斜度】时，用于定义画笔倾斜的比例。

5）角度抖动：控制画笔在绘制线条过程中标记点角度的动态变化情况。

6）圆度抖动：控制画笔在绘制线条过程中标记点圆度的动态变化情况。

7）最小圆度：控制画笔标记点的最小圆度。

（3）设置【散布】选项卡

在【画笔】面板中，选择【散布】选项卡，其中参数设置如图 3.1.9 所示。

1）散布：控制散布程度，数值越高，散布的位置和范围就越随机。若勾选【两轴】复选框，则画笔标记点呈放射状分布；若不勾选该复选框，则画笔标记点的分布和画笔绘制的线条方向垂直。

2）数量：指定每个空间间隔中画笔标记点的数量。

3）数量抖动：定义每个空间间隔中画笔标记点的数量变化。

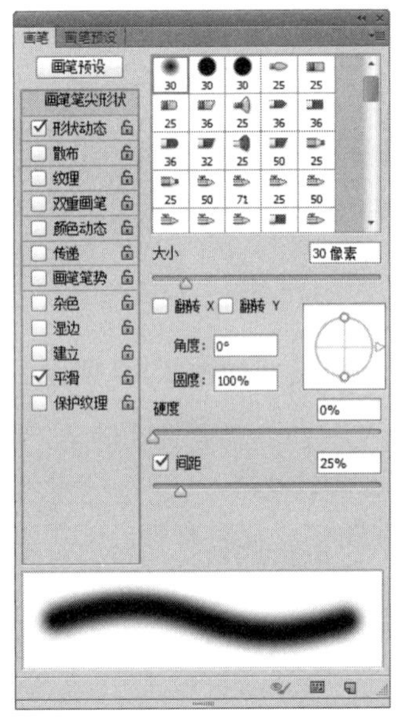

图 3.1.7　【画笔笔尖形状】参数设置

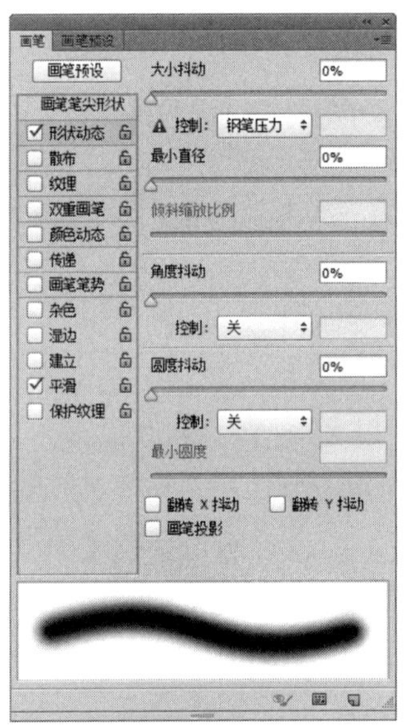

图 3.1.8　【形状动态】参数设置

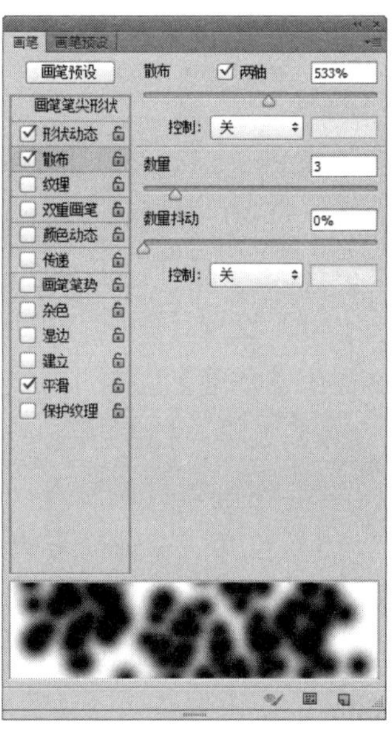

图 3.1.9　【散布】参数设置

（4）设置【纹理】选项卡

在【画笔】控制面板中，选择【纹理】选项卡，其中参数设置如图 3.1.10 所示。

1）缩放：控制图案的缩放比例。

2）为每个笔尖设置纹理：勾选该复选框，【深度抖动】将被激活。

3）模式：设置画笔和图案之间的混合模式。

4）深度：控制画笔渗透到图案的深度，取值为 0%～100%。值为 0%时，只有画笔的颜色，图案不显示；值为 100%时，只显示图案。

5）最小深度：控制画笔渗透图案的最小深度。

6）深度抖动：控制画笔渗透图案的深度变化。

（5）设置【双重画笔】选项卡

该选项卡使用两种笔尖效果创建画笔。使用方法是，首先选择一种原始画笔，然后在【双重画笔】选项卡中选择一种笔尖作为第二种画笔，并在【模式】下拉列表框中设置两种画笔的混合模式。【双重画笔】参数设置如图 3.1.11 所示，其中，各选项的设置都是针对第二种画笔的。

（6）设置【颜色动态】选项卡

选择该选项卡，在绘制过程中，将出现前景色和背景色相互混合的绘制效果。【颜色动态】参数设置如图 3.1.12 所示。

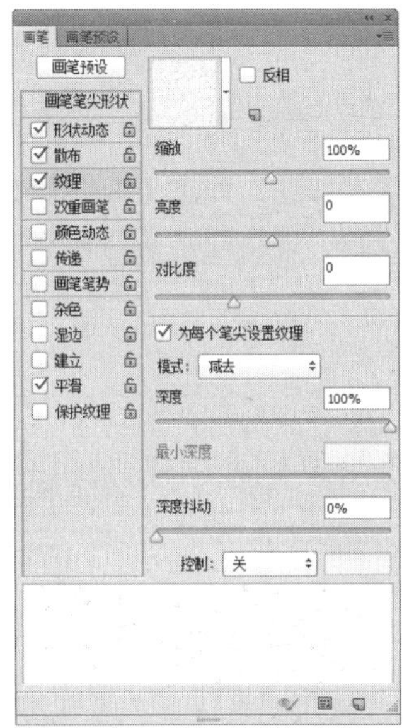

图 3.1.10 【纹理】参数设置

图 3.1.11 【双重画笔】参数设置

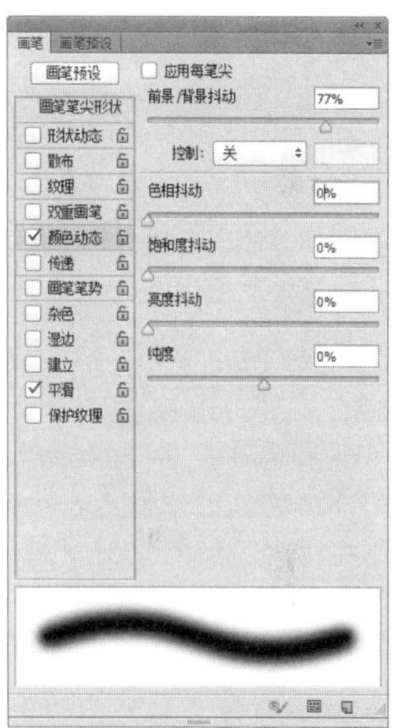

图 3.1.12 【颜色动态】参数设置

1）前景/背景抖动：控制前景色和背景色的混合程度，数值越大，得到的颜色变化就越多。

2）色相抖动：控制绘制线条的色相动态变化范围。

3）饱和度抖动：控制饱和度的混合程度。

4）亮度抖动：控制亮度的混合程度。

5）纯度：控制混合后的整体颜色，数值越小，混合后的颜色就越接近无色；数值越大，混合后的颜色就越纯。

（7）设置【传递】选项卡

该选项卡用于设置画笔在绘制过程中的透明度和压力的变化效果。其动态参数设置如图 3.1.13 所示。

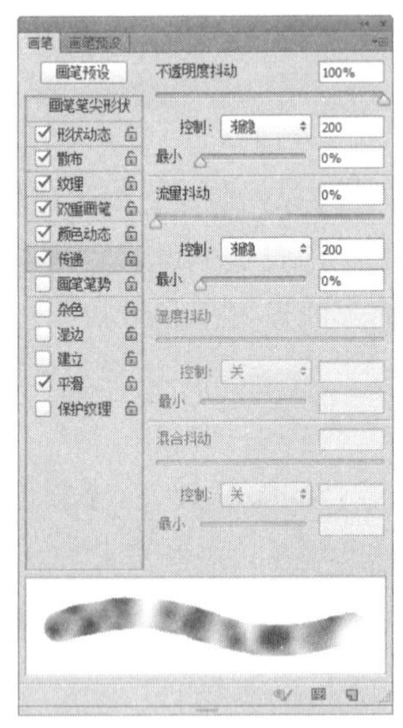

图 3.1.13 【传递】参数设置

1）不透明度抖动：控制绘制线条的不透明度动态变化范围。

2）流量抖动：控制绘制线条的流量动态变化范围。

（8）其他复选框

1）杂色：勾选该复选框，可增加画笔自由随机效果，对于虚化边的画笔效果较为明显。

2）湿边：勾选该复选框，可使画笔具有水彩画笔的效果。

3）喷枪：勾选该复选框，可使画笔具有喷枪效果和渐变色调的效果。

4）平滑：勾选该复选框，可绘制出流畅的线条。

5）保护纹理：勾选该复选框，可对所有的画笔执行相同的纹理图案和缩放。

（9）【画笔】面板菜单

单击【画笔】面板右上角的按钮，弹出【画笔】面板菜单，其中包括新建画笔预设、清除画笔控制、复位所有锁定设置、将纹理拷贝到其他工具等命令。

任务分析

首先新建一个图像文件；然后打开【图层】面板，新建若干个图层，在每一个图层上使用不同样式的画笔绘制图案，最终完成作品。

小贴示

除了系统提供的各种画笔，还可以自定义画笔。定义的方法：使用创建选区工具在图像文件上创建选区，然后选择【编辑】→【定义画笔预设】命令。

任务实施

01 新建文件。选择【文件】→【新建】命令，弹出【新建】对话框，命名为“风景画”，设置【宽度】为 20 厘米，【高度】为 10 厘米，【分辨率】为 96 像素/英寸。

02 设置工具箱中前景色为蓝色（R：100，G：130，B：200），背景色为白色。选择工具箱中的【渐变工具】，在其属性栏中选择【前景到背景】渐变色。在图像窗口从上到下拖动填充渐变色。

03 选择【窗口】→【图层】命令，弹出【图层】面板，单击【图层】面板下方的按钮，新建一个图层，命名为“山”。

04 设置前景色为蓝色（R：108，G：148，B：157），选择工具箱中的【画笔工具】，在其属性栏中单击按钮，弹出【画笔】面板，在【画笔笔尖形状】选项卡中设置画笔大小为 250 像素，硬度为 50%，在“山”图层上绘制出山的形状，如图 3.1.14 所示。

05 选择【窗口】→【图层】命令，弹出【图层】面板，单击【图层】面板下方的按钮，新建一个图层，命名为“草 01”。

06 设置前景色为灰色（R：71，G：91，B：96），背景色为深灰色（R：31，G：51，B：56）。选择工具箱中的【画笔工具】，在其属性栏中单击按钮，弹出【画笔】面板，在【画笔笔尖形状】选项卡中选择【沙丘草】画笔，调整其画笔大小为 120 像素左右，在“草 01”图层上绘制出沙丘草的形状，如图 3.1.15 所示。

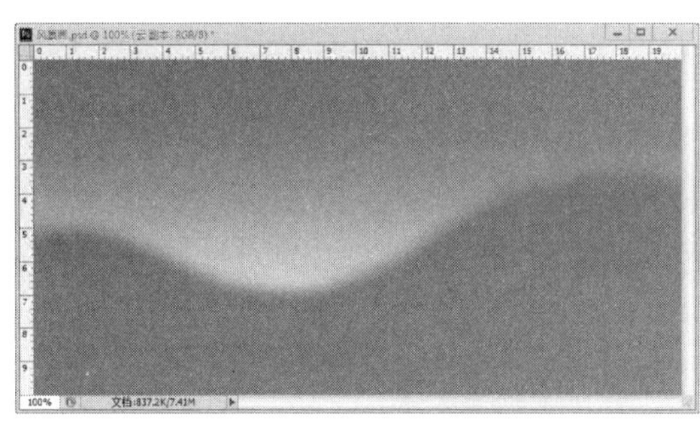

图 3.1.14　绘制山

图 3.1.15　绘制沙丘草

07 选择【窗口】→【图层】命令，弹出【图层】面板，单击【图层】面板下方的按钮，新建一个图层，命名为“草 02”。

08 设置前景色为绿色（R：124，G：142，B：95），背景色为深绿色（R：62，G：104，B：66）。选择工具箱中的【画笔工具】，在其属性栏中单击按钮，弹出【画笔】面板，在【画笔笔尖形状】选项卡中选择【草】画笔，调整其画笔大小为 120 像素左右，在“草 02”图层上绘制出草的形状，如图 3.1.16 所示。

09 选择【窗口】→【图层】命令，弹出【图层】面板，单击【图层】面板下方的按钮，新建一个图层，命名为“草 03”。

10 设置前景色为浅灰色（R：175，G：165，B：115），背景色为绿色（R：71，G：127，B：89）。选择工具箱中的【画笔工具】，在其属性栏中单击按钮，弹出【画笔】面板，在【画笔笔尖形状】选项卡中选择【沙丘草】画笔和【草】画笔，调整其笔尖主直径为 150 像素左右，在“草 03”图层上绘制出草的形状，如图 3.1.17 所示。

11 选择【窗口】→【图层】命令，弹出【图层】面板，单击【图层】面板下方的按钮，新建一个图层，命名为“花”。

12 设置前景色为橙色（R：176，G：125，B：83），背景色为灰色（R：178，G：152，B：129）。选择工具箱中的【画笔工具】，在其属性栏中单击按钮，弹出【画笔】面板，在【画笔笔尖形状】选项卡中选择【绒毛球】画笔，调整其笔尖主直径为 80 像素左右，在“花”图层上点缀出花的形状，如图 3.1.18 所示。

13 选择【窗口】→【图层】命令，弹出【图层】面板，单击【图层】面板下方的按钮，新建一个图层，命名为“云”。

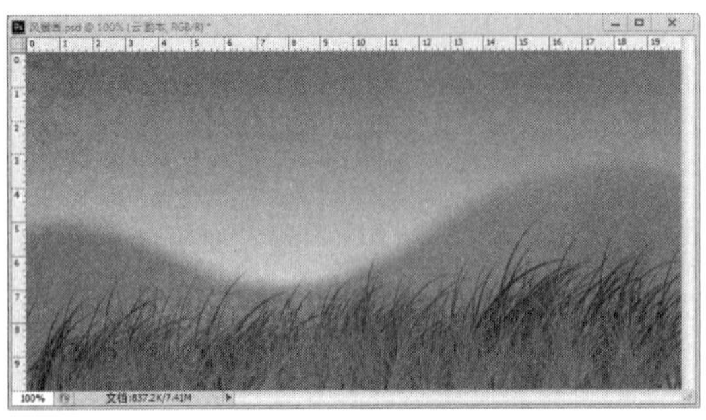

图 3.1.16　绘制草（一）

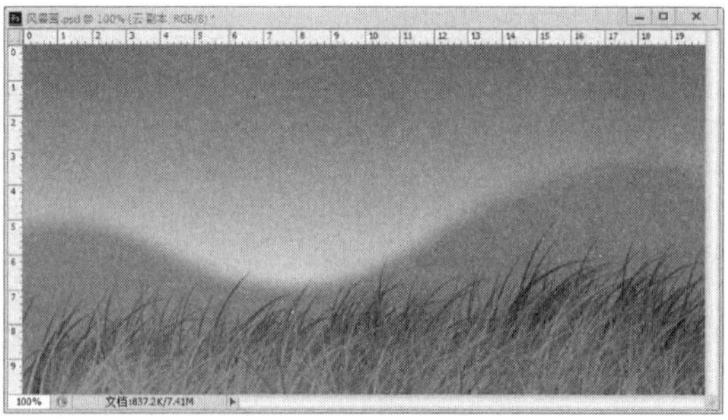

图 3.1.17　绘制草（二）

图 3.1.18　绘制花

14 设置前景色为白色。选择工具箱中的【画笔工具】，单击属性栏中的按钮，弹出【画笔】面板，选择【画笔笔尖形状】选项卡，其参数设置如图 3.1.19 所示。

15 在【纹理】选项卡中选择【云彩】纹理，缩放 110%，如图 3.1.20 所示。

16 在【传递】选项卡中设定【不透明度抖动】值为 100%，如图 3.1.21 所示。

17 在【散布】选项卡中设定【散布】值为 33%，如图 3.1.22 所示。

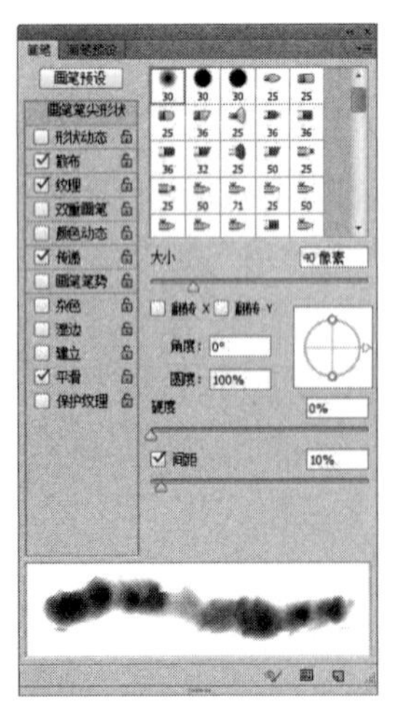

图 3.1.19　【画笔笔尖形状】选项卡设置

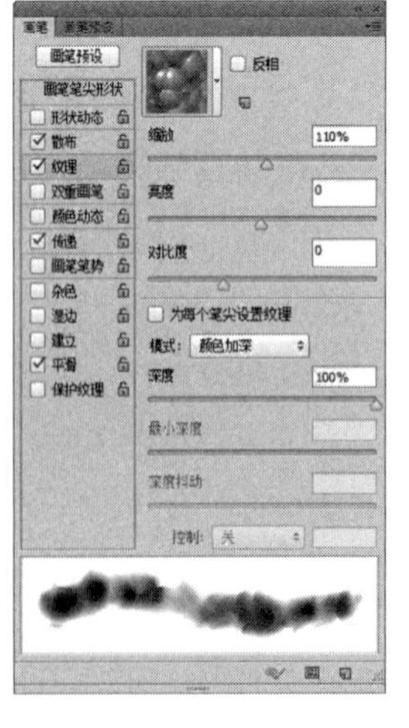

图 3.1.20　【纹理】选项卡设置

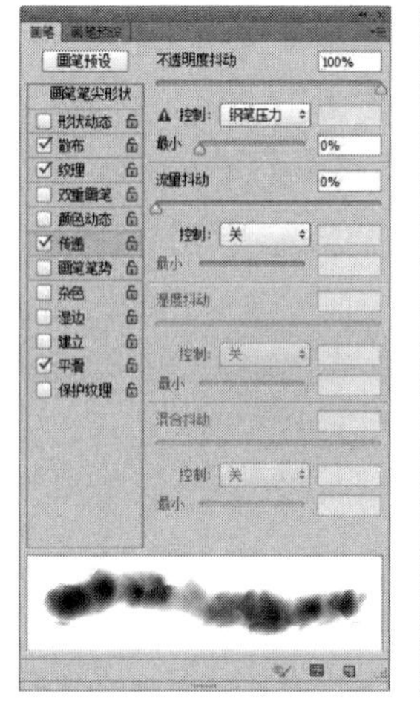

图 3.1.21　【传递】选项卡设置

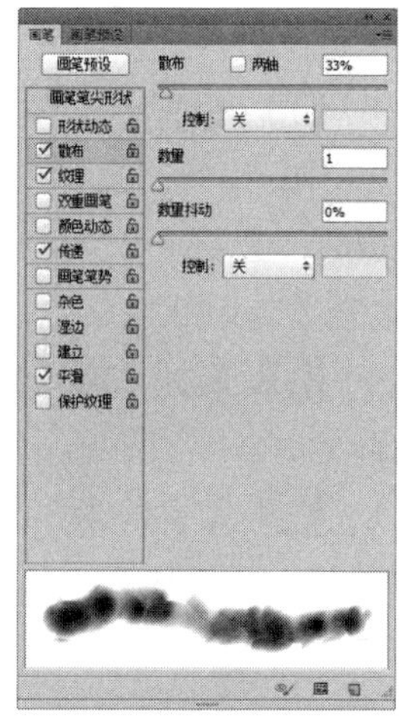

图 3.1.22　【散布】选项卡设置

18 在【画笔工具】属性栏中设定【不透明度】为 80%。然后在“云”图层上绘制云的形状，设置“云”图层的【不透明度】为 85%，如图 3.1.23 所示。

19 将鼠标指针放在【图层】面板“云”图层名的后方右击，在弹出的快捷菜单中选择【复制图层】命令，得到“云 副本”图层。使用工具箱中的【移动工具】把“云 副本”图层向左下方移动，按“Ctrl+T”组合键变换云的大小。然后在【图层】面板中设定“云 副本”图层的【不透明度】为 35%，效果如图 3.1.24 所示。至此，风景画制作完成，最终效果如图 3.1.1 所示。最后保存文件为“风景画.psd”。

图 3.1.23 绘制云

图 3.1.24 设置“云 副本”图层

小贴示

1）使用各种不同样式的画笔绘制图像时，如对绘制的图像有部分不满意，可使用【橡皮擦工具】将其擦除。

2）在绘制过程中注意画面虚实处理和各部分的位置关系。

任务 3.2 图像的变形——绘制立体几何造型

任务目的

本任务通过制作图 3.2.1 所示的立体几何造型实例，使学生掌握图像编辑变形的方法。

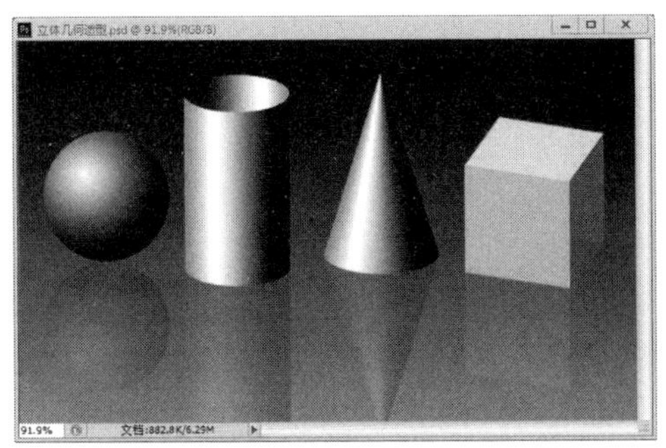

图 3.2.1 立体几何造型效果图

扫码学习

绘制立体几何造型

相关知识

选择【编辑】菜单中的【自由变换】命令或【变换】命令，可以对整个图层、图层中选中的部分区域、多个图层、图层蒙版，甚至路径、矢量图形、选择范围和 Alpha 通道进行缩放、旋转、斜切、扭曲和透视等多种变形。使用【渐变工具】可对选区或整个图像填充渐变色。

1.【编辑】→【自由变换】命令

选择要进行变形的图层或区域，选择【编辑】→【自由变换】命令，或按“Ctrl+T”组合键，出现图 3.2.2 所示的变换控件时，即可对对象进行简单的缩放、旋转变形。其中，中间标记黑色圆圈部分为变换中心，是进行变形操作的旋转缩放中心。要调整变换中心，按“Alt”键拖动变换中心即可。

2.【编辑】→【变换】命令

【编辑】→【变换】命令菜单中包括缩放、旋转、斜切、扭曲、透视和变形等命令，如图 3.2.3 所示。

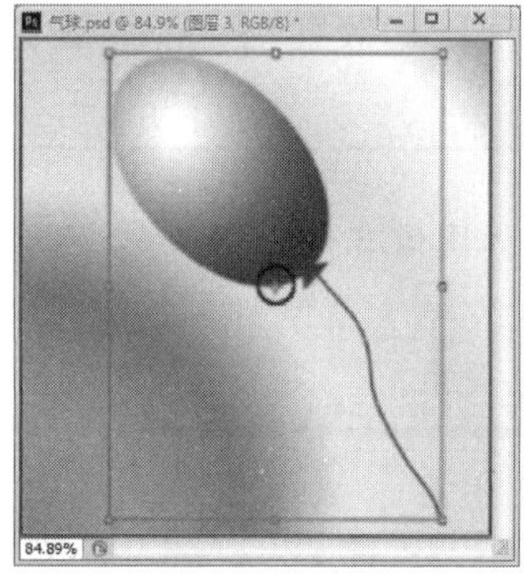

图 3.2.2 变换控件

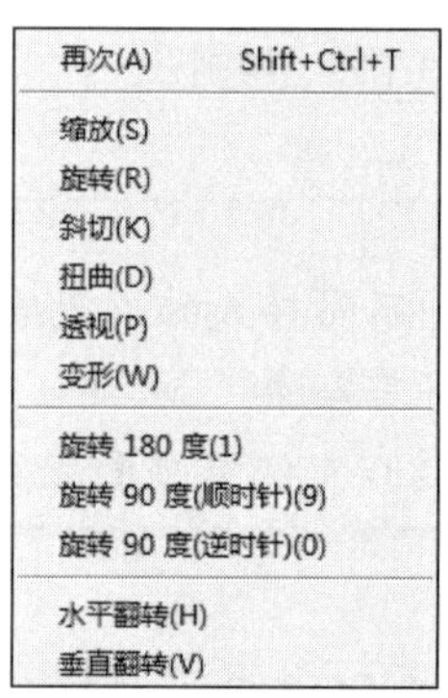

图 3.2.3 【编辑】→【变换】命令菜单

1）【斜切】命令：主要进行斜切变形，变形效果如图 3.2.4 所示。
2）【扭曲】命令：主要进行扭曲变形，变形效果如图 3.2.5 所示。
3）【透视】命令：主要进行透视变形，变形效果如图 3.2.6 所示。
4）【变形】命令：调整各变形控件，可进行任意变形，变形效果如图 3.2.7 所示。

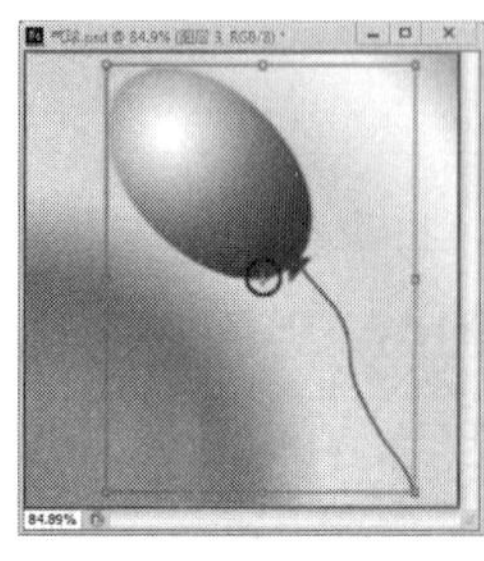

图 3.2.4 【斜切】变形效果

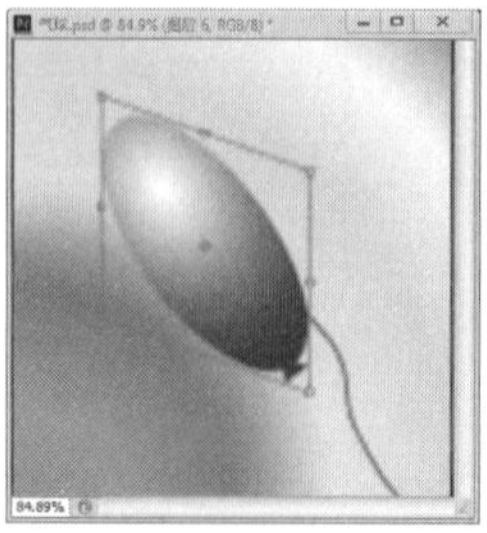

图 3.2.5 【扭曲】变形效果

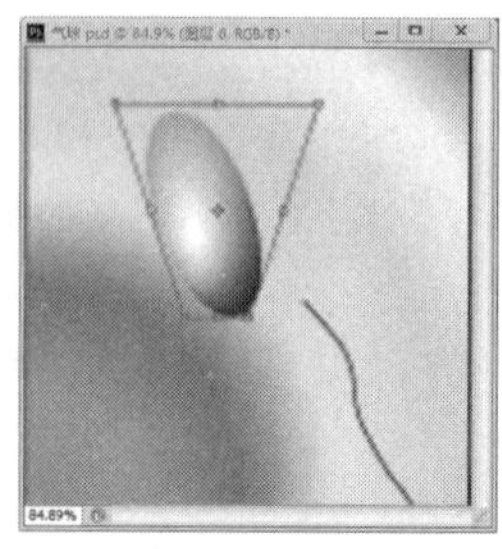

图 3.2.6 【透视】变形效果

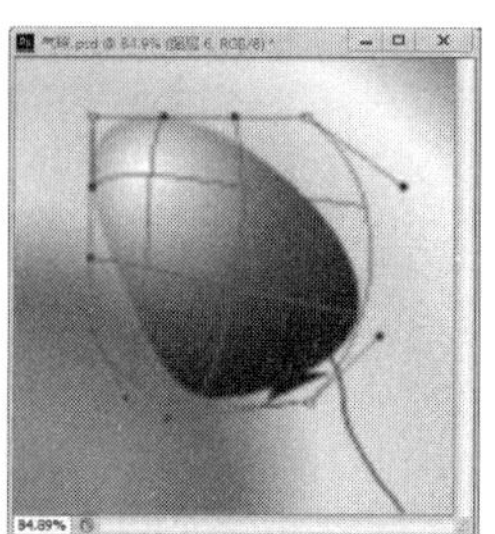

图 3.2.7 【变形】效果

3. 渐变工具

使用工具箱中的【渐变工具】可填充渐变色，如果不创建选区，将作用于整个图像。【渐变工具】的属性栏如图 3.2.8 所示。

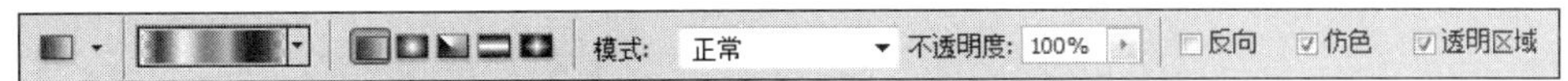

图 3.2.8　【渐变工具】属性栏

1）：选择渐变颜色。单击渐变颜色条，弹出【渐变编辑器】对话框，如图 3.2.9 所示，设置渐变颜色。

① 单击该三角按钮可弹出下拉菜单，用来载入其他内定的渐变色或将修改后的渐变色恢复到初始状态。

② 渐变颜色显示窗口。

③ 渐变色名称栏。

④ 不透明度标记点，设置渐变色的透明程度。

⑤ 颜色标记点，设置渐变颜色。添加渐变颜色时，在渐变颜色条下方单击，可增加一种颜色；双击颜色标记点，可设置颜色。删除渐变颜色时，只需将颜色标记点直接向下拖动，直至颜色消失。

⑥ 透明度或颜色标记点的数据删除按钮。

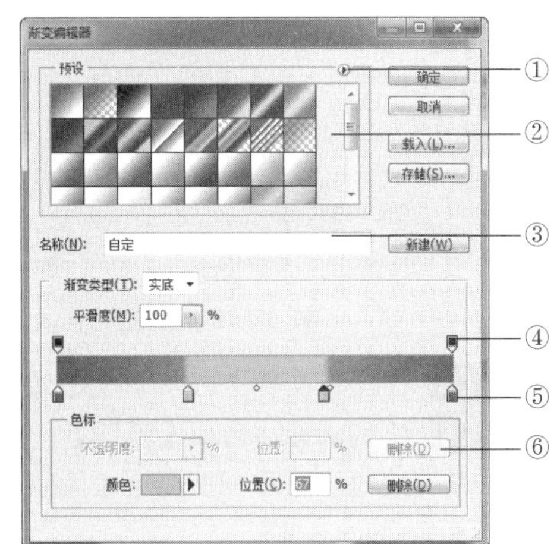

图 3.2.9　【渐变编辑器】对话框

2）：设置渐变类型，包括线性渐变、径向渐变、角度渐变、对称渐变和菱形渐变。

3）反向：勾选该复选框，可将现有的渐变色逆转方向。

4）仿色：控制色彩的显示，勾选该复选框可使色彩过渡更平滑。

5）透明区域：勾选该复选框，可打开透明蒙版，使绘制图像时保持透明填色效果。

任务分析

首先，新建一个图像文件，打开【图层】面板，在背景图层上使用【渐变工具】填充渐变色，作为背景。然后，新建一个图层，创建正圆选区，填充渐变色，绘制圆球；新建一个图层，创建矩形选区，填充渐变色，绘制圆筒；新建一个图层，创建矩形选区，填充渐变色，进行透视变形，绘制圆锥；新建一个图层，创建矩形选区，填充颜色，进行斜切变形，绘制立方体。

任务实施

01 新建文件。选择【文件】→【新建】命令，弹出【新建】对话框，设置【宽度】为 25 厘米，【高度】为 15 厘米，【分辨率】为 72 像素/英寸，如图 3.2.10 所示。

02 选择【渐变工具】，在其属性栏中设置渐变类型为线性渐变，单击渐变颜色条，弹出【渐变编辑器】对话框，设置渐变颜色为紫色（#d476fb）—深紫色（#1c062f），设置参数如图 3.2.11 所示。

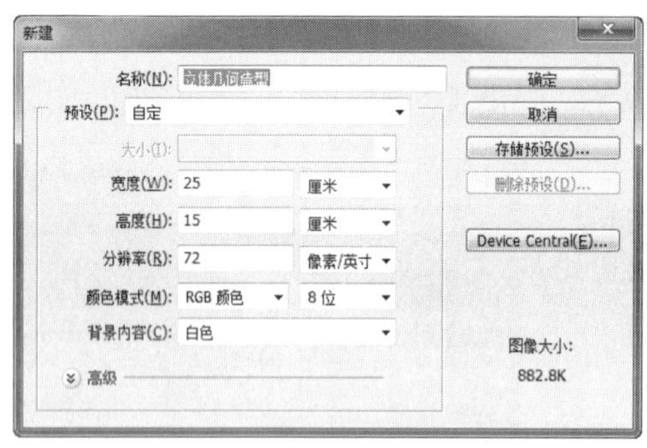

图 3.2.10　新建文件

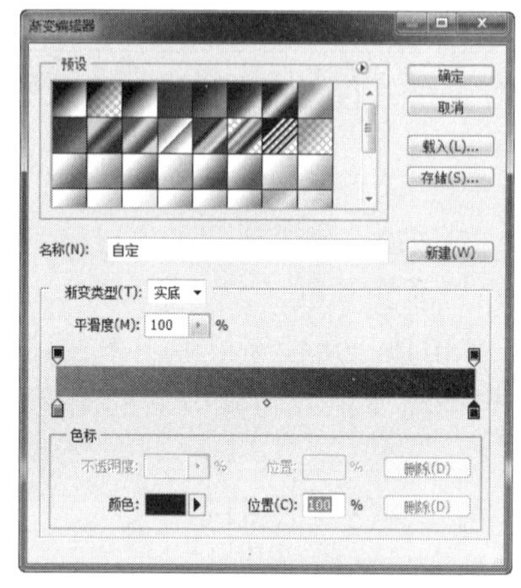

图 3.2.11　【渐变编辑器】参数设置（一）

03 在图像文件上，从下至上做一渐变，效果如图 3.2.12 所示。

04 绘制圆球。选择【窗口】→【图层】命令，弹出【图层】面板，单击【图层】面板下方的按钮，新建一个图层“图层 1”。使用工具箱中的【椭圆选框工具】创建一个正圆选区。

05 选择【渐变工具】，在其属性栏中设置渐变类型为径向渐变，渐变颜色为白色—黑色，从选区的左上角向右下角做一渐变，效果如图 3.2.13 所示。

图 3.2.12　填充渐变色（一）

图 3.2.13　绘制圆球

06 制作倒影。复制“图层 1”生成“图层 1 副本”，选择【编辑】→【变换】→【垂直翻转】命令，使用【移动工具】将其向下移动。设置该图层的【不透明度】为 15%，效果如图 3.2.14 所示。

07 使用【矩形选框工具】创建一个矩形选区。选择【渐变工具】，在其属性栏中设置渐变类型为线性渐变，单击渐变颜色条，在弹出的【渐变编辑器】对话框中，设置渐变颜色为灰色（#a2a2a2）—白色—黑色—深灰色（#171717），设置参数如图 3.2.15 所示。

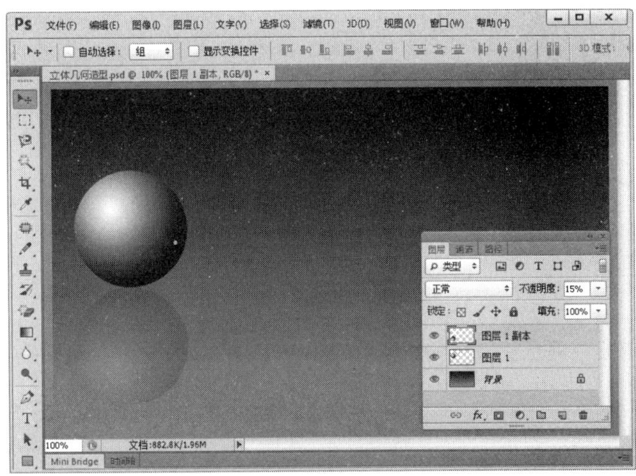
图 3.2.14　复制、垂直翻转图层

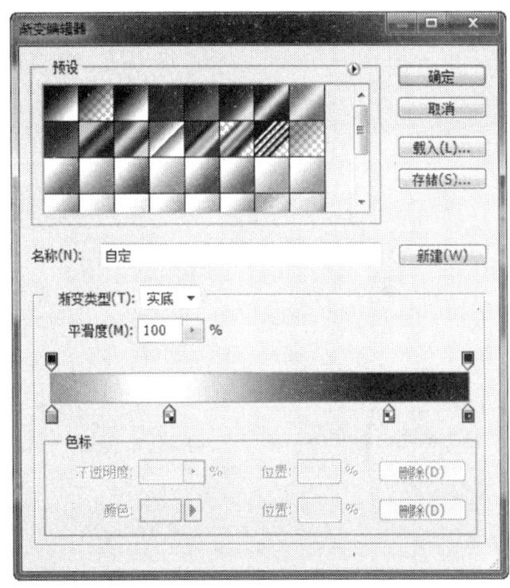
图 3.2.15　【渐变编辑器】参数设置（二）

08 绘制圆筒。单击【图层】面板下方的按钮，新建一个图层“图层 2”。在选区中从左向右填充渐变色，取消选区，效果如图 3.2.16 所示。

09 使用工具箱中的【椭圆选框工具】创建一个椭圆选区，效果如图 3.2.17 所示。

10 使用【渐变工具】在选区中从右向左填充渐变色，效果如图 3.2.18 所示。然后将选区向下移动，效果如图 3.2.19 所示。

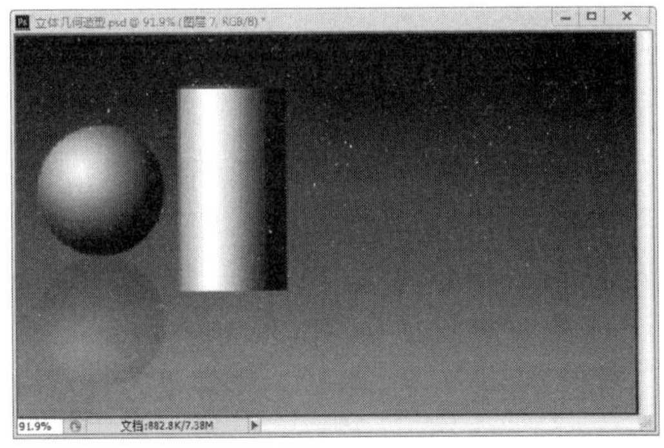
图 3.2.16　填充渐变色（二）

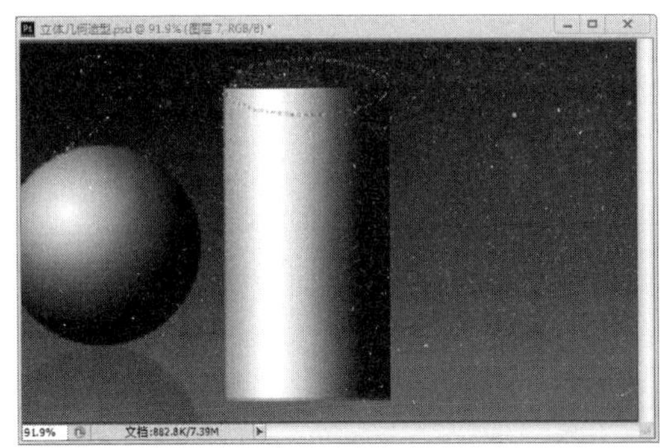
图 3.2.17　创建椭圆选区（一）

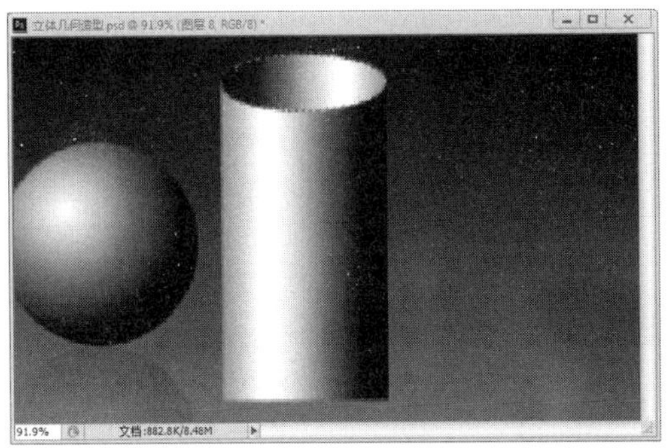
图 3.2.18　填充渐变色（三）

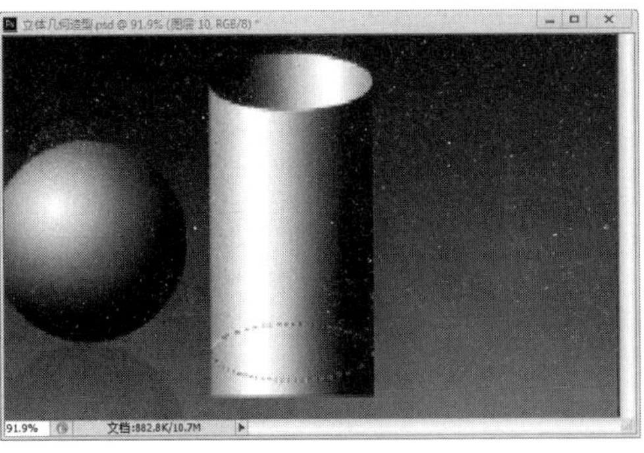
图 3.2.19　移动椭圆选区

11 选择【矩形选框工具】，在其属性栏中单击【添加到选区】按钮，在原选区基础上再创建一个矩形选区，效果如图 3.2.20 所示。选择【选择】→【反向】命令，将选区反选，删除选区中的图像，取消选区，效果如图 3.2.21 所示。

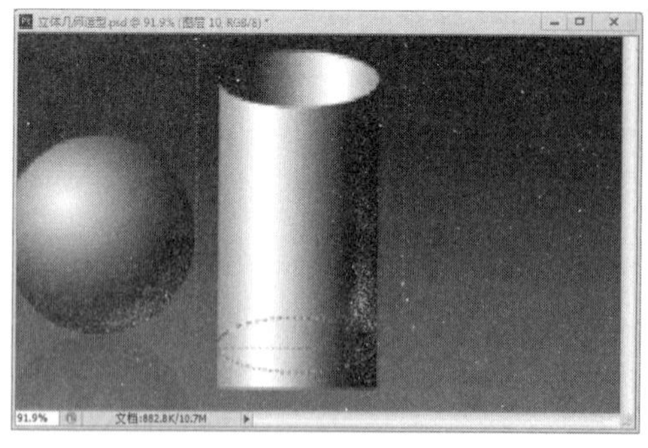

图 3.2.20 创建矩形选区（一）

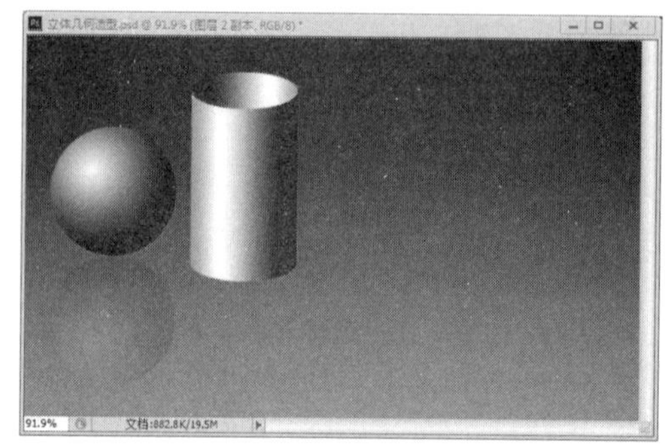

图 3.2.21 删除图像（一）

12 制作倒影。复制圆筒图层（图层 2），使用【移动工具】将其向下移动。设置该图层的【不透明度】为 15%，将倒影图层移动到圆筒图层下方，效果如图 3.2.22 所示。

13 绘制圆锥。单击【图层】面板下方的按钮，新建一个图层“图层 3”。使用【渐变工具】在选区中从左向右填充渐变色，取消选区，效果如图 3.2.23 所示。

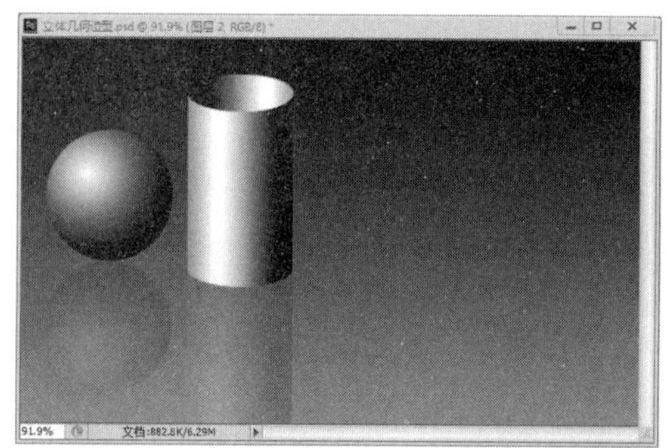

图 3.2.22 复制、移动图层

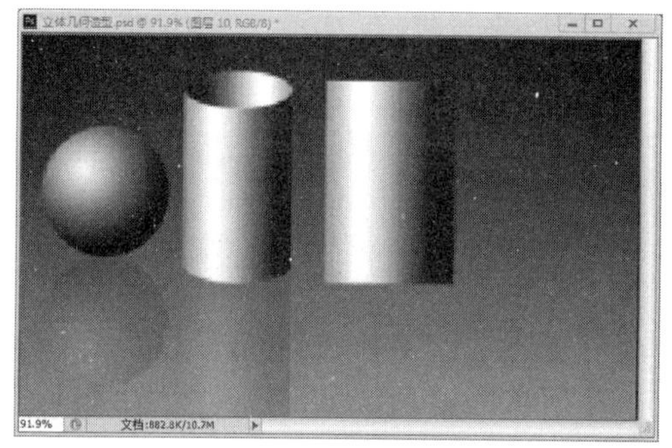

图 3.2.23 填充渐变色（四）

14 选择【编辑】→【变换】→【透视】命令，进行图 3.2.24 所示的透视变形。使用工具箱中的【椭圆选框工具】创建一个椭圆选区，效果如图 3.2.25 所示。

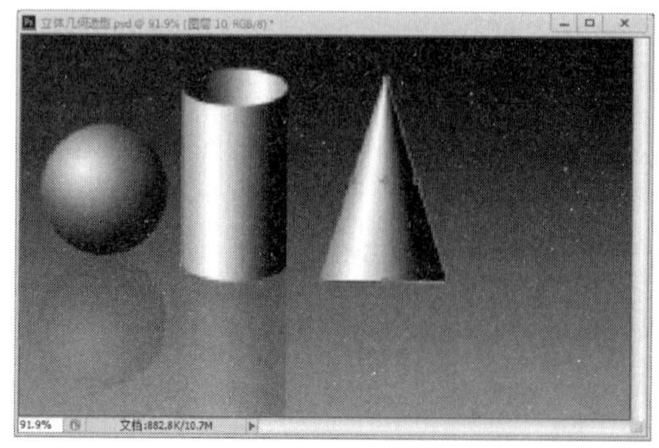

图 3.2.24 透视变形

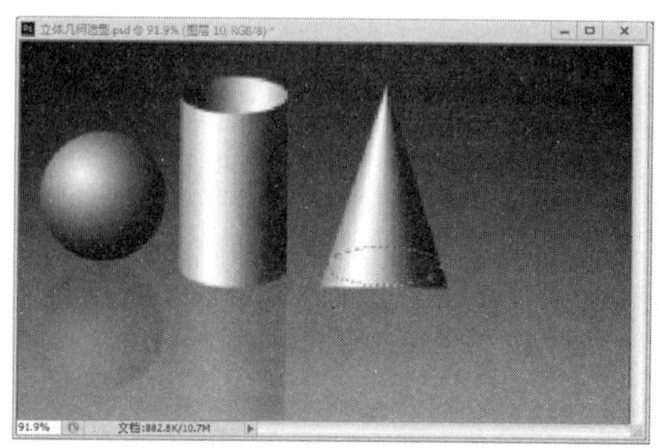

图 3.2.25 创建椭圆选区（二）

15 选择【矩形选框工具】，在属性栏中单击【添加到选区】按钮，在原选区基础上再创建一个矩形选区，效果如图 3.2.26 所示。选择【选择】→【反向】命令，将选区反选，删除选区中的图像，取消选区，效果如图 3.2.27 所示。

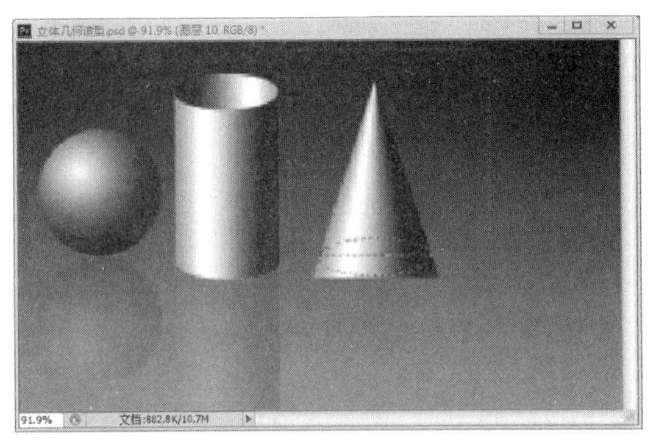

图 3.2.26　创建矩形选区（二）

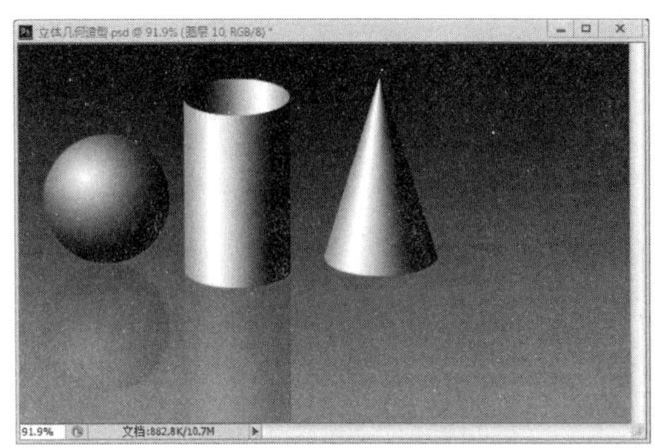

图 3.2.27　删除图像（二）

16 绘制倒影。复制圆锥图层（图层 3），选择【编辑】→【变换】→【垂直翻转】命令，使用【移动工具】将其向下移动。设置该图层的【不透明度】为 15%，并将倒影图层移动到圆锥图层下方，效果如图 3.2.28 所示。

17 绘制立方体。设置前景色为灰色（#c8c8c8）。单击【图层】面板下方的按钮，新建一个图层“图层 4”。使用【矩形选框工具】创建一个正方形选区，填充前景色，取消选区，效果如图 3.2.29 所示。

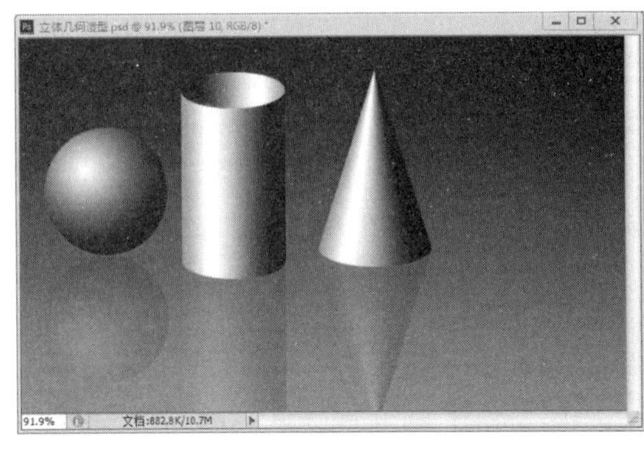

图 3.2.28　复制、翻转图层

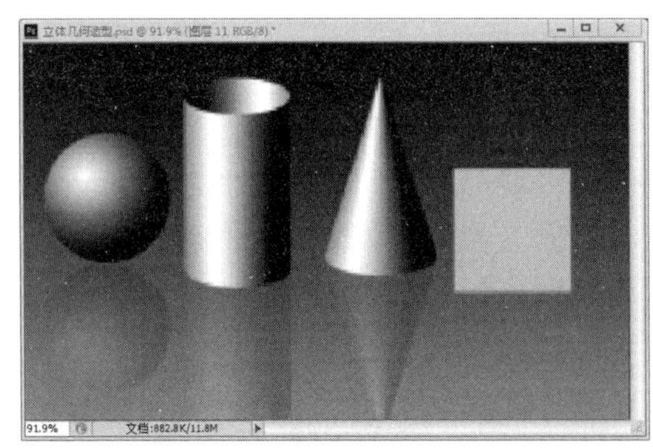

图 3.2.29　填充前景色（一）

18 选择【编辑】→【变换】→【斜切】命令，进行斜切变形，效果如图 3.2.30 所示。

19 设置前景色为灰色（#e3e3e3）。单击【图层】面板下方的按钮，新建一个图层“图层 5”。使用【矩形选框工具】创建一个矩形选区，填充前景色，取消选区，效果如图 3.2.31 所示。

20 使用【移动工具】将矩形选区向上移动。选择【编辑】→【变换】→【斜切】命令，进行斜切变形，效果如图 3.2.32 所示。按“Ctrl+T”组合键，旋转图层，调整好位置，效果如图 3.2.33 所示。

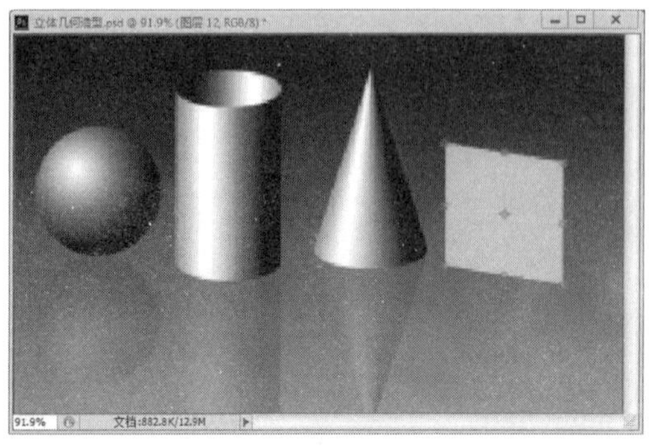

图 3.2.30 斜切变形（一）

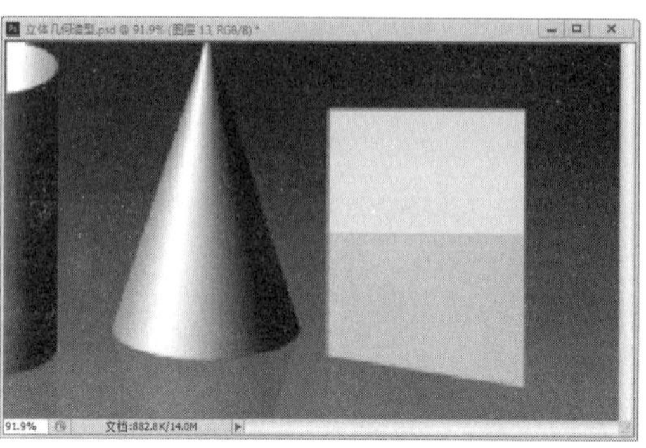

图 3.2.31 填充前景色（二）

图 3.2.32 斜切变形（二）

图 3.2.33 旋转图层

21 设置前景色为灰色（#686868）。单击【图层】面板下方的按钮，新建一个图层“图层 6”。使用【矩形选框工具】创建一个矩形选区，填充前景色，取消选区，效果如图 3.2.34 所示。

22 使用【移动工具】将矩形选区向右移动。按“Ctrl+T”组合键，调整图层宽度，效果如图 3.2.35 所示。

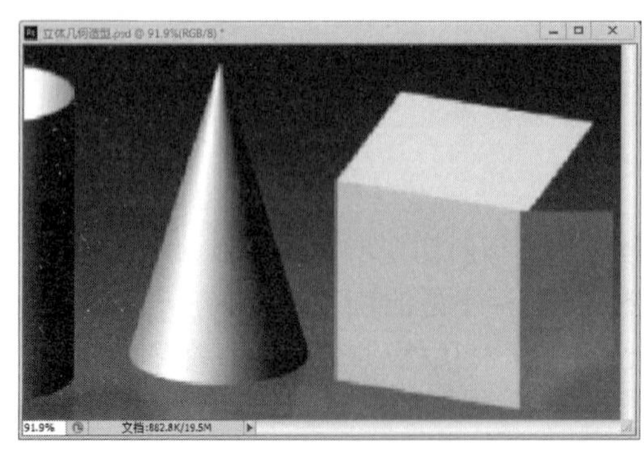

图 3.2.34 填充前景色（三）

图 3.2.35 调整图层宽度

23 选择【编辑】→【变换】→【斜切】命令，进行斜切变形，效果如图 3.2.36 所示。

24 合并立方体图层。将所有立方体的图层选中，选择【图层】→【合并图层】命令。

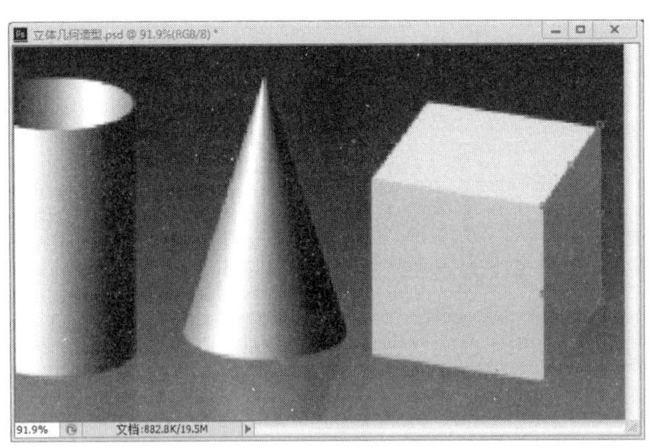

图 3.2.36　斜切变形（三）

25 制作倒影。将合并后的图层复制，使用【移动工具】将其向下移动。然后设置该图层的【不透明度】为 15%，将倒影图层移动到立方体图层下方。至此，立体几何造型效果图制作完毕，最终效果如图 3.2.1 所示。

任务 3.3　图像的填充和描边——绘制彩色铅笔

图像填充时，除了使用油漆桶工具填充颜色或图案外，还可使用菜单命令。使用菜单命令可以在选区内或整个图像上填充颜色或图案，也可对选区进行描边处理。

任务目的

本任务通过制作图 3.3.1 所示的彩色铅笔实例，使学生掌握使用菜单命令对图像进行填充和描边的操作方法。

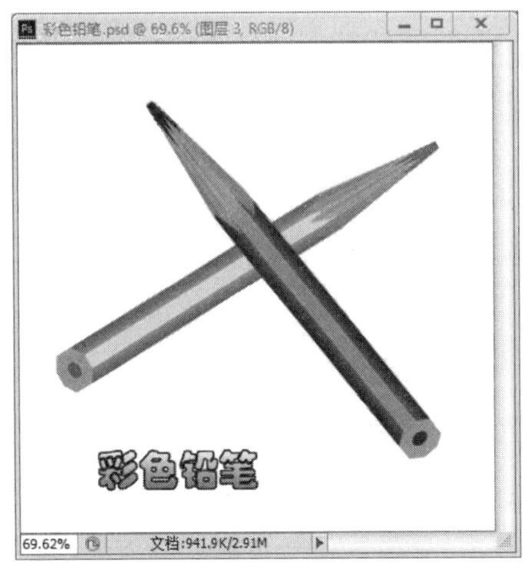

图 3.3.1　彩色铅笔效果图

扫码学习

绘制彩色铅笔

相关知识

1. 油漆桶工具

使用工具箱中的【油漆桶工具】根据像素颜色的近似程度来填充颜色，填充的颜色为前景色或图案。【油漆桶工具】的属性栏如图 3.3.2 所示。

图 3.3.2 【油漆桶工具】属性栏

1）前景：使用工具箱中的前景色填充图像。单击其右侧的下拉按钮，在弹出的下拉列表框中选择【图案】选项时，可使用系统自带的图案或自定义的图案进行填充。当选择【图案】选项时，可在其后面的选择框中选择一个图案。

2）模式：设置填充颜色或图案和原图像颜色的混合模式。

3）不透明度：设置填充颜色或图案的透明程度。

4）容差：控制每次填充的范围，数值越大，所填充的范围越大。

5）消除锯齿：勾选该复选框，可使填充的边缘保持平滑。

6）连续的：勾选该复选框，填充的区域是和鼠标单击点相似并连续的部分，否则填充的区域是所有和鼠标单击点相似、不论是否和鼠标单击点连续的部分。

7）所有图层：勾选该复选框，不论当前在哪个图层操作，对所有图层都起作用，而不是只针对当前操作层。

2. 图像的填充

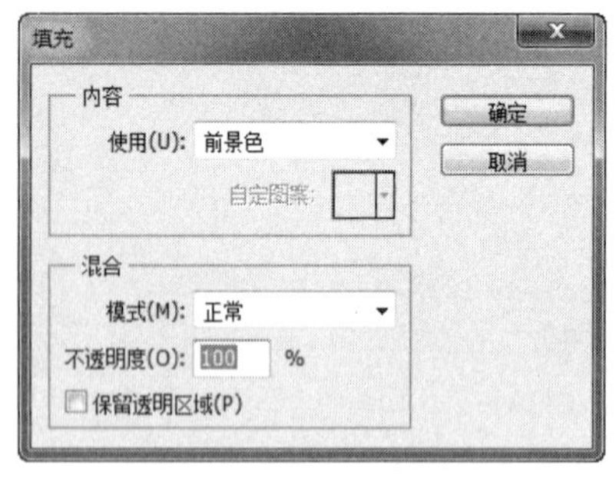

图 3.3.3 【填充】对话框

图像的填充除了使用【油漆桶工具】，还可使用菜单命令。选择【编辑】→【填充】命令，弹出【填充】对话框，如图 3.3.3 所示。在该对话框中设置相关参数，即可对图像填充颜色或图案。

1）使用：设置填充的内容，包括前景色、背景色、颜色（自定义的颜色）、图案、历史记录、黑色、50%灰色和白色。若选择【图案】选项，则在【自定图案】下拉列表框中选择一种图案。图案可以是系统自带的，也可以是自定义的图案。

小 贴 示

图案的定义：在图像文件中创建一个羽化值为 0 的矩形选区，选择【编辑】→【定义图案】命令，即可将选区内的图像定义为图案。

2）模式：设置填充颜色或图案与原图像颜色的混合模式。

3）不透明度：设置填充颜色或图案的透明程度。

4）保留透明区域：勾选该复选框，可以保护图像中的透明区域不被填充。若当前操作图层为背景图层，则该项不可用。

3. 图像的描边

图像的描边有 3 种方法：一是使用菜单命令，选择【编辑】→【描边】命令；二是用画笔描边路径命令；三是添加【描边】图层样式。本任务主要介绍第一种方法。选择【编辑】→【描边】命令，弹出【描边】对话框，如图 3.3.4 所示。在该对话框中设置相关参数，即可对选区或图层进行描边。

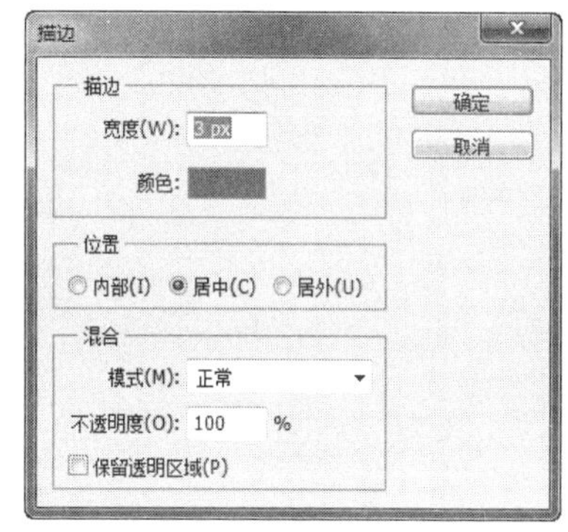

图 3.3.4　【描边】对话框

1）宽度：设置描边的宽窄。

2）颜色：设置描边的颜色。单击其右侧的颜色块，在弹出的【拾色器】对话框中可设置描边的颜色。

3）位置：设置描边的位置，其中，【内部】是以图像或选区边缘为基准向内描边；【居中】是以图像或选区边缘为基准向内外各描 1/2 宽度的边；【居外】是以图像或选区边缘为基准向外描边。

任务分析

首先新建一个图像文件。然后打开【图层】面板，新建一个图层，创建一个矩形选区，使用【渐变工具】填充渐变色，作为铅笔的笔杆部分；使用【多边形套索工具】在笔尖部分创建一个选区，对其颜色进行调整，变换大小；使用【多边形套索工具】在铅笔的底端创建一个选区，填充颜色，最终完成作品。

任务实施

01 新建文件。选择【文件】→【新建】命令，弹出【新建】对话框，设置【宽度】为 20 厘米，【高度】为 20 厘米，【分辨率】为 72 像素/英寸，如图 3.3.5 所示。

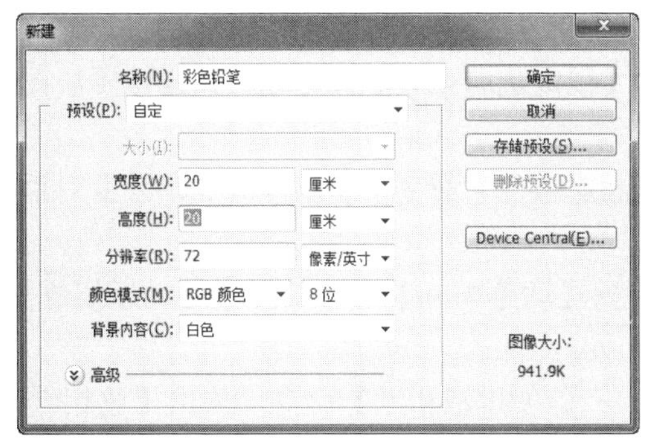

图 3.3.5　新建文件

02 选择【窗口】→【图层】命令，弹出【图层】面板，单击【图层】面板下方的按钮，新建一个图层“图层 1”。

03 使用【矩形选框工具】创建一个矩形选区，效果如图 3.3.6 所示。

04 选择工具箱中的【渐变工具】，单击其属性栏的渐变颜色条，弹出【渐变编辑器】对话框，如图 3.3.7 所示。设置渐变颜色为绿色（R：78，G：125，B：3）—浅绿色（R：196，G：230，B：92）—浅绿色（R：196，G：230，B：

92）—绿色（R：78，G：125，B：3）。

05 在选区选择工具箱中的【渐变工具】，在其属性栏中设置渐变类型为线性渐变，填充颜色效果如图 3.3.8 所示。

06 在笔尖位置使用【多边形套索工具】创建如图 3.3.9 所示的选区。

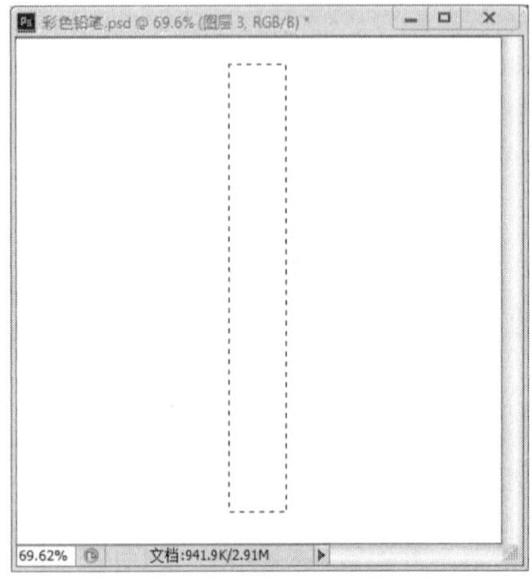

图 3.3.6 创建矩形选区

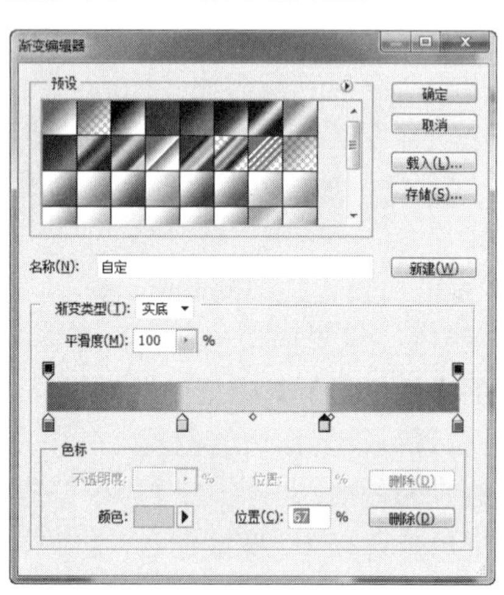

图 3.3.7 【渐变编辑器】对话框

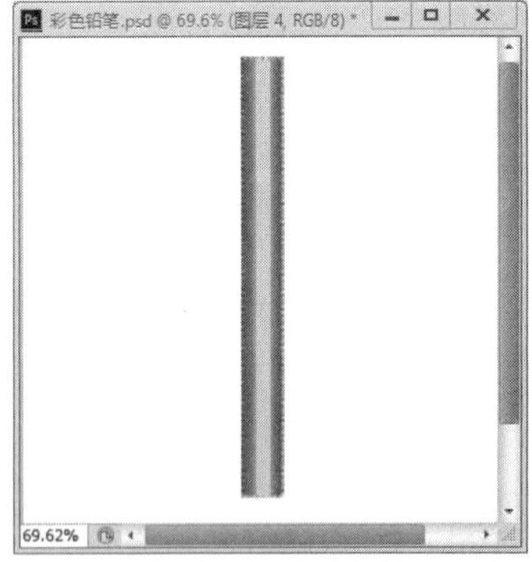

图 3.3.8 使用【渐变工具】填充渐变色

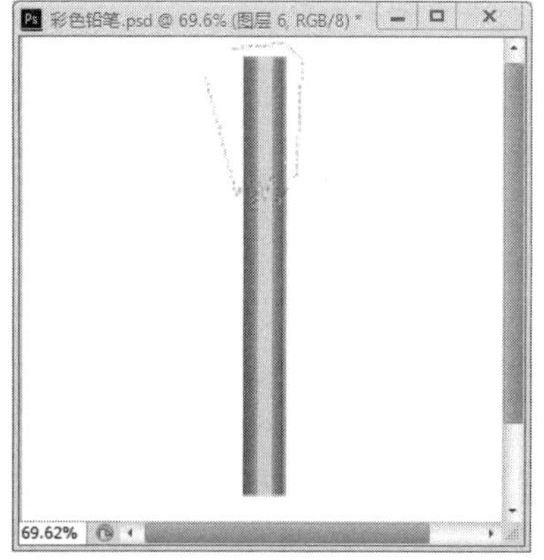

图 3.3.9 创建选区

07 锁定透明像素。单击【图层】面板上方的【锁定透明像素】按钮，锁定该图层图像的透明像素。

08 添加杂色。选择【滤镜】→【杂色】→【添加杂色】命令，弹出【添加杂色】对话框，参数设置如图 3.3.10 所示。

09 设置动感模糊。选择【滤镜】→【模糊】→【动感模糊】命令，弹出【动感模糊】对话框，参数设置如图 3.3.11 所示。

10 调整笔尖颜色。选择【图像】→【调整】→【色相/饱和度】命令，弹出【色相/饱和度】对话框，参数设置如图 3.3.12 所示。

11 将选区竖直向上移动，效果如图 3.3.13 所示。

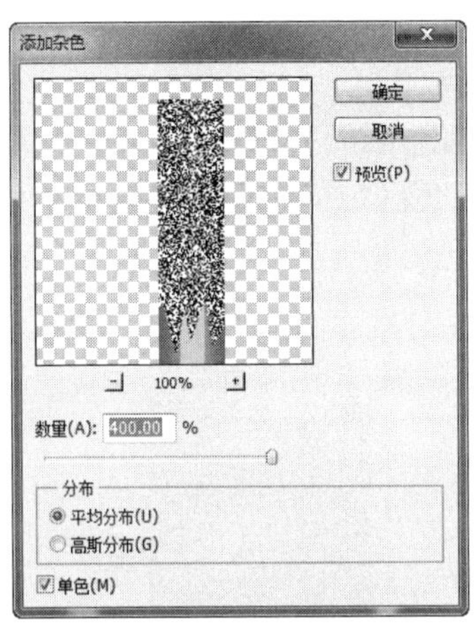

图 3.3.10　【添加杂色】对话框参数设置

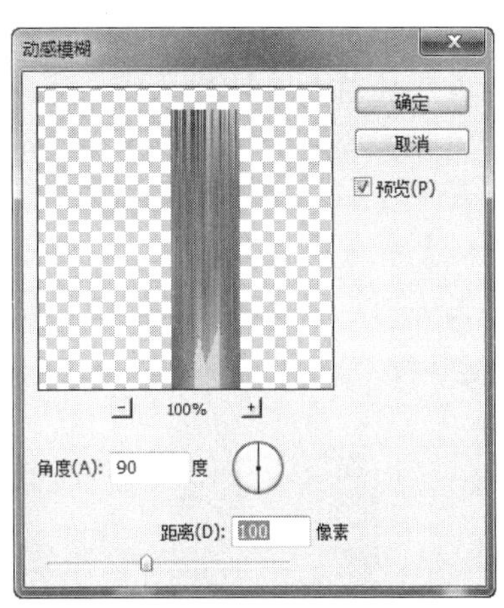

图 3.3.11　【动感模糊】对话框参数设置

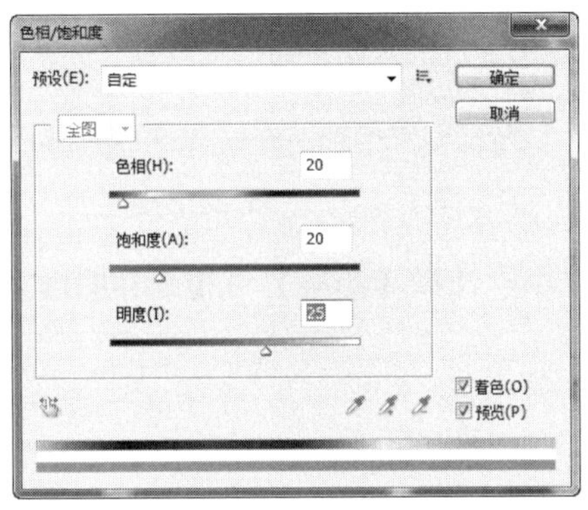

图 3.3.12　【色相/饱和度】对话框参数设置

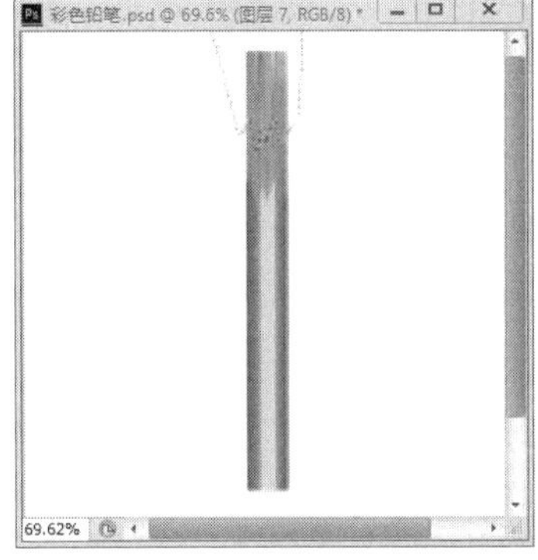

图 3.3.13　移动选区

12 选择【编辑】→【填充】命令，在弹出的【填充】对话框中设置填充的颜色为绿色（R：78，G：125，B：3）。

13 取消选区。使用【矩形选框工具】创建一个矩形选区，效果如图 3.3.14 所示。

14 对笔尖进行变形。选择【编辑】→【变形】→【透视】命令，效果如图 3.3.15 所示。

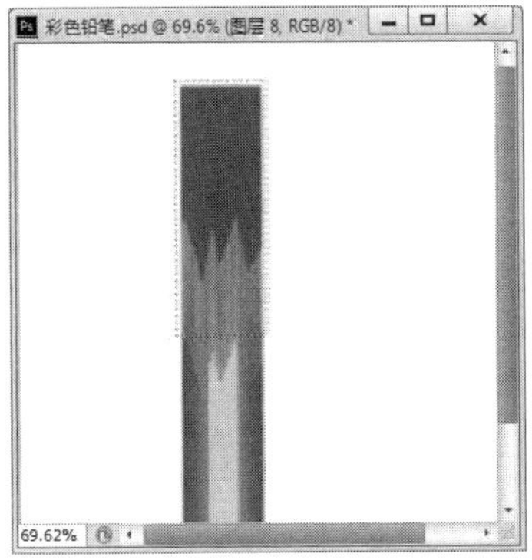

图 3.3.14　创建矩形选区

图 3.3.15　进行透视变形

15 在【图层】面板，单击【图层】面板下方的按钮，新建一个图层。使用工具箱中的【多边形套索工具】创建图 3.3.16 所示的多边形选区。

16 选择【编辑】→【填充】命令，设置填充的颜色为米黄色（R：186，G：157，B：128）。

17 使用工具箱中的【椭圆选框工具】在米黄色区域的中间创建一个小椭圆选区，选择【编辑】→【填充】命令，设置填充的颜色为绿色（R：78，G：125，B：3）。取消选区，笔的底端制作完成，效果如图 3.3.17 所示。

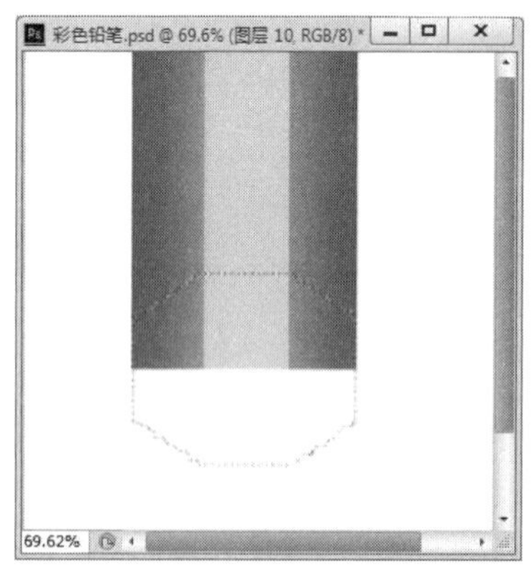

图 3.3.16 创建多边形选区

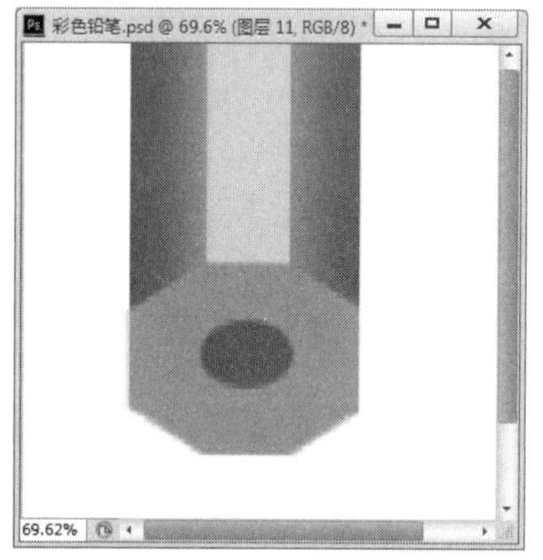

图 3.3.17 笔的底端效果

18 在【图层】面板，将铅笔的两个图层都选中，选择【图层】→【合并图层】命令，将铅笔的图层合并成一个图层。

19 使用相同的方法再绘制一支铅笔。

20 选择【编辑】→【变换】→【旋转】命令，将新绘制的铅笔移动到合适位置，效果如图 3.3.18 所示。

21 使用【横排文字工具】在图像文件中输入文字“彩色铅笔”，效果如图 3.3.19 所示。

22 在【图层】面板，按住“Ctrl”键，选中文字图层，调出文字的选区。单击【图层】面板下方的按钮，新建一个图层。在选区中使用工具箱中的【渐变工具】填充渐变色。

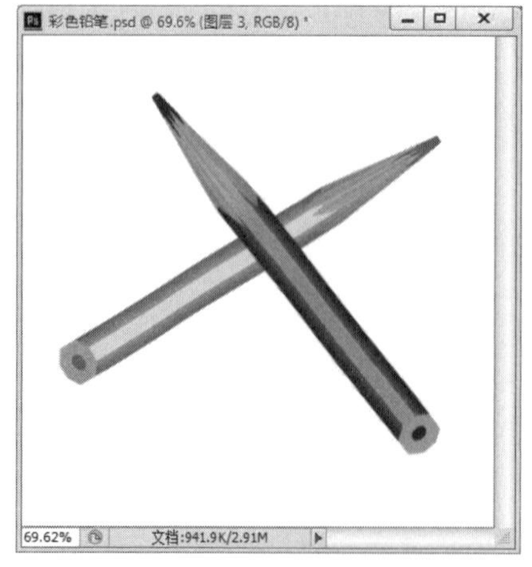

图 3.3.18 调整铅笔位置和角度

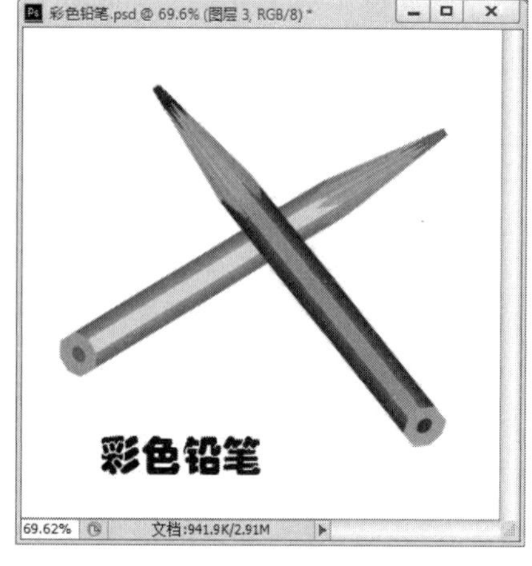

图 3.3.19 输入文字

23 选择【编辑】→【描边】命令，设置描边颜色为深蓝色，并对选区描边。最终图像效果如图 3.3.1 所示。

24 选择【文件】→【存储】命令，保存图像文件。

任务 3.4　绘图工具的综合使用——绘制卡通小屋

任务目的

本任务通过制作图 3.4.1 所示的卡通小屋实例，使学生熟练掌握绘图工具的使用方法。

图 3.4.1　卡通小屋效果图

扫码学习

(a)

(b)

(c)

绘制卡通小屋

任务分析

首先新建一个图像文件。背景主要使用【渐变工具】填充渐变色。屋顶部分，主要使用【渐变工具】填充渐变色，并进行斜切变形。房子部分，主要使用【渐变工具】填充渐变色。门部分，主要使用【渐变工具】填充渐变色，并进行透视变形。窗户的制作方法同门的制作方法。最后制作草地，主要使用【渐变工具】填充渐变色，添加【投影】图层样式，最终完成作品。

任务实施

01 新建文件。选择【文件】→【新建】命令，弹出【新建】对话框，设置【宽度】为 800 像素，【高度】为 800 像素，【分辨率】为 72 像素/英寸，如图 3.4.2 所示。

02 在【图层】面板，单击【图层】面板下方的按钮，新建一个图层“图层 1”。使用【矩形选框工具】创建一个矩形选区，设置前景色为棕色（#8b2a00），背景色为浅棕色（#c94e2c）。选择【渐变工具】，设置渐变类型为线性渐变，在选区中从左向右做一渐变，取消选区，效果如图 3.4.3 所示。

03 选择【编辑】→【变换】→【斜切】命令，调整效果如图 3.4.4 所示。

04 在【图层】面板，单击【图层】面板下方的 fx 按钮，添加【内阴影】图层样式，图层样式设置如图 3.4.5 所示。

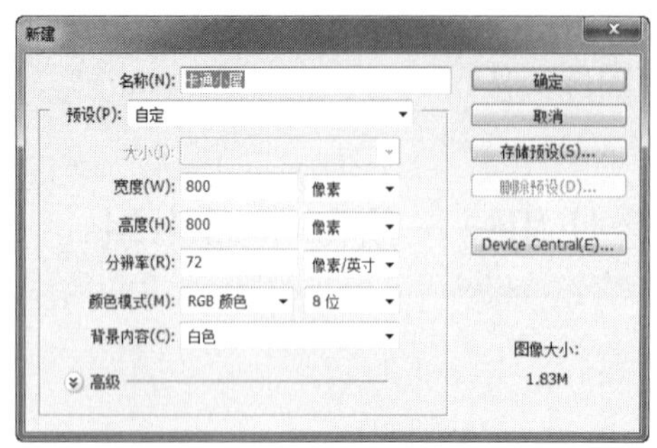

图 3.4.2　新建文件

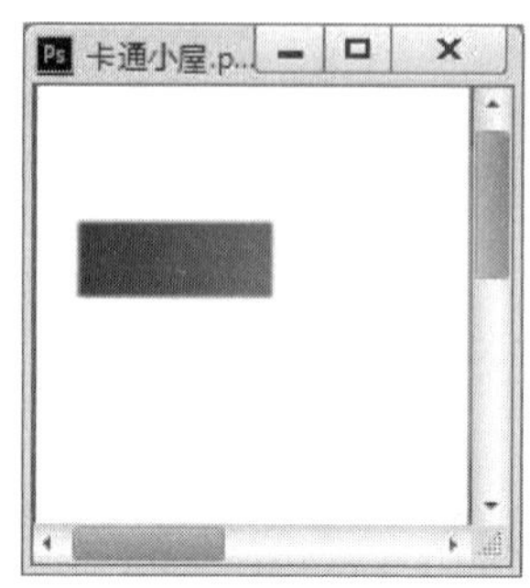

图 3.4.3　创建矩形选区填充渐变色

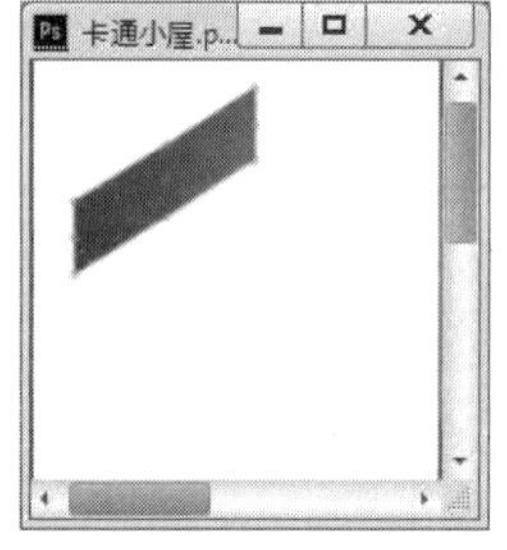

图 3.4.4　斜切变形（一）

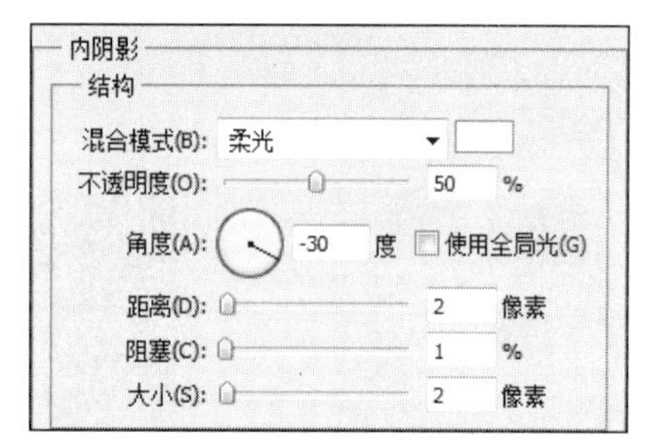

图 3.4.5　【内阴影】图层样式参数设置

05 按“Ctrl+T”组合键，调整大小位置。复制该图层，选择【编辑】→【变换】→【水平翻转】命令，调整位置，效果如图 3.4.6 所示。

06 在【图层】面板，单击【图层】面板下方的按钮，新建一个图层“图层 2”。使用【矩形选框工具】创建一个矩形选区，效果如图 3.4.7 所示。

07 设置前景色为棕色（#830F00），在选区中填充前景色，取消选区。选择【编辑】→【变换】→【斜切】命令，调整效果如图 3.4.8 所示。

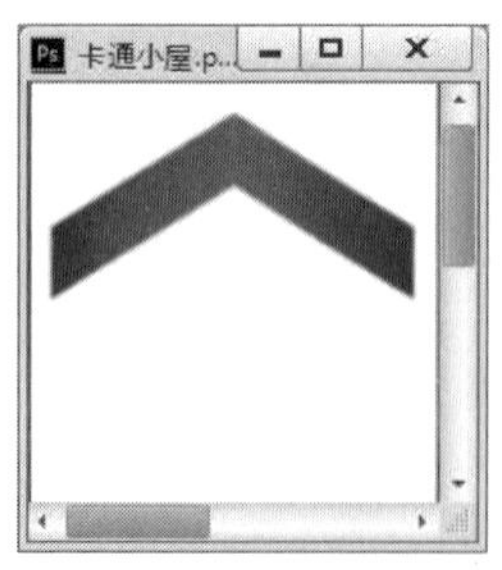

图 3.4.6　复制图层

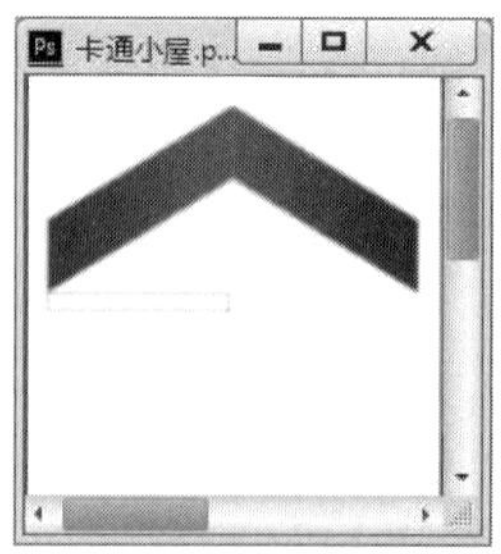

图 3.4.7　创建矩形选区

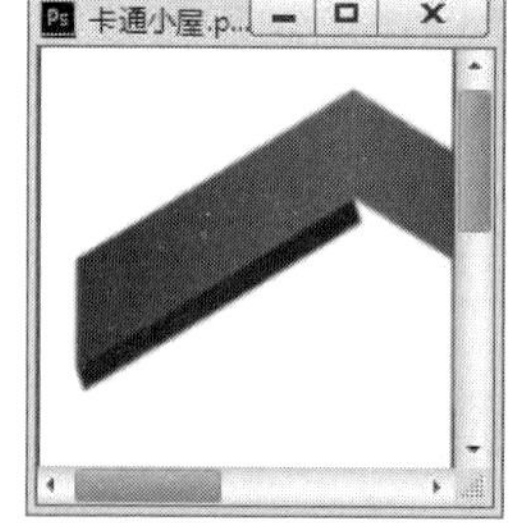

图 3.4.8　斜切变形（二）

08 复制该图层生成“图层 2 副本”选择【编辑】→【变换】→【水平翻转】命令，调整位置，效果如图 3.4.9 所示。选中“图层 2”和“图层 2 副本”，按“Ctrl+T”组合键，将图层合并。

09 使用选框工具创建图 3.4.10 所示的选区。在【图层】面板，单击【图层】面板下方

的按钮，新建一个图层“图层 3”。设置前景色为浅灰色（#E9DFC8），背景色为白色（# ffffff），选择【渐变工具】，设置渐变类型为线性渐变，在选区中从下向上做一渐变，效果如图 3.4.11 所示。

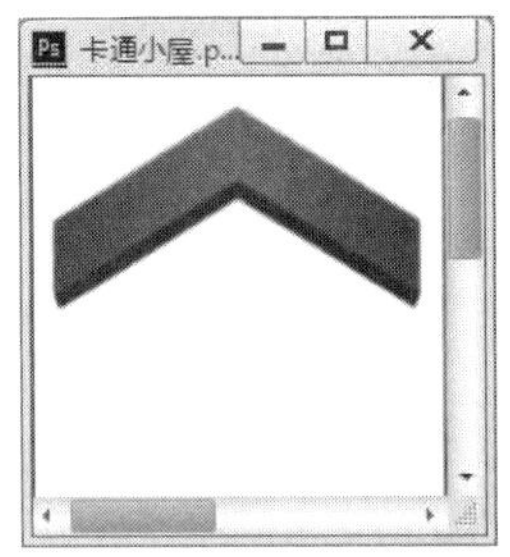

图 3.4.9　复制水平翻转图层

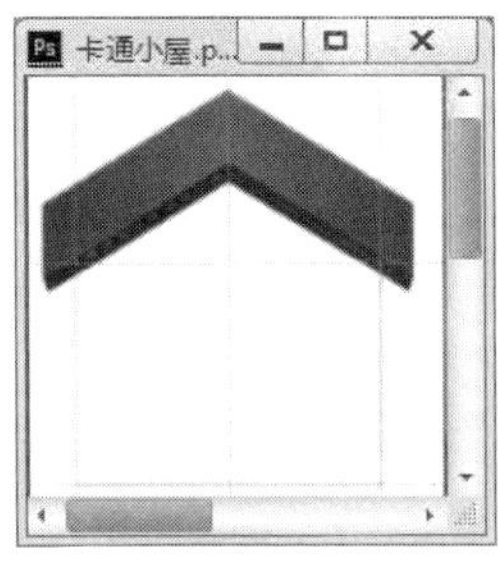

图 3.4.10　创建选区

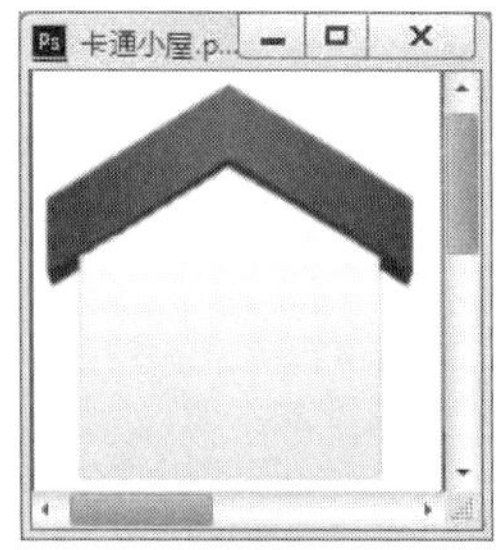

图 3.4.11　填充渐变色（一）

10 取消选区。在【图层】面板，单击【图层】面板下方的 fx 按钮，添加【内阴影】和【内发光】图层样式，图层样式设置如图 3.4.12 所示。

11 将“图层 2 副本”重命名为“屋檐”。调整图层位置，将房子图层（图层 3）调整到“屋檐”图层下方，效果如图 3.4.13 所示。

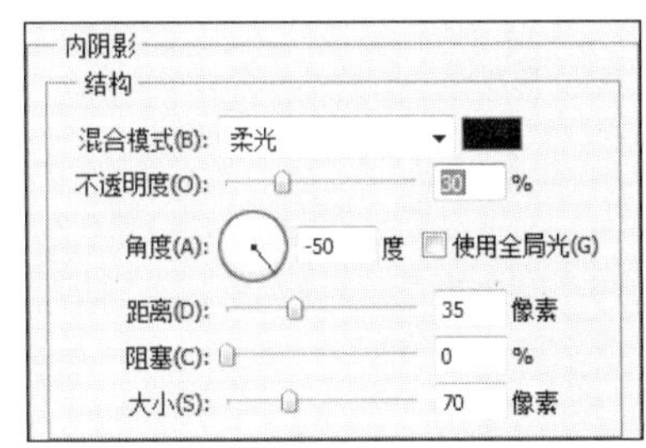

（a）【内阴影】图层样式

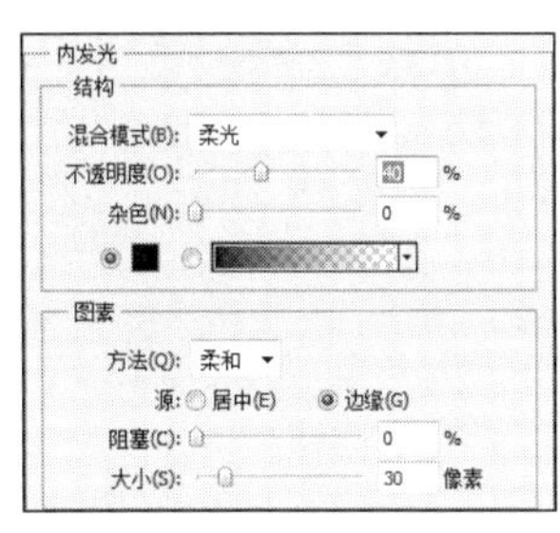

（b）【内发光】图层样式

图 3.4.12　设置图层样式参数（一）

图 3.4.13　调整图层位置

12 绘制屋檐投影。复制“屋檐”图层生成“屋檐 副本”图层，设置前景色为黑色。选中“屋檐”图层，锁定透明像素，单击【图层】面板上方的按钮，锁定该图层图像的透明像素，如图 3.4.14 所示。按“Alt+Delete”组合键，填充前景色。

13 解除透明像素的锁定，再次单击【图层】面板上方的按钮。选择【滤镜】→【模糊】→【高斯模糊】命令，在弹出的【高斯模糊】对话框中，设置【半径】为 12 像素。然后按“Ctrl+T”组合键，将阴影缩小，向下移动，设置该图层【不透明度】为 40%，如图 3.4.15 所示。

图 3.4.14　锁定图层透明像素

14 在【图层】面板，单击【图层】面板下方的按钮，新建一个图层“图层 4”，重命名为“门”。使用【矩形选框工具】创建一个矩形选区，效果如图 3.4.16 所示。

15 设置前景色为米色（#C7904A），背景色为米色（#e4b474）。选择【渐变工具】，设置渐变类型为线性渐变，在选区中从下向上做一渐变，取消选区，效果如图 3.4.17 所示。

图 3.4.15 绘制屋檐投影

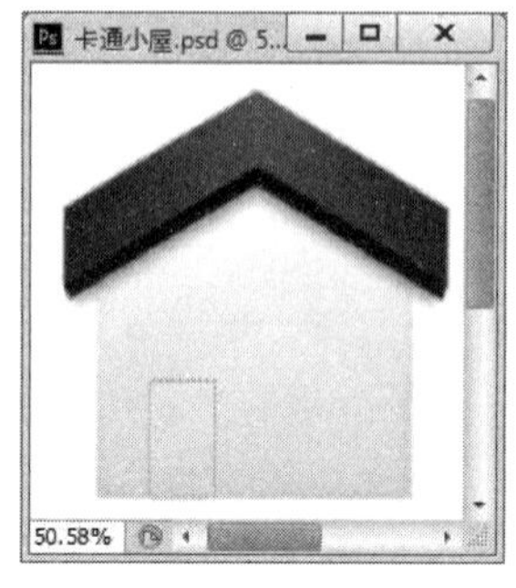

图 3.4.16 创建矩形选区

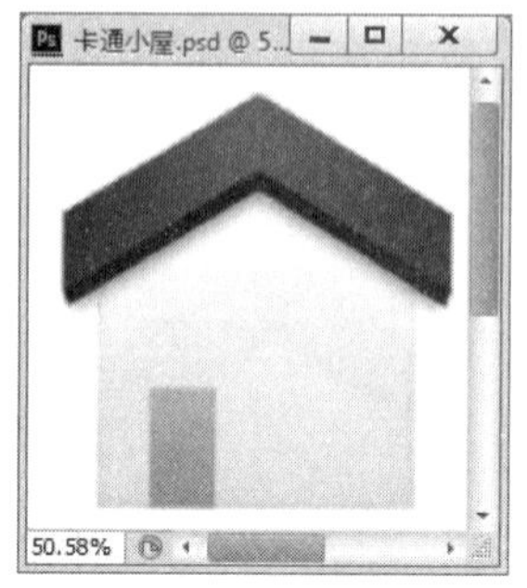

图 3.4.17 填充渐变色（二）

16 在【图层】面板，单击【图层】面板下方的 fx 按钮，添加【内阴影】和【内发光】图层样式，图层样式设置如图 3.4.18 所示，效果如图 3.4.19 所示。

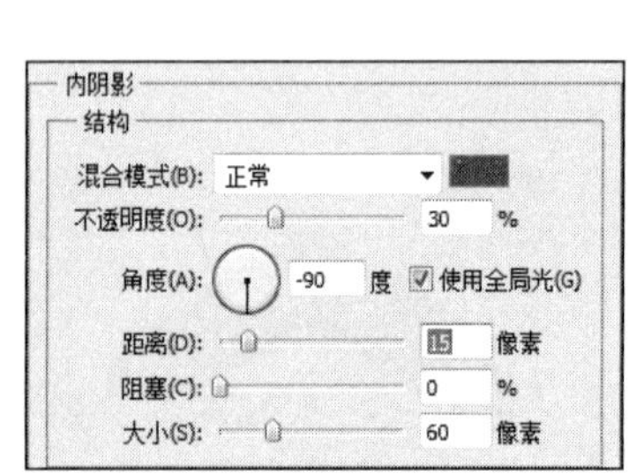

（a）【内阴影】图层样式

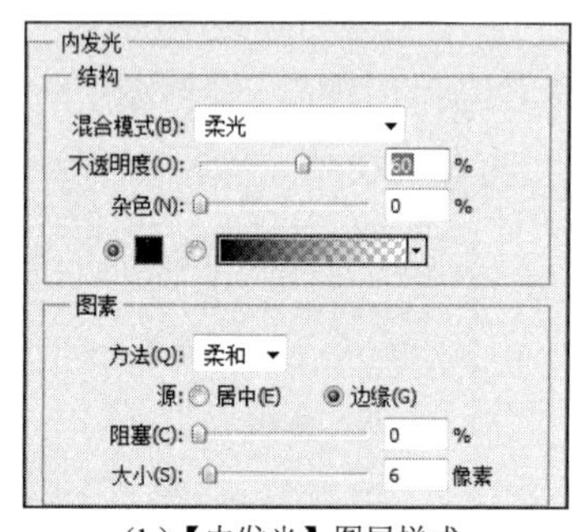

（b）【内发光】图层样式

图 3.4.18 设置图层样式参数（二）

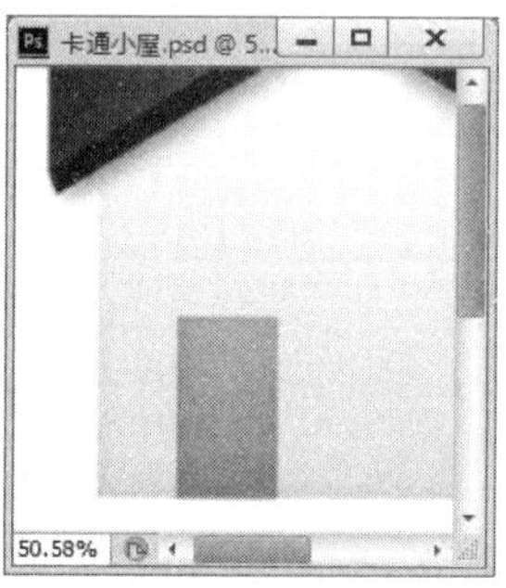

图 3.4.19 添加图层样式后的效果

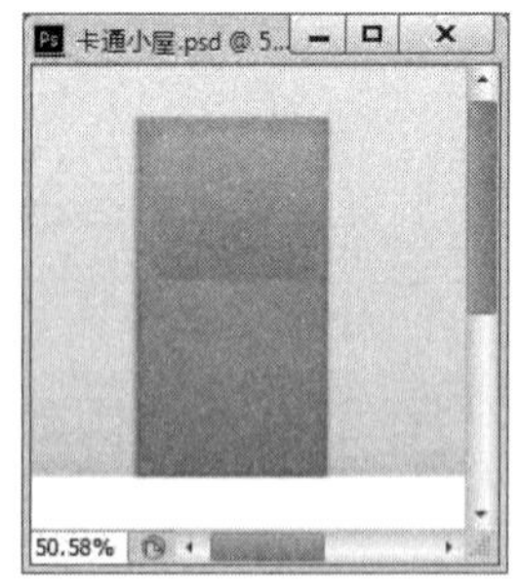

图 3.4.20 填充渐变色（三）

17 在【图层】面板，单击【图层】面板下方的按钮，新建一个图层“图层 4”。使用【矩形选框工具】创建一个矩形选区，选择【选择】→【修改】→【平滑】命令，在弹出的【平滑选区】对话框中，设置【取样半径】为 4 像素。选择【渐变工具】，设置渐变类型为线性渐变，在选区中从下向上做一渐变，取消选区，效果如图 3.4.20 所示。

18 在【图层】面板，单击【图层】面板下方的 fx 按钮，添加【内阴影】【投影】和【内发光】图层样式，图层样式设置如图 3.4.21 所示。

19 复制“图层 4”，并将其向下移动，效果如图 3.4.22 所示。

20 在【图层】面板，单击【图层】面板下方的按钮，新建一个图层“图层 5”。使用【椭圆选框工具】创建一个正圆选区。选择【渐变工具】，设置渐变类型为径向渐变，在选区中从中心向外做白色—黑色渐变，效果如图 3.4.23 所示。

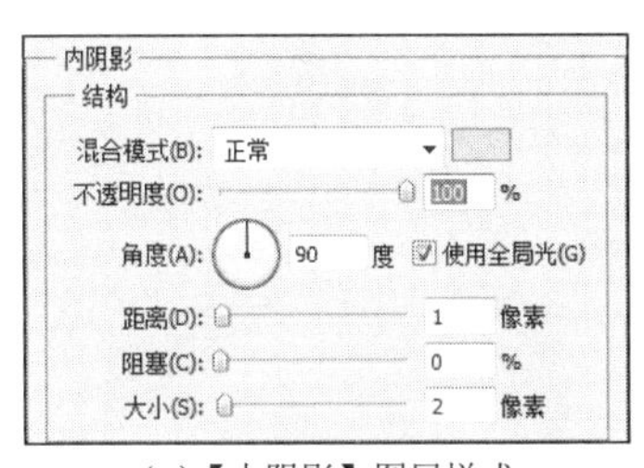

(a)【内阴影】图层样式

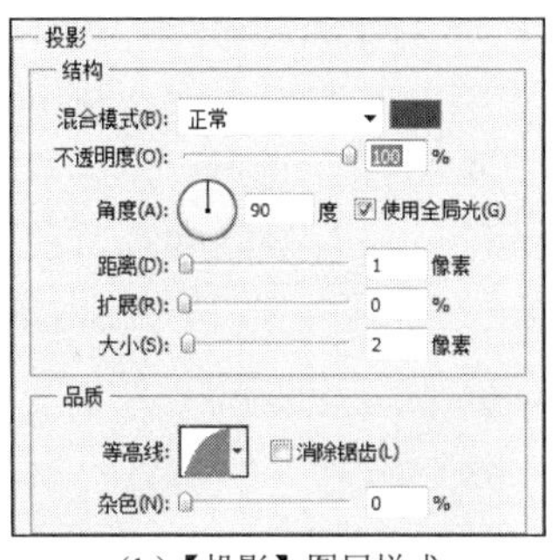

(b)【投影】图层样式

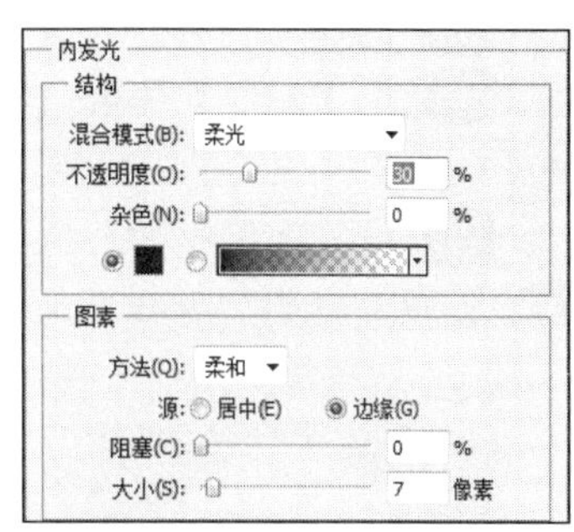

(c)【内发光】图层样式

图 3.4.21　设置图层样式参数（三）

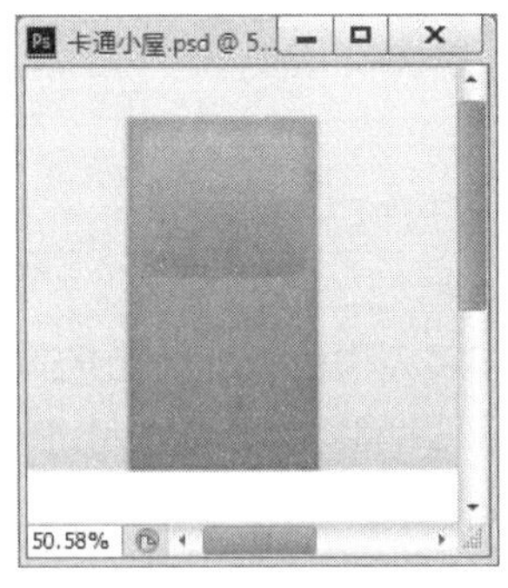

图 3.4.22　复制图层

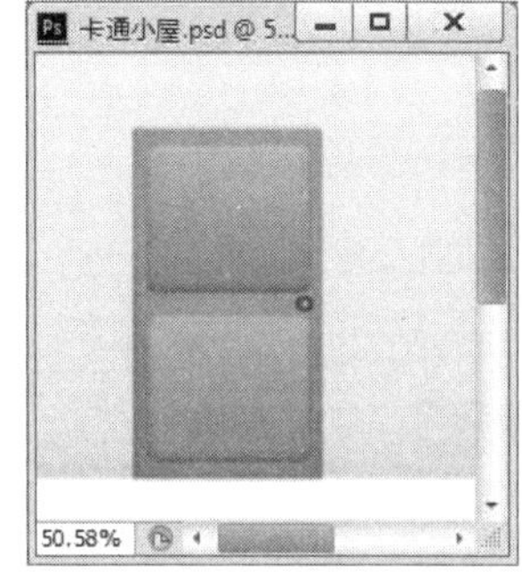

图 3.4.23　填充渐变色（四）

21 在【图层】面板，单击【图层】面板下方的按钮，新建一个图层“图层 6”。使用【矩形选框工具】创建一个矩形选区。设置前景色为棕色（#bd5834），背景色为棕色（#8e2c05），选择【渐变工具】，设置渐变类型为线性渐变，在选区中从下向上做渐变，取消选区，效果如图 3.4.24 所示。

22 选择【编辑】→【变换】→【透视】命令，调整效果如图 3.4.25 所示。

23 在【图层】面板，单击【图层】面板下方的按钮，新建一个图层“图层 7”。使用【矩形选框工具】创建一个矩形选区，设置前景色为深红色（#820F00），在选区中填充前景色，效果如图 3.4.26 所示。

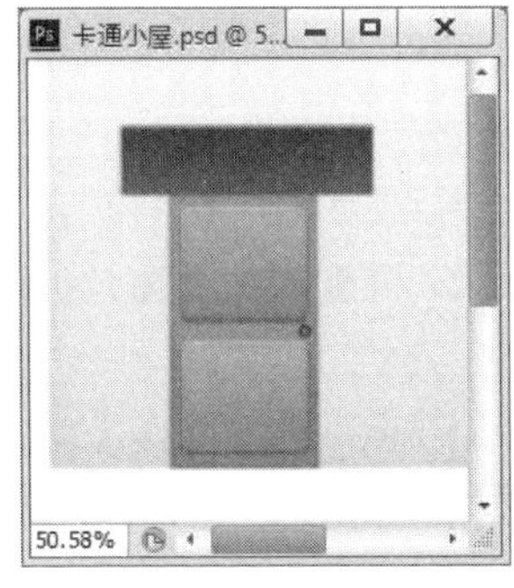

图 3.4.24　填充渐变色（五）

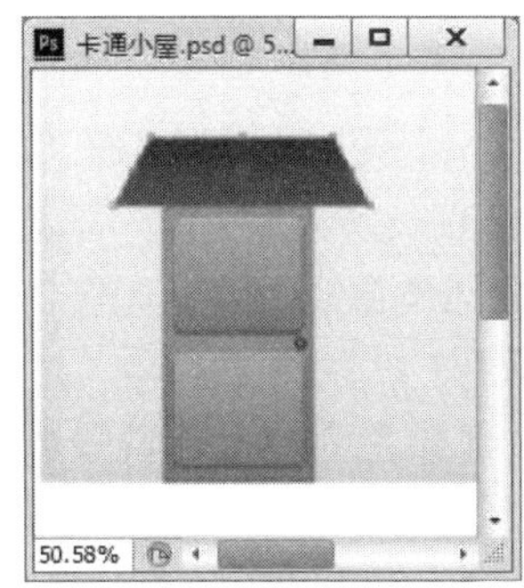

图 3.4.25　透视变形（一）

图 3.4.26　填充前景色

24 选择【编辑】→【变换】→【透视】命令，调整效果如图 3.4.27 所示。

25 在【图层】面板，单击【图层】面板下方的按钮，新建一个图层“图层 8”。使用【矩形选框工具】创建如图 3.4.28 所示选区。

26 设置前景色为灰色（#ae9f 7e），背景色为浅灰色（#CCBFA6），选择【渐变工具】，设置渐变类型为线性渐变，在选区中从下向上做渐变，效果如图 3.4.29 所示。

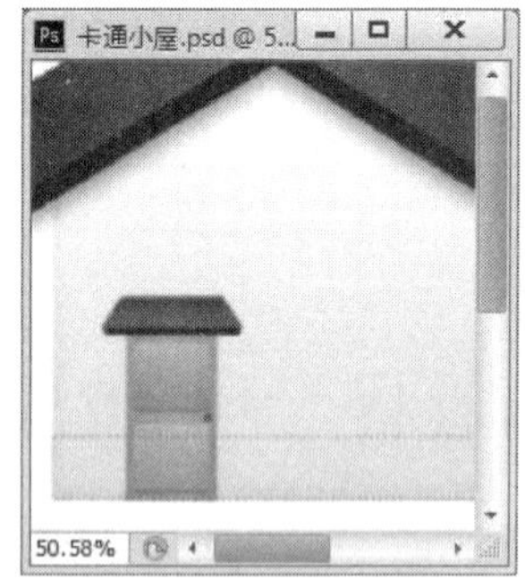

图 3.4.27 透视变形（二）

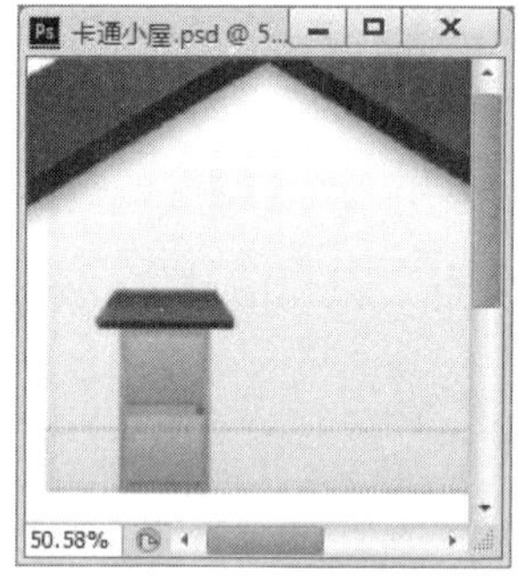

图 3.4.28 创建选区

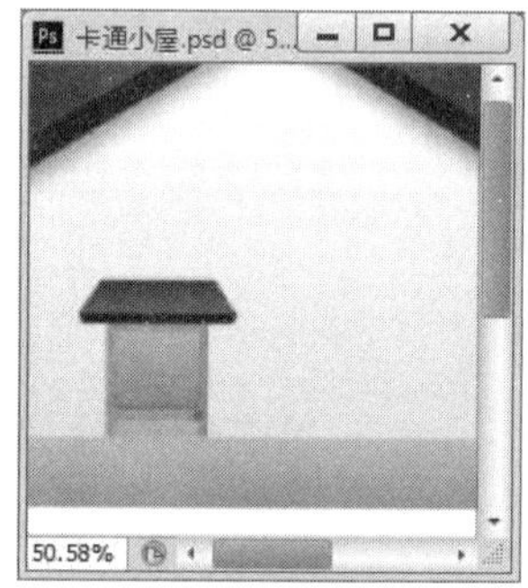

图 3.4.29 填充渐变色（六）

27 将该图层移动至“门”图层下方，效果如图 3.4.30 所示。门槛的制作方法同步骤21～步骤24，设置渐变颜色为米色（#e1b06e）—棕色（#bd8645），效果如图 3.4.31 所示。

28 制作窗。在【图层】面板，单击【图层】面板下方的按钮，新建一个图层“图层 9”。使用【矩形选框工具】创建一个矩形选区，在选区中填充黑色，效果如图 3.4.32 所示。

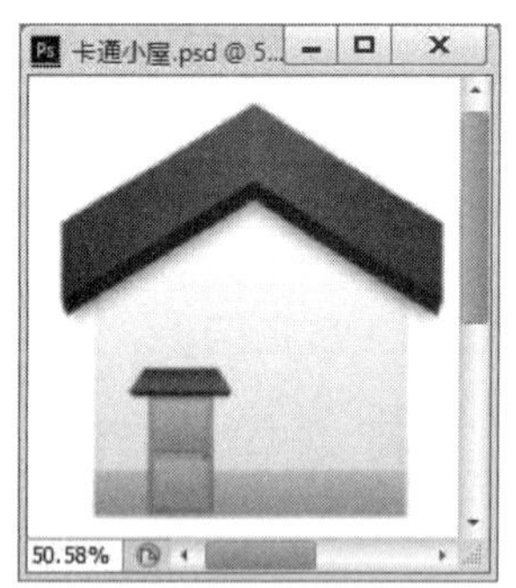

图 3.4.30 调整图层位置

图 3.4.31 绘制门槛

图 3.4.32 绘制黑色色块

29 设置前景色为棕色（#e0af6e）。使用【矩形选框工具】创建一个水平长条矩形选区，在选区中填充前景色。再创建一个竖直长条矩形选区，填充前景色，效果如图 3.4.33 所示。

30 按照制作门和门槛的方法制作窗户，效果如图 3.4.34 所示。再复制 1 个窗户，调整大小和位置，效果如图 3.4.35 所示。

31 选择“背景”图层。设置前景色为白色，背景色为绿色（#7ab71b）。选择【渐变工具】，设置渐变类型为径向渐变，在选区中从中心向外做渐变，效果如图 3.4.36 所示。

32 绘制房前草地。在【图层】面板，单击【图层】面板下方的按钮，新建一个图层“图层 10”，并将其移动至图层最上方。然后使用选框工具创建如图 3.4.37 所示的选区。

33 设置前景色为浅绿色（#d5ff94），背景色为绿色（#72aa1b）。选择【渐变工具】，设置渐变类型为线性渐变，在选区中从上向下做渐变，取消选区，效果如图3.4.38所示。

图3.4.33　填充颜色

图3.4.34　绘制窗户

图3.4.35　复制窗户

图3.4.36　背景填充渐变色

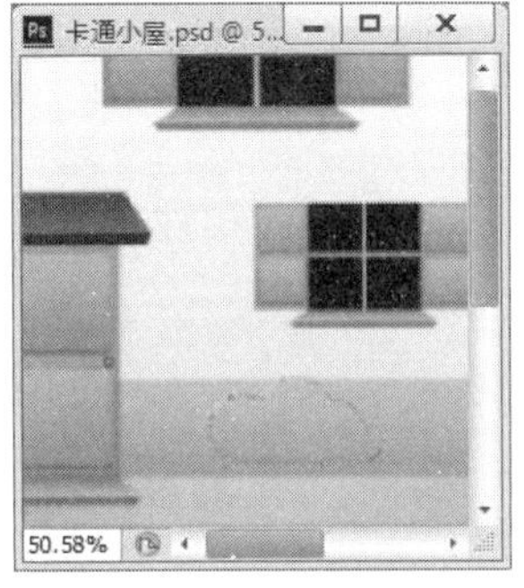

图3.4.37　创建选区

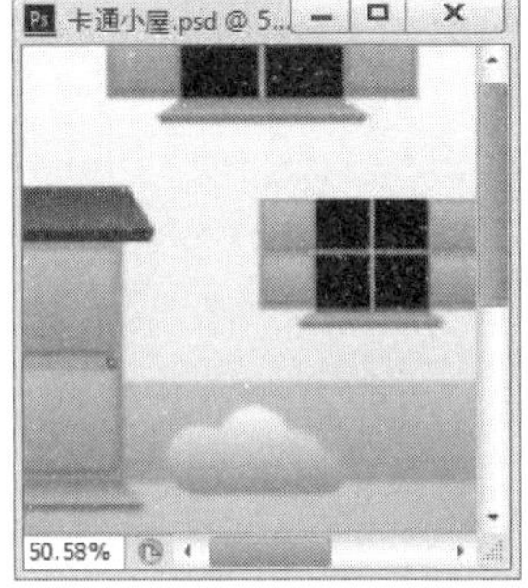

图3.4.38　填充渐变色（七）

34 在【图层】面板，单击【图层】面板下方的fx.按钮，添加【投影】图层样式，图层样式设置如图3.4.39所示。

35 复制3个草地图层，调整其位置和大小，效果如图3.4.40所示。

36 绘制房子的投影。在【图层】面板，单击【图层】面板下方的按钮，新建一个图层“图层 11”，并将其移动至“背景”图层上方。然后使用【矩形选框工具】创建一个矩形选区，效果如图3.4.41所示。

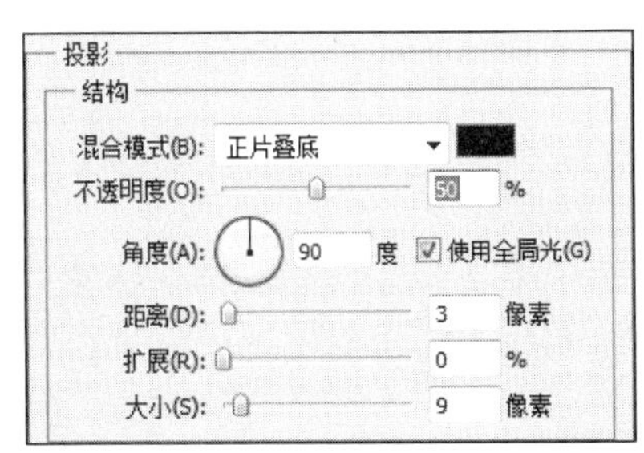

图3.4.39　设置【投影】图层样式参数

图3.4.40　复制草地

图3.4.41　创建矩形选区

37 在选区中填充黑色，取消选区。选择【滤镜】→【模糊】→【高斯模糊】命令，在弹出的【高斯模糊】对话框中，设置【半径】为 27 像素。然后按“Ctrl+T”组合键，将阴影缩小，向下移动，并设置该图层的【不透明度】为 60%，最终效果如图 3.4.1 所示。

项 目 小 结

本项目通过 4 个任务的实际操作，详细介绍了画笔工具、渐变工具、图像的变形、图像的填充与描边等工具的使用，以及各种绘图工具的实际效果，并利用这些绘图工具制作出精彩的平面作品。在实际工作中，读者还需多实践，领会绘图工具的其他功能。

实 践 探 索

一、选择题

1．按（　　）组合键可以改变图像大小。

A．Ctrl+T　　B．Ctrl+Alt

C．Ctrl+S　　D．Ctrl+V

2．画笔间距的默认值是（　　）。

A．25%　　B．50%

C．75%　　D．100%

3．在调节【画笔】选项时，可以控制画笔大小的是（　　）。

A．主直径　　B．间距　　C．硬度　　D．角度

4．以下对【渐变工具】的描述中，错误的是（　　）。

A．如果在不创建选区的情况下填充渐变色，渐变工具将作用于整个图像

B．不能将设定好的渐变色存储为一个渐变色文件

C．可以任意定义和编辑渐变色，不管是两色、三色还是多色

D．在 Photoshop CS6 中共有 5 种渐变类型

二、操作题

使用【画笔工具】绘制图 3.1 所示的信纸（提示：使用【画笔工具】创建线条和信纸的底纹，综合使用选区工具和【油漆桶工具】创建信纸两边的浅蓝色区域，并添加上素材）。

图 3.1　信纸

项目 4 图层的使用

项目导读

图层是 Photoshop 最重要的组成部分。在前面的项目中已经介绍了图层的一些基本操作，本项目将继续讲解图层的知识，使学生更深入地了解图层的高级编辑操作和应用范围。

学习目标

1）理解 Photoshop 图层的概念。

2）了解图层面板的各个组成部分。

3）掌握图层的基本操作方法。

4）掌握各种图层样式的使用技巧。

5）了解图层的各种混合模式的特点。

6）掌握图层组的使用方法。

素养目标

1）通过为黑白照片上色，树立学生正确的审美观。

2）通过折扇及水墨画的绘制与使用，对学生进行中华优秀传统文化的熏陶。

任务 4.1　图层的基本操作——制作壁纸图案

图层是 Photoshop 重要的功能之一。本任务将介绍图层的基本操作，包括图层的概念，【图层】面板的使用，图层的创建、复制、删除等操作。

任务目的

本任务通过制作壁纸图案（如图 4.1.1 所示），使学生了解【图层】面板的各个组成部分，掌握图层的基本操作方法，了解与这些操作相对应的快捷方式。

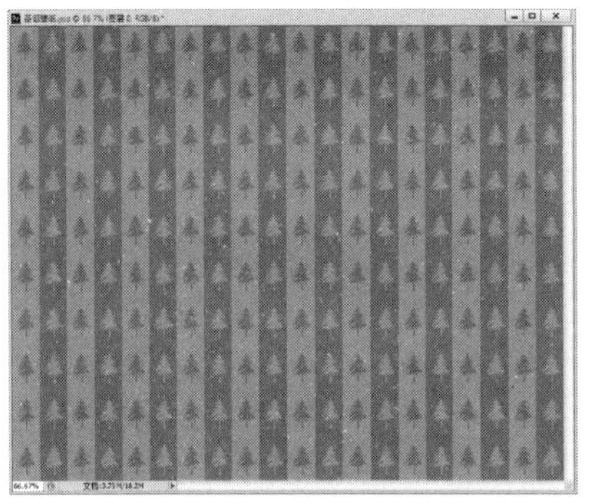

图 4.1.1　壁纸图案效果图

扫码学习

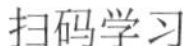

制作壁纸图案

相关知识

1. 图层的概念

在 Photoshop 中可以把图层理解为类似“透明薄膜”的概念来处理图像。在绘图过程中，要保持背景图层的完整性，图像一般不绘制在背景图层上，且图像的每个部分要分层绘制在独立的图层上，图层概念图解如图 4.1.2 所示。

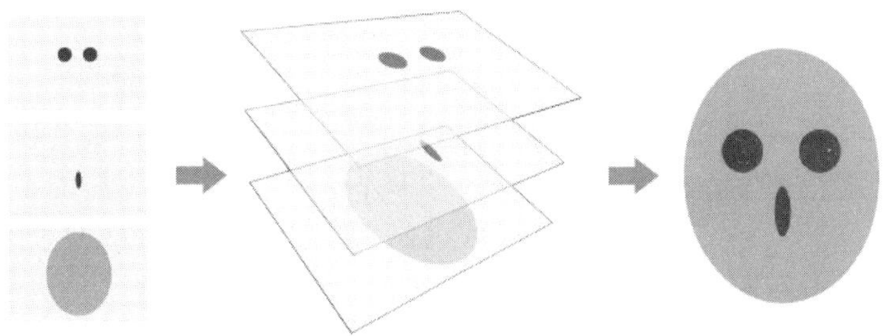

图 4.1.2　图层概念图解示意图

2. 图层的类型

在 Photoshop 中，图层共分 5 种，即背景图层、文字图层、形状图层、调整图层和填充图层、普通图层。

（1）背景图层

背景图层位于最下方，这类图层不可设置合成模式和不透明度，不可移动，不可设置图层样式和图层蒙版。图像文件中可以没有背景图层，若有则只有一个。

（2）文字图层

使用文字工具输入文字后会自动生成文字图层。在文字图层缩略图前有“T”标志。在文字图层状态下，可通过文字工具属性栏对文字进行再编辑，但有些命令不能执行，需转换成普通图层才可执行。

（3）形状图层

形状图层是由钢笔工具和矢量绘图工具在其工具属性栏中选择【形状】选项时创建的。形状图层的构成原理：形状图层实际上是图层蒙版的一种，它是向图层中填充适当的颜色并创建一个图形区域，只有图层蒙版区域才会显示填充到图层中的颜色。用户不仅可以对图层蒙版设置相应的混合模式，还可以如编辑一般路径那样，调整节点的位置和平滑效果，从而改变图层蒙版的形状。

（4）调整图层和填充图层

调整图层用来调整图像整体的颜色。填充图层使用单一颜色、渐变色或图案填充图层。调整图层和填充图层都会在一个新的图层进行调整或填充，不会影响到原图像。

（5）普通图层

普通图层可以执行所有的操作，使用【图层】面板或选择【图层】→【新建】命令创建的都是普通图层。

3. 各类型图层的转换

（1）将背景图层转换成普通图层

双击“背景”图层，或选中“背景”图层，选择【图层】→【新建】→【背景图层】命令，弹出【新建图层】对话框，如图 4.1.3 所示。

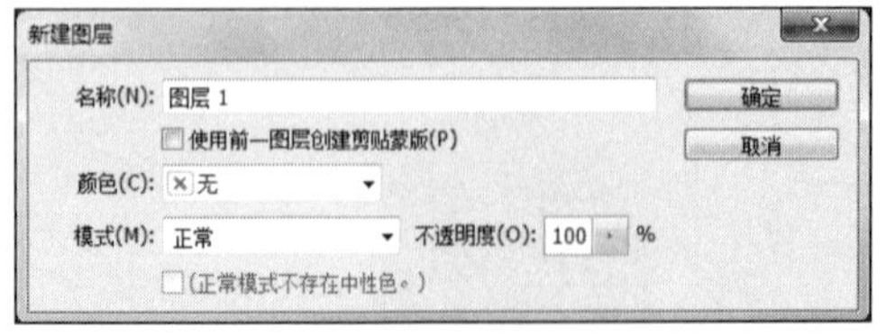

图 4.1.3 【新建图层】对话框

1）名称：图层名称。

2）颜色：设置图层的颜色标记。

3）模式：设置图层的混合模式。

4）不透明度：设置图层的不透明度。

（2）将普通图层转换成背景图层

选中要转换成背景图层的图层，否则系统自动将最底下的图层转换成背景图层，然后选择【图层】→【新建】→【背景图层】命令。

（3）将文字图层转换成普通图层

选中文字图层右击，在弹出的快捷菜单中选择【删格化文字】命令，或选择【图层】→【删格化】→【文字】命令。

（4）将形状图层转换成普通图层

选中形状图层右击，在弹出的快捷菜单中选择【删格化图层】命令，或选择【图层】→【删格化】→【形状】命令。

4.【图层】面板的组成

图层的显示和操作都集中在【图层】面板中，选择【窗口】→【图层】命令，即可弹出【图层】面板，如图 4.1.4 所示。

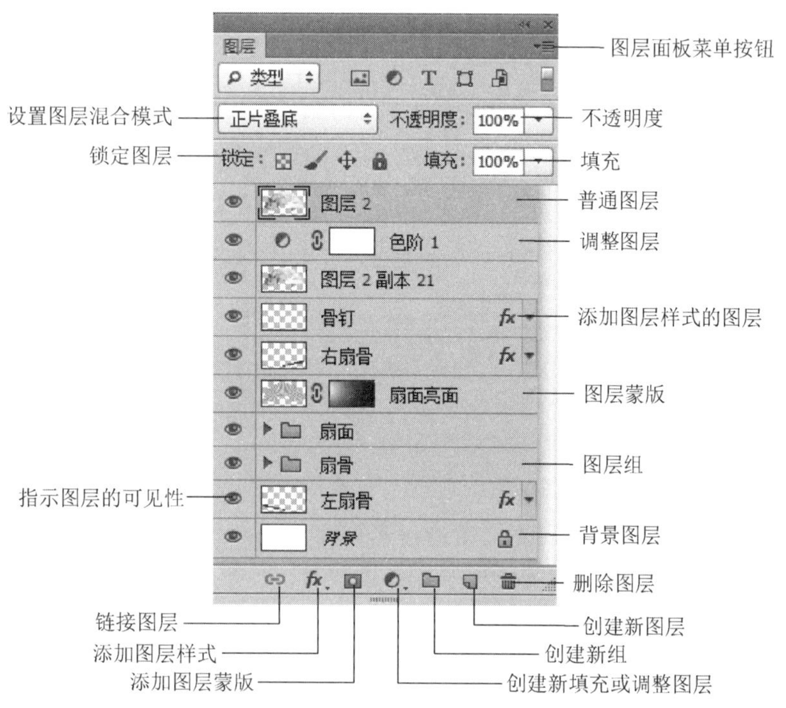

图 4.1.4　【图层】面板的组成

5. 图层的基本操作

（1）选择图层

1）选择单个图层，在【图层】面板中单击目标图层即可，处于选择状态的图层以蓝色显示。

2）如果要选择多个连续的图层，在选择一个图层后，按住“Shift”键，在【图层】面板中选择另一个图层的图层名称，则两个图层间的所有图层都会被选中。

3）如果要选择不连续的多个图层，在选择一个图层后，按住“Ctrl”键，在【图层】面板中选择另一个图层的图层名称。

（2）显示和隐藏图层

在【图层】面板中单击图层左侧的👁图标，使其消失，即隐藏该图层，再次单击此处图标可重新显示该图层。

小贴示

按住“Alt”键，单击图层左侧的👁图标，则只显示该图层而隐藏其他图层，再次按住“Alt”键，单击该图层左侧的👁图标，即可恢复之前的图层显示状态。

（3）删除图层

删除图层的方法有以下两种：

1）选中需要删除的图层，单击【图层】面板下方的【删除图层】按钮🗑。

2）选中需要删除的图层，选择【图层】→【删除】→【图层】命令，或者单击【图层】面板菜单按钮▾≡，在弹出的下拉菜单中选择【删除图层】命令。

（4）复制图层

1）在【图层】面板进行复制：将图层图标拖动至【图层】面板下方的◻按钮上。

2）用菜单命令进行复制：选中需要复制的图层，选择【图层】→【复制图层】命令，或单击【图层】面板菜单按钮，在弹出的下拉菜单中选择【复制图层】命令。

3）使用“Ctrl+J”组合键复制图层。

（5）改变图层的次序

可以在【图层】面板中直接用鼠标拖动图层，当高亮线出现时释放鼠标，即可改变图层的排列顺序。

小贴示

按“Ctrl+]”组合键可将选择图层上移一层，按“Ctrl+[”组合键可将选择图层下移一层，按“Ctrl+Shift+]”组合键将当前图层置为最顶层，按“Ctrl+Shift+[”组合键可将当前图层置为底层，如果当前文件有“背景”图层，则置于“背景”图层的上方。

（6）链接图层

当操作页面中图较多时，对图层进行移动或者缩放等操作就比较麻烦，这时可以通过将同类图层进行链接的方法，对它们进行编辑。图层链接后，这些图层将保持关联，如果移动、缩放、旋转其中某一个图层，其他链接图层将随之一起发生移动、缩放、旋转，但当前可编辑的图层还是只有一个。按住“Ctrl”键选择要链接的若干个图层，在【图层】面板的左下角单击【链接图层】按钮🔗即可链接图层；如果要取消图层的链接状态，在链接图层被选中的状态下单击【链接图层】按钮🔗即可。

（7）合并图层

当确定已经完成对图像的全部处理操作后，可以将各个图层合并起来，以节省系统资源。合并图层的方法有以下几种。

1）合并任意多个图层：在【图层】面板上选择需要合并的图层，按“Ctrl+E”组合键，也可选择【图层】→【合并图层】命令，或者单击【图层】面板菜单按钮▾≡，在弹出的下拉菜单中选择【合并图层】命令进行合并。

2）合并所有图层：选择【图层】→【拼合图像】命令，或者单击【图层】面板菜单按钮▾≡，在弹出的下拉菜单中选择【拼合图像】命令，可以将所有可见图层合并至背景图层中。

3）合并可见图层：若要合并所有可见的图层，则可选择【图层】→【合并可见图层】命令或单击【图层】面板菜单按钮，在弹出的下拉菜单中选择【合并可见图层】命令，或按“Ctrl+Shift+E”组合键。

（8）对齐图层

在对齐多个图层或组时，首先在【图层】面板中选择多个图层或者一个组，然后选择【图层】→【对齐】子菜单中的命令，或选择【移动工具】并在其工具属性栏中单击对应的按钮，如图 4.1.5 所示。

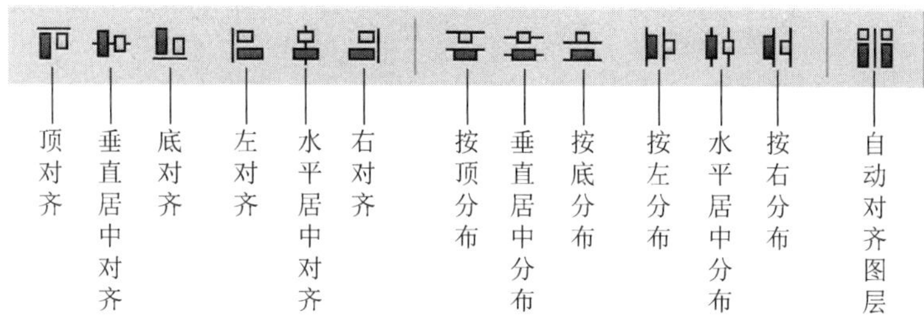

图 4.1.5 【移动工具】属性栏中的对齐功能按钮

任务分析

使用 Photoshop 自带的素材，运用图层的复制、选择、移动、对齐、合并等基本操作制作壁纸图案。

任务实施

01 新建文件，命名为“圣诞壁纸”，设置【宽度】为 1280 像素，【高度】为 1024 像素，【分辨率】为 300 像素/英寸。设置前景色为绿色（R：91，G：189，B：44），在背景层上填充前景色。

02 新建图层，命名为“色条”，设置前景色为蓝绿色（R：0，G：160，B：106），使用工具箱中的【矩形选框工具】绘制一个矩形选区，选择【编辑】→【填充】命令，在新图层上用前景色填充选区，按“Ctrl+D”组合键取消选区。

03 选择【编辑】→【自由变换】命令修改矩形条的大小和位置，设置如图 4.1.6 所示，效果如图 4.1.7 所示。

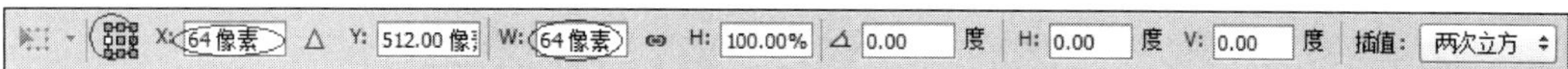

图 4.1.6 修改矩形条的大小和位置

04 选择工具箱中的【移动工具】，同时按住“Shift+Alt”组合键在文档窗口拖动矩形条复制另外 9 个，将最后一个拖动至图像最右边，效果如图 4.1.8 所示。

05 在【图层】面板上选中“色条”图层至“色条 副本 9”这 10 个图层。选择工具箱中的【移动工具】，在其属性栏中单击【顶对齐】按钮和【水平居中分布】按钮。

图 4.1.7　绘制深绿色矩形条

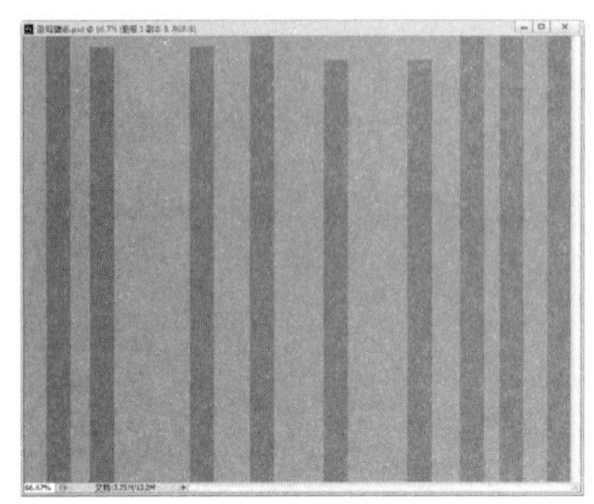

图 4.1.8　复制矩形条

06 按“Ctrl+E”组合键合并“色条”图层至“色条 副本 9”这 10 个图层。

07 新建图层，命名为“树”。选择工具箱中的【自定形状工具】，设置前景色为蓝绿色（R：0，G：160，B：106），工具模式选择像素，在图像窗口绘制出一棵树。使用步骤04和步骤05的方法复制出 1 列树并对齐，在属性栏中单击【左对齐】按钮和【垂直居中分布】按钮将组成这一列树的所有图层合并，效果如图 4.1.9 所示。

08 使用步骤04和步骤05的方法复制出另外 9 列树并对齐，合并所有树的图层，重命名为“树 1”，效果如图 4.1.10 所示。

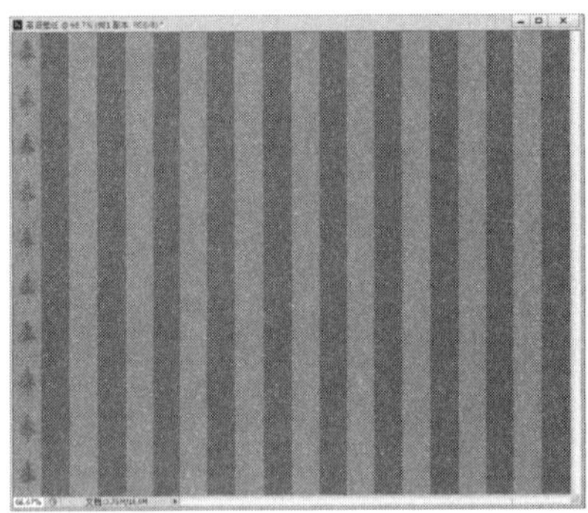

图 4.1.9　绘制一列树

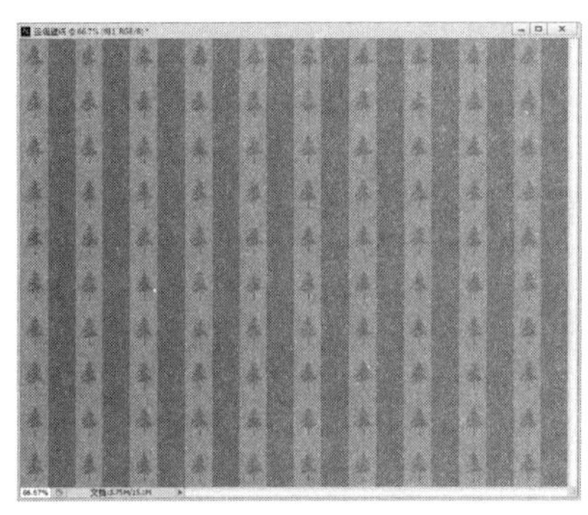

图 4.1.10　复制树

09 复制“树 1”图层，并命名为“树 2”图层。按住“Ctrl”键并单击“树 2”图层图标，激活选区。设置前景色为绿色（R：91，G：189，B：44），在【图层】面板中选择“树 2”图层。选择【编辑】→【填充】命令，在选区内填充前景色，按“Ctrl+D”组合键取消选区，使用工具箱中的【移动工具】，移动图像位置，效果如图 4.1.1 所示，【图层】面板如图 4.1.11 所示。至此壁纸图案制作完成。

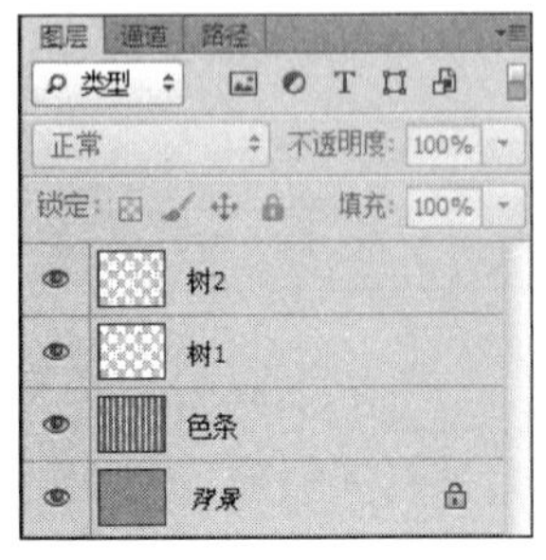

图 4.1.11　【图层】面板

任务 4.2　图层样式的应用——完善精美壁纸

任务目的

本任务通过进一步完善圣诞壁纸的制作，使学生掌握图层样式中各参数的设置意义，熟练使用各种图层样式为图像添加各种特殊效果。精美壁纸的最终效果如图 4.2.1 所示。

图 4.2.1　精美壁纸效果图

扫码学习

完善精美壁纸

相关知识

图层样式是 Photoshop 最具有魅力的功能，它能够方便地建立许多效果，如内发光、投影、斜面与浮雕等。选择【图层】→【图层样式】子菜单中的命令，或单击【图层】面板下方的【添加图层样式】按钮 fx，在弹出的下拉列表中选择一个命令即可，应用图层样式的图层，在其右侧将出现一个图标 fx。

1. 图层样式效果

1）斜面和浮雕：对图层添加高光与阴影的各种组合。

2）描边：使用颜色、渐变或图案在当前图层上描画对象的轮廓。它对于硬边形状（如文字）特别有用。

3）内阴影：紧靠在图层内容的边缘内添加阴影，使图像具有凹陷外观。

4）内发光：添加从图层内容的内边缘发光的效果。

5）光泽：应用创建光滑光泽的内部阴影。

6）颜色叠加：用颜色填充图层内容。

7）渐变叠加：用渐变填充图层内容。

8）图案叠加：用图案填充图层内容。

9）外发光：添加从图层内容的外边缘发光的效果。

10）投影：在图层内容的后面添加阴影。

2. 图层样式选项

图层样式选项如表 4.2.1 所示。

表 4.2.1 图层样式选项

选项	说明
角度	确定效果应用于图层时所采用的光照角度。在 Photoshop 中，可以在文档窗口中拖移以调整【投影】【内阴影】或【光泽】图层样式效果的角度
混合模式	确定图层样式与下层图层的混合方式。大多数情况下，每种效果的默认模式都会产生最佳结果
阻塞	模糊之前收缩【内阴影】或【内发光】图层样式的杂边边界
颜色	指定阴影、发光或高光的颜色。可以单击颜色框并选取颜色
距离	指定阴影或光泽效果的偏移距离。在 Photoshop 中，可以在文档窗口中拖移以调整偏移距离
渐变	指定图层效果的渐变。在 Photoshop 中，单击渐变颜色条，弹出【渐变编辑器】对话框；勾选【反向】复选框翻转渐变方向，勾选【与图层对齐】复选框使用图层的定界框来计算渐变填充，而【缩放】滑块则缩放渐变的应用。还可以通过在图像窗口中单击和拖动来移动渐变中心。【样式】下拉列表框指定渐变的形状
大小	指定模糊的数量或阴影大小
软化	模糊阴影效果可减少多余的人工痕迹
扩展	模糊之前扩大杂边边界
等高线	在【斜面和浮雕】图层样式效果中，等高线允许勾画在浮雕处理中被遮住的起伏、凹陷和凸起。 使用阴影时，等高线允许指定渐隐
深度	指定斜面的深度和图案的深度
样式	指定斜面样式：【内斜面】在图层内容的内边缘上创建斜面；【外斜面】在图层内容的外边缘上创建斜面；【浮雕效果】模拟使图层内容相对于下层图层呈浮雕状的效果；【枕状浮雕】模拟将图层内容的边缘压入下层图层中的效果；【描边浮雕】将浮雕限于应用于图层的描边效果的边界
不透明度	设置图层效果的不透明度，通过输入值或拖动滑块设置

任务分析

首先，在 Photoshop 中，在不破坏图层像素的基础上，赋予图像各种特殊效果。然后运用图层样式功能制作一张精美壁纸。

任务实施

01 打开“圣诞壁纸.psd”文件。

02 在“背景”图层上双击，取消“背景”图层的锁定状态，将“背景”图层转换成普通图层。

03 单击【图层】面板下方的 fx. 按钮，为该层添加【渐变叠加】图层样式。图层样式参数设置如图 4.2.2 所示，设置渐变颜色为黄色（R：246，G：255，B：0）一白色，【不透明度】为 100%和 0%，效果如图 4.2.3 所示。

04 新建 3 个图层，并命名为“球 1”“球 2”“球 3”。设置前景色为白色，选择工具箱中的【画笔工具】，在其属性栏中设置笔刷【大小】为 300 像素，【硬度】为 100%。在“球 1”“球 2”“球 3”图层中各绘制一个圆，效果如图 4.2.4 所示。

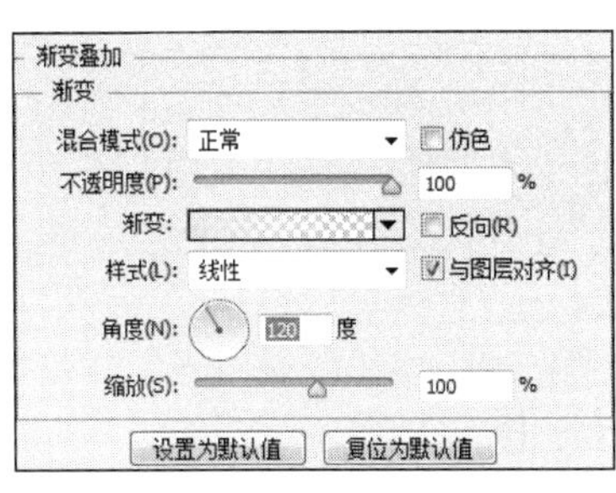

图 4.2.2　设置【渐变叠加】图层样式

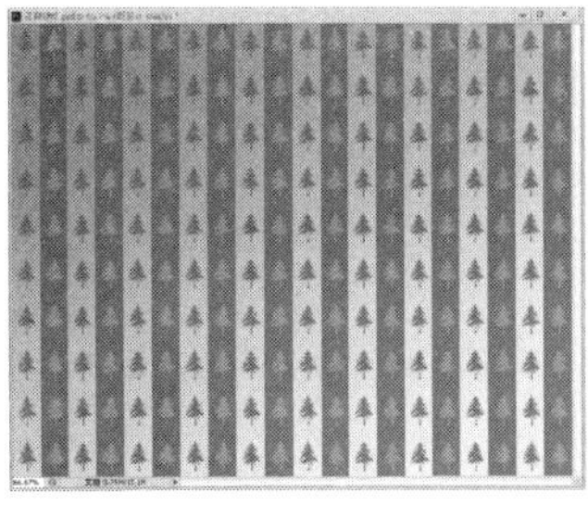

图 4.2.3　添加图层样式后效果

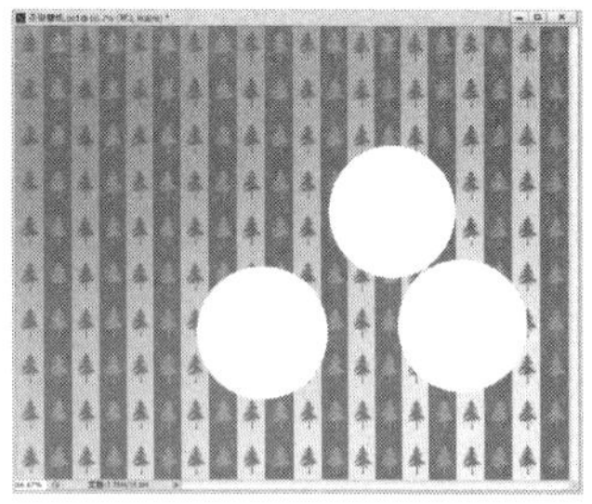

图 4.2.4　绘制 3 个球

05 选择“球 1”图层，单击【图层】面板下方的 fx 按钮，为该图层添加【投影】【内发光】【渐变叠加】等图层样式，参数设置如图 4.2.5 所示，【渐变叠加】图层样式中渐变颜色设置为白色—浅蓝色（#49BDD6）—深蓝色（#002b4b）—浅蓝色（#49BDD6）。使用工具箱中的【移动工具】将渐变叠加效果向左上角移动。

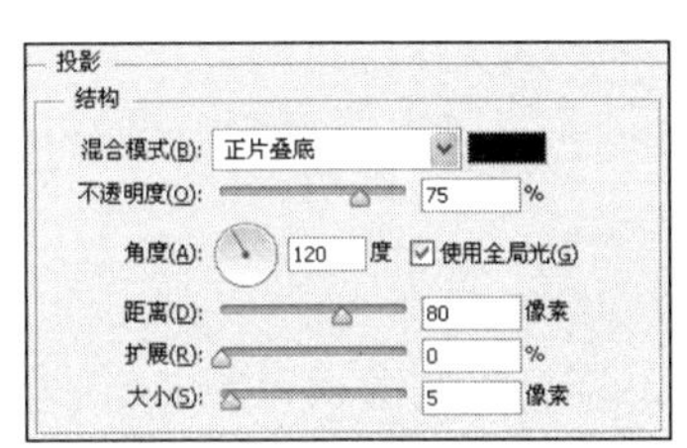

（a）【投影】图层样式

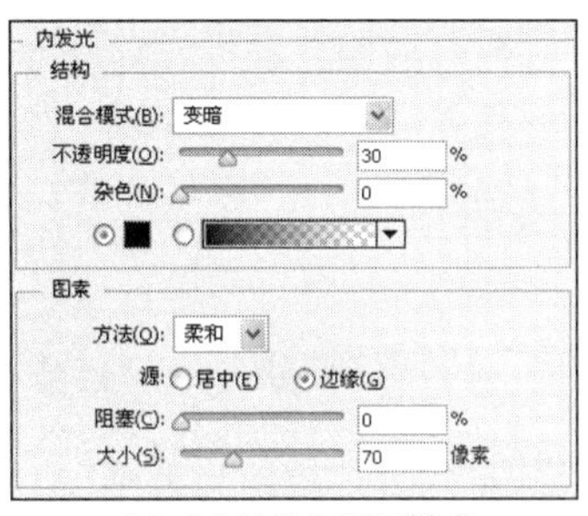

（b）【内发光】图层样式

（c）【渐变叠加】图层样式

图 4.2.5　设置图层样式参数

06 在“球 1”图层上右击，在弹出的快捷菜单中选择【拷贝图层样式】命令。

07 分别在“球 2”“球 3”图层上右击，在弹出的快捷菜单中选择【粘贴图层样式】命令。

08 修改“球 2”图层的【渐变叠加】图层样式，设置渐变颜色为白色—浅红色（#fd372c）—深红色（#8d0102）—浅红色（#fd372c），其余参数设置如图 4.2.6 所示。

09 修改“球 3”图层的【渐变叠加】图层样式，设置渐变颜色为白色—浅橙色（#ec6f 01）—棕色（#8d1201）—浅橙色（#ec6f01），其余参数设置如图 4.2.7 所示。

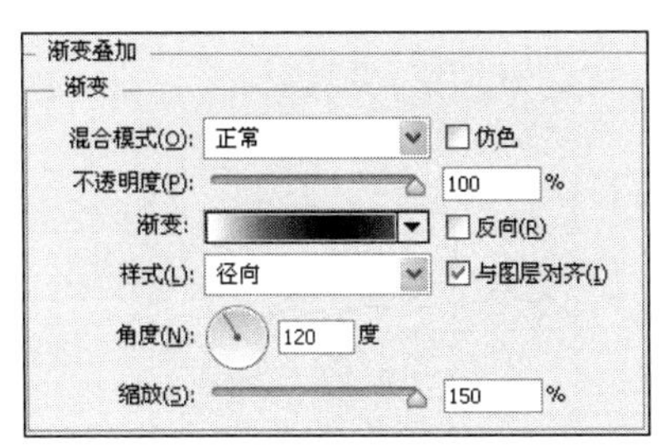

图 4.2.6　【渐变叠加】图层样式参数设置（一）

图 4.2.7　【渐变叠加】图层样式参数设置（二）

10 新建图层，命名为“线条”，设置前景色为黄色（R:249，G:245，B:0）。选择工具箱中的【直线工具】，在其属性栏中设置粗细为 3 像素，在“线条”图层上绘制 3 条直线，给直线图层添加【投影】图层样式，效果如图 4.2.8 所示。

11 新建图层，命名为“雪花”。选择工具箱中的【自定形状工具】，设置前景色为紫色（R：94，G：11，B：97），使用雪花形状工具在“雪花”图层上绘制大小不一的雪花，效果如图 4.2.9 所示。

12 选择“雪花”图层，按住“Ctrl”键并单击“球 3”图层图标，激活选区。按“Ctrl+Shift+I”组合键反选选区，按“Delete”键删除圆形以外的雪花，效果如图 4.2.10 所示。

图 4.2.8 添加【投影】图层样式

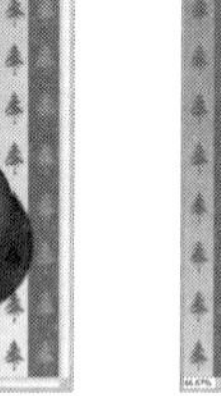

图 4.2.9 绘制雪花图案

图 4.2.10 删除圆形以外图像

13 单击【图层】面板下方的 fx. 按钮，为“雪花”图层添加【渐变叠加】图层样式，参数设置和效果如图 4.2.11 所示。

14 新建图层，命名为“星星”。使用步骤 **11** 和步骤 **12** 的方法绘制，效果如图 4.2.12 所示。

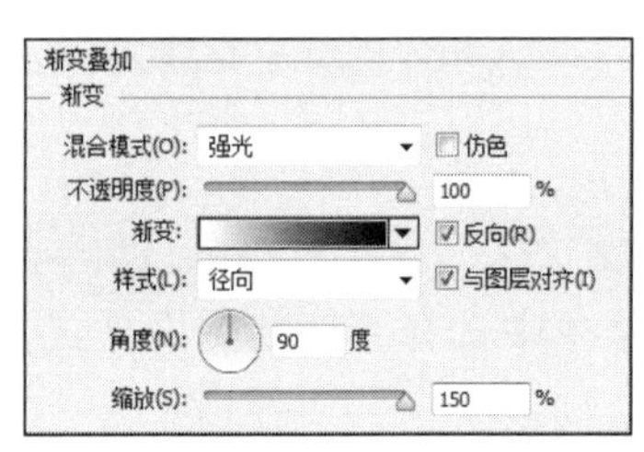

（a）【渐变叠加】图层样式设置

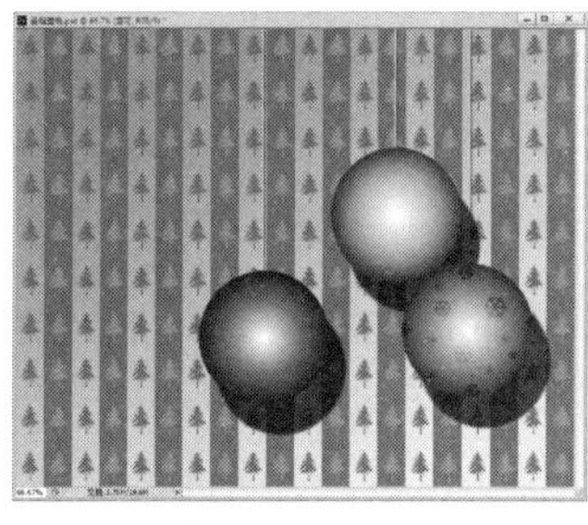

（b）【渐变叠加】图层样式效果

图 4.2.11 添加【渐变叠加】图层样式（一）

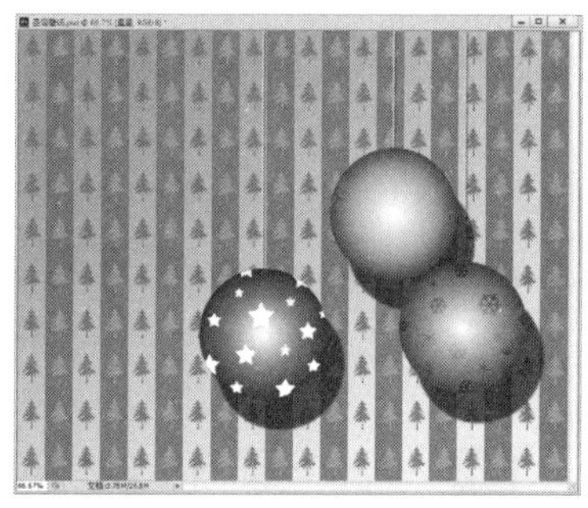

图 4.2.12 绘制星星花纹

15 单击【图层】面板下方的 fx. 按钮，为“星星”图层添加【渐变叠加】图层样式，参数设置和效果如图 4.2.13 所示。

（a）【渐变叠加】图层样式设置

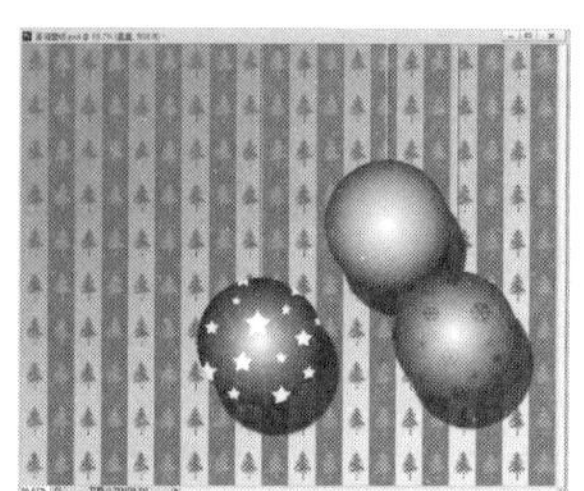

（b）【渐变叠加】图层样式效果

图 4.2.13 添加【渐变叠加】图层样式（二）

16 新建图层，命名为“蓝条”。设置前景色为蓝色（R：11，G：41，B：111），选择工具箱中的【矩形选框工具】，参照前面介绍的方法绘制 6 条矩形条，效果如图 4.2.14 所示。

17 选择【编辑】→【变换】→【变形】命令，调整矩形条外形，效果如图 4.2.15 所示。

图 4.2.14　绘制 6 条矩形条

图 4.2.15　变形矩形条

18 选中“蓝条”图层，选择【图层】→【图层样式】命令，在弹出的【图层模式】对话框中，设置图层混合模式为【叠加】，图层【不透明度】为 60%，最终效果如图 4.2.1 所示。

任务 4.3　图层样式的应用——制作糖果字

任务目的

通过制作糖果字效果，使学生了解图层样式中各参数的设置意义，能够熟练使用各种图层样式为文字添加各种特殊效果。糖果字的最终效果如图 4.3.1 所示。

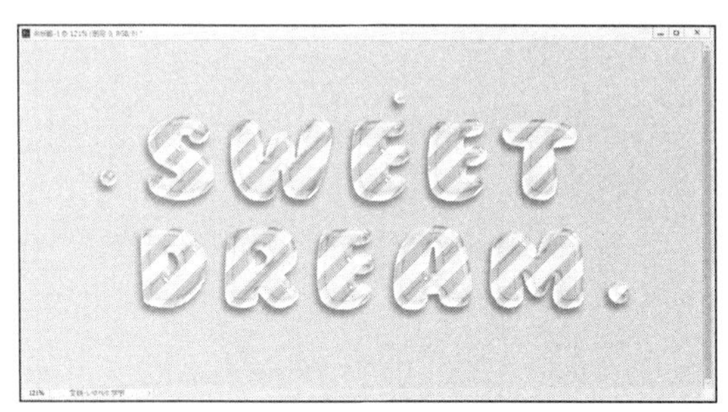

图 4.3.1　糖果字的最终效果

扫码学习

制作糖果字

任务分析

运用图层样式功能制作糖果字。首先选择一款比较圆润的字体，然后把文字复制一层，底部的文字用图层样式做出初步的纹理、质感、颜色等效果，再在副本图层中将文字填充设置为 0，最后用图层样式增加文字的质感等。

任务实施

01 新建文件。选择【文件】→【新建】命令，弹出【新建】对话框，在该对话框中，设置文件的【宽度】为 1000 像素，【高度】为 500 像素，【分辨率】为 72 像素/英寸，【背景内容】为白色。

02 设置前景色为浅蓝色（#b7e7ff），按“Alt+Delete”组合键在“背景”图层上填充前景色。使用【横排文字工具】T输入“SWEET”和“ DREAM”字样，效果如图 4.3.2 所示。

03 将文字图层各自复制一次，【图层】面板如图 4.3.3 所示。设置复制的文字图层【填充】为 0%。

图 4.3.2　添加文字

图 4.3.3　【图层】面板

04 选择“SWEET”图层，单击【图层】面板下方的fx.按钮，为该图层添加【图案叠加】图层样式。然后载入图案文件“图案素材.pat”，参数设置如图 4.3.4 所示。

05 给文字增加立体感。单击【图层】面板下方的fx.按钮，为该图层添加【斜面和浮雕】图层样式，并手动设置光泽等高线，参数设置如图 4.3.5 所示。

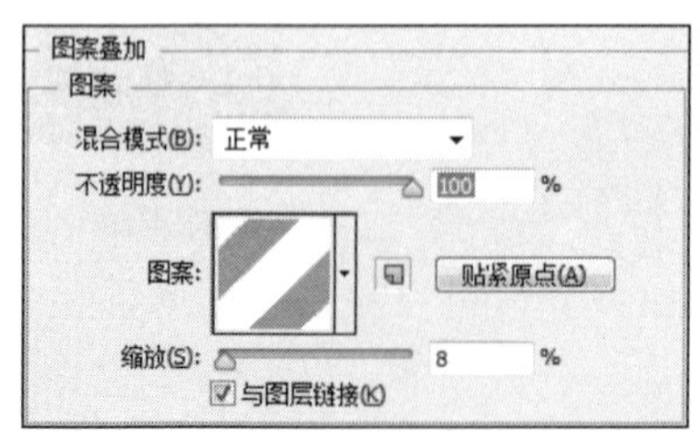

图 4.3.4　设置【图案叠加】图层样式参数

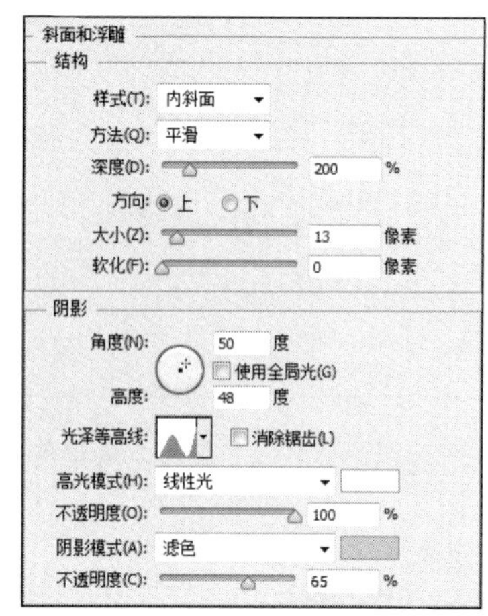

图 4.3.5　设置【斜面与浮雕】图层样式参数（一）

06 选中【等高线】选项卡，手动设置【等高线】的参数，参数设置如图 4.3.6 所示。

07 选中【纹理】选项卡，参数设置如图 4.3.7 所示。

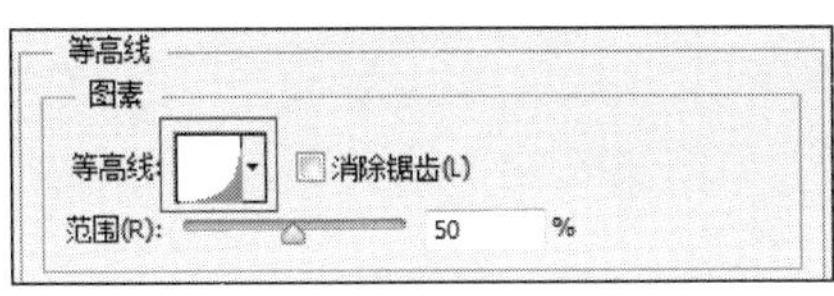

图 4.3.6　设置【等高线】图层样式参数

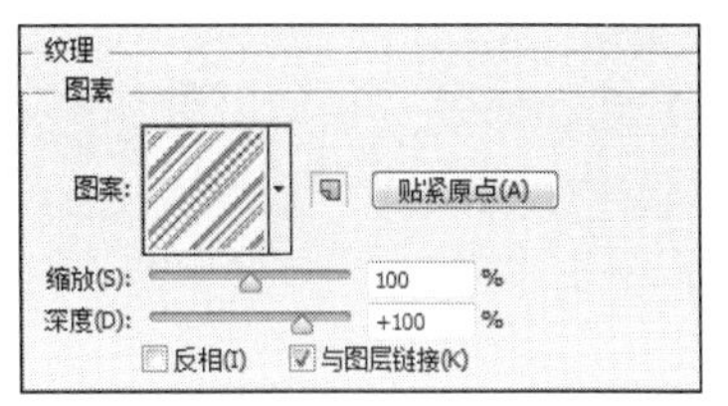

图 4.3.7　设置【纹理】图层样式参数

08 强化整体效果的透明感。单击【图层】面板下方的 fx 按钮，为该图层添加【内阴影】图层样式，参数设置如图 4.3.8 所示。

09 使高光区域变得更有透明感，光线更强一些。单击【图层】面板下方的 fx 按钮，为该图层添加【内发光】图层样式，参数设置如图 4.3.9 所示。

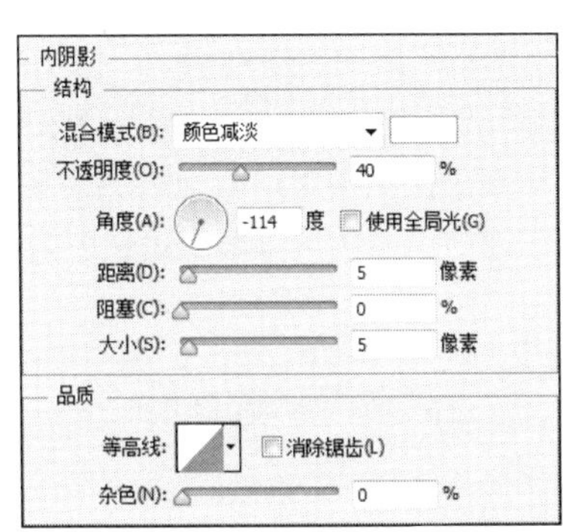

图 4.3.8　设置【内阴影】图层样式参数

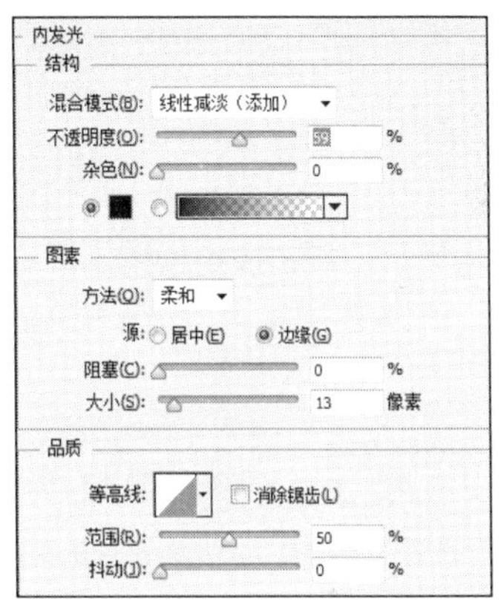

图 4.3.9　设置【内发光】图层样式参数

10 给文字的整体添加上光泽效果。单击【图层】面板下方的 fx 按钮，为该图层添加【光泽】图层样式，颜色为 fff 7be，参数设置如图 4.3.10 所示。

11 突出文字细节。单击【图层】面板下方的 fx 按钮，为该图层添加【颜色叠加】图层样式，颜色为 e2e999，参数设置如图 4.3.11 所示。

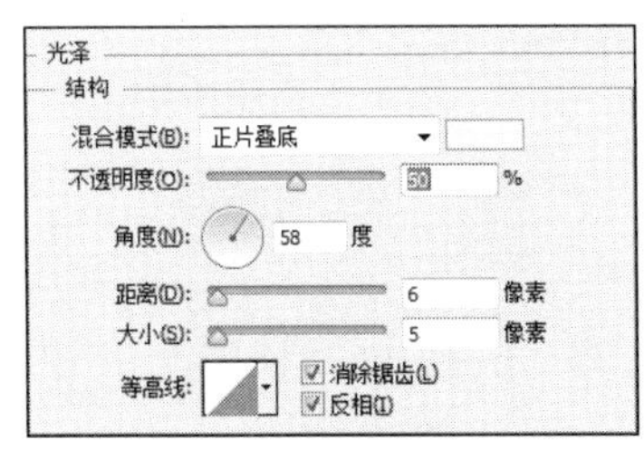

图 4.3.10　设置【光泽】图层样式参数

图 4.3.11　设置【颜色叠加】图层样式参数

12 使文字更具立体感。单击【图层】面板下方的 fx 按钮，为该图层添加【渐变叠加】图层样式，渐变颜色为白色—绿色（# 838b72），参数设置如图 4.3.12 所示。

13 给文字添加投影效果。单击【图层】面板下方的 fx 按钮，为该图层添加【投影】图层样式，参数设置如图 4.3.13 所示。

14 选择“SWEET 副本”图层，单击【图层】面板下方的 fx. 按钮，为该图层添加【斜面和浮雕】图层样式，参数设置如图 4.3.14 所示。

15 将“SWEET”和“SWEET 副本”两个图层的图层样式复制给“DREAM”和“DREAM 副本”图层。再添加两个小圆，做出相同的糖果效果，最终效果如图 4.3.1 所示。

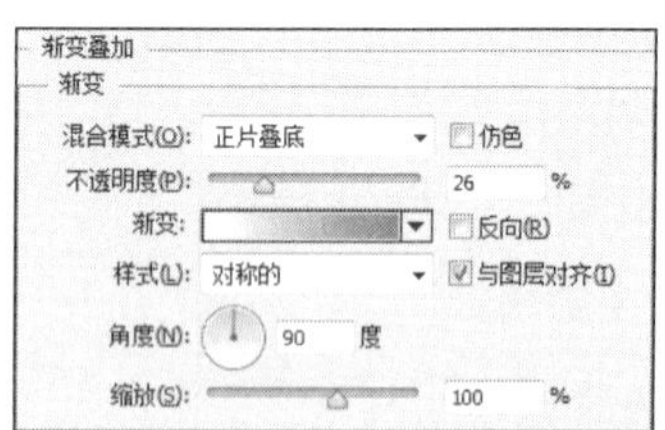

图 4.3.12 设置【渐变叠加】图层样式参数

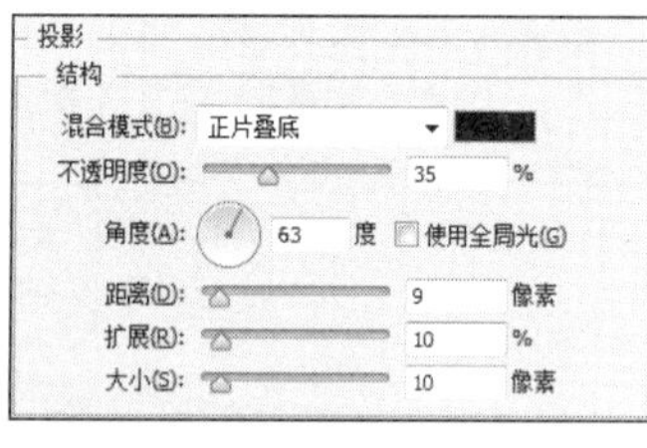

图 4.3.13 设置【投影】图层样式参数

图 4.3.14 设置【斜面与浮雕】图层样式参数（二）

任务 4.4 图层混合模式的应用——给黑白图片上色

除背景图层之外的每个 Photoshop 图层，包括调整图层，都支持混合模式，这就影响图层与其下方图层的作用方式。这样的影响是基于每个通道的，因此，在某些情况下混合模式会同时加亮或变暗。对于修饰工作，混合模式可以简化并加速色调校正、蒙尘清除和污点的消除。

任务目的

本任务通过图层混合模式的设置给黑色图片人物上妆，使学生掌握图层混合模式的使用，效果如图 4.4.1 所示。

扫码学习

给黑白图片上色

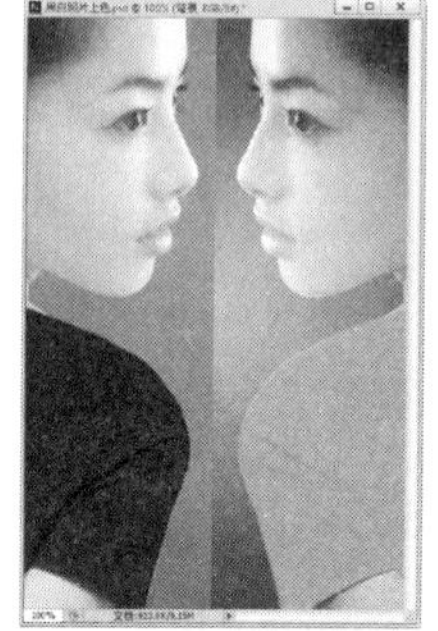

图 4.4.1 黑白相片人物调色效果

相关知识

1. 图层混合模式

混合模式是 Photoshop 中十分出色且引人注目的功能。利用此功能，设计师们创造了许多神奇而精彩的艺术效果。在【图层】面板中，单击图层混合模式的列表框，将弹出图 4.4.2 所示的混合模式下拉列表。

2. 混合模式示例说明

使用时在上方图层设置不同的混合模式和不透明度，会创造出精彩的艺术效果。打开“仙女.jpg”与“台历插画.jpg”图像文件，两个图像文件的效果如图 4.4.3 所示。在此，将“仙女”素材添加到“台历插画”文件中，即以“台历插画”为基色、“仙女”为混合色，来说明各混合模式的功能。

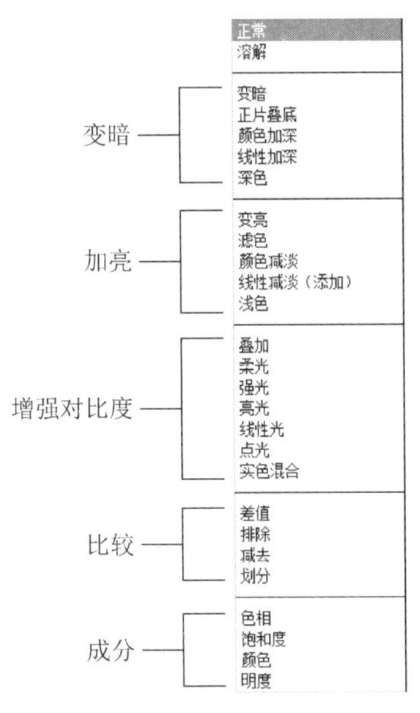

图 4.4.2　图层混合模式

图 4.4.3　“仙女”图片和“台历插图”图片

（1）【正常】混合模式

该模式是图层混合模式的默认方式，较为常用。使用该模式的效果是上方图层像素的颜色覆盖下层颜色，如图 4.4.4 所示。

（2）【溶解】混合模式

该模式就是把当前图层的像素以一种颗粒状的方式作用到下层，以获取溶入式效果。将【图层】面板中的不透明度值降低，溶解效果会更加明显。图 4.4.5 是使用【溶解】混合模式且设置【不透明度】为 70%的效果。

（3）【变暗】混合模式

该模式就是查看每个通道中的颜色信息，并选择基色或混合色中较暗的颜色作为结果色。将比混合色亮的像素替换掉，比混合色暗的像素则保持不变，效果如图 4.4.6 所示。

（4）【正片叠底】混合模式

该模式将基色与混合色复合，结果色总是较暗的颜色。任何颜色与黑色复合都会产生黑色，任何颜色与白色混合则保持不变，效果如图 4.4.7 所示。

图 4.4.4 【正常】混合模式效果

图 4.4.5 【溶解】混合模式效果

图 4.4.6 【变暗】混合模式效果

图 4.4.7 【正片叠底】混合模式效果

（5）【颜色加深】混合模式

该模式是通过增加对比度使基色变暗以反映混合色，与白色混合后不产生变化，效果如图 4.4.8 所示。

（6）【线性加深】混合模式

该模式通过减小亮度使基色变暗以反映混合色，与白色混合后不产生变化，效果如图 4.4.9 所示。

（7）【深色】混合模式

该模式依据图像的饱和度，比较混合色和基色的所有通道值的总和并显示值较小的颜色，不会生成第三种颜色，与白色混合后不产生变化，效果如图 4.4.10 所示。

（8）【变亮】混合模式

该模式与【变暗】混合模式相反，选择基色或混合色中较亮的颜色作为结果色。比混合色暗的像素将被替换，比混合色亮的像素则保持不变，效果如图 4.4.11 所示。

（9）【滤色】混合模式

该模式与【正片叠底】混合模式相反，将混合色的互补色与基色复合，结果色总是较亮的颜色。用黑色过滤时颜色保持不变，用白色过滤时产生白色，效果如图 4.4.12 所示。

图 4.4.8　【颜色加深】混合模式效果

图 4.4.9　【线性加深】混合模式效果

图 4.4.10　【深色】混合模式效果

图 4.4.11　【变亮】混合模式效果

图 4.4.12　【滤色】混合模式效果

（10）【颜色减淡】混合模式

该模式与【颜色加深】混合模式相反，可以生成非常亮的合成效果，通常用来创建光源中心点极亮的效果，与黑色混合则不发生变化，效果如图 4.4.13 所示。

（11）【线性减淡（添加）】混合模式

该模式通过加亮所有通道的基色并通过降低其他颜色的亮度来反映混合颜色，此模式对于黑色无效，效果如图 4.4.14 所示。

（12）【浅色】混合模式

该模式与【深色】混合模式刚好相反，可以依据图像的饱和度，用当前图层中的颜色直接覆盖下方图层中的高光区域颜色，效果如图 4.4.15 所示。

图 4.4.13　【颜色减淡】混合模式效果

图 4.4.14　【线性减淡（添加）】混合模式效果

图 4.4.15　【浅色】混合模式效果

（13）【叠加】混合模式

使用该混合模式复合或过滤颜色时，图像最终的效果取决于下方图层。但上方图层的明暗对比效果也将直接影响到整体效果，叠加后下方图层的亮度区与投影区仍被保留。其效果如图 4.4.16 所示。

（14）【柔光】混合模式

该模式可以使颜色变亮或变暗，具体取决于混合色。如果上方图层的像素比 50%灰色亮，则图像变亮，就像被减淡了一样；反之，则图像变暗，就像被加深了一样。其效果如图 4.4.17 所示。

图 4.4.16 【叠加】混合模式效果

图 4.4.17 【柔光】混合模式效果

（15）【强光】混合模式

该模式的叠加效果取决于混合色。如果混合色（光源）比 50%灰色亮，则图像变亮；如果混合色（光源）比 50%灰色暗，则图像变暗。这对于向图像中添加阴影非常有用。用纯黑色或纯白色绘画会产生纯黑色或纯白色。其效果如图 4.4.18 所示。

（16）【亮光】混合模式

该模式是通过增加或减小对比度来加深或减淡颜色的，其具体情况取决于混合色。如果混合色比 50%灰度亮，则通过降低对比度来加亮图像；反之，则通过提高对比度来使图像变暗。其效果如图 4.4.19 所示。

（17）【线性光】混合模式

该模式是通过减小或增加亮度来加深或减淡颜色的，其具体情况取决于混合色。如果混合色比 50%灰度亮，则通过提高对比度来加亮图像；反之，则通过降低对比度使图像变暗。其效果如图 4.4.20 所示。

图 4.4.18 【强光】混合模式效果

图 4.4.19 【亮光】混合模式效果

图 4.4.20 【线性光】混合模式效果

（18）【点光】混合模式

该模式通过置换颜色像素来混合图像。如果混合色比 50%灰度亮，比源图像暗的像素会被置换，而比源图像亮的像素无变化；反之，比源图像亮的像素会被置换，而比源图像暗的像素无变化，效果如图 4.4.21 所示。

（19）【实色混合】混合模式

使用此模式，可以创建一种近似于色块化的混合效果，亮色会更加亮，暗色会更加暗，效果如图 4.4.22 所示。

图 4.4.21　【点光】混合模式效果

图 4.4.22　【实色混合】混合模式效果

（20）【差值】混合模式

选择此模式可从上方图层中减去下方图层相应处像素的颜色值，此模式通常使图像变暗并取得反相效果。与白色混合将反转基色值，与黑色混合则不产生变化，其效果如图 4.4.23 所示。

（21）【排除】混合模式

使用该模式可以创建一种与【差值】混合模式相似但对比度更低的效果，效果如图 4.4.24 所示。

（22）【减去】混合模式

选择该混合模式，则查看每个通道中的颜色信息，并从基色中减去混合色。在 8 位和 16 位图像中，任何生成的负片值都会剪切为零，其效果如图 4.4.25 所示。

图 4.4.23　【差值】混合模式效果

图 4.4.24　【排除】混合模式效果

图 4.4.25　【减去】混合模式效果

（23）【划分】混合模式

选择该混合模式，则查看每个通道中的颜色信息，并从基色中分割混合色，其效果如图 4.4.26 所示。

（24）【色相】混合模式

该模式用基色的亮度和饱和度以及混合色的色相创建结果色，效果如图 4.4.27 所示。

（25）【饱和度】混合模式

该模式用基色的亮度和色相以及混合色的饱和度创建结果色，效果如图 4.4.28 所示。

图 4.4.26 【划分】混合模式效果

图 4.4.27 【色相】混合模式效果

图 4.4.28 【饱和度】混合模式效果

（26）【颜色】混合模式

该模式用基色的亮度以及混合色的色相和饱和度创建结果色。这样可以保留图像中的灰阶，并且对给单色图像上色和给彩色图像着色都非常有用，效果如图 4.4.29 所示。

（27）【明度】混合模式

该模式用基色的色相和饱和度以及混合色的亮度创建结果色，效果如图 4.4.30 所示。

图 4.4.29 【颜色】混合模式效果

图 4.4.30 【明度】混合模式效果

任务分析

为了增强图片上色前后的对比效果，首先添加一个图层，设置适当的图层混合模式；其次给人物的肩部、脸部、腮红、嘴唇和眼影上妆，并设置上妆各图层的图层混合模式。

任务实施

01 选择【文件】→【打开】命令，打开素材图片“照片调色.jpg”。复制“背景”图层，命名为“背景加亮”。

02 单击【图层】面板下方的【添加图层样式】按钮 fx，为“背景加亮”图层添加【渐

变叠加】图层样式，其参数设置如图 4.4.31 所示。在图像中移动鼠标指针使脸部光最亮，并设置混合模式为【柔光】，效果如图 4.4.32 所示。

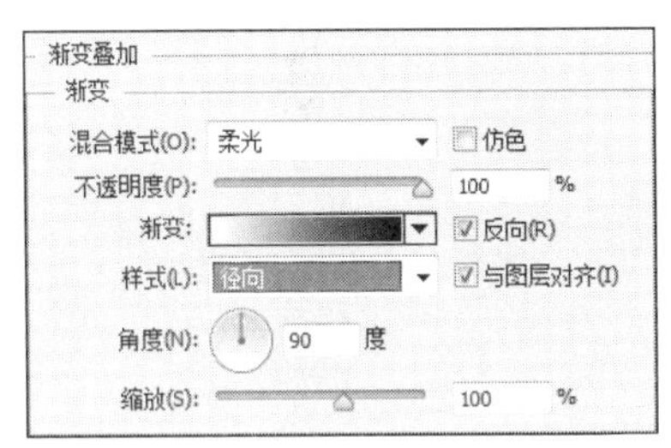

图 4.4.31　设置【渐变叠加】图层样式参数

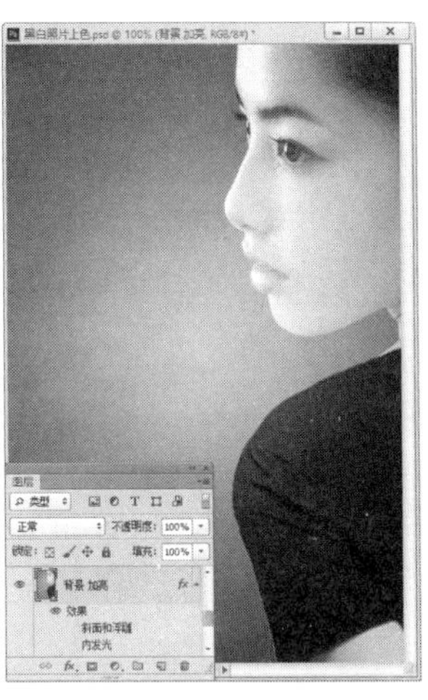

图 4.4.32　调整图层样式

03 设置前景色为棕色（#be7629）。新建一个图层“图层 1”，在新建图层上填充前景色，设置“图层 1”的图层混合模式为【颜色】，图层【不透明度】为 55%，效果如图 4.4.33 所示。

04 使用选区工具制作人物的外型轮廓选区，删除选区中图像。取消选区，效果如图 4.4.34 所示。

05 使用工具箱中的【魔棒工具】获取人物肩带选区。选择【选择】→【修改】→【羽化】命令，在弹出的【羽化选区】对话框中，设置【羽化半径】为 1 像素。然后，新建一个图层，命名为“衣服”。设置前景色为粉红色（#de929f），按“Alt+Delete”组合键，在选区内填充前景色，并设置图层的混合模式为【滤色】，效果如图 4.4.35 所示。

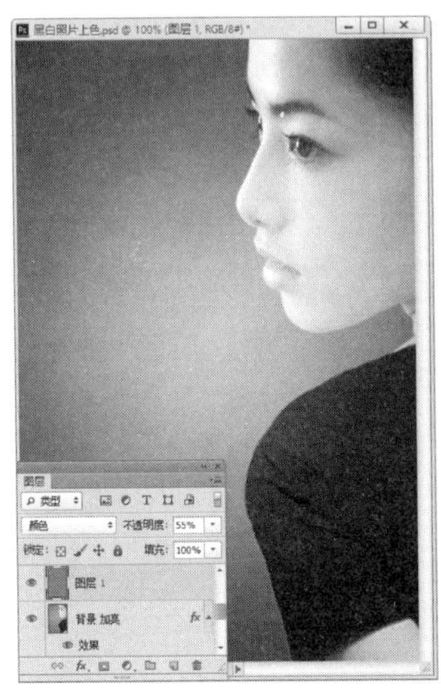

图 4.4.33　填充前景色

图 4.4.34　删除图像

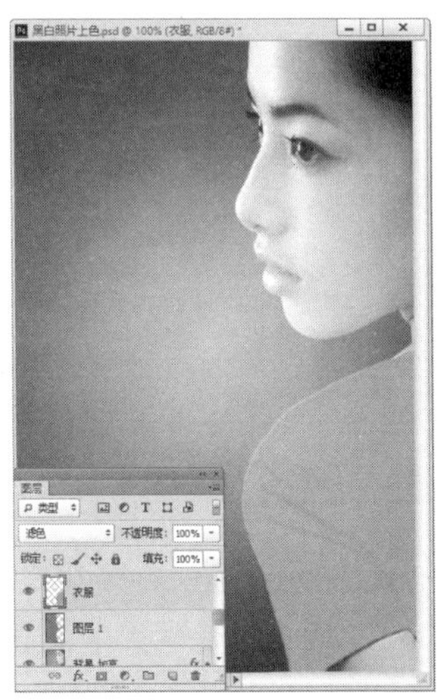

图 4.4.35　制作衣服换色效果

06 新建图层，命名为“腮红”。设置前景色为粉红色（#f47ab6），调整画笔主直径为170像素，笔刷硬度为0%，在人物脸颊位置绘制一个圆，如图4.4.36所示。设置“腮红”图层混合模式为【叠加】，图层【不透明度】为70%。

07 新建图层，命名为“唇彩”。设置前景色仍为粉红色（#f47ab6），设置画笔为小直径小硬度，在“唇彩”图层上刷出人物嘴唇形状，并设置“嘴唇”图层的混合模式为【叠加】，图层【不透明度】为80%，效果如图4.4.37所示。

08 新建图层，命名为“眼影”。设置前景色为蓝色（R：147，G：214，B：220），设置适当的柔边画笔，在人物上眼皮位置刷出浅蓝色眼影，设置图层的【不透明度】为90%，效果如图4.4.38所示。

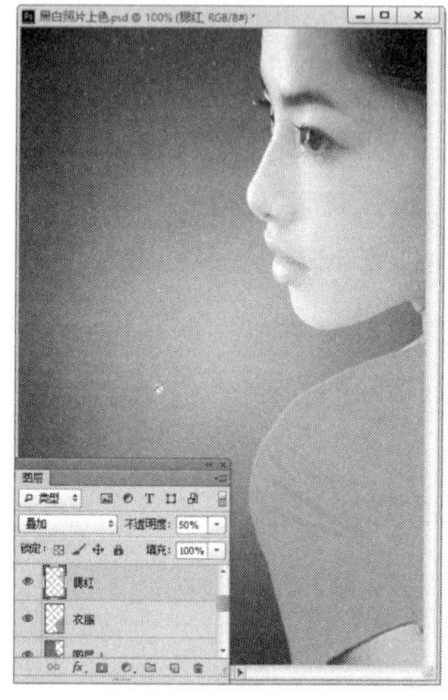
图4.4.36　绘制腮红

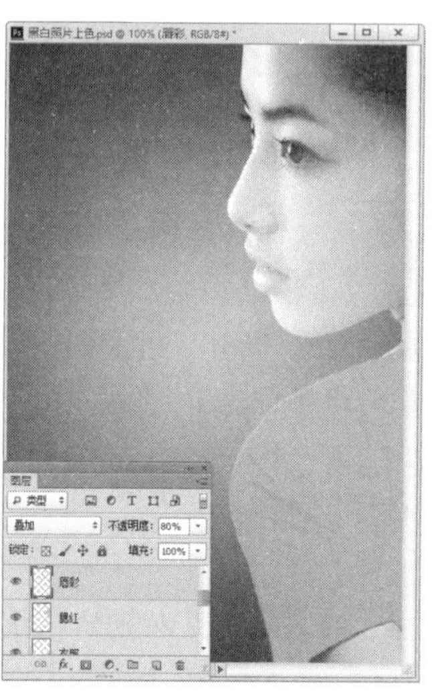
图4.4.37　绘制唇彩

图4.4.38　绘制眼影

09 复制“背景”图层，将复制后的背景图层移动到最上方。选择【编辑】→【变换】→【水平翻转】命令，翻转图像。

10 使用【矩形选框工具】设置前景色为黑色，选择【着色】图层的蒙版层，并在蒙版层上绘制一个黑色矩形，最终效果如图4.4.1所示。

任务4.5　形状图层的应用——制作新年贺卡

任务目的

本任务通过创建富有线条和层次的“雪地”形状图层，制作一幅漂亮的新年贺卡，如图4.5.1所示，使学生掌握形状图层的应用。

图 4.5.1　新年贺卡

扫码学习

制作新年贺卡

相关知识

1. 形状图层的创建

选择工具箱中的【钢笔工具】或矢量绘图工具，在其属性栏中选择【形状】选项，然后在文档中绘制图形，此时将自动产生一个形状图层，并在【图层】面板中出现一个图层和缩览图，如图 4.5.2 所示。

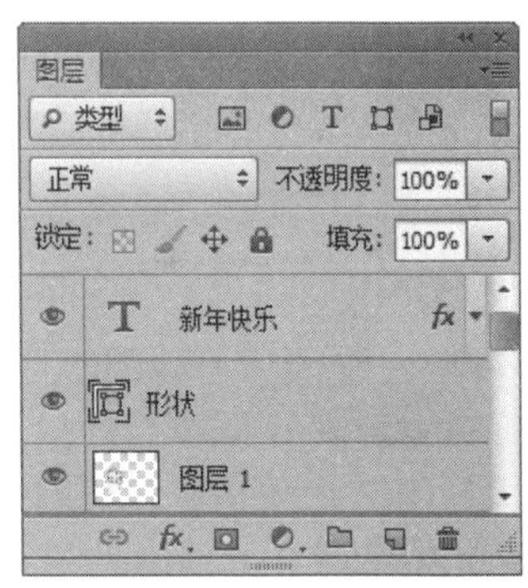

图 4.5.2　形状图层

2. 形状与路径的区别

从本质上来说，形状是由路径构成的，不同的是，路径是一个虚体，它只是一条路径线而已，不在【图层】面板中占用任何位置，因为它们不包括任何图像像素，只能在【路径】面板中查看该路径；形状则本身便具有一种颜色（由填充到路径中的图像像素得到），使路径勾勒出来的范围能够以该颜色显示在画布中。

3. 将形状图层栅格化

如果将形状图层转换为普通图层，则可以在该图层上右击，从弹出的快捷菜单中选择【栅格化图层】命令。此命令是不可逆的，被栅格化的形状图层将转换为普通图层，且不能恢复为形状图层，这样做的好处是可以利用滤镜、调色命令以及绘图工具对其进行深入编辑处理。

任务分析

首先使用【钢笔工具】创建“雪地”形状图层，利用【内发光】【渐变叠加】等图层样式来制作积雪的效果，使用【自定形状工具】绘制“雪花”和“松树”。然后为了增加雪地的层次感，再创建两个富有变化的“雪地”形状图层。最后移入“雪人”素材，并添加文字，最终完成新年贺卡的制作。

任务实施

1. 绘制夜空背景

01 新建文件。按“Ctrl+N”组合键，新建一个白色背景的文件，具体设置如图 4.5.3 所示，设置【宽度】为 1024 像素，【高度】为 768 像素，【分辨率】为 72 像素/英寸。

02 选择工具箱中的【渐变工具】，在其属性栏中设置渐变方式为径向渐变，渐变颜色为青色（#cdf5ff）—蓝色（#0067a9）—深蓝色（#040023），从图像窗口中心向外做一渐变，填充效果如图 4.5.4 所示。

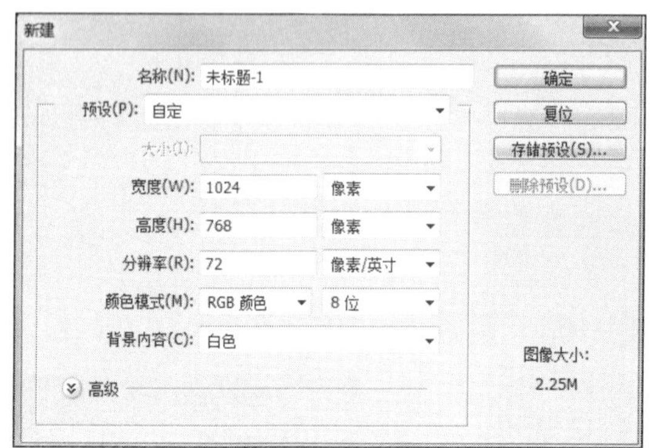

图 4.5.3 新建文件

图 4.5.4 使用【渐变工具】绘制夜空

2. 绘制“雪地 1”

01 设置前景色为白色，选择工具箱中的【钢笔工具】，并在其属性栏中选择【形状】选项 形状 ，绘制图 4.5.5 所示的形状，重命名该图层为“雪地 1”。

02 双击“雪地 1”图层，添加【内发光】和【渐变叠加】图层样式，参数设置如图 4.5.6 和图 4.5.7 所示，效果如图 4.5.8 所示。

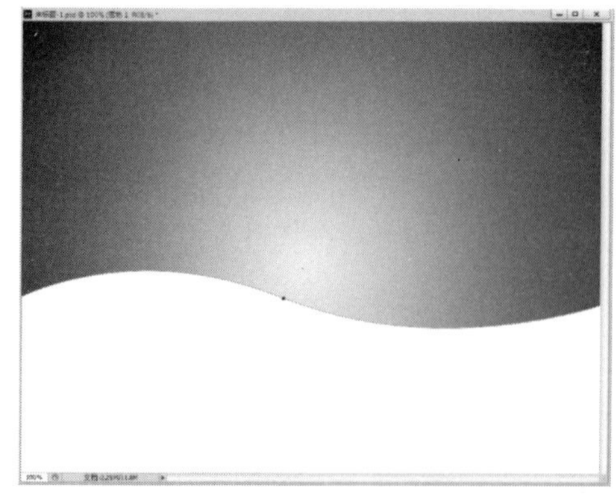

图 4.5.5 绘制“雪地 1”形状

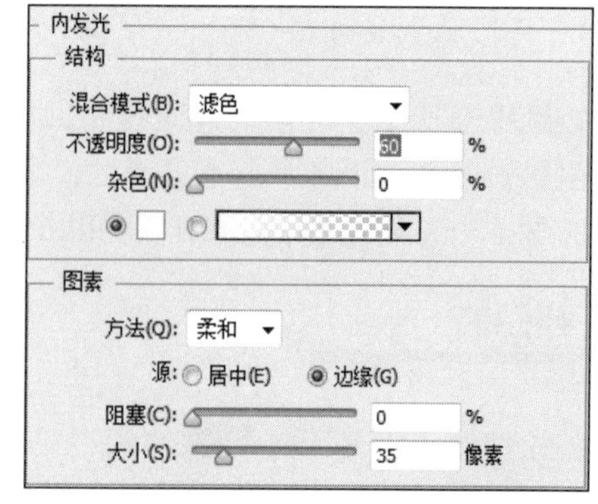

图 4.5.6 【内发光】图层样式参数设置（一）

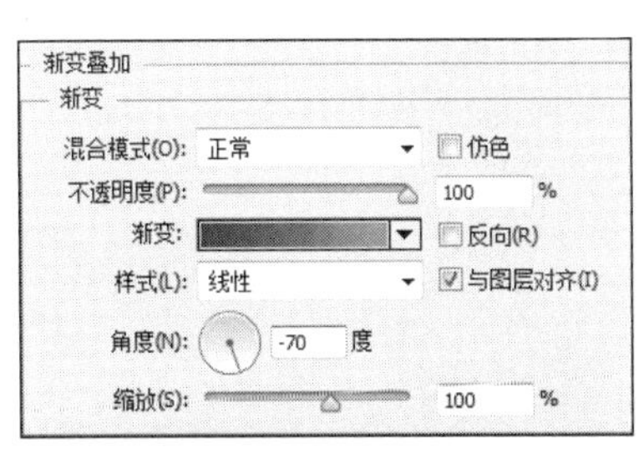

图 4.5.7　【渐变叠加】图层样式参数设置（一）

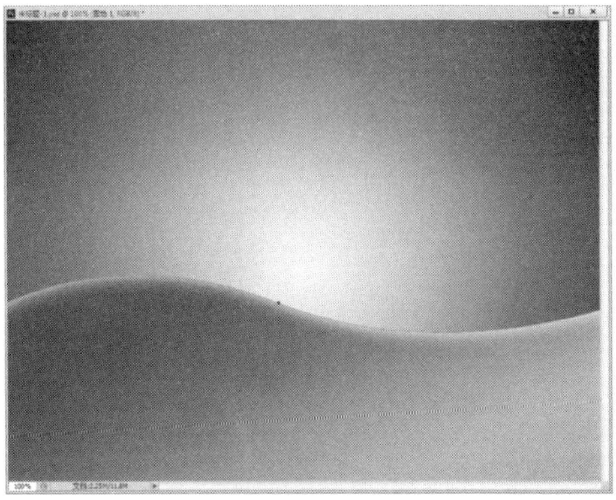

图 4.5.8　“雪地 1”图层添加图层样式后的效果

3. 绘制松树

01 在工具箱中选择【自定形状工具】，并在其属性栏中选择【形状】选项，形状选择“树”，颜色设置为深蓝色（#003274），如图 4.5.9 所示。

图 4.5.9　【自定形状工具】属性栏

02 在文档左侧绘制 3 棵大小不一的松树；然后将【自定形状工具】属性栏中的颜色值设置为#2979e1，在文档右侧绘制 6 棵大小不一的松树；最后将【自定形状工具】属性栏中的颜色值设置为#0d438b，在文档左侧继续绘制 2 棵大小不一的松树。错落有致地排列松树位置，如图 4.5.10 所示。

图 4.5.10　排列松树的位置

4. 绘制雪花

01 在【图层】面板最上方新建一个图层“图层 1”，重命名为“雪花 1”，设置前景色为白色，在工具箱中选择【自定形状工具】，并在其属性栏中选择【像素】选项，形状选择“雪花 1”，属性栏设置如图 4.5.11 所示，然后绘制大小不一的雪花多个。

图 4.5.11　【自定形状工具】属性栏

02 利用同样的方法，选择形状“雪花 2”与“雪花 3”，分别在“雪花 1”图层绘制大小不一的雪花多个。这时的效果如图 4.5.12 所示。

图 4.5.12　绘制雪花

5. 添加两层“雪地”

01 选择工具箱中的【钢笔工具】，并在其属性栏中选择【形状】选项，具体属性设置如图 4.5.13 所示，然后将【填充】选项中的颜色设置为青色（#a7fef6）。

图 4.5.13　【钢笔工具】属性栏

02 使用【钢笔工具】绘制图 4.5.14 所示的形状，并将该图层重命名为“雪地 2”，这时的【图层】面板如图 4.5.15 所示。

图 4.5.14　使用【钢笔工具】绘制雪地

图 4.5.15　【图层】面板

03 双击“雪地 2”图层，在弹出的【图层样式】对话框中设置【内发光】图层样式，具体选项设置如图 4.5.16 所示，图像效果如图 4.5.17 所示。

04 设置前景色为白色，使用【钢笔工具】绘制图 4.5.18 所示的形状，重命名该形状图层为“雪地 3”。

05 双击“雪地 3”图层，添加【渐变叠加】和【内发光】图层样式，参数设置如图 4.5.19 和图 4.5.20 所示，效果如图 4.5.21 所示。

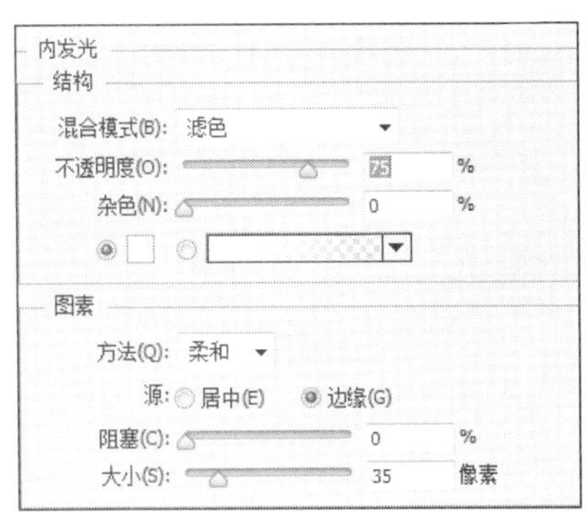

图 4.5.16　【内发光】图层样式参数设置（二）

图 4.5.17　添加【内发光】图层样式后效果

图 4.5.18　绘制“雪地 3”

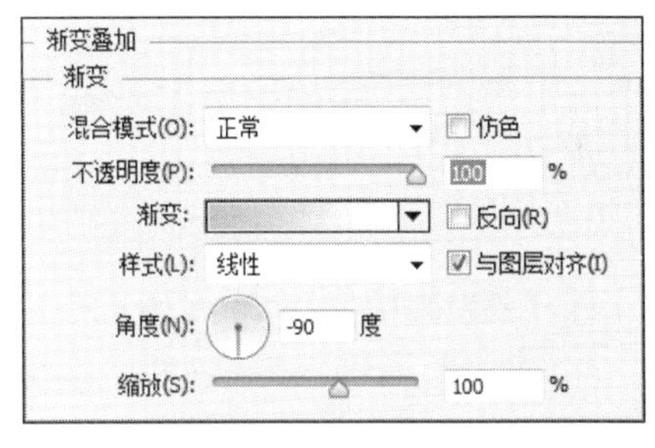

图 4.5.19　【渐变叠加】图层样式参数设置（二）

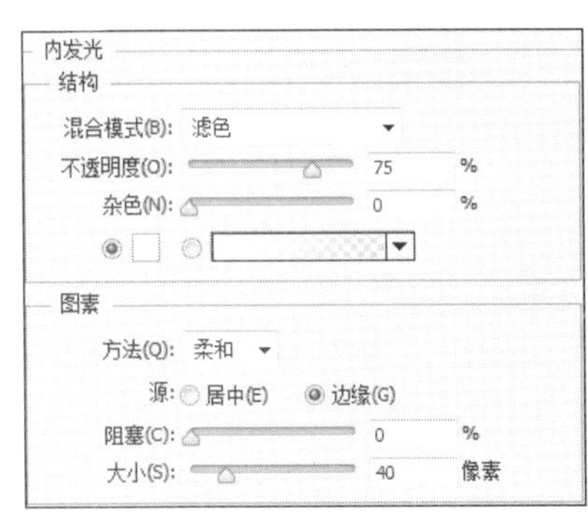

图 4.5.20　【内发光】图层样式参数设置（三）

图 4.5.21　添加图层样式后的效果

6. 添加素材与文字

01 打开素材“雪人.jpg”，选择雪人，使用工具箱中的【移动工具】将其拖到“新年贺卡”文件中，变换其大小和位置，得到的效果如图 4.5.22 所示。

02 使用【横排文字工具】添加“新年快乐”字样，效果如图 4.5.23 所示。给文字图层添加【投影】【渐变叠加】和【描边】图层样式，具体参数设置如图 4.5.24～图 4.5.26 所示。

图 4.5.22　移入素材后的效果

图 4.5.23　添加文字

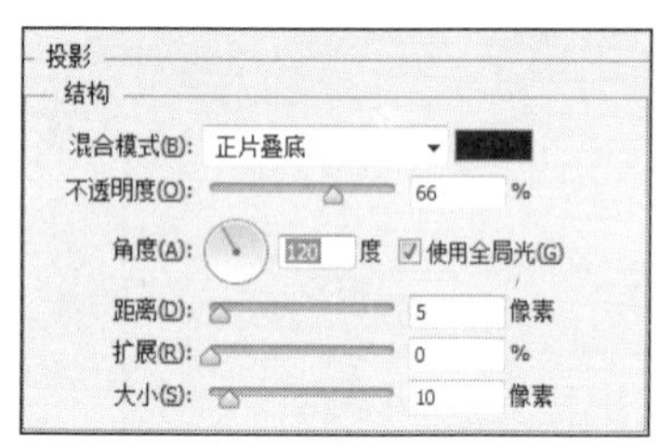

图 4.5.24　【投影】图层样式参数设置

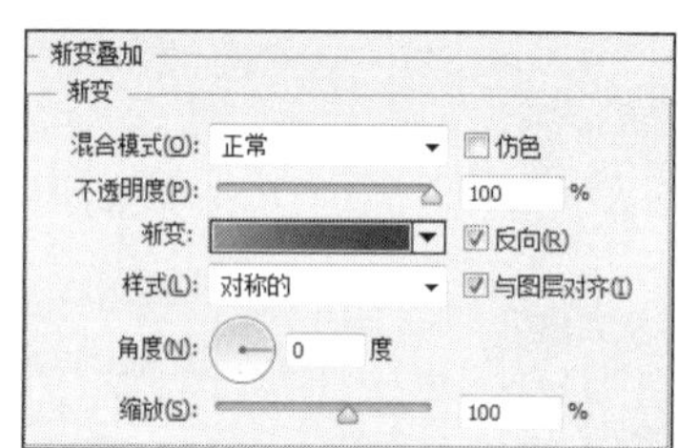

图 4.5.25　【渐变叠加】图层样式参数设置（三）

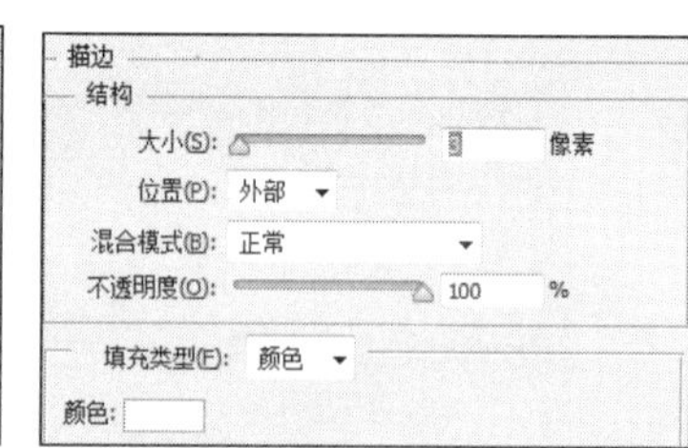

图 4.5.26　【描边】图层样式参数设置

03 输入“Happy New Year”字样，设置字体为 Vijaya，最终效果如图 4.5.1 所示。

任务 4.6　图层组的应用——制作折扇

任务目的

本任务通过将相关的图层运用图层组功能进行分组管理，并制作折扇，使学生掌握图层组的应用。折扇的最终效果如图 4.6.1 所示。

扫码学习

制作折扇

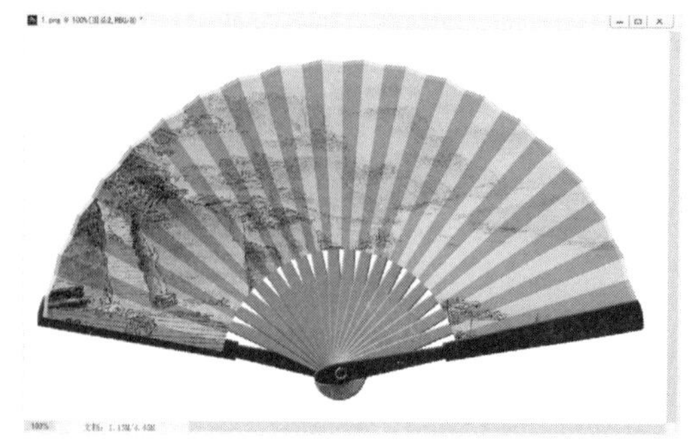

图 4.6.1　折扇效果图

相关知识

图层组能够将若干个图层组合在一起，从而提高【图层】面板的使用效率。

1. 创建图层组

单击【图层】面板底部的【创建新组】按钮，可以创建默认设置的图层组；如果要将当前存在的图层合并至一个图层组，可以将这些图层选中，然后按“Ctrl+G”组合键或者选择【图层】→【新建】→【从图层建立组】命令，在弹出的【新建组】对话框中单击【确定】按钮。

2. 将图层移入或者移出图层组

1）如果在新建的图层组中没有图层，可以通过鼠标拖动的方式将图层移入图层组中。

2）将图层移出图层组，可以使该图层脱离图层组。操作时只需要在【图层】面板中选中图层，然后按住鼠标左键将其拖出图层组，当目标位置出现黑色线条时，释放鼠标左键即可。

小 贴 示

在由图层组向外拖动多个图层时，如果要保持图层间的相互顺序不变，应该从最底层图层开始向上依次拖动，否则原图层顺序将无法保持。

3. 合并图层组

选择要合并的图层组右击，在弹出的快捷菜单中选择【合并组】命令或按“Ctrl+E”组合键可合并图层组。

4. 删除图层组

如果要删除不需要的图层组，可以单击【图层】面板菜单按钮，在弹出的下拉菜单中选择【删除组】命令，弹出图 4.6.2 所示的提示对话框。

图 4.6.2　删除图层组的提示对话框

1）组和内容：单击此按钮，可以删除图层组及其中的所有图层。

2）仅组：单击此按钮，只删除图层组，其中的图层仍保存于【图层】面板中。

小 贴 示

将要删除的图层组拖动至【图层】面板底部的【删除图层】按钮上也可以快速删除图层组及其中的所有图层。

任务分析

本任务的核心是绘制扇骨和扇面，在制作过程中通过按“Ctrl+J”组合键复制图层、“Ctrl+T”组合键旋转变换、“Ctrl+Alt+Shift+T”组合键快速复制变换。最后处理扇面，完成折扇的制作。将相关的图层运用图层组功能进行分组管理，可以更好更快地操作和管理【图层】面板，提高作品的制作效率。

任务实施

1. 制作扇骨

01 新建文件，选择【文件】→【新建】命令，在弹出的【新建】对话框中设置【宽度】为 1280 像素，【高度】为 720 像素，【分辨率】为 300 像素/英寸，【颜色模式】为 RGB 颜色，【背景内容】为白色，如图 4.6.3 所示。

02 按“Ctrl+R”组合键调用标尺，添加参考线。使用工具箱中的【钢笔工具】绘制扇骨路径，效果如图 4.6.4 所示。

03 新建图层，命名为“扇骨”。设置前景色为黄色（R：171，G：140，B：66）。打开【路径】面板，选择扇骨路径，单击【路径】面板下方的【用前景色填充路径】按钮，用前景色填充路径，效果如图 4.6.5 所示。

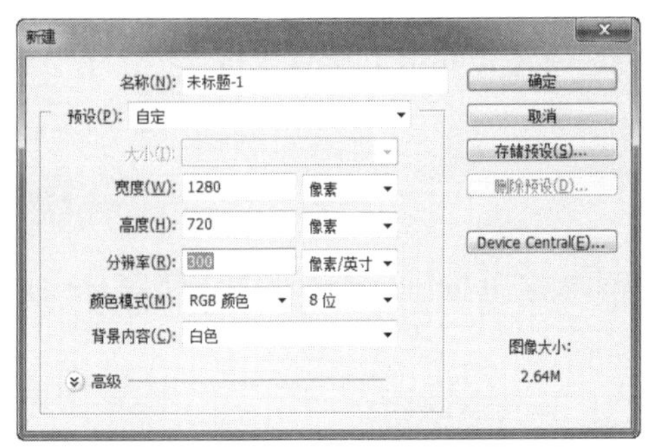

图 4.6.3　新建文件

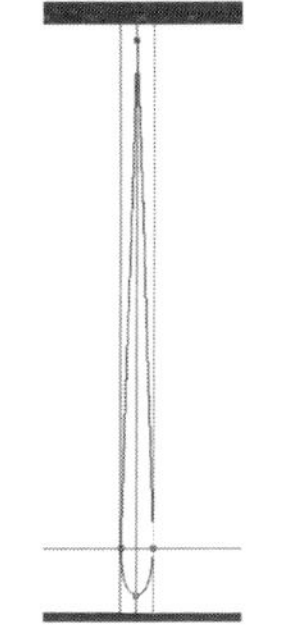

图 4.6.4　绘制扇骨路径

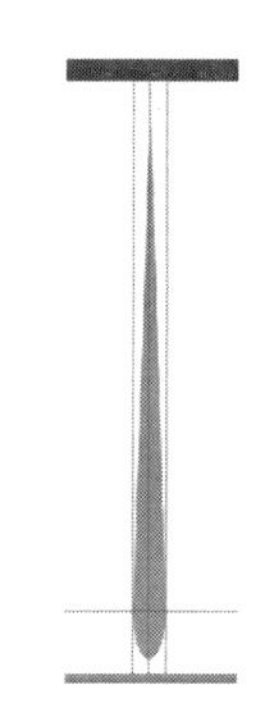

图 4.6.5　用前景色填充路径

04 返回【图层】面板，选择“扇骨”图层。使用工具箱中的【椭圆选框工具】绘制一个正圆，然后按“Delete”键删除选区内容，取消选区，效果如图 4.6.6 所示。

05 按“Ctrl+D”组合键取消选区，单击【图层】面板下方的 fx 按钮，为“扇骨”图层添加【斜面和浮雕】图层样式，具体的参数设置如图 4.6.7 所示，效果如图 4.6.8 所示。

06 复制“扇骨”图层，在新图层上按“Ctrl+T”组合键对复制的扇骨进行自由变换，参数设置如图 4.6.9 所示；旋转中心为两参考线的交点，如图 4.6.10 所示；设置旋转角度为 8 度，效果如图 4.6.11 所示。

07 按“Ctrl+Alt+Shift+T”组合键，快速复制变换出另外 18 根扇骨，效果如图 4.6.12 所示。

08 在【图层】面板中将所有的扇骨图层都选中，按“Ctrl+G”组合键将扇骨图层合并成组，并将图层组重命名为“扇骨”，此时的【图层】面板如图 4.6.13 所示。

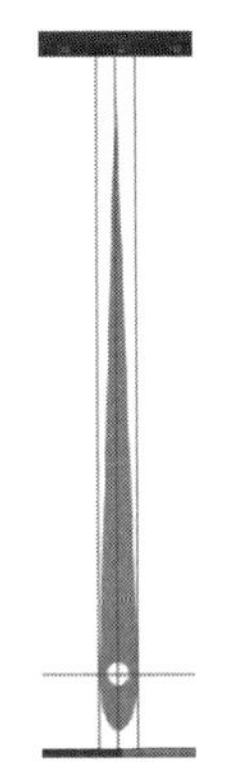
图 4.6.6　删除图像

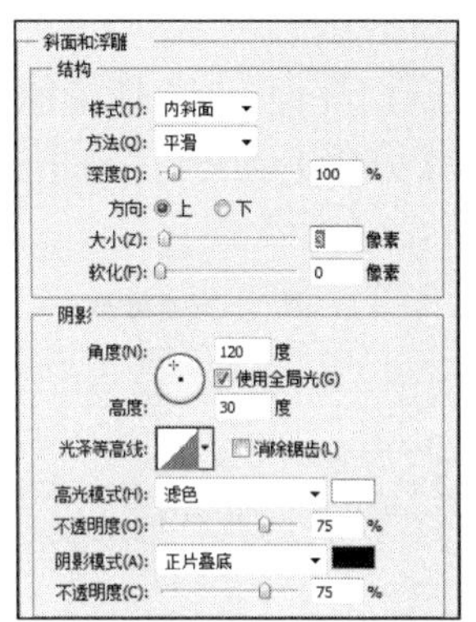

图 4.6.7　【斜面和浮雕】图层样式参数设置

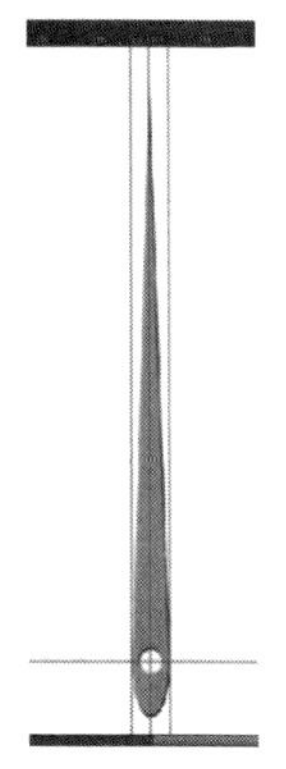
图 4.6.8　“扇骨”图层效果

图 4.6.9　自由变换参数设置

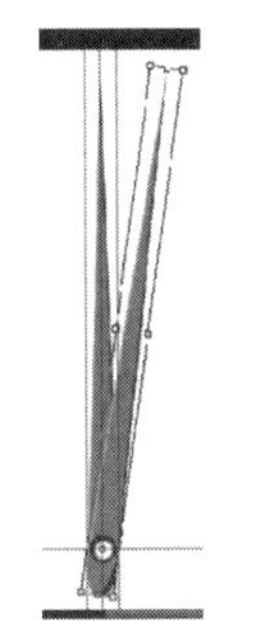
图 4.6.10　扇骨中心点位置

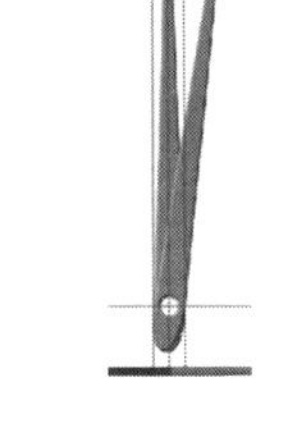
图 4.6.11　自由变换后效果

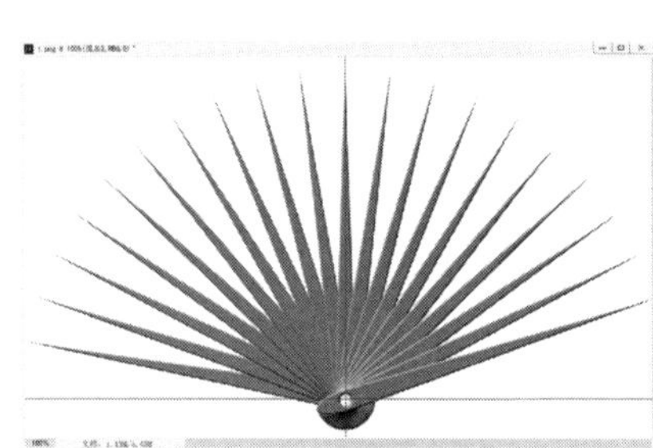
图 4.6.12　制作 20 根扇骨效果

图 4.6.13　【图层】面板

2. 制作扇面

01 隐藏“扇骨”图层组。添加一条横参考线，使用【钢笔工具】绘制半个扇面路径，效果如图 4.6.14 所示。

02 新建一个图层“图层 2”。打开【路径】面板，单击【路径】面板下方的【将路径作为选区载入】按钮，将扇面路径转换为选区。设置前景色为深蓝色（R：143，G：199，B：196），然后按“Alt+Delete”组合键在选区内填充前景色，取消选区，效果如图 4.6.15 所示。

03 复制“图层 2”，选择【编辑】→【变换】→【水平翻转】命令，并使用【移动工具】将其移动到合适位置。然后单击【图层】面板中的【锁定透明像素】按钮，设置前景色为淡蓝色（R：212，G：236，B：236），按“Alt+Delete”组合键填充前景色，效果如图 4.6.16 所示。

04 显示“扇骨”图层组。将扇面的两个图层合并，使用“制作扇骨”的步骤**07**和步骤**08**的方法制作出全部的扇面，并将图层组重命名为“扇面”。旋转中心如图 4.6.17 所示，扇面效果如图 4.6.18 所示。

05 复制“扇面”组，重命名为“扇面亮面”。选择【图层】→【合并组】命令，将图层组合并，选择【图像】→【调整】→【去色】命令，将图像去色。按“Ctrl+T”组合键将“扇面亮面”稍微缩小一点，效果如图 4.6.19 所示。

图 4.6.14　扇面路径

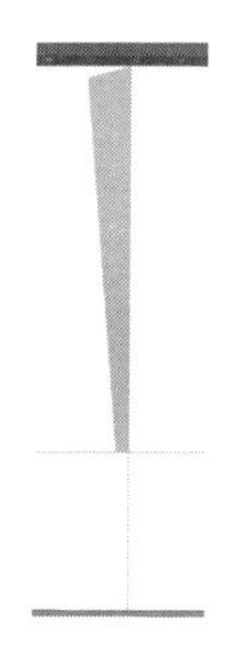

图 4.6.15　填充前景色

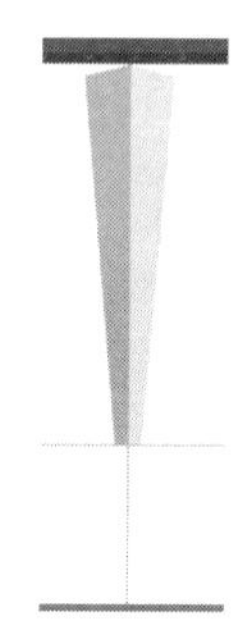

图 4.6.16　扇面效果

图 4.6.17　扇面中心点位置

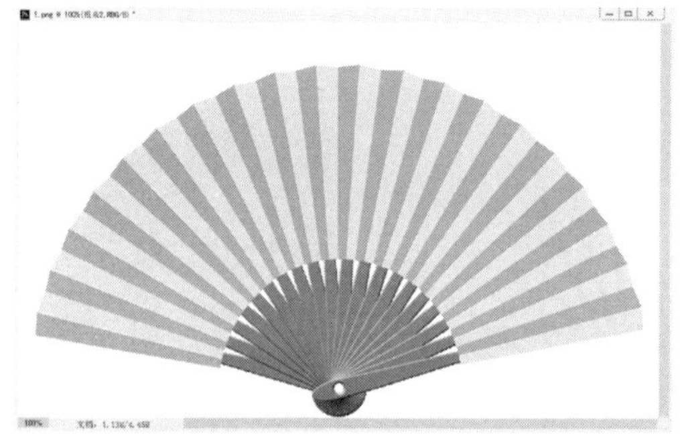

图 4.6.18　扇面复制完成后的效果

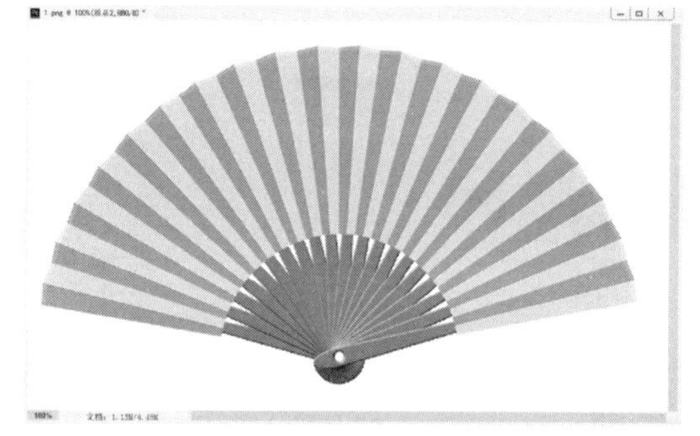

图 4.6.19　“扇面亮面”图层效果

3. 制作扇子其他部分

01 打开“木质纹理.jpg”文件，使用【移动工具】将“背景”图层拖放到折扇文件内，并重命名为“木质纹理”。

02 添加参考线。使用【钢笔工具】绘制右扇骨路径，同时将图层命名为“右扇骨”，效果如图 4.6.20 所示。

03 单击【路径】面板下方的【将路径作为选区载入】按钮，选择【选择】→【反向】命令，选区反选，删除选区中的图像。然后按“Ctrl+T”组合键旋转合适的角度，效果如图 4.6.21 所示。

04 为“右扇骨”图层添加【斜面和浮雕】图层样式，参数设置如图 4.6.22 所示，效果如图 4.6.23 所示。

图 4.6.20　“右扇骨”路径

图 4.6.21　“右扇骨”图层的效果

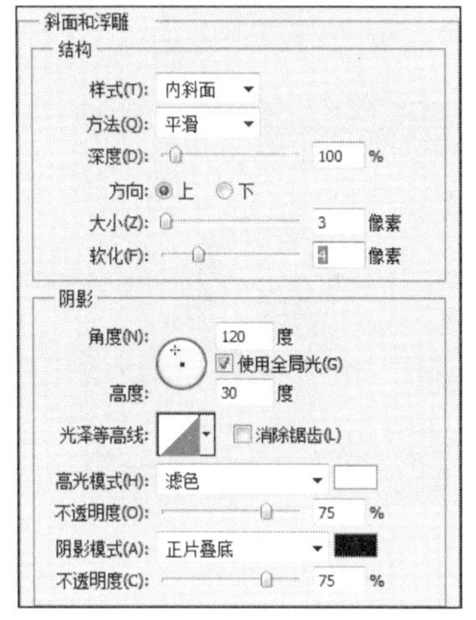

图 4.6.22　【斜面和浮雕】图层样式参数设置

图 4.6.23　添加图层样式后“右扇骨”图层的效果

05 复制“右扇骨”图层，重命名为“左扇骨”。按“Ctrl+T”组合键调整“左扇骨”的旋转方向，效果如图 4.6.24 所示。

06 选择“右扇骨”图层，使用工具箱中的【椭圆选框工具】在木质纹理图像区域中绘制一个圆形选区。然后按“Ctrl+J”组合键将选区内容复制到新图层，并重命名图层为“骨钉”，效果如图 4.6.25 所示。

图 4.6.24　添加“左扇骨”

图 4.6.25　骨钉效果图

07 打开“水墨画.jpg”文件，使用工具箱中的【移动工具】将“背景”图层拖放到折扇文件内，并将图层重命名为“水墨画”，并调整图像大小。

08 按住“Ctrl”键并单击“扇面亮面”图层图标，载入“扇面亮面”图层选区，按“Ctrl+Shift+I”组合键反选选区。然后选择“水墨画”图层，按“Delete”键删除选区内容，再设置图层混合模式为【正片叠底】混合模式，最终效果如图 4.6.1 所示。

任务 4.7　图层的应用——制作精美台历

任务目的

本任务通过台历的制作，使学生熟练掌握图层的应用，台历的效果如图 4.7.1 所示。

扫码学习

制作精美台历

图 4.7.1　台历效果图

任务分析

本任务主要制作台历。首先，制作背景。然后，制作台历页面，主要是添加图像素材，设置适当的图层混合模式。制作台历页面的立体效果主要是通过设置【斜面和浮雕】图层样式完成。最后制作台历的钩环，主要是填充渐变色，设置【斜面和浮雕】图层样式，完成台历的制作。

任务实施

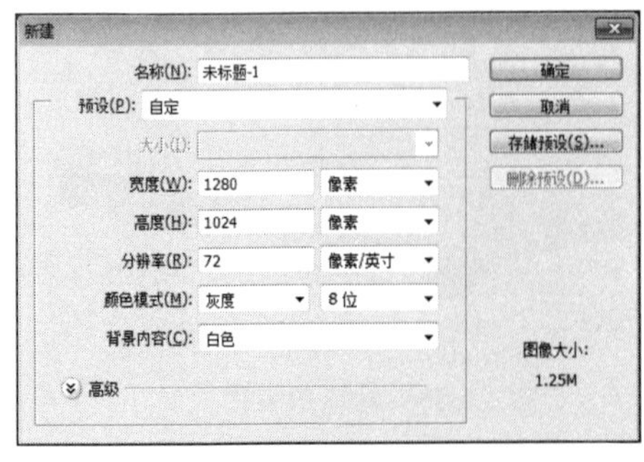

图 4.7.2　新建文件

01 新建文件。在【新建】对话框中，设置【宽度】为 1280 像素，【高度】为 1024 像素，【分辨率】为 72 像素/英寸，如图 4.7.2 所示。

02 首先设置前景色为棕色（#6d5e34），在背景层填充前景色。然后将“背景”图层复制为“背景副本”，设置背景色为白色，选择【滤镜】→【滤镜库】→【素描】→【半调图案】命令，在弹出的【半调图案】对话框中，设置【大小】为 1，【对比度】为 5，【图案类型】为网点。最后将该图层的图层混合模式设置为【滤色】混合模式，图层的【不透明度】设置为 20%，效果如图 4.7.3 所示。

03 将前景色设置为白色。新建一个图层“图层 1”，使用【圆角矩形工具】绘制一个圆角矩形，并在其属性栏中选择【像素】选项，设置半径为 20 像素，效果如图 4.7.4 所示。单击【图层】面板下方的按钮，为该图层添加【渐变叠加】图层样式，参数设置如图 4.7.5 所示。

图 4.7.3　制作背景

图 4.7.4　绘制圆角矩形

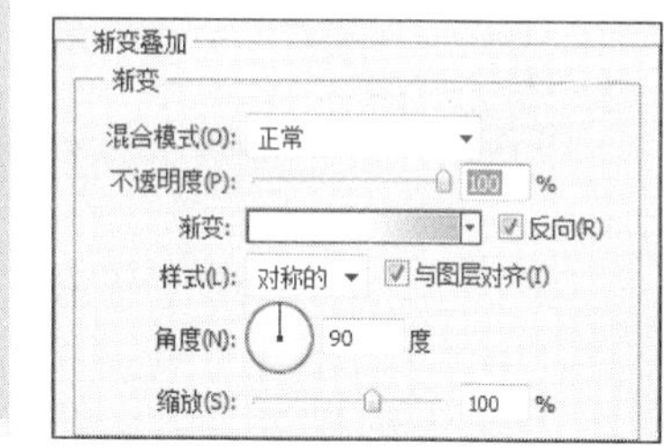

图 4.7.5　设置【渐变叠加】图层样式

04 打开“水墨画 1.jpg”素材文件，将水墨画拖动至台历文件中，并调整图像大小，使其覆盖白色圆角矩形。然后按“Ctrl”键同时单击白色矩形图层，调出白色圆角矩形的图像区域；按“Ctrl+Shift+I”组合键反选选区，删除选区中的图像。最后设置水墨画图层的图层混合模式为【正片叠底】，添加【斜面和浮雕】图层样式，参数设置如图 4.7.6 所示，效果如图 4.7.7 所示。

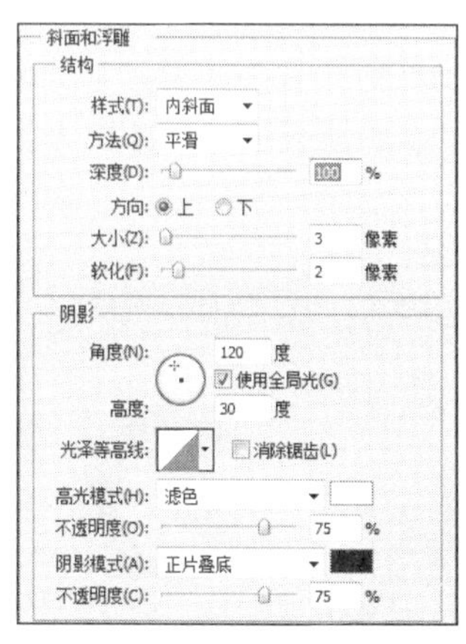

图 4.7.6　设置【斜面和浮雕】图层样式

图 4.7.7　添加图层样式的效果

05 打开“水墨画笔.jpg”文件，做一个矩形选区，并在属性栏中设置【羽化】为 20 像素，将选区中的图像拖动至台历文件中，效果如图 4.7.8 所示。然后将该图层混合模式设置为【深色】，并使用【橡皮擦工具】擦除其中的鱼，效果如图 4.7.9 所示。

06 打开“茶壶.jpg”文件，使用选区工具选中茶壶图像区域，设置【羽化】为 1 像素，然后使用【移动工具】将茶壶移动到台历文件中，调整茶壶大小，效果如图 4.7.10 所示。

07 选择【图像】→【调整】→【色相/饱和度】命令，弹出【色相/饱和度】对话框，该对话框中具体的参数设置如图 4.7.11 所示。

图 4.7.8 添加素材

图 4.7.9 擦除图像

图 4.7.10 添加茶壶素材

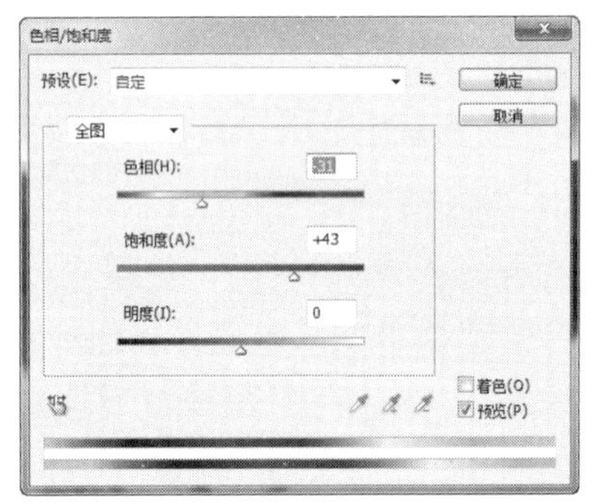

图 4.7.11 设置【色相/饱和度】对话框参数

08 新建一个图层。选择【矩形工具】，并在其属性栏中选择【像素】选项 像素，绘制一个白色矩形，效果如图 4.7.12 所示。然后设置该图层的混合模式为【柔光】,【不透明度】为 75%，效果如图 4.7.13 所示。

图 4.7.12 绘制白色矩形

图 4.7.13 设置图层混合模式

09 新建一个图层。选择【矩形工具】，并在其属性栏中选择【像素】选项 像素，绘制一个黑色矩形，然后添加“茶”“品味山水间的静谧”“2”字样，并添加日历素材，效果如图 4.7.14 所示。

10 将除“背景”和“背景 副本”以外的图层选中，按“Ctrl+G”组合键将选中的图层成组，重命名为“单页台历”。然后复制“单页台历”图层组得“单页台历 副本”，按“Ctrl+E”组合键合并组，并隐藏“单页台历”图层组。

11 选中“单页台历 副本”图层，选择【橡皮擦工具】，在其属性栏中设置【大小】为 50 像素，【硬度】为 100%，【间距】为 155%，具体设置如图 4.7.15 所示。在台历文件中擦除上半部分图像，然后给该图层添加【斜面和浮雕】图层样式，效果如图 4.7.16 所示。

图 4.7.14　添加文字和日历

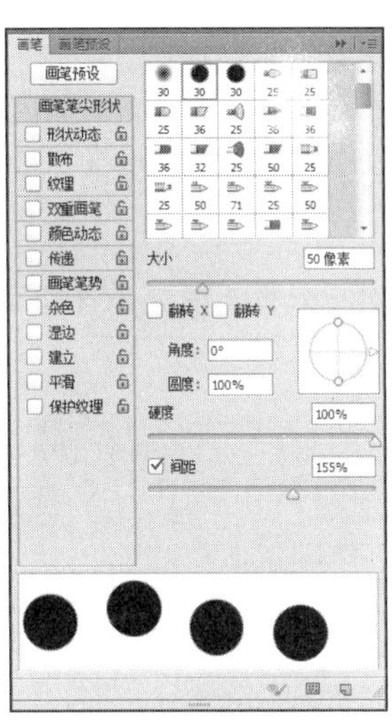

图 4.7.15　画笔属性设置

图 4.7.16　添加【斜面和浮雕】图层样式的效果

12 选择【编辑】→【变换】→【斜切】命令，对其进行变换调整，效果如图 4.7.17 所示。将台历复制两页，（分别为“单页台历 副本 2”和“单页台历 副本 3”）每复制一页，按键盘的“向左移动”键 3 次，使其向左移动 3 像素。

13 将“单页台历 副本”再复制一个得“单页台历 副本 4”，按住“Ctrl”键单击图层，创建该图层图像选区，在选区中填充白色，调整图层位置，并将其置于台历最下方，此时的【图层】面板如图 4.7.18 所示。选择【编辑】→【变换】→【斜切】命令，对白色页面进行变换调整，效果如图 4.7.19 所示。

图 4.7.17　调整台历形状

图 4.7.18　【图层】面板（一）

图 4.7.19　调整白色页面形状

14 复制一层白色页面得“单页台历 副本 5”，按键盘的“向右移动”键 3 次，使其向右移动 3 像素。

15 新建一个图层，命名为“形状 3”。使用【多边形套索工具】创建图 4.7.20 所示三角形选区。设置前景色为灰色（#8a8a8a），在选区中填充前景色。在【图层】面板中将该图层移动至“背景 副本”上方，并为该图层添加【斜面和浮雕】图层样式，此时的【图层】面板如图 4.7.21 所示。

16 使用【椭圆选框工具】，借助参考线，在图像文件的左上方创建一个圆环选区，效果如图 4.7.22 所示。在选区中从左上到右下做黑色—白色的渐变，并添加【斜面和浮雕】图层样式，效果如图 4.7.23 所示。

17 使用【橡皮擦工具】擦除多余图像，效果如图 4.7.24 所示。再复制一个环状图形，调整位置，效果如图 4.7.25 所示。

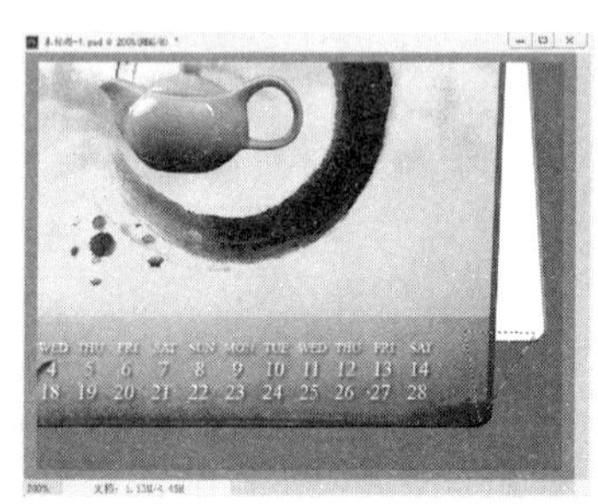

图 4.7.20 创建三角形选区

图 4.7.21 【图层】面板（二）

图 4.7.22 创建圆环选区

图 4.7.23 填充渐变色及图层样式的效果

图 4.7.24 擦除图像

图 4.7.25 复制圆环图像

18 将两个环状图形图层合并，复制多个环状图形，最终效果如图 4.7.1 所示。

项 目 小 结

本项目通过 7 个任务的实际操作，详细介绍了 Photoshop 中图层的使用、图层的基本操作方法、各种图层样式的使用技巧，以及图层组的使用方法，简单介绍了 Photoshop 图层的概念、图层面板的各个组成部分，以及图层的各种混合模式的特点。

实践探索

一、选择题

1．选择【图层】→【栅格化】命令可以将下列（　　）图层转换为普通图层。

A．添加图层样式　B．普通图层　C．文字图层　D．背景层

2．在 Photoshop 中，（　　）类型的图层主要用来从整体上调整图像的色调和色彩。

A．文字图层　B．调整图层　C．形状图层　D．背景图层

3．如果要将某图像中的部分图像剪切到一个新图层中，可以通过选择【图层】菜单中的（　　）命令实现。

A．【新建】→【通过拷贝的图层】　B．【新建】→【通过剪切的图层】

D．【新建】→【图层】　D．【新建】→【图层组】

4．在 Photoshop 中，要实现图层盖印的组合键是（　　）。

A．Ctrl+E　B．Ctrl+Shift+E

C．Ctrl+Alt+Shift+E　D．Ctrl+D

二、操作题

1．制作枫叶书签，参考效果如图 4.1 所示（提示：选择自定义形状中的枫叶来制作书签外形，利用剪贴蒙版来剪裁图像。为了增强立体感，可在枫叶图层上添加图层投影效果）。

2．运用本项目知识制作一个精美的台历，参考效果如图 4.2 所示（提示：首先创建台历的背景，为了衬托台历的精美效果，可给背景添加底纹；然后绘制台历插页，添加插页的图片素材与台历所需的文字；最后制作立体的台历效果。注意图层混合模式与图层样式的应用）。

图 4.1　枫叶书签效果

图 4.2　精美台历效果

项目5 颜色调节与色彩校正

项目导读

在 Photoshop CS6 中对图像色彩的调整可以通过【图像】→【调整】子菜单的命令，或通过在【图层】面板单击【创建新的填充或调整图层】按钮来完成。使用【调整】命令和【创建新的填充或调整图层】按钮对图像的调整原理是一样的。

学习目标

1）掌握色彩的基本知识。
2）掌握色彩模式及转变方法。
3）掌握图像亮暗的调整方法。
4）掌握图像色相及饱和度的调整方法。
5）掌握通过创建新的填充或调整图层调色的方法。

素养目标

1）培养学生敏锐的洞察力和审美能力。
2）培养学生敬业、精益、专注、创新的工匠精神。
3）激发学生向善、向美的生活态度。
4）培养热爱自然，崇尚可持续化发展理念。

任务 5.1　色彩基础知识

当欣赏一幅图片时，给我们带来第一眼冲击的便是图片的色彩，色彩在一幅作品中有着关键性的作用。简单的色彩中可以包含情绪，传达拍摄者的感情，合理地调整色彩可以让照片拥有更强的生命力。在介绍 Photoshop 色彩调整工具前，我们首先需要了解一个重点——色彩原理。色彩原理是调色的基础，只有了解了色彩原理，调整色彩才不会茫然，才可以更快、更准确地调整颜色，从而达到事半功倍、得心应手运用调色工具的目的。

1. 色彩模式

常见的色彩模式有 RGB、CMYK、HSB 及 Lab 等。

1）RGB：红（Red）、绿（Green）、蓝（Blue）。

2）CMYK：青（Cyan）、洋红（Magenta）、黄（Yellow）、K（Black）。

3）HSB：Hue（色相）、Saturation（饱和度）、Brightness（亮度）。

4）Lab：亮度（Luminosity）、从洋红色至绿色的范围（a）、从黄色至蓝色的范围（b）。

在 Photoshop 中，使用最多的便是 RGB 色彩模式与 CMYK 色彩模式。

RGB 色彩模式在生活中应用非常广泛，显示器的色彩系统、数码相机的原始照片等均是 RGB 色彩模式。RGB 色彩模式基于三基色原理，如图 5.1.1 所示，是一种加光模式。在物理的棱镜实验中，白光穿过棱镜后被分解成多种颜色渐变过渡，颜色依次为红、橙、黄、绿、青、蓝、紫，人眼对红、绿、蓝三色最为敏感，大多数的颜色都可以通过红、绿、蓝按照不同比例合成产生，这种比例的合成称为混色。

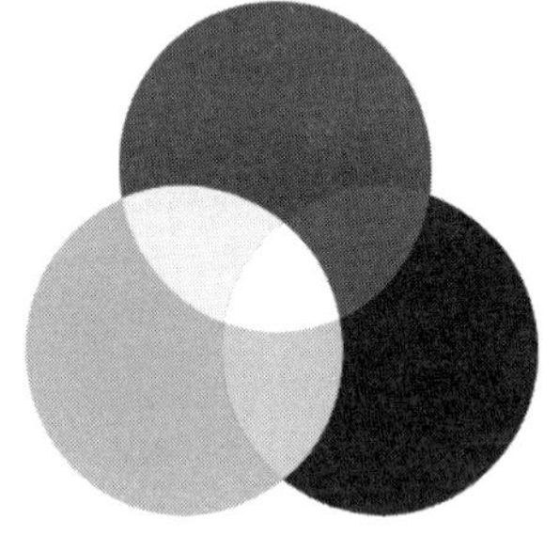

图 5.1.1　RGB 三基色

如果说 RGB 色彩模式广泛应用在电子显示，那么 CMY 色彩模式则为印刷不可缺少的一部分，CMY 的三色基于印刷三原色，外加黑色变成了 CMYK 的四色。在理论上，青色+洋红+黄色=黑色，但是由于目前制造工艺无法造出高纯度油墨，所以便加入了纯黑墨。

2. 混色

通过色彩模式的基础色彩或数值，可以得到千万种不同的色彩，这里就涉及调整色彩最重要的一点：混色。无论是何种色彩模式，在使用 Photoshop 进行调色时，运用最多、最需要了解的便是混色。

混色，即把不同的颜色混合起来，可以组成另外的颜色。混色在生活中非常常见。例如，水彩绘画中，颜料的色彩数量并不能满足绘画需求，这时候就需要通过将不同的颜料混合在一起，来得到更加丰富的色彩。再如，若需要灰色，则可以通过黑色+白色来得到；若需要橙色，则可以通过红色+黄色来得到。

在熟知的色彩原理中，RGB 三色的混色：蓝色+红色=紫色、蓝色+绿色=青色、红色+

绿色=黄色。CMY 三色的混色：黄色+蓝色=绿色、黄色+洋红=红色、洋红+青色=蓝色。

Photoshop 的调色基于 RGB、CMYK 等色彩模式的混色，因此可以使用各式各样的调色工具，通过混色来得到所需要的色彩。这也是需要大家多了解混色原理的原因。

在调整前需要根据调整区域的色彩确定颜色。从图 5.1.2 可以看到天空与水面大体为蓝色，当要调整天空与水面的蓝色时，需要将颜色选项调整到蓝色，之后可以使用 CMYK 的四色对蓝色进行混色。

扫码学习

色彩基础知识——混色效果

图 5.1.2　原始图

在【图层】面板中，单击面板下方的【创建新的填充或调整图层】按钮，在弹出的下拉列表中选择【可选颜色】命令，或选择【图像】→【调整】→【可选颜色】命令，弹出【可选颜色】对话框。由于洋红+青色=蓝色，所以调整蓝色中的青色为-100%，如图 5.1.3 所示，即减去蓝色中的青色，此时蓝色转变为洋红。

若调整蓝色中洋红为-100%，如图 5.1.4 所示，则天空的蓝色变为青色。

若调整蓝色中的洋红为+100%，如图 5.1.5 所示，会在蓝色的色彩加入一些洋红色调。

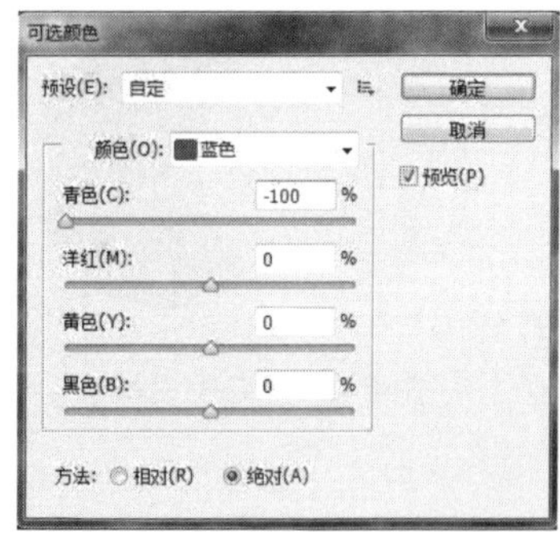

图 5.1.3　减去青色设置

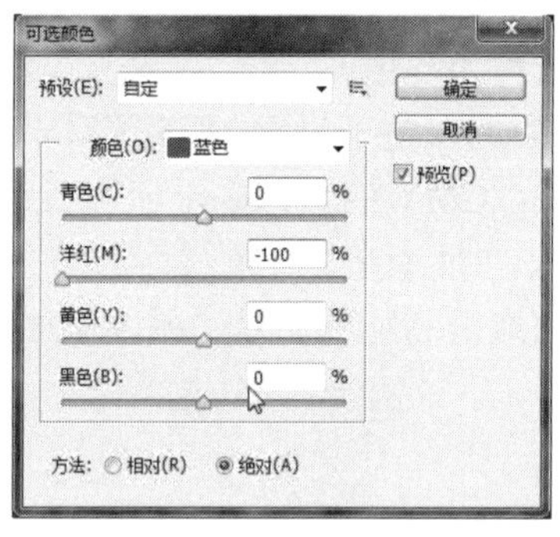

图 5.1.4　减去洋红设置

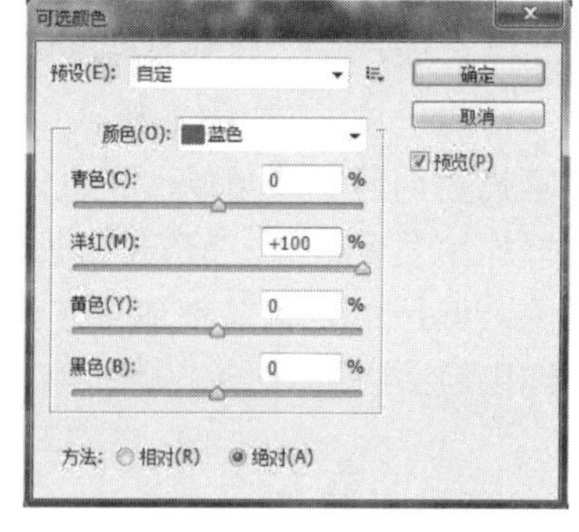

图 5.1.5　加上洋红设置

再调整蓝色中的黄色为+100%，如图 5.1.6 所示，根据三原色与三间色原理，蓝色转变为绿色。

若调整蓝色中的黑色为-100%，如图 5.1.7 所示，相当于在蓝色中加入白色，蓝色变得更淡。

若调整蓝色中的黑色为+100%，如图 5.1.8 所示，相当于在蓝色中加入黑色，蓝色变得更深。

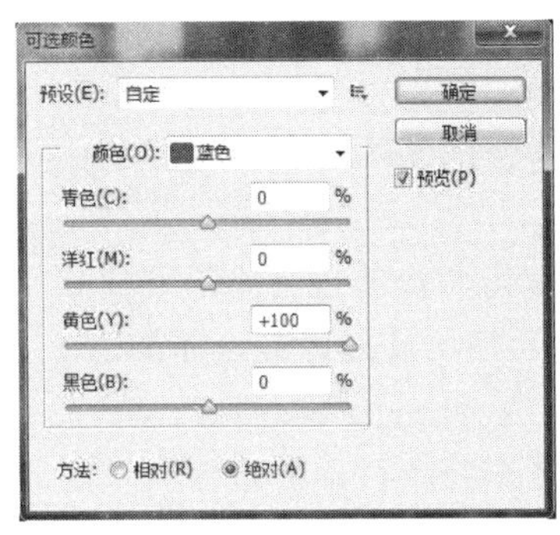

图 5.1.6　加上黄色设置

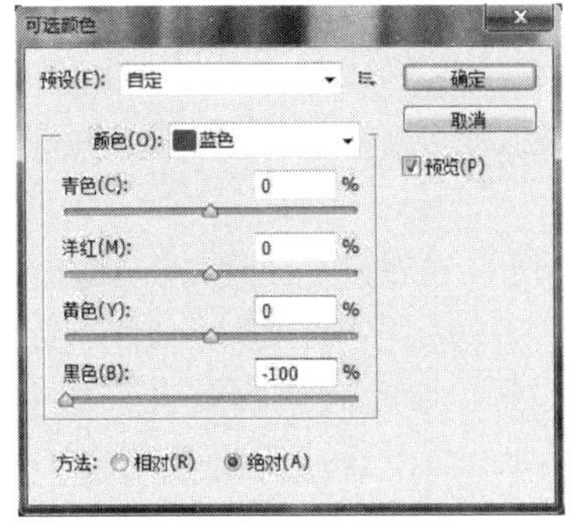

图 5.1.7　减去黑色设置

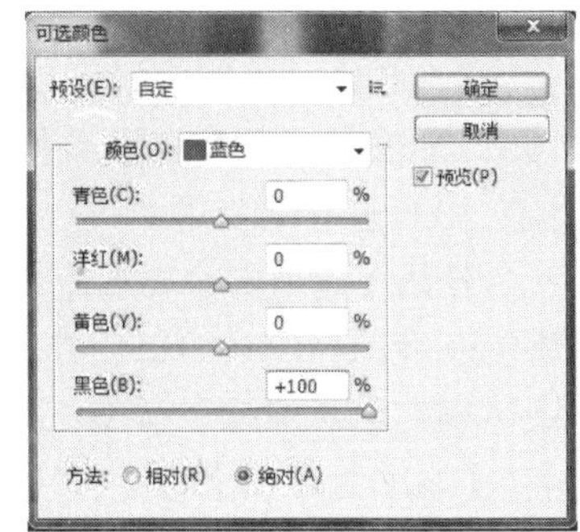

图 5.1.8　加上黑色设置

3. 调色工具筛选

认识色彩的调整规律，其目的是更好地调整色彩，而调整色彩则需要借助一系列的调整指令来实现。在 Photoshop 中能够调整照片色彩的指令都集中在【图像】→【调整】菜单命令或【图层】→【新建调整层】命令中。

需要注意的是，【图像】→【调整】菜单命令与【图层】→【新建调整层】命令最大的区别在于，前者的很多命令可以通过快捷键快速调出，比较适合熟悉 Photoshop 软件且对参数调节把握较好的读者，而后者比较适合不太熟悉 Photoshop 软件的读者使用。

1）整体调色工具，包括曲线、色阶、通道混合器、去色、黑白、纯色调整层等，使用以上某个调色指令进行调整，图片的整个颜色都会发生变化，因而可归类为整体调色。

2）局部调色工具，主要是色彩平衡，它主要是根据图片的高光、中间调、暗部 3 个部分进行局部调色。

3）具体调色工具，包括色相/饱和度、可选颜色，只对图片中的某一种颜色进行调整。

4. 工具介绍

（1）黑白（“Alt+Shift+Ctrl+B”组合键）

使用【黑白】命令可将彩色图像转换为灰度图像，同时保持对各颜色的转换方式的完全控制；也可以通过对图像应用色调来为灰度着色，如创建棕褐色效果。【黑白】命令与【通道混合器】命令的功能相似，也可以将彩色图像转换为单色图像，并允许调整颜色通道输入。选择【图像】→【调整】→【黑白】命令，可弹出【黑白】对话框，如图 5.1.9 所示。

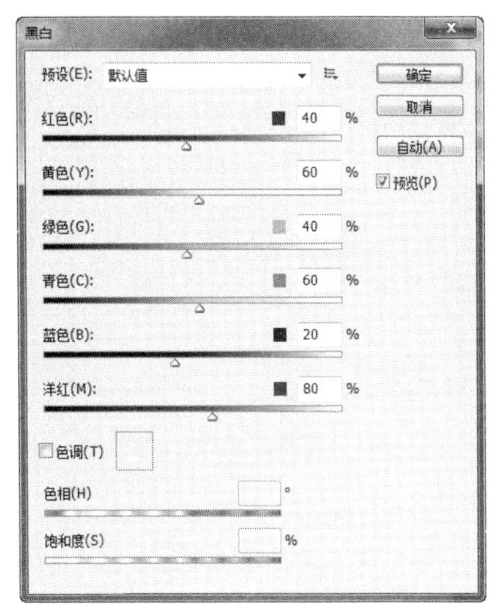

图 5.1.9　【黑白】对话框

（2）照片滤镜

使用【照片滤镜】命令，可以模仿在照相机镜头前面加彩色滤镜，以便调整图像颜色。选择【图像】→【调整】→【照片滤镜】命令，弹出【照片滤镜】对话框，如图 5.1.10 所示。

1）滤镜：可直接使用系统提供的加温滤镜及冷却滤镜。

2）颜色：单击色板可以通过【拾色器】对话框自定义颜色。

3）浓度：调整应用于图像的颜色数量，浓度越高，颜色调整幅度就越大。

（3）通道混合器

使用【通道混合器】命令，可以通过从每个颜色通道中选取它所占的百分比来创建高品质的灰度图像，还可以创建高品质的棕褐色调或其他彩色图像。使用【通道混合器】命令，还可以对用其他颜色调整工具不易实现的创意颜色进行调整。

【通道混合器】命令使用图像中现有（源）颜色通道的混合来修改目标（输出）颜色通道。颜色通道是代表图像（RGB 或 CMYK）中颜色分量的色调值的灰度图像。在使用【通道混合器】命令时，是通过源通道向目标通道加减灰度数据，向特定颜色成分中增加或减去颜色的方法不同于使用【可选颜色】命令时的情况。选择【图像】→【调整】→【通道混合器】命令，弹出【通道混合器】对话框，如图 5.1.11 所示。

（4）反相（“Ctrl+B”组合键）

使用【反相】命令，可以反转图像中的颜色。在处理过程中，可以使用该命令创建边缘蒙版，以便向图像的选定区域应用锐化和其他调整。在对图像进行反相时，通道中每个像素的亮度值都会转换为 256 级颜色值刻度上相反的值。例如，值为 255 的正片图像中的像素会被转换为 0，值为 5 的像素会被转换为 250。

（5）色调分离

使用【色调分离】命令，可以指定图像中每个通道的色调级（或亮度值）的数目，然后将像素映射为最接近的匹配级别。例如，在 RGB 图像中选取两个色调色阶将产生 6 种颜色：两种代表红色，两种代表绿色，另外两种代表蓝色。在照片中创建特殊效果，如创建大的单调区域时，此命令非常有用。当减少灰色图像中的灰阶数量时，它的效果最为明显，但它也会在彩色图像中产生有趣的效果。选择【图像】→【调整】→【色调分离】命令，弹出【色调分离】对话框，如图 5.1.12 所示。

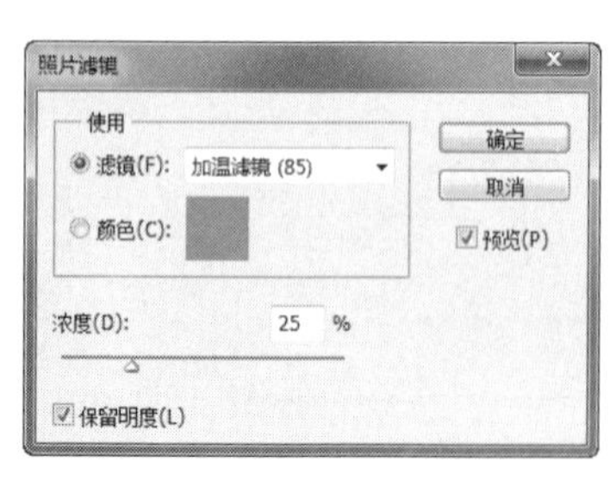

图 5.1.10 【照片滤镜】对话框

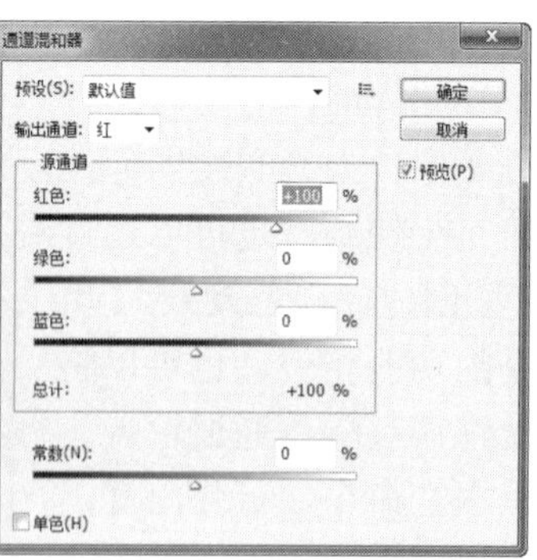

图 5.1.11 【通道混合器】对话框

图 5.1.12 【色调分离】对话框

（6）阈值

使用【阈值】命令，可以将灰度或彩色图像转换为高对比度的黑白图像，可以指定某个色阶作为阈值。所有比阈值亮的像素转换为白色，所有比阈值暗的像素转换为黑色。选择【图像】→【调整】→【阈值】命令，弹出【阈值】对话框，如图 5.1.13 所示。

阈值色阶：通过修改文本框数值或拖动直方图下面的滑块，图像将更改以反映新的阈值设置。

（7）渐变映射

使用【渐变映射】命令，可以将相等的图像灰度范围映射到指定的渐变填充色。例如，如果指定双色渐变填充，图像中的阴影映射到渐变填充的一个端点颜色，高光映射到另一个端点颜色，而中间调映射到两个端点颜色之间的渐变。选择【图像】→【调整】→【渐变映射】命令，弹出【渐变映射】对话框，如图 5.1.14 所示。

1）灰度映射所用的渐变：单击显示在【渐变映射】对话框中的渐变填充右侧的三角形按钮，从弹出的渐变填充列表框中选取渐变色。

2）仿色：添加随机杂色以平滑渐变填充的外观并减少带宽效应。

3）反向：切换渐变填充的方向，从而反向渐变映射。

（8）阴影/高光

【阴影/高光】命令适用于校正由强逆光而形成剪影的照片，或者校正由于太接近照相机闪光灯而有些发白的焦点。在用其他方式采光的图像中，这种调整也可用于使阴影区域变亮。【阴影/高光】命令不是简单地使图像变亮或变暗，它基于阴影或高光中的周围像素（局部相邻像素）增亮或变暗。正因为如此，阴影和高光都有各自的控制选项。默认值设置为修复具有逆光问题的图像。【阴影/高光】命令还有【中间调对比度】滑块、【修剪黑色】选项和【修剪白色】选项，用于调整图像的整体对比度。选择【图像】→【调整】→【阴影/高光】命令，弹出【阴影/高光】对话框，如图 5.1.15 所示。

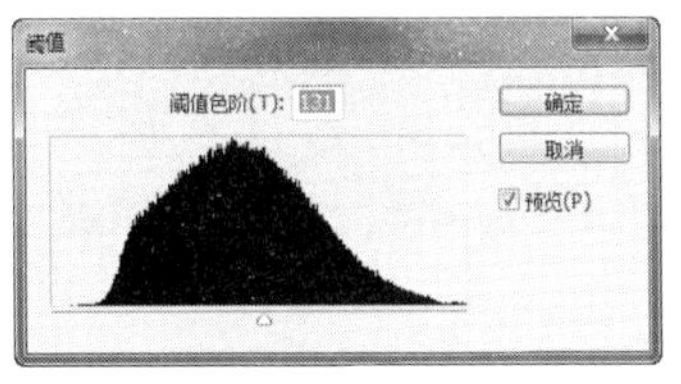

图 5.1.13　【阈值】对话框

图 5.1.14　【渐变映射】对话框

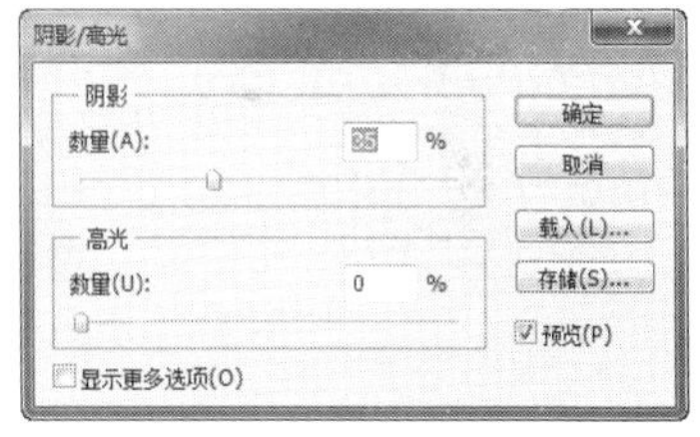

图 5.1.15　【阴影/高光】对话框

1）阴影—数量：该值越大，为阴影提供的增亮程度越大。

2）高光—数量：该值越大，为高光提供的变暗程度越大。

（9）去色（“Shift+Ctrl+U”组合键）

使用【去色】命令可将彩色图像转换为灰度图像，但图像的颜色模式保持不变。例如，它为 RGB 图像中的每个像素指定相等的红色值、绿色值和蓝色值，每个像素的明度值不改变。

小贴示

【去色】命令与在【色相/饱和度】对话框中将【饱和度】设置为-100 的效果相同。

（10）色调均化

使用【色调均化】命令，可以重新分布图像中像素的亮度值，以便它们更均匀地呈现所有范围的亮度级。【色调均化】命令将重新映射复合图像中的像素值，使最亮的值呈现为白色，最暗的值呈现为黑色，而中间的值则均匀地分布在整个灰度中。

小贴示

当扫描的图像显得比原图像暗时，若要平衡这些值以产生较亮的图像，可以使用【色调均化】命令。

任务 5.2 色彩明暗调整——修正灰蒙蒙的照片

亮度/对比度、曲线、色阶等命令是调整图片色调的一个很好的方法。利用它们可以把对比不够明显的灰调图像调整成色调对比适中、颜色清晰的图像。

任务目的

本任务通过调整图像的明暗程度，使学生掌握曲线、亮度/对比度和色阶命令的使用方法。调整前后的对比效果如图 5.2.1 所示。

扫码学习

修正灰蒙蒙的照片

图 5.2.1 色彩明暗调整前后对比效果

相关知识

1. 直方图

直方图记录的是像素的亮度信息。在一张图片的直方图中，横轴代表图像中的亮度，由左向右，从全黑逐渐过渡到全白；纵轴代表图像中处于这个亮度范围的像素的相对数量。在这样一张二维坐标系上，可以对一张图片的明暗程度有一个准确的了解。直方图的观看规则是“左黑右白”，左边代表暗部，右边代表亮部，中间则代表中间调。纵向上的高度代表像素密集程度，高度越高，说明分布在这个亮度上的像素越多。

对于一张“正常”的照片来说，直方图应该是中间高两边低。图 5.2.2 所示的直方图显示的信息可以这样分析：照片的最左侧有高度，但是很少。这说明这张照片有阴影，但不多。最右边也有高度，说明有高光，同样也很少。这就是一张正常的照片了，它的直方图可以称为“对比度正常的中间调”。

图 5.2.2　正常的直方图

有些时候，照片的直方图会变得“不正常”。从图 5.2.3 的直方图中可以看出，这张照片几乎没有阴影，因为最左侧是没有高度的。不仅如此，这张照片连中间调都没有多少，而且，最重要的一点是它的最右边像素直接顶到了最高处，这说明这张照片里有着大量的高光。由此可以判断，这张直方图对应的应该是高调照片，或者是过曝了。

图 5.2.3　高调的直方图

相反地，低调的直方图和高调的直方图正好相反，它有大量的阴影而高光很少，如图 5.2.4 所示。

若直方图上高光和阴影部分都有像素，则这些图片的对比度都正常，像素可以很少，但必须有，否则照片看起来就很灰了，图 5.2.5 所示就是一张低对比照片的直方图，像素都集中在中间了。

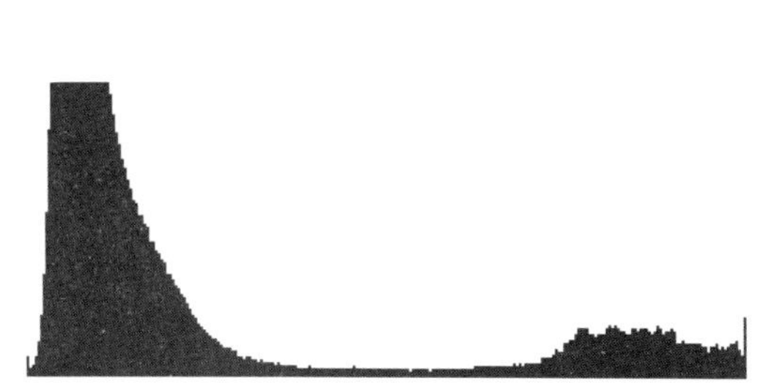

图 5.2.4　低调的直方图

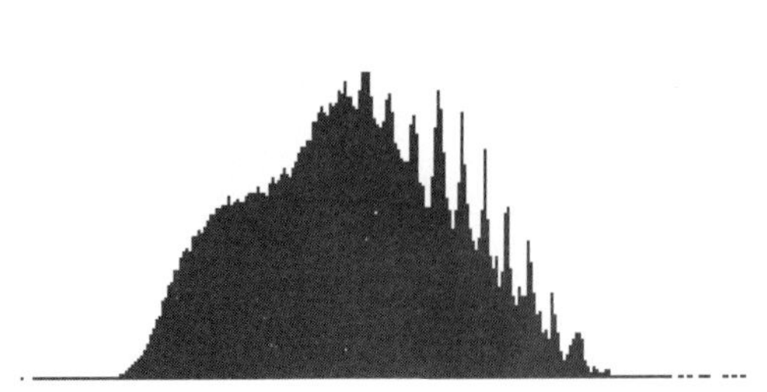

图 5.2.5　偏灰的直方图

2. 亮度/对比度

选择【图像】→【调整】→【亮度/对比度】命令，弹出【亮度/对比度】对话框，如图 5.2.6 所示。在该对话框中，可以调整图像整体的亮度和整体的对比度，取值范围为-100～100。

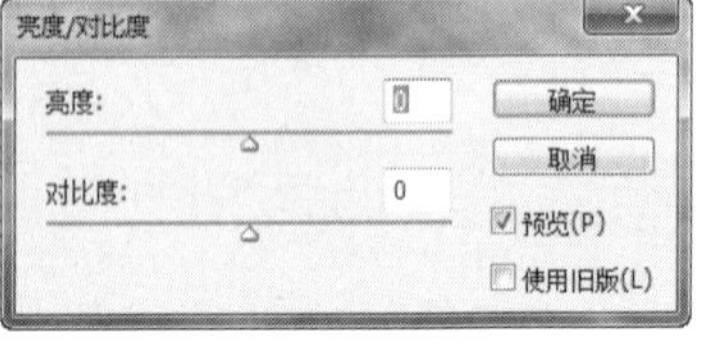

图 5.2.6　【亮度/对比度】对话框

1）亮度：拖动【亮度】滑块向右，图像变亮；向左，图像变暗。

2）对比度：拖动【对比度】滑块向右，图像对比度增强；向左，对比度减弱。

3. 色阶（"Ctrl+L" 组合键）

选择【图像】→【调整】→【色阶】命令，弹出【色阶】对话框，如图 5.2.7 所示。在【色阶】对话框中，通过调整图像的阴影、中间调和高光的强度级别，可以校正图像的色调范围和颜色平衡。通过拖动滑块或在文本框中输入数值或用 3 个吸管设定黑、白场和灰度系数进行【色阶】调整。

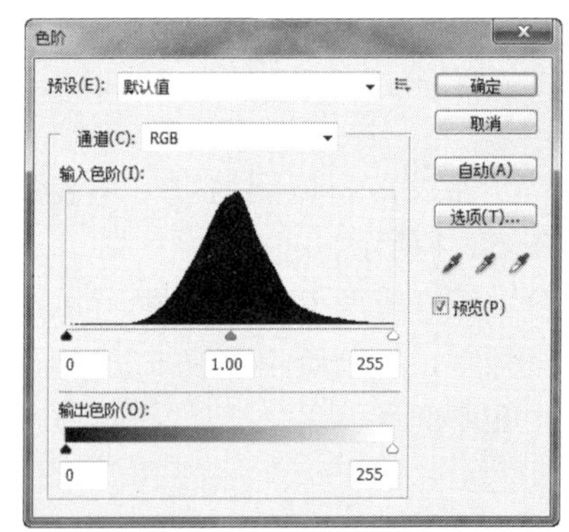

图 5.2.7　【色阶】对话框

1）通道：设置调整的通道。可以调整复合通道，也可以调整各单一通道。

2）输入色阶：设置图像在输入时的色阶值。

3）直方图：用图形表示图像的每个亮度级别的像素数量，展示像素在图像中的分布情况。横坐标代表色阶值（0～255），纵坐标代表像素数量。下方的黑色滑块与输入色阶的第一个文本框对应，灰色滑块与输入色阶的第二个文本框对应，白色滑块与输入色阶的第三个文本框对应。

4）输出色阶：设置图像在输出时的色阶值。

5）（黑、灰、白吸管）：与输入色阶的 3 个文本框和直方图下的 3 个滑块一一对应。

4. 曲线（"Ctrl+M" 组合键）

选择【图像】→【调整】→【曲线】命令，可以弹出【曲线】对话框，如图 5.2.8 所示。单击曲线添加控制点，通过拖动控制点调整曲线进行图像调整。

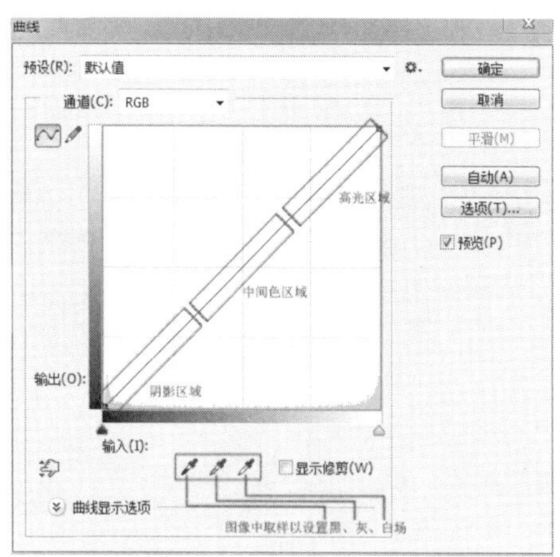

图 5.2.8　【曲线】对话框

在【曲线】对话框中，可在图像的色调范围（从阴影到高光）内最多调整 14 个不同的点（鼠标单击增加控制点，鼠标拖动控制点调整曲线）。【色阶】对话框仅包含 3 种调整，即白场、黑场和灰度系数，【曲线】对话框则可对图像中的个别颜色通道进行精确调整。在【曲线】对话框中，图形的水平轴表示输入色阶，垂直轴表示输出色阶。色调范围显示为一条直的对角基线，因为输入色阶（像素的原始强度值）和输出色阶（新颜色值）是完全相同的。

任务分析

打开素材“潜水.jpg”图像文件。分析此图片，其问题是照片发灰且对比度不够，色彩不够鲜亮。因此利用【曲线】或【色阶】命令调亮，利用【亮度/对比度】命令增强色彩对比，达到最佳效果。

任务实施

01 打开素材“潜水.jpg”图像文件，新增一个“曲线”调整图层，对应的属性面板如图 5.2.9 所示。

02 选择“红”通道，打开红色频道的直方图。将代表最深色的黑色滑块滑到直方图左边的边缘、将最浅色的白色滑块滑到直方图右边的边缘，如图 5.2.10 所示。

小贴示

如何判断滑块该滑到哪个位置呢？在滑动滑块时可以同时按“Alt”键，出现色块的地方代表已有溢出的情况出现。但应避免画面中重要的地方（如人脸）或太大的范围出现溢出，因为这些地方易流失影像的细节。

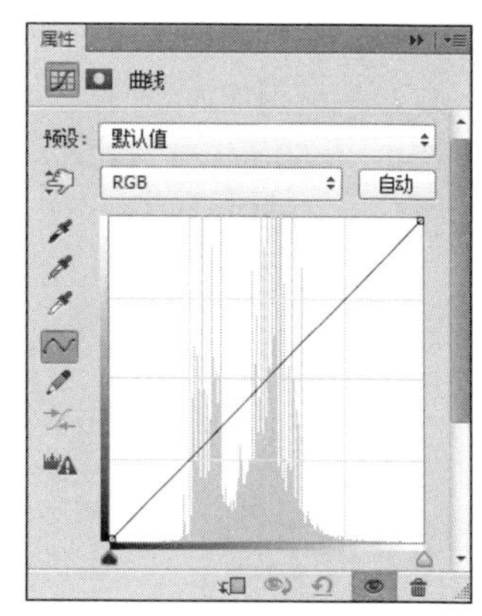

图 5.2.9　【曲线】属性面板

03 参照步骤 **02** 的方法处理“绿”通道和“蓝”通道，如图 5.2.11 和图 5.2.12 所示。

04 新建“亮度/对比度”调整图层，在其属性面板调节亮度和对比度滑块，如图 5.2.13 所示。最终完成的效果如图 5.2.1 所示。

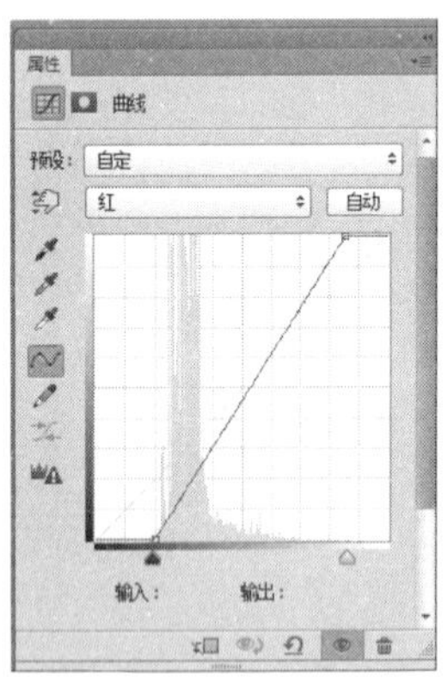

图 5.2.10 “红”通道属性面板

图 5.2.11 “绿”通道属性面板

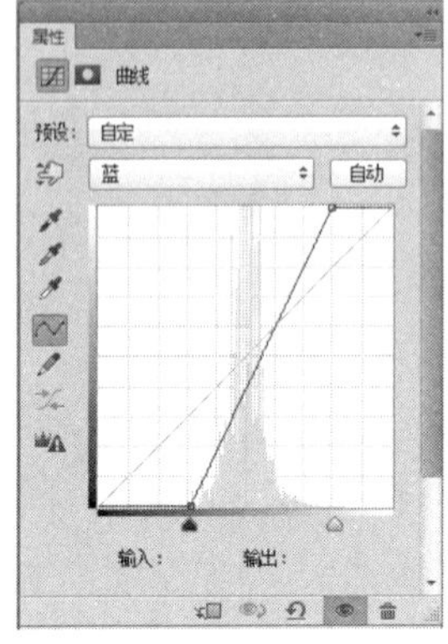

图 5.2.12 “蓝”通道属性面板

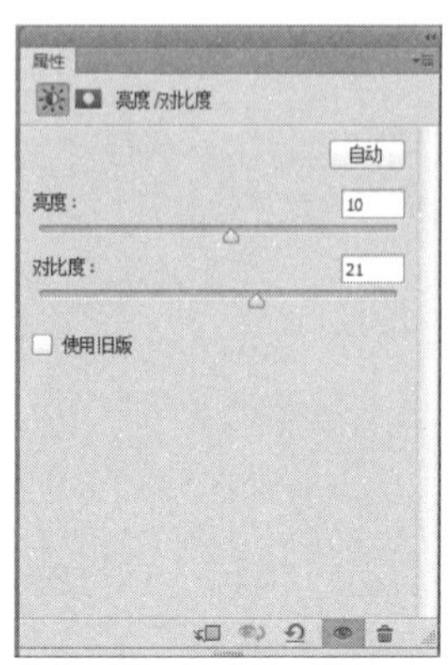

图 5.2.13 “高度/对比度”调整图层调节

任务 5.3 图像色相及饱和度调整——调节曝光过度的照片

色阶、曝光度等命令是调整图片颜色的常用方法，利用它们可以将图像在原有颜色的基础上进行相应调整。

任务目的

本任务通过制作图 5.3.1 所示的调节曝光过度的照片的实例，使学生掌握图像色彩的调整方法和技巧。

扫码学习

调节曝光过度的照片

图 5.3.1 调节曝光过度的照片前后对比效果

相关知识

使用【曝光度】命令，可以调整 32 位/通道模式图像，它与色阶、曲线和其他命令都是

少数可用于 32 位文件的调整命令。若图片曝光过度，则图像整体偏白；若曝光不够，则图像整体偏暗，因此可以通过调整曝光度来调整图片的明暗。选择【图像】→【调整】→【曝光度】命令，弹出【曝光度】对话框，如图 5.3.2 所示。

1）曝光度：调整色调范围的高光端，对极限阴影的影响很轻微。

2）位移：用于调整图像的整体明暗度，滑块向左可使图像整体变暗，滑块向右可使图像整体变亮。该选项使阴影和中间调变暗，对高光的影响很轻微。

3）灰度系数校正：使用简单的乘方函数调整图像灰度系数。

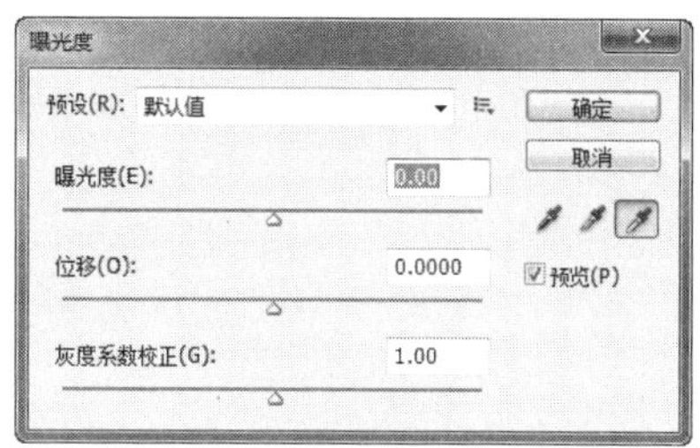

图 5.3.2　【曝光度】对话框

任务分析

首先打开素材"湖畔.jpg"图像文件，然后利用【色阶】命令、【曝光度】命令等进行调整。

任务实施

01 打开素材中的"湖畔.jpg"文件，然后按"Ctrl+J"组合键复制图层，得到"图层 1"。

02 选择【图像】→【调整】→【色阶】命令或按"Ctrl+L"组合键，弹出"色阶"对话框，向右拖动【输入色阶】的黑色滑块，参数设置如图 5.3.3 所示。

03 继续设置【色阶】值，拖动【输入色阶】中间的灰色滑块，调整图像的中间调，如图 5.3.4（a）所示，设置完成单击【确定】按钮，得到图 5.3.4（b）所示的图像效果。

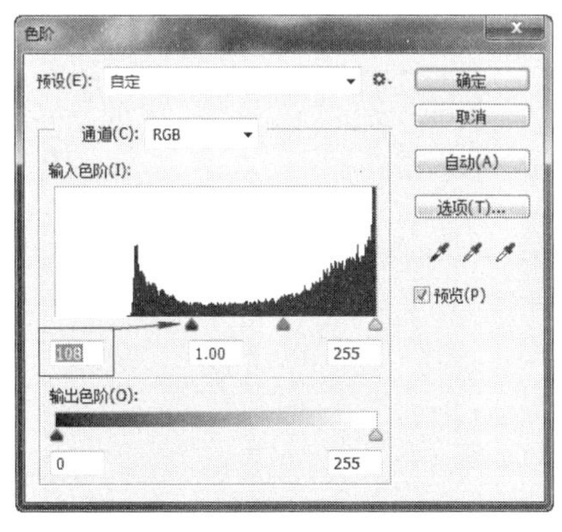

图 5.3.3　【色阶】对话框

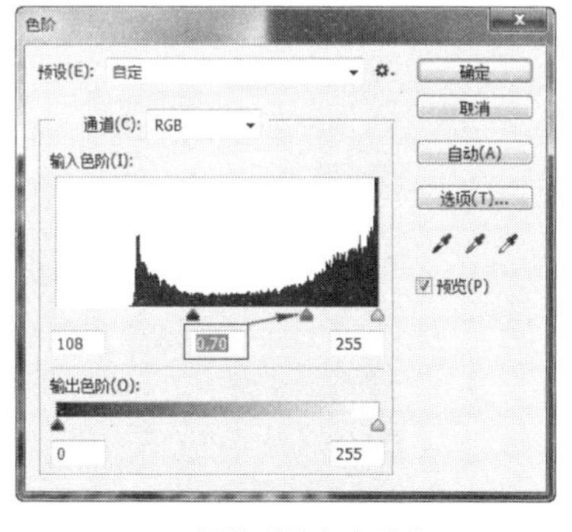

（a）调整【输入色阶】

（b）调整后效果

图 5.3.4　调整【输入色阶】及调整后效果

04 创建"曝光度 1"调整图层，打开【曝光度】属性面板，分别设置【曝光度】【位移】和【灰度系数校正】参数，如图 5.3.5 所示。

05 单击"曝光度 1"调整图层的蒙版缩览图，将前景色设置为黑色，然后按"Alt+Delete"组合键为蒙版填充颜色为黑色，如图 5.3.6 所示。

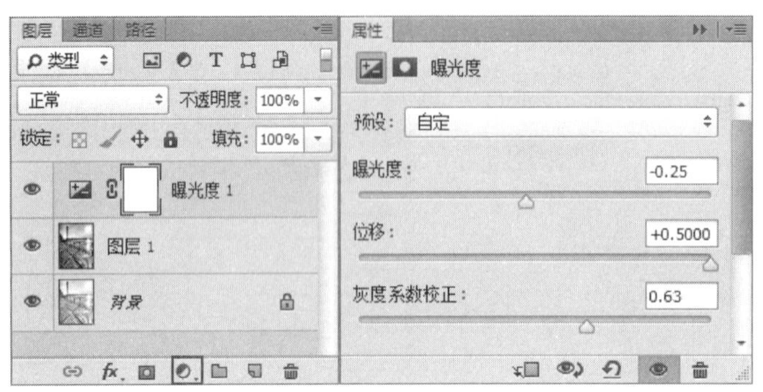

图 5.3.5 新建“曝光度”调整图层及参数设置

图 5.3.6 填充蒙版

06 将前景色设置为白色，按“B”键，切换至【画笔工具】，在其属性栏中设置画笔的【不透明度】为30%，然后在图像的光晕部分单击并进行涂抹，效果如图5.3.1所示。

任务5.4 色彩平衡调整——使不够蓝的天空更加湛蓝

在太阳光下进行拍摄，常常会因为光线过强，加上拍摄设备和技术的限制，使拍摄出来的蓝天不够蓝，使用色彩平衡命令可使不够蓝的天空更加湛蓝。

任务目的

本任务通过制作图5.4.1所示的使不够蓝的天空更加湛蓝的实例，使学生掌握色彩平衡的调整方法和技巧。

扫码学习

使不够蓝的天空更加湛蓝

图 5.4.1 实例前后对比效果

相关知识

【色彩平衡】（“Ctrl+B”组合键）命令可以在图像原有色彩基础上进行颜色调整。选择

【图像】→【调整】→【色彩平衡】命令，弹出【色彩平衡】对话框，如图 5.4.2 所示。可通过拖动滑块或输入数值的方法进行调整。

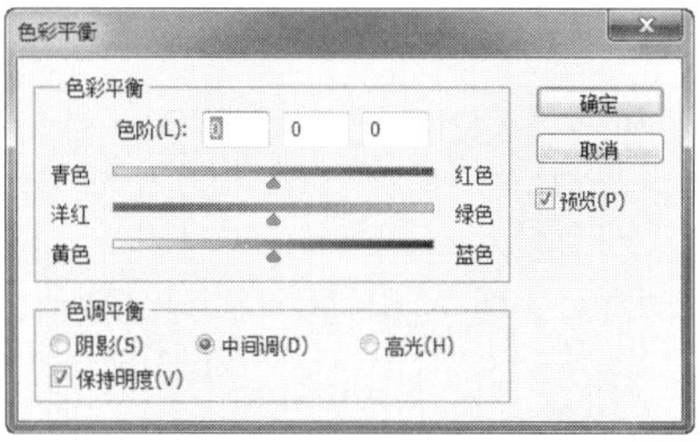

1）色阶：设置图像的颜色，可以通过 3 个数值输入框或直接拖动下方的 3 个滑块进行调整，取值范围为 -100～100。滑块向哪侧拖动，图像中就会增加相应的颜色，减少拖动反方向上的颜色。

图 5.4.2　【色彩平衡】对话框

2）色调平衡：设置调整色阶时所针对的范围。【阴影】对图像中暗调区域影响较大，【中间调】对图像中间调区域影响较大，【高光】对图像中亮调区域影响较大。

3）保持明度：只改变色相，不改变图像整体亮度。

任务分析

首先打开素材“自然.jpg”图像文件，然后利用色彩平衡等命令让天空变得湛蓝。

任务实施

01 打开素材中“自然.jpg”文件，单击【创建新的填充和调整图层】按钮，在弹出的下拉列表中选择【色彩平衡】选项，如图 5.4.3 所示。

02 在打开的【色彩平衡】属性面板中勾选【保留明度】复选框，其余各项参数设置如图 5.4.4 所示。

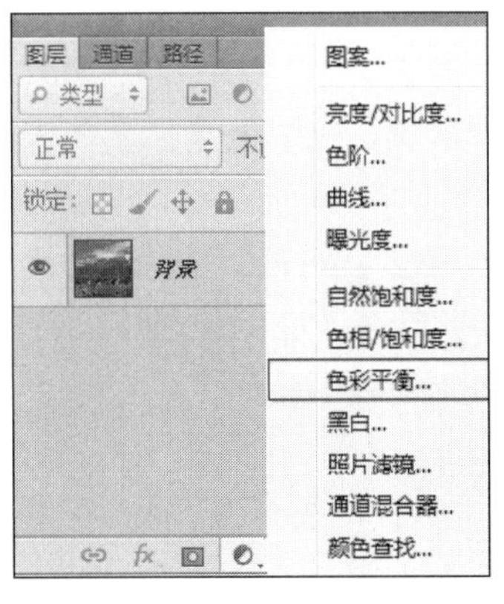

图 5.4.3　选择【色彩平衡】选项

图 5.4.4　【色彩平衡】属性面板

03 单击“色彩平衡 1”调整图层的蒙版缩览图，然后按“G”键，切换至【渐变工具】，在图 5.4.5 所示的位置单击并拖动鼠标。

04 创建“色相/饱和度 1”调整图层，打开【色相/饱和度】属性面板，选择【蓝色】通道，其余参数设置如图 5.4.6 所示。在【色相/饱和度】属性面板的下拉列表中选择【全图】选项，然后在【饱和度】后的文本框中输入数值+20，如图 5.4.7 所示。

图 5.4.5　渐变工具拖动示意图

图 5.4.6　【色相/饱和度】属性面板（一）

图 5.4.7　【色相/饱和度】属性面板（二）

05 选中“色相/饱和度 1”调整图层的蒙版缩览图，将前景色设置为灰色，然后使用【画笔工具】在页面的合适位置涂抹，恢复山体部分的影调，得到图 5.4.1 所示的最终效果。

任务 5.5　图像色相及饱和度调整——修复色彩暗淡的图片

虽然色彩平衡、曝光、对比度命令可以在很大程度上改善图片的质量，但是如果图像色彩整体灰暗，即使通过色阶调整，图片上依然没有生气，此时可利用色相/饱和度命令使图像生色。

任务目的

本任务通过制作图 5.5.1 所示的修复色彩暗淡的图片实例，使学生掌握色相/饱和度的调整方法和技巧。

扫码学习

修复色彩暗淡的图片

图 5.5.1　实例前后对比效果

相关知识

使用【色相/饱和度】（“Ctrl+U”组合键）命令可以改变原有图像的颜色。选择【图像】→【调整】→【色相/饱和度】命令，弹出【色相/饱和度】对话框，如图 5.5.2 所示。在该对话框中可通过拖动滑块或输入数值的方法进行调整。

1）全图：设置编辑对象。可以编辑全图，即一次可以编辑所有颜色；也可以编辑红、黄、绿、青、蓝、洋红某一颜色。

2）色相：在图像原有颜色基础上进行色相上的调整，取值范围为-180～180。

3）饱和度：设置图像颜色的整体鲜艳程度，取值范围为-100～100。

4）明度：设置图像颜色的整体明暗程度，取值范围为-100～100。

5）着色：勾选此复选框后，可以重新设定图像颜色，将图像调整成单一色调。

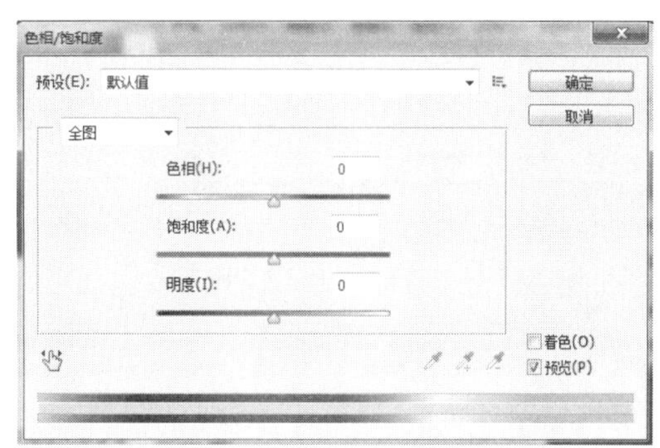

图 5.5.2　【色相/饱和度】对话框

任务分析

打开素材“薰衣草.jpg”图像文件，利用色相/饱和度等命令进行色彩的调节。

任务实施

01 打开素材中的“薰衣草.jpg”文件，然后按“Ctrl+J”组合键复制图层，得到“图层 1”。

02 选中“图层 1”，按“Ctrl+U”组合键，打开【色相/饱和度】对话框，在【饱和度】后的文本框中输入数值 45，参数设置如图 5.5.3 所示。

03 在【色相/饱和度】对话框中选择【蓝色】通道，然后设置其【色相】为 15、【饱和度】为 50，参数设置如图 5.5.4 所示。

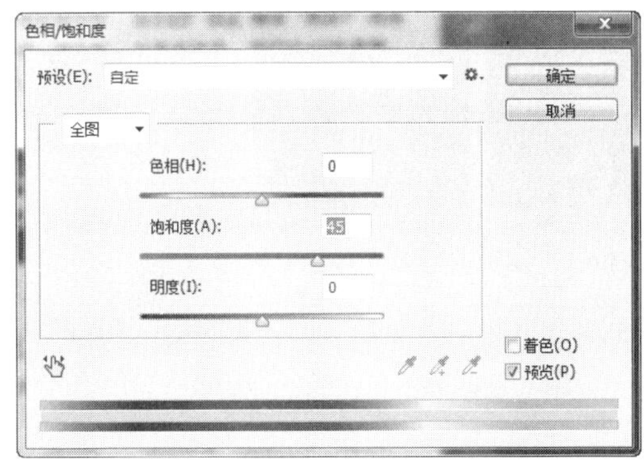

图 5.5.3　【色相/饱和度】对话框参数设置（一）

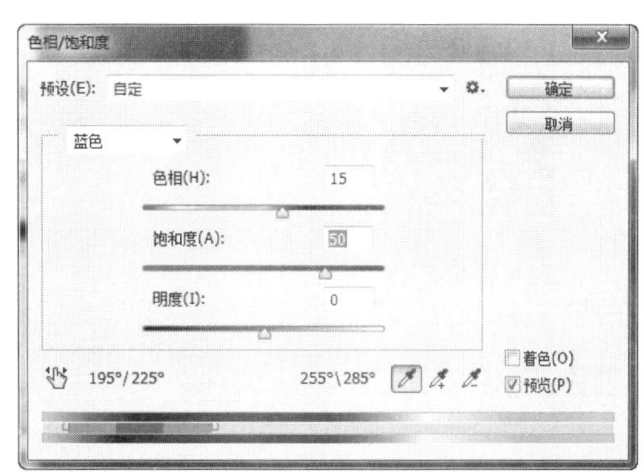

图 5.5.4　【色相/饱和度】对话框参数设置（二）

04 重复步骤03的方法，选择【青色】通道，【色相】和【饱和度】参数设置如图 5.5.5 所示。

05 选择【黄色】通道，并在【饱和度】后的文本框中输入 60，如图 5.5.6 所示。然后单击【确定】按钮，得到图 5.5.1 所示的最终效果。

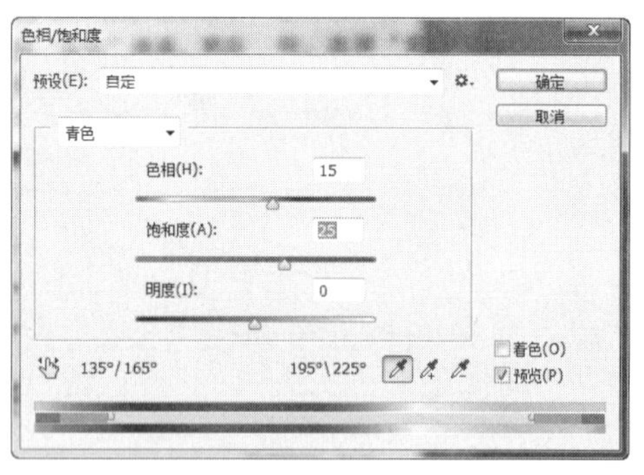

图 5.5.5 【色相/饱和度】对话框参数设置（三）

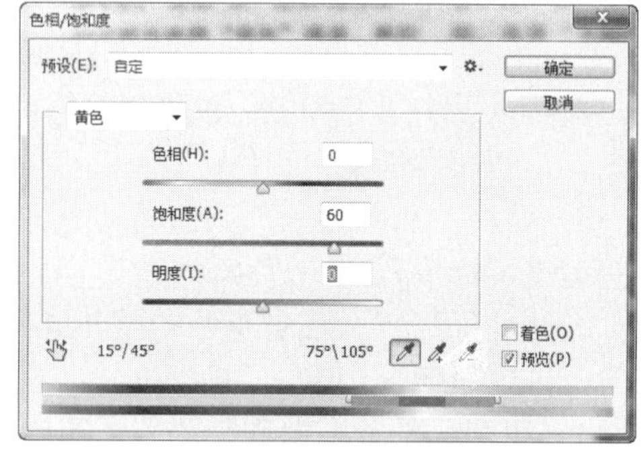

图 5.5.6 【色相/饱和度】对话框参数设置（四）

任务 5.6 提取高光+可选颜色——提亮人像肤色

拍摄时曝光不足等原因，会使人像暗淡无光，此时，可以在后期处理中运用提取照片高光并进行调色处理的方法提亮暗部、通透皮肤。

任务目的

本任务通过制作图 5.6.1 所示的提亮人像肤色的实例，使学生先掌握可选颜色的调整方法和技巧。

扫码学习

提亮人像肤色

图 5.6.1 实例前后效果对比

相关知识

1. 认识照片的高光、中间调、暗部

调整任何一张照片的色彩，首先应确定选区，因为通常是为照片某一个区域进行调色。

得到精确、过渡自然的选区是调整照片的首要条件。从大范围来看，照片可以划分为 3 个部分：高光、暗部、中间调。通过运用图像像素的明暗原理，结合 Photoshop 精确计算高光、暗部、中间调选区，是照片调色的基础。

2. 可选颜色

【可选颜色】命令是校正高端扫描仪和分色程序使用的一种技术，用于在图像中的每个主要原色成分中更改印刷色数量。使用该命令可以有选择地修改任何主要颜色中的印刷色数量，而不会影响其他主要颜色。在【通道】面板中选择复合通道，只有在查看复合通道时，【可选颜色】命令才可用。选择【可选颜色】命令，弹出【可选颜色】对话框，如图 5.6.2 所示。在该对话框中，拖动滑块以增加或减少所选颜色的量。

1）颜色：选取要调整的颜色。这组颜色由加色原色和减色原色与白色、中性色和黑色组成，如图 5.6.3 所示。

图 5.6.2　【可选颜色】对话框

图 5.6.3　【颜色】选项

2）方法：若点选【相对】单选按钮，则按照总量的百分比更改现有的青色、洋红、黄色或黑色的量。例如，如果从 50%洋红的像素开始添加 10%，则 5%将添加到洋红，结果为 55%的洋红（50%×10%=5%）（该选项不能调整纯反白光，因为它不包含颜色成分）。若点选【绝对】单选按钮，则采用绝对值调整颜色。例如，如果从 50%洋红的像素开始添加 10%，则洋红油墨会设置为 60%。

任务分析

打开素材“人物.jpg”图像文件，利用可选颜色等命令提亮暗部、通透皮肤。

任务实施

01 打开素材中的“人物.jpg”文件。按“Ctrl+Alt+2”组合键得到高光选区，如图 5.6.4（a）所示，按“Shift+Ctrl+I”组合键反选选区即选取暗部，如图 5.6.4（b）所示。

（a）得到高光选区

（b）反选选区

图 5.6.4　提取高光选区示意图

02 按“Ctrl+J”组合键复制暗部，得到“图层 1”，并设置图层混合模式为【滤色】，其目的是提亮暗部，效果如图 5.6.5 所示。

03 使用【套索工具】将人物选出，如图 5.6.6 所示。

图 5.6.5　设置【滤色】混合模式的效果

图 5.6.6　选出人物效果

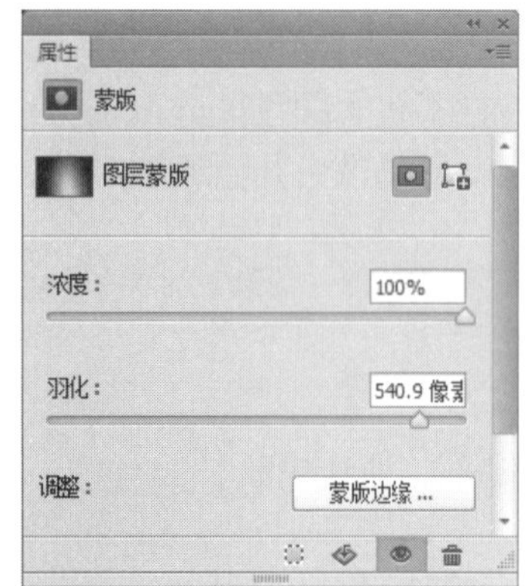

图 5.6.7　羽化参数设置

04 单击【图层】面板底部的【添加蒙版】按钮，由于过渡生硬，所以适当调节【属性】面板上的【羽化】参数，如图 5.6.7 所示。

05 由于人像肤色不通透，所以选择【图层】→【曲线】命令，提亮 RGB，如图 5.6.8 所示。

06 按“Ctrl+I”组合键得到黑蒙版，然后使用低不透明度的白色画笔涂抹皮肤区域。

07 此时，肤色开始通透但不够红润，选择【图层】→【新建调整图层】→【可选颜色】命令，在弹出的【可选颜色】属性面板中分别对红色和黑色进行调节，参数设置如图 5.6.9 所示。调节红色是为了使肤色红润些，调节黑色是为了渲染画面色彩，起到烘托的作用，最终效果如图 5.6.1 所示。

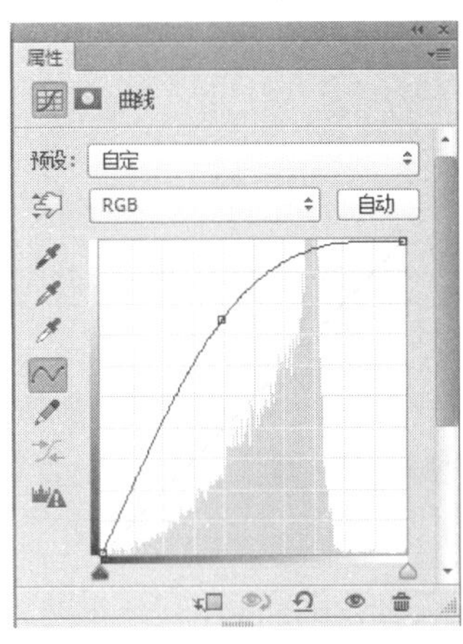

图 5.6.8　曲线调整参考

图 5.6.9　【可选颜色】属性面板参数设置

任务 5.7　图像特殊效果调整——四季调色

在影楼拍摄的艺术照，通常都可以通过颜色调整，使其拥有不同的视觉效果。本任务就来学习如何将一张照片制作成四季的效果。

任务目的

本任务通过运用【色相/饱和度】属性面板调整图像饱和度，使用【镜头光晕】滤镜制作光照效果，使用【曲线】命令调整图像明暗度，使用【替换颜色】命令替换照片颜色，使学生掌握各种调整操作的方法和技巧。原图及效果对比如图 5.7.1 所示。

原

春

夏

秋

冬

图 5.7.1　原图及效果对比图

扫码学习

四季调色

任务分析

首先打开素材“婚纱.jpg”图像文件，然后利用色相/饱和度、色彩平衡、替换颜色、可选颜色等命令进行色彩调整。

任务实施

1. 制作“春”效果

01 打开素材“婚纱.jpg”图像文件。按“Ctrl+J”组合键，复制“背景”图层到新图层中，生成“图层 1”。

02 在【图层】面板中，单击【图层】面板下方的【创建新的填充或调整图层】按钮，在弹出的下拉列表中选择【色相/饱和度】命令，打开【色相/饱和度】属性面板，设置黄色的【色相】为 30，如图 5.7.2 所示。

小 贴 示

制作春天效果时，为了突出万物复苏的感觉，可以将图片中的植物调整为饱和度较高的图像。

03 按“Shift+Ctrl+Alt+N”组合键，新建“图层 2”，并将其填充为黑色。

04 选择【滤镜】→【渲染】→【镜头光晕】命令，弹出【镜头光晕】对话框，设置【亮度】为 100%，点选【50-300 毫米变焦】单选按钮。完成设置后，单击【确定】按钮，将设置的效果应用到当前图层对象中，并将图层混合模式设置为【滤色】，参考设置如图 5.7.3 所示。

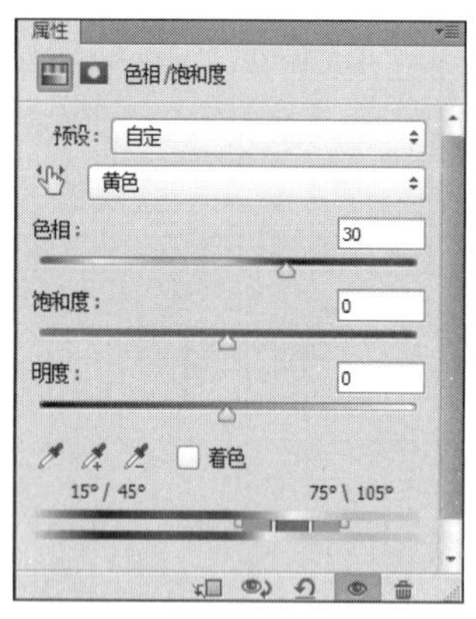

图 5.7.2 【色相/饱和度】属性面板设置

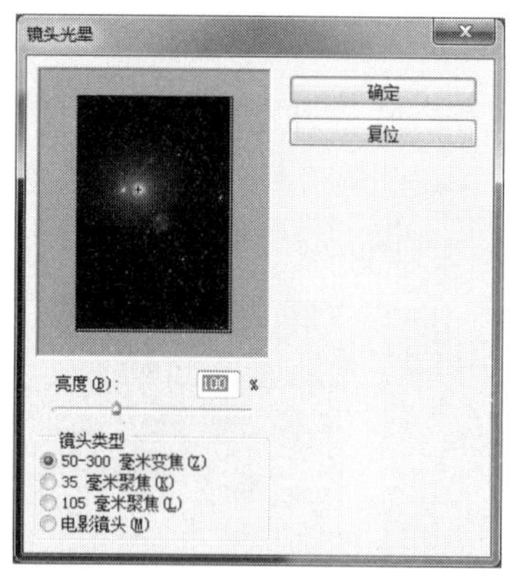

图 5.7.3 【镜头光晕】对话框设置

2. 制作“夏”效果

01 选择“背景”图层，使其成为当前图层，按“Ctrl+J”组合键，复制“背景”图层生成“背景 副本”图层，按“Ctrl+Shift+]”组合键，将该图层放置到最上层位置。新建“色相/饱和度”调整图层，打开【色相/饱和度】属性面板，设置黄色的【色相】为-9，【饱和度】为 40，【明度】为 14。参考设置如图 5.7.4 所示。

02 按“Shift+Ctrl+Alt+N”组合键，新建“图层 3”，命名为“镜头光晕”，并将其填充为黑色。

03 选择【滤镜】→【渲染】→【镜头光晕】命令，弹出【镜头光晕】对话框，设置【亮度】为 150%，点选【50-300 毫米变焦】单选按钮。完成设置后，单击【确定】按钮，将设置的效果应用到当前图层对象中。

04 新建蒙版，并用画笔在蒙版上对过亮的光晕部分进行涂抹，参考设置如图 5.7.5 所示。

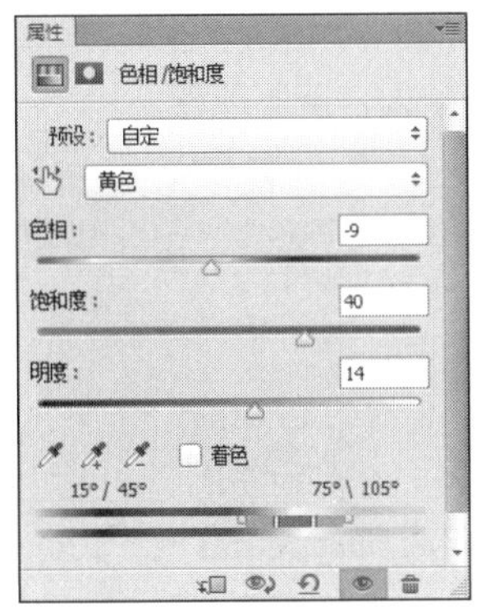

图 5.7.4　【色相/饱和度】属性面板设置

图 5.7.5　【镜头光晕】图层设置

3. 制作“秋”效果

01 选择“背景”图层，使其成为当前图层，按“Ctrl+J”组合键，将“背景”图层复制到新图层中，生成“图层 1 副本”，按“Ctrl+Shift+]”组合键，将该图层放置到最上层位置。使用【套索工具】在图像上拖动，将暗部区域创建为选区，如图 5.7.6 所示。

02 选择【选择】→【修改】→【羽化】命令，弹出【羽化选区】对话框，设置【羽化半径】为 100 像素。完成设置后单击【确定】按钮，将设置的参数应用到当前选区中。然后选择【图像】→【调整】→【曲线】命令，弹出【曲线】对话框，将图像选区部分调亮。完成设置后，单击【确定】按钮，将设置的参数应用到当前图层对象中。参考设置如图 5.7.7 所示。

图 5.7.6　新建选区

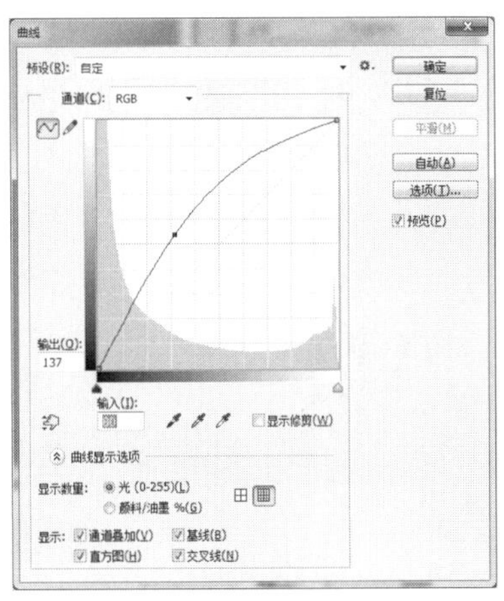

图 5.7.7　【曲线】对话框设置

03 按“Ctrl+U”组合键，弹出【色相/饱和度】对话框，设置黄色的【色相】为 21。参考设置如图 5.7.8 所示。

04 选择【图像】→【调整】→【替换颜色】命令，弹出【替换颜色】对话框，设置要替换颜色的区域，并设置【颜色容差】为 50，【替换】选项组中的【色相】为-60，完成设置后单击【确定】按钮，将设置的参数应用到当前图层对象中。参考设置如图 5.7.9 所示。

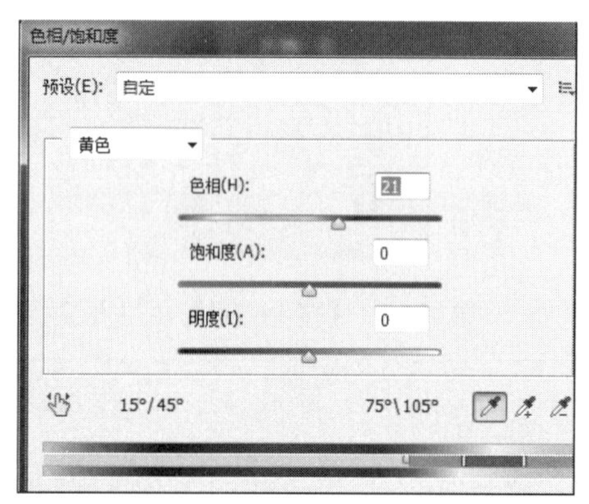

图 5.7.8 【色相/饱和度】对话框设置

图 5.7.9 【替换颜色】对话框设置

05 新建图层蒙版，按“B”键切换到【画笔工具】，在其属性栏中，设置【不透明度】为 50%，设置前景色为黑色，然后在图片下方轻抹。

06 单击【图层】面板下方的【创建新的填充或调整图层】按钮，在弹出的下拉列表中选择【曲线】命令，打开【曲线】属性面板，具体设置如图 5.7.10 所示。

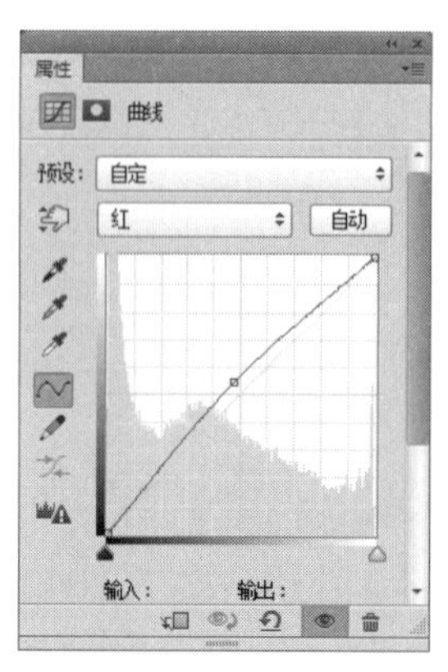
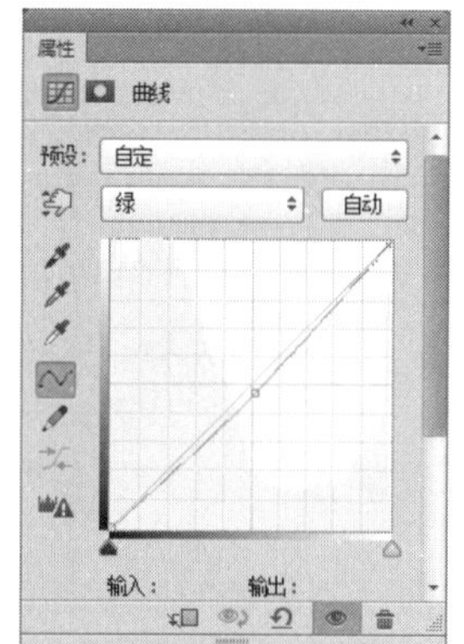
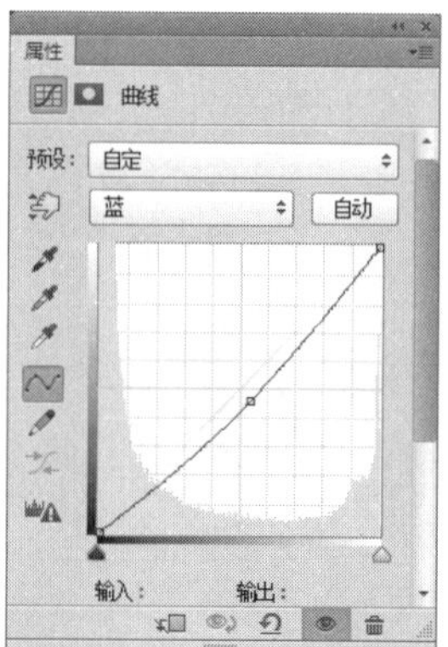

图 5.7.10 【曲线】属性面板设置

4. 制作“冬”效果

01 选择“背景”图层，使其成为当前图层，按“Ctrl+J”组合键及“Ctrl+Shift+]”组合键将生成的副本图层放置到最上层位置，并命名为“曲线_提升局部亮度”。使用【套索工具】在图像上拖动，将暗部区域创建为选区，并通过调整曲线，将图像暗部调亮。

02 按照同上面步骤相似的方法，调整图像的色相/饱和度，使图像中的绿色部分更加明显、纯粹。参考设置如图 5.7.11 所示。

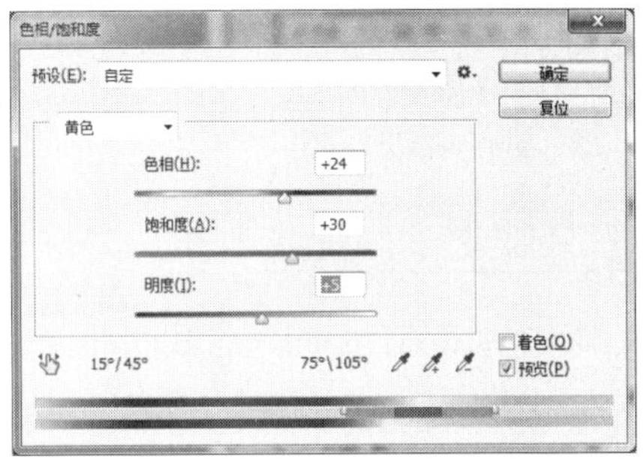

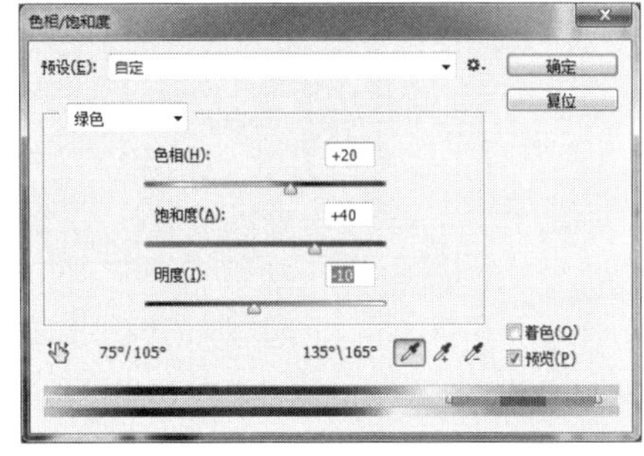

图 5.7.11　绿色部分调整设置

03 在【通道】面板中，选中“绿”通道，且使其他通道颜色不可见，如图 5.7.12 所示。按“Ctrl+A”组合键，将该通道图像全选，然后按“Ctrl+C”组合键，复制选区中图像，单击“RGB”通道，按“Ctrl+V”组合键，将复制的图像粘贴到当前图层对象中。

04 按“Ctrl+M”组合键，调整曲线，提升局部亮度，参数设置如图 5.7.13 所示。

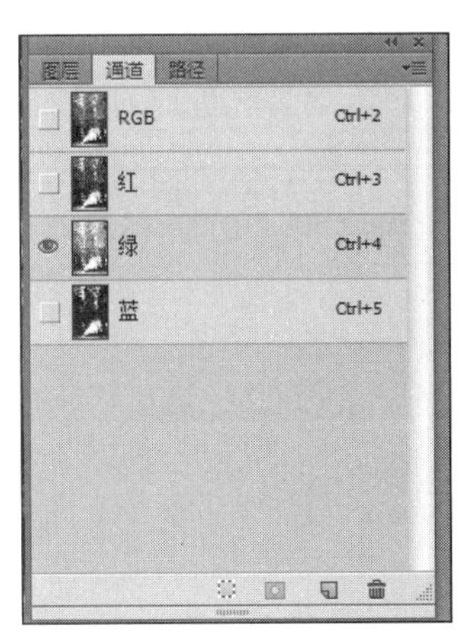

图 5.7.12　绿色通道

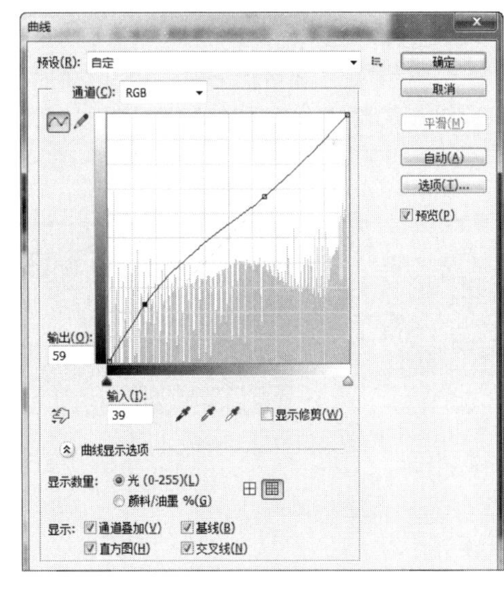

图 5.7.13　曲线参数设置

05 新建“曲线”调整图层，在【曲线】属性面板中调整 RGB 曲线，使用黑色画笔在曲线蒙版上涂抹不需要提亮的部分，参考设置如图 5.7.14 所示。

06 选中“曲线_提升局部亮度”图层和“曲线”调整图层，按下“Ctrl+Shift+Alt+E”组合键盖印图层，在【图层】面板中单击【添加蒙版】按钮。然后使用【画笔工具】在图层蒙版中涂抹，将人物皮肤显现出来。

07 至此，春、夏、秋、冬四季调色就完成了。

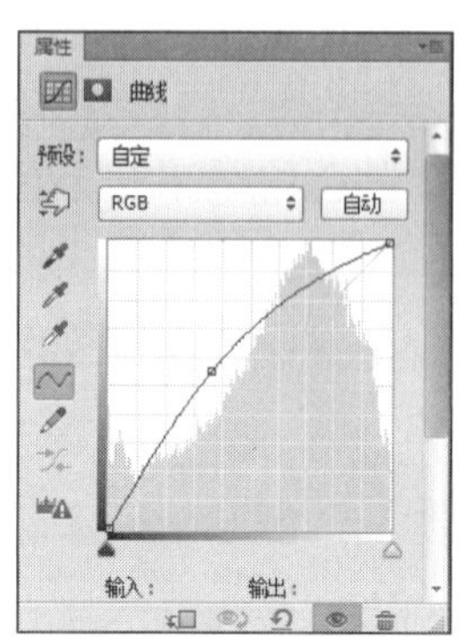

图 5.7.14 【曲线】属性面板设置

任务 5.8 图像整体色彩调整——风景调色

在图片整体色调的调整中更多的是通过【创建新的填充或调整图层】按钮来调色。使用【创建新的填充或调整图层】按钮和【调整】命令对图像的调整原理是一样的。

任务目的

本任务通过利用【图层】面板中的【创建新的填充或调整图层】按钮进行色彩调整，使学生掌握图像整体色彩调整的方法和技巧。调整前后对比效果如图 5.8.1 所示。

扫码学习

风景调色

图 5.8.1 风景图调整前后对比效果

任务分析

打开素材“风景.jpg”图像文件，利用色相/饱和度、色彩平衡、替换颜色、可选颜色等命令进行色彩调整。

任务实施

01 打开素材“风景.jpg”文件。

02 因图片整体色调偏蓝色，故调整整体的绿色效果。打开【图层】面板，单击【创建新的填充或调整图层】按钮 ，在弹出的下拉列表中选择【可选颜色】选项，弹出【可选颜色】属性面板，调整参数如图 5.8.2 所示。

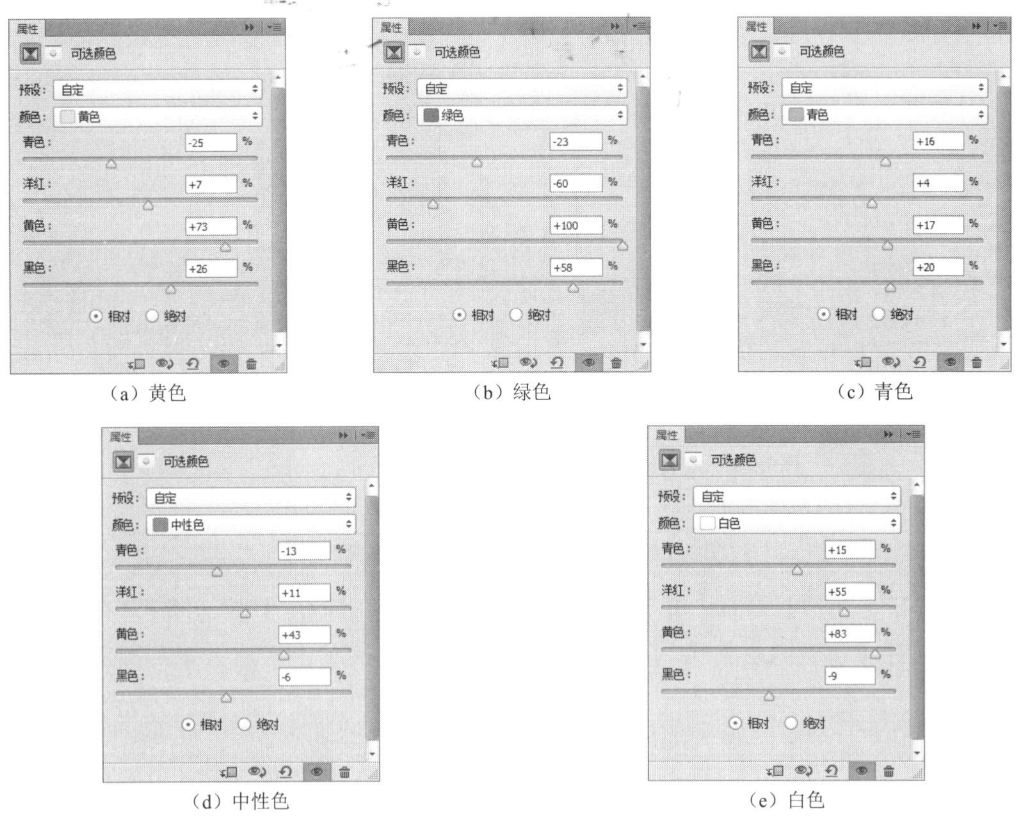

（a）黄色　（b）绿色　（c）青色

（d）中性色　（e）白色

图 5.8.2　【可选颜色】属性面板参数设置

03 调整整体的亮暗效果。打开【图层】面板，单击【创建新的填充或调整图层】按钮 ，在弹出的下拉列表中选择【曲线】选项，弹出【曲线】属性面板，调整参数如图 5.8.3 所示。

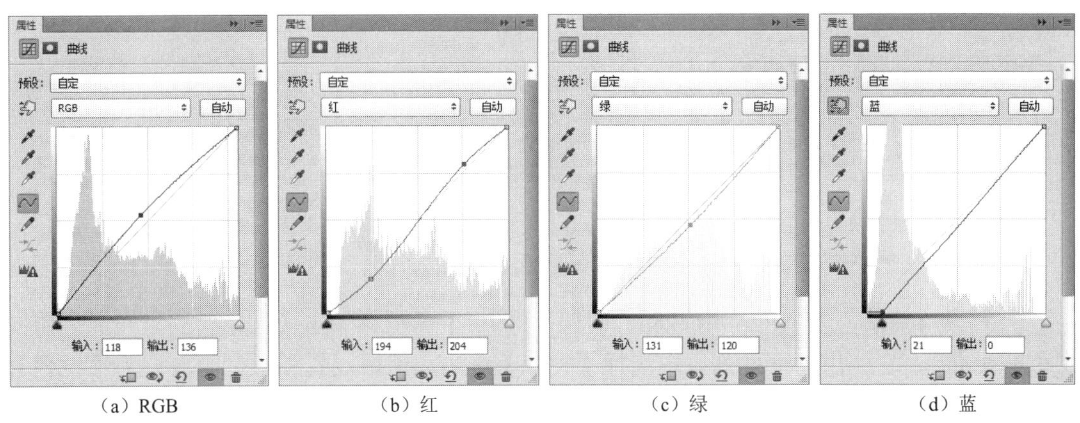

（a）RGB　（b）红　（c）绿　（d）蓝

图 5.8.3　【曲线】属性面板参数设置

04 调整整体的黄色效果。打开【图层】面板，单击【创建新的填充或调整图层】按钮，在弹出的下拉列表中选择【色彩平衡】选项，弹出【色彩平衡】属性面板，调整参数如图 5.8.4 所示。

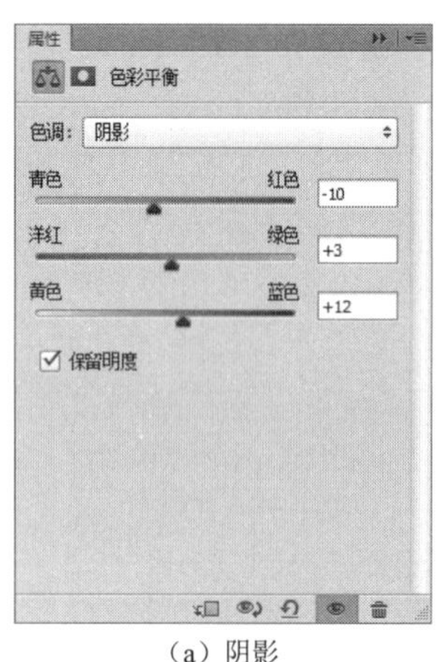

（a）阴影

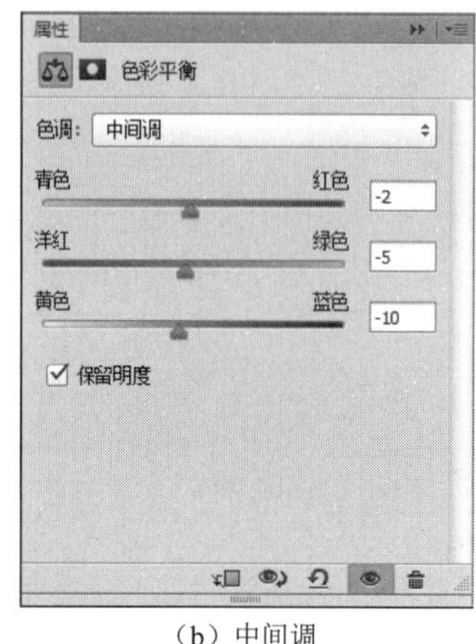

（b）中间调

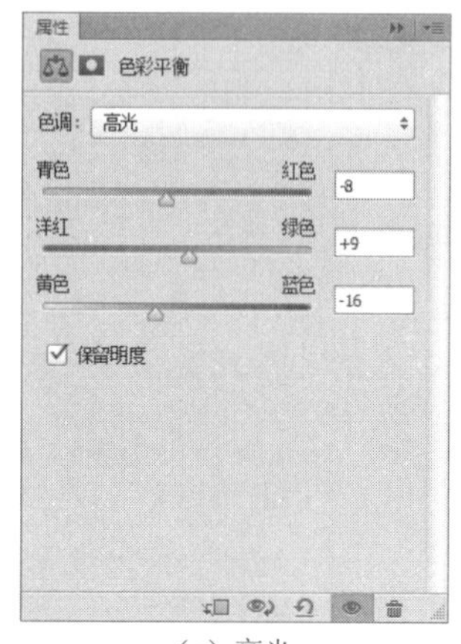

（c）高光

图 5.8.4 【色彩平衡】属性面板参数设置

05 打开【图层】面板，单击【创建新的填充或调整图层】按钮，在弹出的下拉列表中选择【渐变映射】选项，调整参数如图 5.8.5 所示，然后设置图层混合模式为【滤色】。

06 盖印可见图层，按“Shift+Ctrl+Alt+E”组合键，生成一个新图层“图层 1”。复制“图层 1”，生成“图层 1 副本”，设置图层混合模式为【正片叠底】,【不透明度】为 60%。

07 打开【图层】面板，单击【创建新的填充或调整图层】按钮，在弹出的下拉列表中选择【渐变】选项，弹出【渐变填充】对话框，调整参数如图 5.8.6 所示。然后设置图层混合模式为【颜色加深】,【不透明度】为 60%，在蒙版中绘制一个从左下角到右上角的白色—黑色渐变，如图 5.8.7 所示。

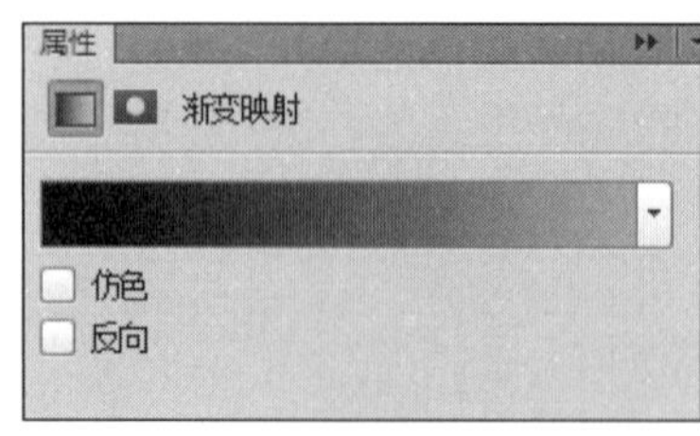

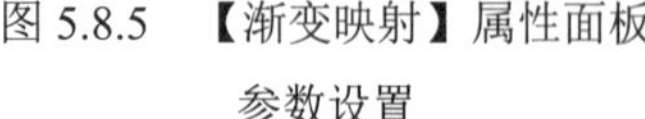
图 5.8.5 【渐变映射】属性面板参数设置

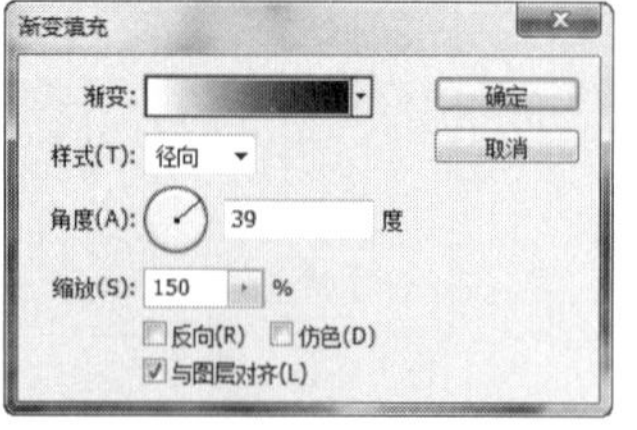

图 5.8.6 【渐变填充】对话框参数设置（一）

图 5.8.7 【渐变】调整（一）

08 设置前景色为米色（#f6e283)。打开【图层】面板，单击【创建新的填充或调整图层】按钮，在弹出的下拉列表中选择【纯色】选项。然后设置图层混合模式为【滤色】,【不透明度】为 70%，在蒙版中绘制一个从左下角到右上角的黑色—白色渐变，如图 5.8.8 所示。

图 5.8.8　【纯色】填充（一）

09 盖印可见图层，按“Shift+Ctrl+Alt+E”组合键，生成一个新图层“图层 2”。复制“图层 2”，生成“图层 2 副本”，设置该图层的图层混合模式为【滤色】，【不透明度】为 30%，如图 5.8.9 所示。

10 设置前景色为绿色（#59a923）。打开【图层】面板，单击【创建新的填充或调整图层】按钮，在弹出的下拉列表中选择【纯色】选项。然后设置图层混合模式为【柔光】，【不透明度】为 20%，如图 5.8.10 所示。

11 打开【图层】面板，单击【创建新的填充或调整图层】按钮，在弹出的下拉列表中选择【渐变】选项，弹出【渐变填充】对话框，调整参数如图 5.8.11 所示。然后设置图层混合模式为【叠加】，【不透明度】为 35%，如图 5.8.12 所示。

图 5.8.9　“图层 2 副本”设置

图 5.8.10　【纯色】填充（二）

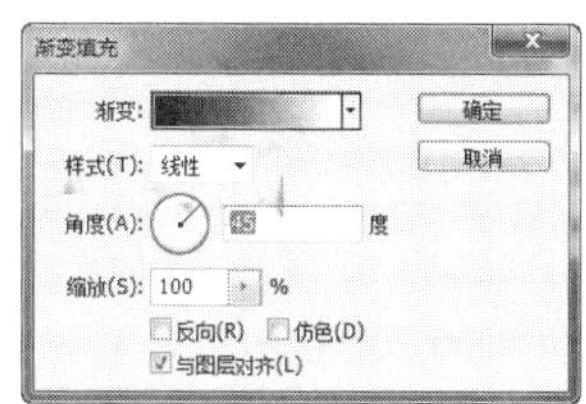
图 5.8.11　【渐变填充】对话框参数设置（二）

图 5.8.12　【渐变】调整（二）

12 打开【图层】面板，单击【创建新的填充或调整图层】按钮，在弹出的下拉列表中选择【色彩平衡】选项，弹出【色彩平衡】属性面板，调整参数如图 5.8.13 所示。

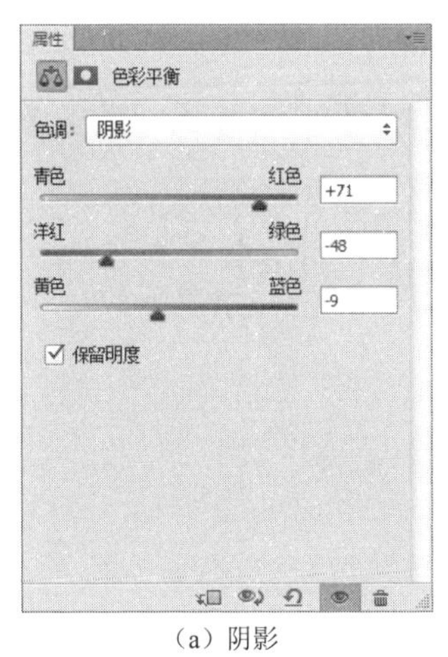
（a）阴影

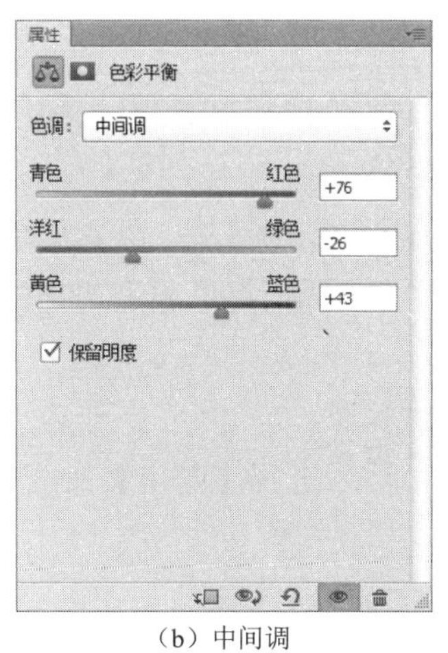
（b）中间调

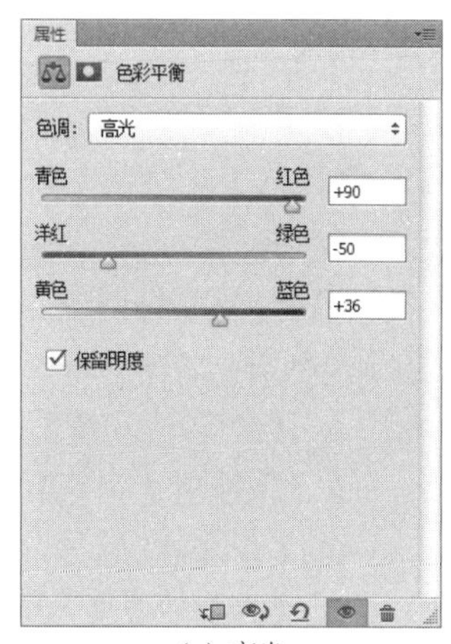
（c）高光

图 5.8.13　【色彩平衡】属性面板参数设置

13 在“色彩平衡 2”图层的蒙版中填充黑色，在中间的花蕊部分涂上白色，【图层】面板如图 5.8.14 所示，最终效果如图 5.8.1 所示。

图 5.8.14　【图层】面板效果

项 目 小 结

本项目通过 8 个任务的实际操作，主要介绍了色彩的基础知识，色彩的色相调整，明度、纯度的调整和一些色彩的特殊调整方法，主要包括色阶、曲线、色彩平衡、色相/饱和度、阈值等命令的使用。在调整过程中，灵活运用这些命令及其参数，就可以调整出多姿多彩的图像。

实 践 探 索

一、选择题

1. 在 Photoshop 中，（　　）颜色模式可以直接转化为其他任何一种模式（限于【图像】→【模式】子菜单中所列出的模式）。

   A. RGB　　B. CMYK　　C. 双色调　　D. 灰度

2. 要使一幅彩色图像变为单色调效果，可以通过选择【图像】→【调整】菜单下的（　　）实现。

   A.【色相/饱和度】命令
   B. 先使用【去色】命令，然后选择【变化】命令
   C.【渐变映射】命令
   D.【色彩平衡】命令

3. 下列对【色阶】命令描述正确的是（　　）。

   A. 减小【色阶】对话框中【输入色阶】最右侧的数值导致图像变亮
   B. 减小【色阶】对话框中【输入色阶】最右侧的数值导致图像变暗
   C. 增加【色阶】对话框中【输入色阶】最左侧的数值导致图像变亮
   D. 增加【色阶】对话框中【输入色阶】最左侧的数值导致图像变暗

4．调整色偏的命令是（　　）。

A．色调均化　　B．阈值　　C．亮度/对比度　　D．色彩平衡

二、操作题

1．打开素材“汽车.jpg”文件，把汽车的颜色换成红色，效果如图 5.1 所示（提示：选择【图像】→【调整】→【替换颜色】命令，利用（吸管、吸管+、吸管-）工具在图像窗口选中汽车，使汽车的黄色部分为全白显示。在【替换】选项组中，设置【色相】为-60，【饱和度】为+12 后，黄色汽车就会变成红色汽车）。

2．对素材“瀑布.jpg”进行调整，调整后的效果如图 5.2 所示（提示：可先用【亮度/对比度】命令进行调整，然后用【曲线】或【色阶】命令进行调整，提高照片的亮度与清晰度，最后用【可选颜色】命令对色彩进行调整）。

图 5.1　汽车变色效果图

图 5.2　调整后的效果

项目 6 图像的修饰与修复

项目导读

在进行图像设计时，图片素材有时候并不能满足需求，此时可以通过 Photoshop CS6 中的图像修饰工具对图像进行修改。图像的修饰与修复是图像设计的基础，本项目将通过实例来介绍有关图像修饰与修复的知识与技能。

学习目标

1）掌握红眼工具的使用方法。

2）掌握污点修复画笔工具的使用方法。

3）掌握修复画笔工具的使用方法。

4）掌握修补工具的使用方法。

5）掌握利用仿制图章工具修补图像的方法。

6）掌握利用历史记录画笔修饰图像的方法。

7）了解液化工具的使用方法。

素养目标

1）培养学生耐心细致的工作品质和履职精神。

2）引导学生正确认识和看待网络资源和美妆效果，树立正确的审美观。

3）培养学生健康的审美价值取向及艺术表达能力。

任务 6.1　修复红眼问题——消除红眼

在光线较暗的环境下拍摄的时候，人物的瞳孔会放大让更多的光线通过，视网膜的血管就会在照片上产生泛红现象，这就是俗称的“红眼”现象。对于动物来说，即使在光线充足的情况下拍摄也会出现这类现象。已经拍摄出带有红眼现象的照片怎么办呢？此时，我们可以使用 Photoshop CS6 中的【红眼工具】进行消除红眼的操作，使照片或素材接近自然。

任务目的

本任务通过修改“消除美女红眼.jpg”图像，使学生学习并掌握【仿制图章工具】和【红眼工具】的使用方法和技巧。修改前后效果对比如图 6.1.1 所示。

（a）原图

（b）效果图

图 6.1.1　消除美女红眼对比效果

扫码学习

消除红眼

相关知识

1. 仿制图章工具

在工具箱中选择【仿制图章工具】，其属性栏如图 6.1.2 所示，该工具对于复制对象或修复图像中的缺陷部分非常有用。使用该工具可以方便地将图像的一部分绘制到同一图像的另一区域中，或是绘制到打开的具有相同颜色模式的任何文档中。

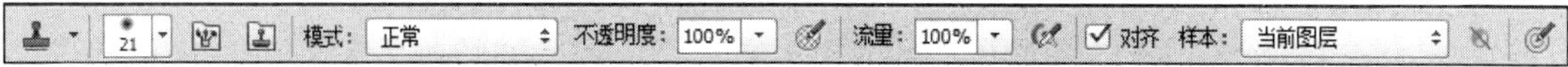

图 6.1.2　【仿制图章工具】属性栏

【仿制图章工具】的使用方法是按住“Alt”键（定义【仿制图章工具】的源），对需要复制的图像区域进行取样，然后在需要被复制的区域进行涂抹，这样就能将图片修饰成所需要的效果，如图 6.1.3 所示。

针对不同的仿制图像，可以根据具体情况来设置仿制图像源的大小、模式、透明度、流量等，使修饰过的图像更加自然。

扫码学习

仿制图章

图 6.1.3 【仿制图章工具】示例

2. 图案图章工具

仿制图案，除了用【仿制图章工具】以外，也可使用【图案图章工具】，其属性栏如图 6.1.4 所示。但【图案图章工具】绘制出来的是指定的图案，而不是图像上已有的区域。

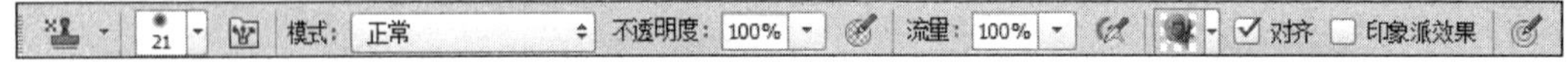

图 6.1.4 【图案图章工具】属性栏

【图案图章工具】的使用方法：打开需要指定生成图案的文件，选择【编辑】→【定义图案】命令，在【图案名称】窗口命名图案，单击【确定】按钮完成图案定义。在【图案图章工具】属性栏中选择想要仿制的图案，就可以在画面上直接绘制，如图 6.1.5 所示。

扫码学习

图案图章

图 6.1.5 【图案图章工具】示例

3. 红眼工具

红眼是由照相机闪光灯在主体视网膜上反光而引起的，在光线比较暗的时候拍摄，容易出现红眼。【红眼工具】的属性栏如图 6.1.6 所示。使用【红眼工具】可以轻松地去除眼睛内的红色区域，使眼睛恢复自然状态。只需通过调整瞳孔大小和变暗量的数值，在红眼处单击，即可将红眼去除。瞳孔大小值越大，黑色瞳孔范围就越大，瞳孔大小值越小，黑色瞳孔范围就越小；变暗量数值越大，瞳孔颜色越黑，数值越小，瞳孔颜色越灰。使用【红眼工具】时，注意十字光标要与红眼位置对齐，否则将出现错误。

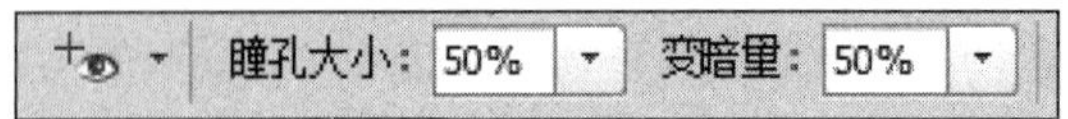

图 6.1.6 【红眼工具】属性栏

任务分析

打开素材文件“消除美女红眼.jpg”，先用【仿制图章工具】将图像中多余的水印去除，然后设置【红眼工具】属性栏中的瞳孔大小和变暗量；最后在图片上的红眼处单击即可。

任务实施

01 选择【文件】→【打开】命令，打开素材文件“消除美女红眼.jpg”，如图 6.1.1（a）所示。然后复制该“背景”图层。

02 选择【仿制图章工具】，在背景图片右下方单击，定义【仿制图章工具】的源。然后在需要复制的地方进行涂抹，继续使用该工具，并不断定义【仿制图章工具】的源，修改的效果如图 6.1.7 所示。

03 选择【红眼工具】，在其属性栏中设置瞳孔大小和变暗量，如图 6.1.8 所示。当鼠标指针变成十字箭头时，单击人物的眼睛部分，即可消除该眼内的“红眼”现象，最终效果如图 6.1.1（b）所示。

图 6.1.7　修改后的效果

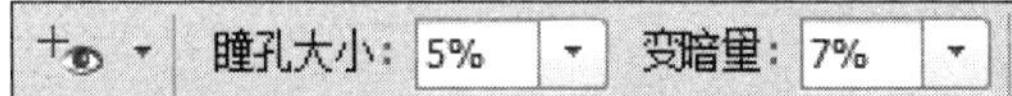

图 6.1.8　【红眼工具】属性栏设置

任务 6.2　修复皮肤瑕疵——祛痘美颜

数码摄影对于同学们来说已经十分熟悉了，但是由于光线问题、人的皮肤问题等，拍摄出来的照片往往不尽如人意，需要再次修改。那么怎么修改呢？本任务我们将通过修复皮肤瑕疵的实例来学习 Photoshop 中污点修复工具的使用。

任务目的

本任务通过修改“祛痘美颜素材.jpg”图像，使学生学习并掌握【污点修复工具】的使用方法和技巧。修改前后的对比效果如图 6.2.1 所示。

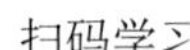

扫码学习

祛痘美颜

（a）原图

（b）效果图

图 6.2.1　祛痘美颜对比效果

相关知识

【污点修复工具】是 Photoshop 中处理照片常用的工具之一。利用【污点修复工具】可以快速移去照片中的污点和其他不理想部分。【污点修复工具】可以自动从所修复区域的周围取样，使用图像或图案中的样本像素进行绘画，将样本像素的纹理、光照、透明度和阴影与所修复的像素进行匹配。【污点修复工具】属性栏如图 6.2.2 所示。

图 6.2.2　【污点修复工具】属性栏

1）（画笔预设）：设置笔尖的大小和硬度。

2）模式：设置绘画时的像素与原来像素之间的混合模式。

3）近似匹配：根据图像周围像素的相似度进行匹配，以达到修复污点的效果。

4）创建纹理：在修复污点的同时使图像的对比度加大，以显示纹理效果。

5）内容识别：当对图像的某一区域进行污点修复时，软件自动分析周围图像的特点，将图像进行拼接组合，然后填充该区域并进行智能融合，从而达到快速无缝的修复效果。

6）对所有图层取样：若勾选该复选框，将对所有图层进行取样操作。若不勾选该复选框，将只对当前图层进行取样。

7）（绘图板压力控制大小）：单击该按钮可以模拟绘图板压力控制大小。

任务分析

在使用【污点修复工具】时，不需要定义原点，只需要确定需要修复的图像位置，调整好画笔大小，移动鼠标指针就会在确定需要修复的位置自动匹配。

任务实施

01 选择【文件】→【打开】命令，打开“祛痘美颜素材.jpg”图像文件，如图 6.2.1（a）所示。

02 选择【污点修复工具】，画笔设置如图 6.2.3 所示，点选【内容识别】单选按钮。

03 将鼠标指针放在脸部的痘痘上，单击即可修复图像。反复多次使用可以去掉脸部所有痘印。

04 模特面部部分显得较暗淡，此时可复制“背景”图层，设置其混合模式为【滤色】,【不透明度】为 68%，以提亮模特的肤色，最终效果如图 6.2.1（b）所示。

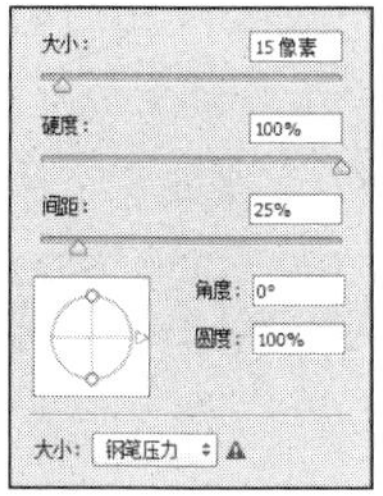

图 6.2.3　画笔预设

任务 6.3　去除污点和瑕疵——磨皮

照片人物脸上会出现细纹、色斑、痘痘比较明显，肤色比较暗沉，显得比较憔悴的情况。那么，如何使用 Photoshop 对这种类型的照片进行处理，从而让人物肌肤透亮、亮白无瑕呢？本任务将通过实例操作讲解如何去除污点和瑕疵，让肌肤亮白无瑕。

任务目的

本任务通过修改“美女磨皮素材.jpg”的图像，以及对皮肤进行去除污点和瑕疵的操作，使学生学习并掌握【修复画笔工具】、【修补工具】和【历史记录画笔工具】的使用方法和技巧。磨皮前后对比效果如图 6.3.1 所示。

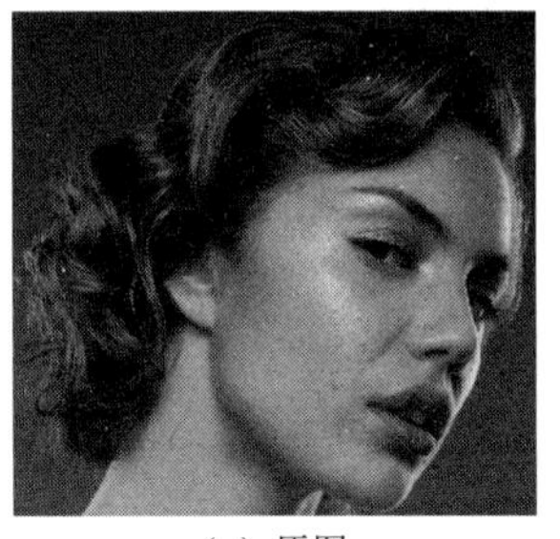

（a）原图

（b）效果图

图 6.3.1　磨皮前后对比效果

扫码学习

磨皮

相关知识

1. 修复画笔工具

【修复画笔工具】：可以利用图像自身的样本像素进行复制绘图，将样本像素的纹理、光照、透明度和阴影与所修复的像素进行匹配，使修复后的像素不留痕迹地融入图像的其余部分。

【修复画笔工具】属性栏如图 6.3.2 所示。它有两种取样方式：一种是在图片上取样，使用【修复画笔工具】，同时按住“Alt”键，在图片的某一位置单击取样，然后再在污点上单击，就把刚才取样区域的内容修复到当前这个污点处；另一种是选择图案，利用该图案对画面进行修复。

图 6.3.2 【修复画笔工具】属性栏

1）（画笔）：可创建出较柔和的笔触，单击该图标可以编辑画笔的属性。

2）模式：使利用【修复画笔工具】画出的图像产生特殊效果。

3）源：【取样】是取图中的某部分修改，【图案】是可在【图案】面板中选择图案或自定义图案填充图像。

4）对齐：勾选该复选框后，下一次的复制位置会与上一次完全重合。

2. 修补工具

【修补工具】：会将样本像素的纹理、光照和阴影与源像素进行匹配，可以使用【修补工具】来修补选中的图像区域。【修补工具】可以处理 8 位通道或者 16 位通道的图像。【修补工具】具有自动匹配颜色的功能，复制出的效果与周围的色彩较为融合，其属性栏如图 6.3.3 所示。

图 6.3.3 【修补工具】属性栏

具体的操作：选择【修补工具】，在属性栏中点选【源】单选按钮，不勾选【透明】复选框。然后选择要修补的图像区域，拖动该区域到无瑕疵的区域中，释放鼠标完成复制。或者在属性栏中点选【目标】单选按钮，然后选择无瑕疵的区域，拖动鼠标到要修补的图像区域释放即可。

3. 历史记录画笔工具

【历史记录画笔工具】：常配合【历史记录】面板，使当前的图像效果返回之前的某效果画面中。在制作中，首先为图像添加效果，然后根据历史记录中的操作，使用【历史记录画笔工具】在图像上涂抹，从而修饰图像效果。

【历史记录画笔工具】属性栏如图 6.3.4 所示。该工具记录之前的操作步骤，当选择其中某个状态时，图像就恢复为原来的外观。此外，【历史记录】面板可以将记录的状态设置为快照，单击【快照】按钮，即返回快照所记录的画面效果处。

图 6.3.4 【历史记录画笔工具】属性栏

任务分析

本任务的素材图像人物脸部有痘印，并且图片整体偏暗，首先可以使用【修复画笔工具】和【修补工具】对痘印和暗淡皮肤进行处理；接着使用【高斯模糊】命令和【历史记录画笔工具】进行皮肤磨皮，打造细腻光滑的皮肤效果；最后通过调整色阶和对比度提亮图片，达到美化效果。

任务实施

01 按“Ctrl+O”组合键，打开“美女磨皮素材.jpg”图像文件。

02 仔细观察图片，模特的侧脸上有大量的痘印，如图 6.3.1（a）所示。选择【修复画笔工具】，调节画笔大小，按住“Alt”键在侧脸周围较光滑的区域单击，然后在侧脸有痘印部分单击进行修复。

03 重复步骤02，使用【修复画笔工具】将额头、下巴上的痘印去除。

04 使用【修补工具】对模特脖子上的皮肤进行处理，去掉细纹。

05 选择【滤镜】→【模糊】→【高斯模糊】命令，在弹出的【高斯模糊】对话框中设置参数，如图 6.3.5 所示。

06 选择【历史记录画笔工具】，在【历史记录】面板中单击【高斯模糊】选项前的方形按钮，将【高斯模糊】设置成历史记录画笔的源，如图 6.3.6 所示。

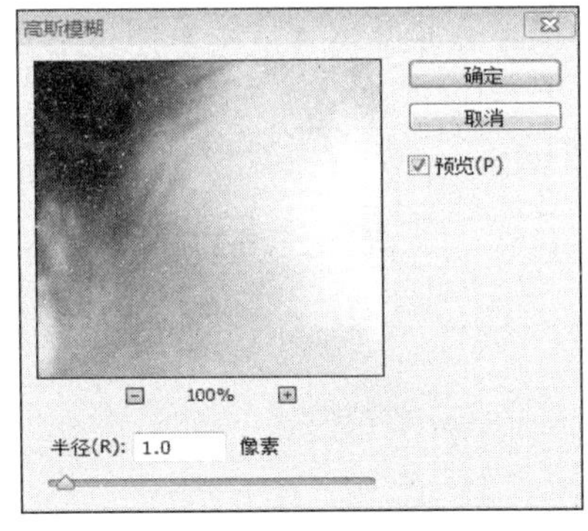

图 6.3.5　【高斯模糊】对话框参数设置

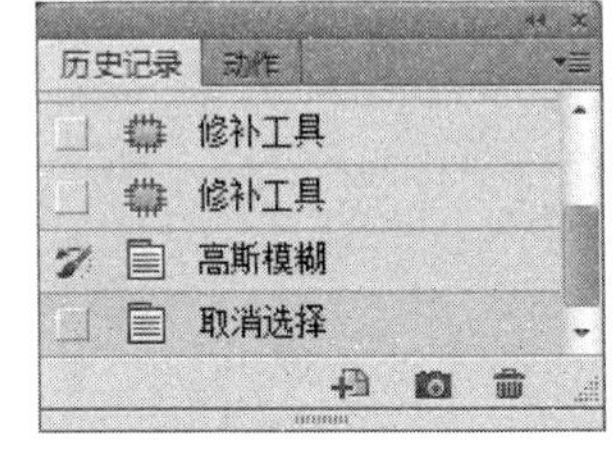

图 6.3.6　设置历史记录画笔

07 在【历史记录】面板中选择【修补工具】选项，在素材图层中使用【历史记录画笔工具】在模特皮肤处进行涂抹，注意五官处保留清晰状态。

08 由于模特照片整体偏暗，故按“Ctrl+L”组合键调出【色阶】对话框，具体设置如图 6.3.7 所示。

09 选择【图像】→【调整】→【亮度/对比度】命令，弹出【亮度/对比度】对话框，在该对话框中，调整图像的亮度和对比度，具体设置如图 6.3.8 所示。图像最终效果如图 6.3.1（b）所示。

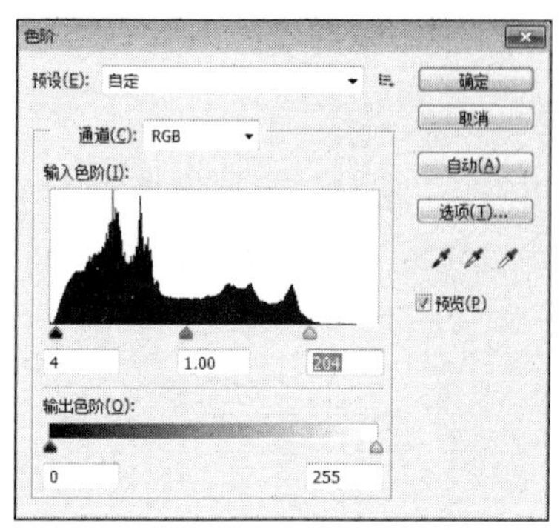

图 6.3.7 【色阶】对话框设置

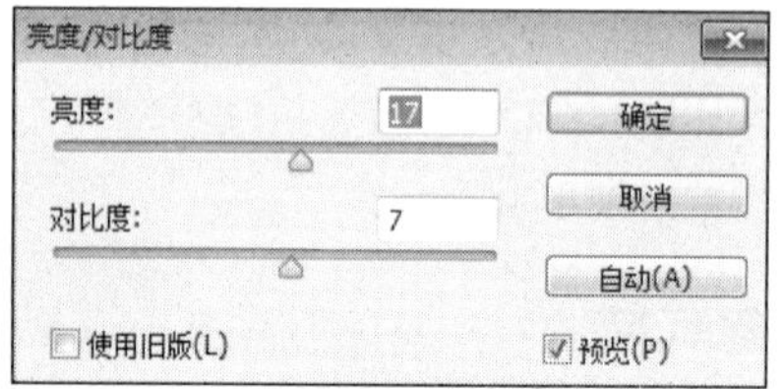

图 6.3.8 调整亮度和对比度

任务 6.4 修饰人物脸型和体型——美颜美体

对于一些脸型较圆、比较胖、腿型较粗、身材不够完美的爱美人士来说，怎么才能通过修图达到美化照片的效果呢？本任务通过实例讲解液化滤镜工具的使用，让脸型、身材不再是苦恼。

任务目的

本任务通过修复“美颜瘦身.jpg”图像，使学生学习并掌握【液化】滤镜工具的使用方法和技巧。修复前后的对比效果如图 6.4.1 所示。

（a）原图

（b）效果图

图 6.4.1 修复前后对比效果

相关知识

几个主要的【液化】滤镜工具介绍如下。

1）【冻结蒙版工具】：使用【冻结蒙版工具】涂抹过的地方将会被保护起来，使用【液化】中的其他工具时不会对这些被保护的地方造成影响。

2）【解冻蒙版工具】：取消对图像的冻结。

3）【向前变形工具】：使用该工具可以移动图像中的像素，得到变形的效果。

任务分析

本任务主要使用【液化】滤镜工具来美化模特的脸型和身材，主要使用【液化】滤镜工具中的【冻结蒙版工具】、【解冻蒙版工具】和【向前变形工具】。

任务实施

01 打开“美女瘦身.jpg”素材文件，如图 6.4.1（a）所示，复制“背景”图层，命名为“图层 1”。

02 选择【滤镜】→【液化】命令，如图 6.4.2 所示，弹出【液化】操作窗口，如图 6.4.3 所示。

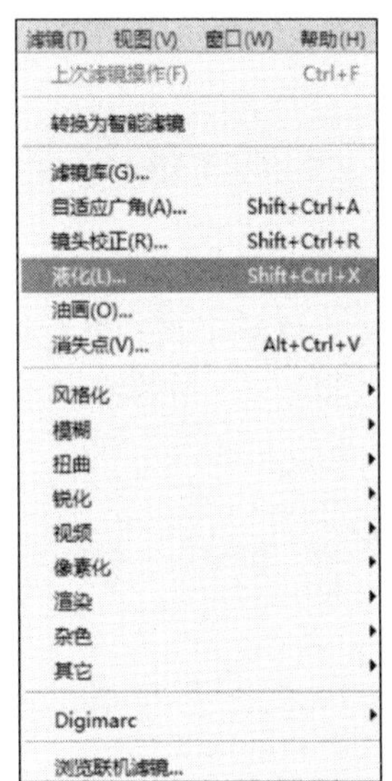

图 6.4.2　【滤镜】菜单

图 6.4.3　【液化】操作窗口

03 调整模特体型，完成瘦身操作。选择原图层中的裙子区域，如图 6.4.4 所示。复制成新的图层“图层 1”，对其进行透视变形，使其与液化过的裙子重叠，如图 6.4.5 所示。

图 6.4.4　选择裙子区域

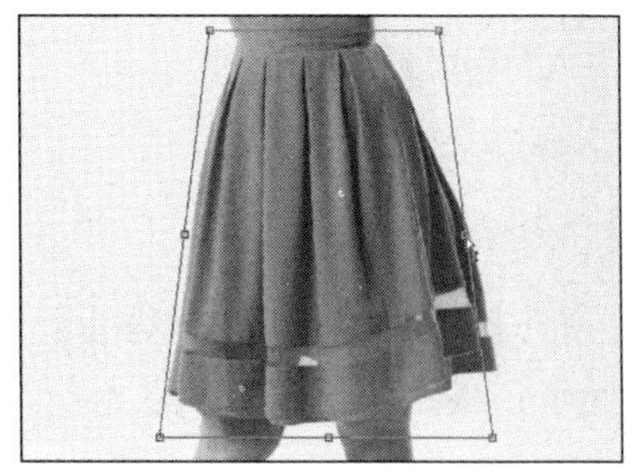

图 6.4.5　进行透视变形

04 使用修补工具将手臂处褶皱进行调整，如图 6.4.6 所示。

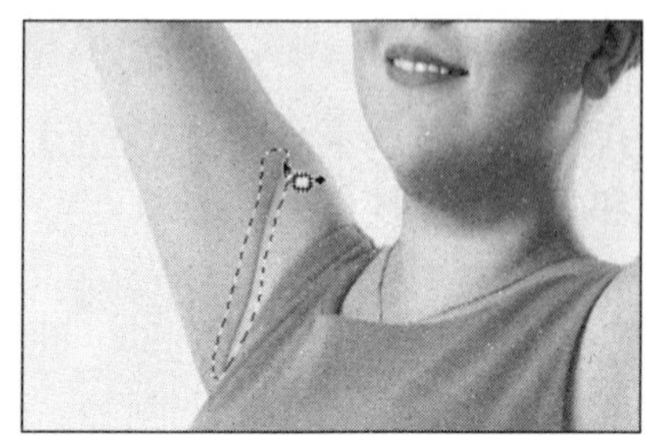

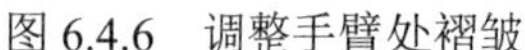
图 6.4.6　调整手臂处褶皱

图 6.4.7　调整其他部分

05 再次复制图层“背景 拷贝 2”。选择液化，调整脸部线条及肌肉等其他部分，如图 6.4.7 所示。

最终效果如图 6.4.1 所示。

项 目 小 结

本项目通过 4 个任务的实际操作，详细介绍了仿制图章工具、污点修复工具、修复画笔工具、修补工具、历史记录画笔工具，以及液化滤镜工具的使用方法和技巧，让学生体会了各种工具的修复效果。

实 践 探 索

一、选择题

1．使用【修补工具】（　　）按住“Alt”键来帮助定义仿制图像的源。

A．要　　　　B．不要

2．（　　）工具可以自动从所修复区域的周围取样，使用图像或图案中的样本像素进行绘画，将样本像素的纹理、光照、透明度和阴影与所修复的像素进行匹配。

A．【减淡工具】　　　　B．【修复画笔工具】

C．【修补工具】　　　　D．【海绵工具】

二、操作题

1．打开素材文件“红眼猫.jpg”，如图 6.1 所示，将“红眼猫”的“红眼”修饰成“黑眼”（提示：使用【红眼工具】）。

2．打开素材文件“磨皮作业素材.jpg”，祛除模特脸上的色斑，如图 6.2 所示（提示：使用【修复画笔工具】和【历史记录画笔工具】及【高斯模糊】命令等方法对图片上的斑点进行修复磨白处理）。

图 6.1　红眼猫

图 6.2　磨皮作业素材

项目 7 矢量图的绘制和编辑

项目导读

Photoshop 是一款位图编辑软件，其中也包含矢量工具，以辅助位图图像的绘制和编辑。在 Photoshop CS6 的工具栏中贴心设计了一块用于满足绘制和编辑各种矢量图形需求的区域，这块区域的工具包括钢笔工具、路径选择工具、形状工具和文字工具。

学习目标

1）理解路径的概念及基本形态。
2）掌握路径的创建方法。
3）掌握路径的编辑方法。
4）掌握文字工具的使用方法。
5）掌握形状工具的使用方法。

素养目标

1）鼓励学生精益求精，培养严谨的未知态度。
2）弘扬将中华优秀传统文化，提升爱国情怀。

任务7.1　路径初识——制作舞动的光线

钢笔工具是Photoshop CS6中功能最强大的用于绘制矢量图的工具，结合路径选择工具的新功能，用户可更加灵活地对矢量图像进行绘制，更好地对位图图像进行编辑。

任务目的

本任务通过为舞者绘制一条舞动的光线，并对线条进行效果编辑，以增加画面的美感，使学生掌握【钢笔工具】的使用方法。本任务的最终效果如图7.1.1所示。

图7.1.1　舞动的光线效果图

扫码学习

制作舞动的光线

相关知识

1. 路径的概念

路径由直线段或曲线段、锚点、方向柄等元素组成，如图7.1.2所示，移动变化这些元素可以改变路径的形态。路径可以是开放的（如波浪线），也可以是闭合的（如圆）。

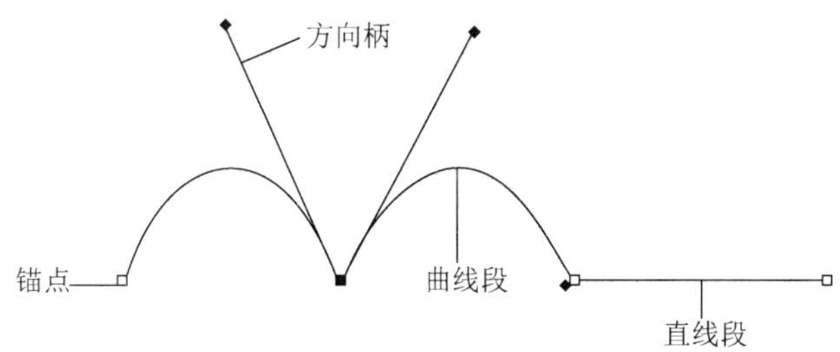

图7.1.2　路径的组成

1）锚点：使用【钢笔工具】绘制出的空心点。
2）线段：每两个锚点之间形成的线段。
3）方向柄：用来控制路径的形态，如图7.1.2中延伸出的两条线段。

2. 路径的形态

路径的形态主要有转角和平滑角两种，使用【转换点工具】可以调节路径的形态，使路径在转角和平滑角之间转换，如图 7.1.3 所示。

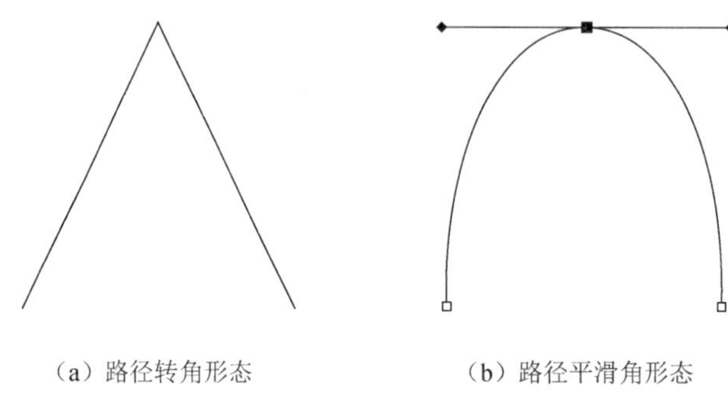

（a）路径转角形态　　（b）路径平滑角形态

图 7.1.3　路径的形态

3. 路径工具

（1）钢笔工具

使用【钢笔工具】可以创建点、直线和曲线，绘制的锚点越少，绘出的曲线就越平滑。Photoshop CS6 的【钢笔工具】属性栏如图 7.1.4 所示。

图 7.1.4　【钢笔工具】属性栏

1）路径：创建形状、路径、像素图层。

① 选择【形状】选项，不但可以绘制路径，还可创建形状图层，如图 7.1.5 所示。形状颜色可通过属性栏填充，也可双击【图层】面板中的形状缩略图替换颜色，如图 7.1.6 所示。

图 7.1.5　选择【形状】选项

图 7.1.6　【图层】面板

② 选择【路径】选项，绘制路径，只产生工作路径而不产生图层，通过路径可分别建立选区、蒙版、形状，如图 7.1.7 所示。

③ 【像素】选项在选择形状工具后才可用，不会产生工作路径和形状图层，而是在当前的图层中绘制一个由前景色填充的形状。

2）自动添加/删除：勾选该复选框，使用【钢笔工具】可在线段处单击自动添加锚点，在已绘制好锚点处单击删除锚点。可省去选择【添加锚点工具】及【删除锚点工具】的步骤。

3）路径运算方式：分别为合并形状、减去顶层形状、与形状区域相交和排除重叠形状、合并形状组件，如图 7.1.8 所示。

图 7.1.7　选择【路径】选项

（2）自由钢笔工具

使用【自由钢笔工具】可以像画笔一般自由勾画出一条不规则的路径，可以是开放的，也可以是封闭的。

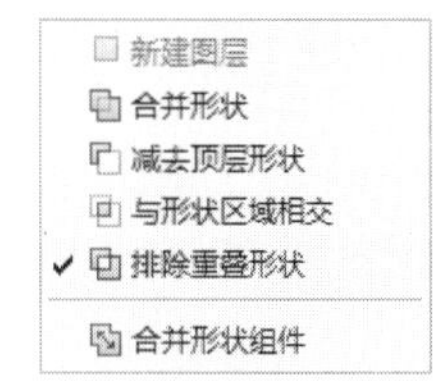

图 7.1.8　路径运算方式

（3）添加锚点工具

使用【添加锚点工具】在已绘制好的路径线段上单击可以添加锚点。

（4）删除锚点工具

使用【删除锚点工具】单击已经绘制好的锚点，可删除锚点。

（5）转换点工具

使用【转换点工具】可以调节路径的形态，决定路径拐角处是尖角还是平滑角。

（6）路径选择工具

使用【路径选择工具】可移动完整的路径。

（7）直接选择工具

使用【直接选择工具】可针对局部路径的点和段进行修改，框选路径上的锚点，选取后可移动，也可移动方向柄，调整路径曲线的弧度。

小贴示

Photoshop CS6 选择工具的后端出现了一个【约束路径拖动】复选框，不勾选时，绘制几条曲线路径，在用【直接选择工具】对某两个锚点间的线段进行修改时，相邻的线段会变化，修改起来很灵活。若勾选，修改时只能修改两个锚点之间的段，这是在 Photoshop CS6 版本之前的功能，也是为满足不同创作需求所保留的功能，如图 7.1.9 所示。

图 7.1.9　【直接选择工具】属性栏

4. 路径面板

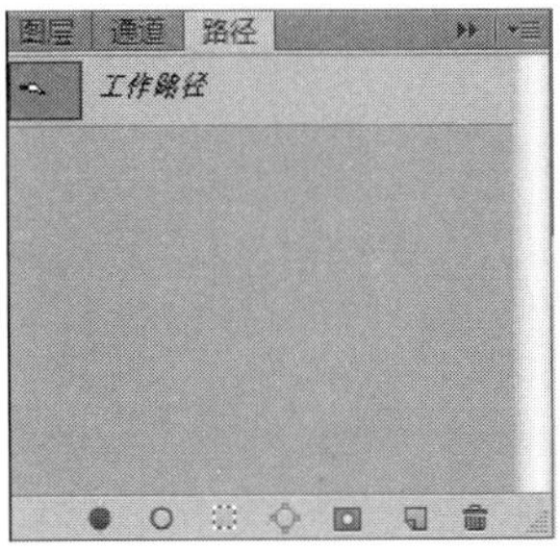

Photoshop 专门提供了一个编辑路径的控制面板。选择【窗口】→【路径】命令可以打开该面板，如图 7.1.10 所示。

面板下排的按钮对应面板右上方的小三角按钮，单击小三角按钮可以弹出【路径】面板下拉菜单，选择其中的命令便可进行相应的面板功能操作。

图 7.1.10　【路径】面板

【路径】面板的功能按钮简单介绍如下。

1）【用前景色填充路径】：单击该按钮，可以使用前景色填充路径。

2）【用画笔描边路径】：单击该按钮，可以使用画笔对路径进行描边。

3）【将路径作为选区载入】：单击该按钮，可以将当前路径转换为选区。
4）【从选区生成工作路径】：单击该按钮，可以从选区建立工作路径。
5）【添加蒙版】；单击该按钮，可以添加蒙版。
6）【创建新路径】：单击该按钮，可以新建工作路径。
7）【删除当前路径】：单击该按钮，可以删除当前路径。

任务分析

首先需新建一个文件；然后使用【钢笔工具】绘制缠绕着舞者的光线，单击【用画笔描边路径】按钮描边上色；最后给图层添加【外发光】图层样式。

任务实施

01 打开素材“舞者.png”，新建一个图层。

02 使用【钢笔工具】结合【转换点工具】绘制缠绕舞者的线条，效果如图 7.1.11 所示。

03 在【钢笔工具】属性栏中，设置画笔大小为 2 像素、颜色为白色。打开【路径】面板，单击【用画笔描边路径】按钮，效果如图 7.1.12 所示。

04 新增图层蒙版，用画笔在蒙版上遮去多余的线条，效果如图 7.1.13 所示。

图 7.1.11　绘制缠绕舞者的线条

图 7.1.12　用画笔描边路径效果

图 7.1.13　蒙版擦除

05 添加【外发光】图层样式，参数设置如图 7.1.14 所示，至此舞动的光线制作完成，最终效果如图 7.1.1 所示。

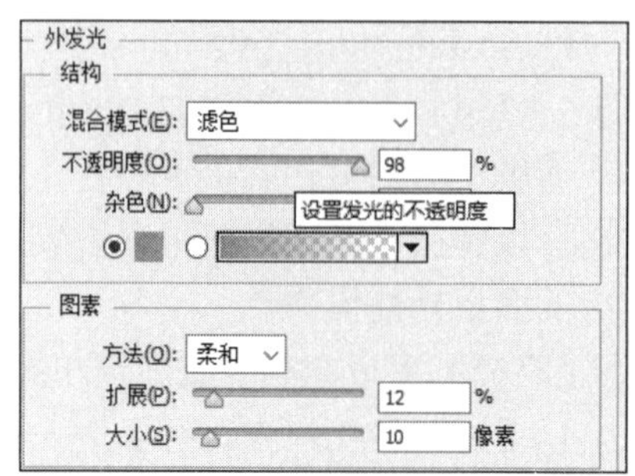

图 7.1.14　【外发光】图层样式参数设置

任务 7.2　填充路径——为布老虎上色

由于用钢笔工具绘制布老虎对初学者来说有一定难度，所以素材中已经大致绘制好布老虎各部位的路径，让初学者有个初步概念，为以后的路径学习奠定基础。

任务目的

本任务通过为虎年布老虎的卡通形象上色，使学生掌握【路径】面板中【用前景色填充路径】按钮的使用方法，结合【用画笔描边路径】按钮，进一步加深对路径的认识。本任务的最终效果如图 7.2.1 所示。

图 7.2.1　布老虎上色后的效果

扫码学习

为布老虎上色

任务分析

在本任务的制作中，素材中已经绘制好了布老虎的路径，首先需对这些路径层进行分析，填充颜色时要注意上色顺序，新建图层时要注意图层摆放的前后顺序；然后单击【用前景色填充路径】按钮为布老虎的不同部位填充颜色；最后使用【加深工具】对其进行修改，制作出立体感。

任务实施

01 打开素材“布老虎路径.psd”，单击【路径】面板，观察分析。

02 分析图 7.2.1，布老虎的耳朵位于图层的最下方，因此首先应新建“耳朵”图层，同时激活“耳朵”路径，设置前景色为白色，单击【路径】面板中【用前景色填充路径】按钮；设置前景色为（R：201，G：177，B：107），并且设置画笔粗细为 6px，单击【用画笔描边路径】按钮进行描边。

03 同理选中“花朵”路径，新建“花朵”图层，设置前景色为（R：247，G：204，B：92），单击【路径】面板中【用前景色填充路径】按钮。利用同样的操作，找到花朵圆形路径，将路径填充为白色。此外，设置前景色为（R：115，G：162，B：190）对花朵图层进行图层样式里的描边设置，设置粗细为 9px，效果如图 7.2.2 所示。

04 填充五官及身体纹理。按照步骤 **03** 操作依次填充身体—眼皮—眼白—眼珠—鼻子—胡须—眉毛—王—纹理—腿，填充的颜色依次为身体（R：202，G：56，B：56）、眼白（R：255，G：255，B：255）、眼皮（R：115，G：162，B：190）、眼珠（R：23，G：21，B：24）、鼻子（R：247，G：204，B：92）、胡须（R：255，G：255，B：255）、眉毛（R：201，G：177，B：204）、王（R：23，G：21，B：24）、纹理黄（R：247，G：204，B：92）、纹理蓝（R：115，G：162，B：190）、腿下（R：202，G：56，B：56）、腿上（R：255，G：255，B：255）。所有轮廓描边均为（R：201，G：177，B：107）

05 使用工具箱中的【加深工具】涂抹布老虎的身体，稍加修饰，做出阴影效果。最终效果如图 7.2.3 所示。

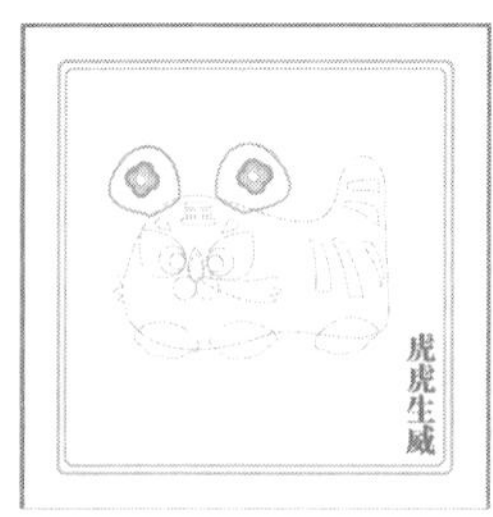

图 7.2.2　填充背景

图 7.2.3　填充脸和耳朵

任务 7.3　路径选区——制作名胜荟萃

任务目的

本实例利用【钢笔工具】结合【将路径作为选区载入】，进行抠图，将各地名胜汇聚到一张图片上，结合图像羽化，做出平滑效果。最终效果如图 7.3.1 所示。

扫码学习

制作名胜荟萃

图 7.3.1　名胜荟萃

任务分析

在本实例的制作中，使用【钢笔工具】分别将不同的名胜圈出，转换成选区，移动到热门景点背景.psd 中，给图像添加羽化效果。

任务实施

01 打开素材“天坛.jpg”，使用【钢笔工具】沿着天坛轮廓勾勒出形状。如图 7.3.2。

02 打开路径面板，激活工作路径，并且单击【将路径作为选区载入】按钮，效果如图 7.3.3 所示。

图 7.3.2　勾勒天坛形状

图 7.3.3　转换为选区

03 按快捷键“Shift+F6”添加羽化效果，羽化半径设置为 2，如图 7.3.4 所示

04 选择移动工具，将天坛拖入到“热门景点.jpg”中，按“Ctrl+T”组合键，变换图片大小并拖至相应位置，效果如图 7.3.5 所示。

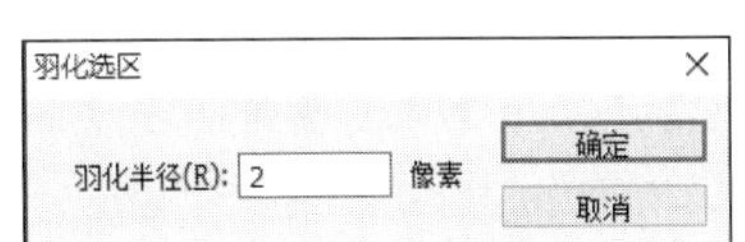

图 7.3.4　变换大小

图 7.3.5　变换大小

05 重复以上操作，分别将黄鹤楼、世博会、郑成功雕像抠出移动到合适的位置，最终效果如图 7.3.1。

任务 7.4　路径练习——制作猛虎嗅蔷薇标志

本任务源自“心有猛虎，细嗅蔷薇”的名句，绘制猛虎嗅蔷薇的图标。这个图标要表达的是再远大的雄心都会被生活中的一些美好与温柔所折服，请静静地感受生活的美好。

任务目的

本任务通过制作“心有猛虎，细嗅蔷薇”的简单线性图标，使学生掌握【钢笔工具】的使用方法，最终效果如图 7.4.1 所示。

图 7.4.1 猛虎嗅蔷薇标志

扫码学习

制作猛虎嗅蔷薇标志

任务分析

首先使用【椭圆工具】绘制正圆；然后接着使用【钢笔工具】绘制老虎轮廓和玫瑰轮廓路径，并且设置图层样式的“渐变叠加”以添加标志质感。

任务实施

01 打开“边框”文档，文档中已有设置好的边框和标题，如图 7.4.2 所示。使用【椭圆工具】绘制圆形，设置形状属性，没有填充，绘制大小为 646px×646px，描边颜色为（#c9b16b）的圆形，置入“猛虎.jpg”和“蔷薇.jpg”，调整大小和方向使其与圆形有交集，并且将图层混合模式设置为“正片叠底”，如图 7.4.3 所示。

02 使用【钢笔工具】，设置其属性形状属性，填充颜色为（#c9b16b），没有描边；临摹玫瑰的简单轮廓，按住“CTRL+G”键将图层编组，并命名为“玫瑰”，效果如图 7.4.4 所示。

图 7.4.2 打开文档

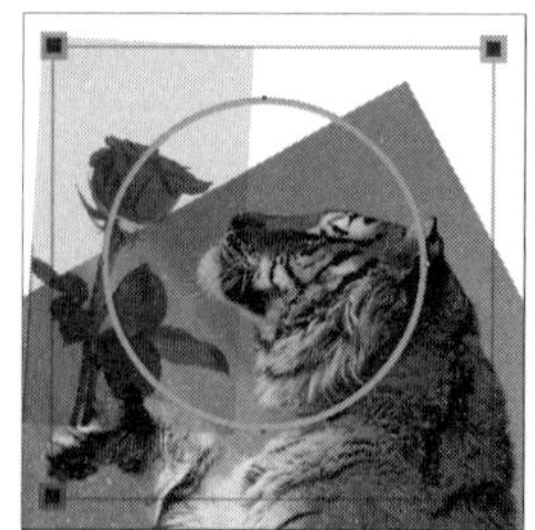

图 7.4.3 绘制圆形

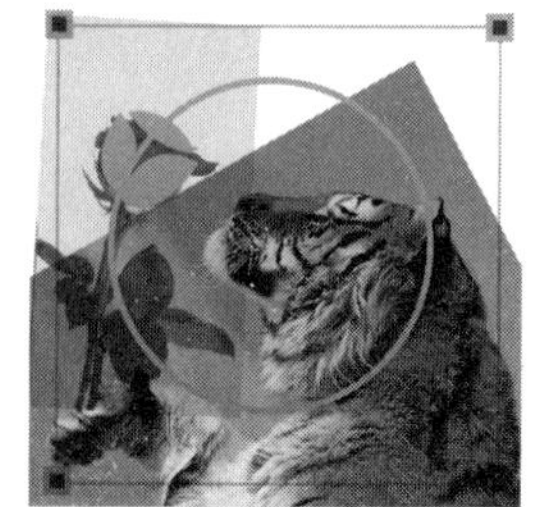

图 7.4.4 绘制玫瑰

03 同理，使用【钢笔工具】，设置其形状属性，没有填充，描边颜色为（#c9b16b）；临摹老虎的简单侧脸轮廓和面部纹理，按住“CTRL+G”键将图层编组，并命名为“老虎”效果如图 7.4.5 所示。

04 选择“老虎”图层组，添加渐变叠加效果，前景色为(#9f7e48)，背景色为(#c9b16b)，效果如图 7.4.6 所示。

图 7.4.5　绘制老虎轮廓

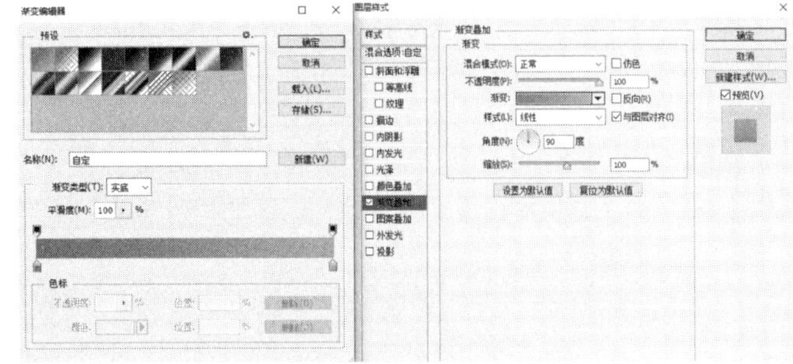

图 7.4.6　设置【投影】图层样式

05 单击老虎图层组选择“拷贝图层样式”命令，分别选择圆形和玫瑰图层组进行。右击执行“粘贴图层样式”命令，添加图标的质感。

06 在圆圈图层上添加图层蒙版，将多余的线条隐藏，最终效果如图 7.4.1 所示。

任务 7.5　路径练习——制作飘舞飞扬效果

任务目的

本任务通过彩带的绘制使学生掌握【钢笔工具】的使用方法。彩带的最终效果如图 7.5.1 所示。

图 7.5.1　彩带效果图

扫码学习

制作飘舞飞扬效果

任务分析

首先新建一个文件；然后使用【钢笔工具】绘制曲线路径，用画笔描边路径，使用【定义画笔预设】制作彩带笔刷；最后设置画笔属性，充分利用画笔与路径的特性制作彩带。

任务实施

01 新建一个文件，设置【宽度】为 12 厘米，【高度】为 12 厘米，【分辨率】为 72 像素/英寸，【背景内容】为透明。

02 利用【钢笔工具】结合【转换点工具】绘制曲线路径，如图 7.5.2 所示。

03 选择【画笔工具】，在其属性栏中设置画笔【大小】为 1 像素、【硬度】为 100%。切换至【路径】面板，单击【用画笔描边路径】按钮，使用画笔对路径进行描边，效果如图 7.5.3 所示。

04 使用【矩形选框工具】框选刚刚绘制的曲线线条，选择【编辑】→【定义画笔预设】命令，在弹出的【画笔名称】对话框中命名为“cd”，如图 7.5.4 所示。

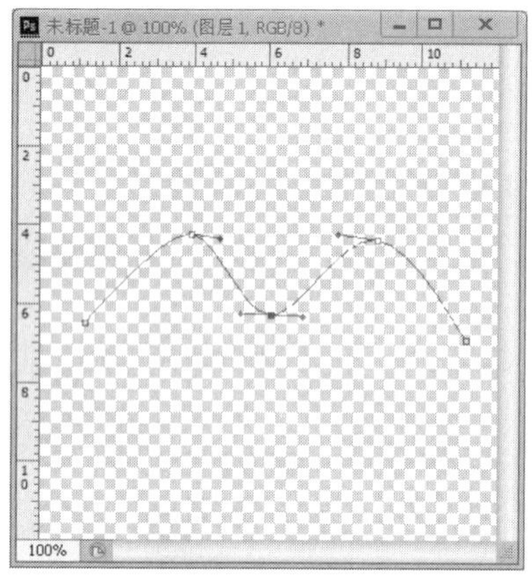

图 7.5.2　绘制路径

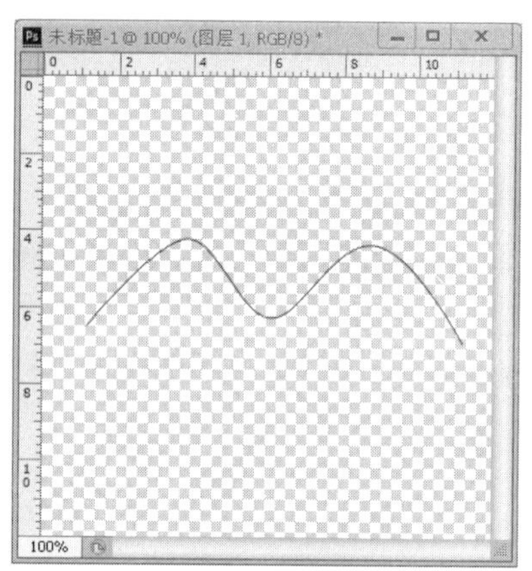

图 7.5.3　使用画笔对路径描边

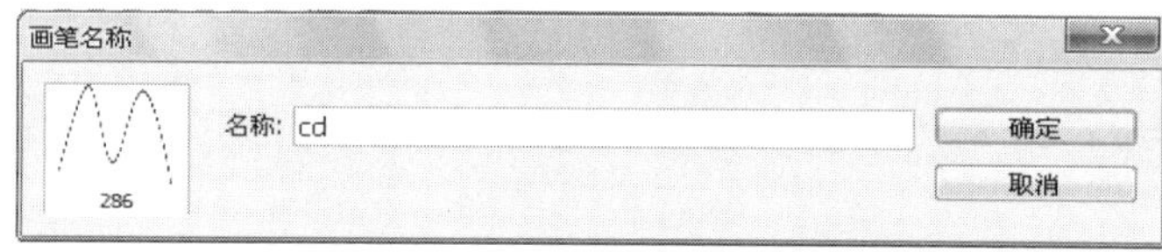

图 7.5.4　【画笔名称】对话框

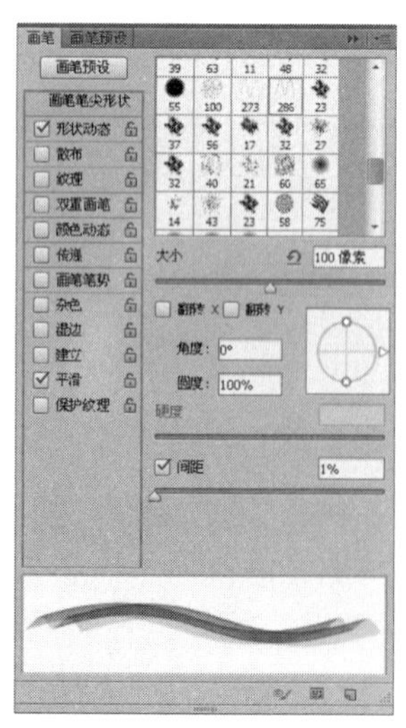

图 7.5.5　设置画笔笔尖属性

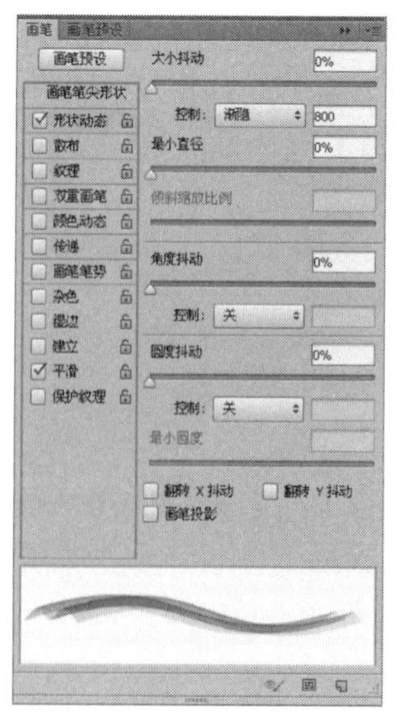

图 7.5.6　设置画笔形状动态

05 关闭“曲线”图层，单击【切换画笔面板】按钮，弹出【画笔】面板。选择新建的命名为“cd”的画笔，选择【画笔笔尖形状】选项卡，设置【间距】为 1%，【大小】为 100 像素，如图 7.5.5 所示。

06 选择【形状动态】选项卡，具体设置如图 7.5.6 所示。

07 打开“飘舞飞扬素材.psd”，新建图层“cd1”，由右往左绘制曲线路径，使其有流动感，如图 7.5.7 所示。

08 设置前景色为（#cf6b65），单击【用画笔描边路径】按钮，使用画笔对路径进行描边，效果如图 7.5.8 所示。

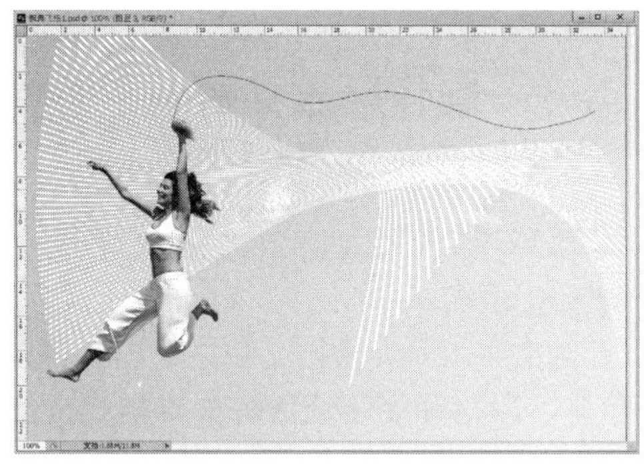

图 7.5.7 绘制彩带曲线路径

图 7.5.8 用画笔描边路径

09 同步骤**02**～步骤**08**，绘制其余 4 条不同颜色的彩带，参考颜色分别为裸粉色（#a77b77）、黄色（#c3c071）、粉蓝色（#b5bdc9）、橘粉色（#d29477）。

10 新建图层“fy”，选择【画笔工具】，在其属性栏中选择枫叶画笔，根据彩带的颜色设置前景色，绘制不规则飘散的枫叶，如图 7.5.9 所示。

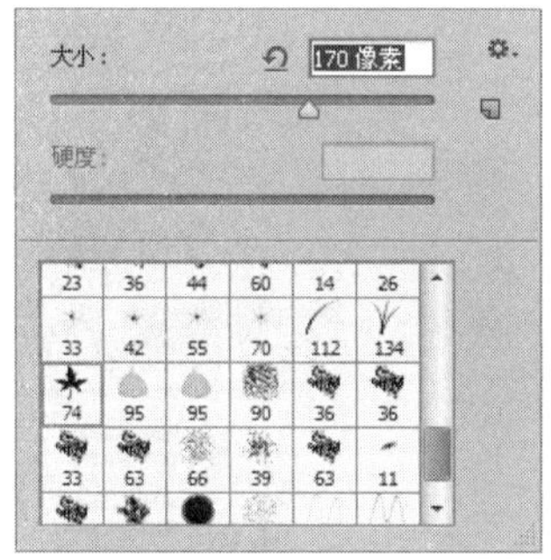

图 7.5.9 用画笔绘制枫叶

11 将“cd”图层移动到【创建新图层】按钮处，复制图层，建立“cd 副本”，在“fy”与“cd 副本”间按住“Alt”键，建立剪切蒙版，效果如图 7.5.10 所示。

12 选中“cd”图层，单击【添加蒙版】按钮新建图层蒙版，选择【画笔工具】，具体的画笔属性设置如图 7.5.11 所示。

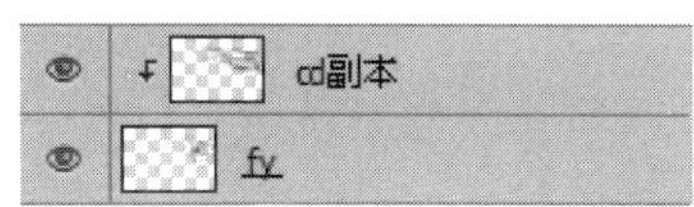

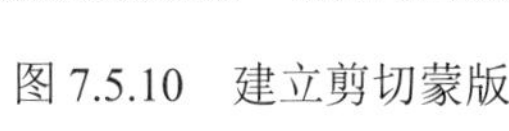

图 7.5.10 建立剪切蒙版

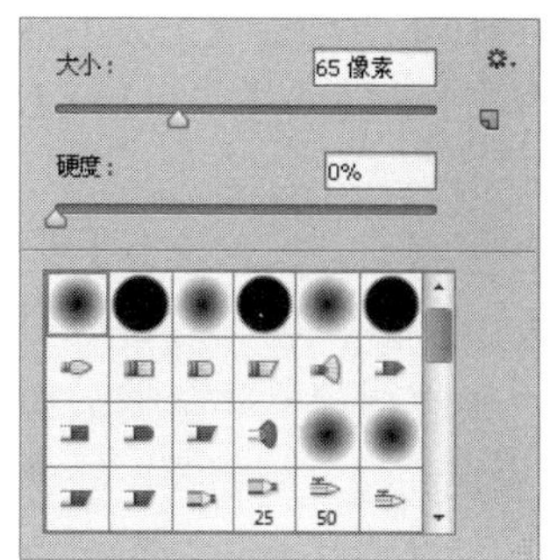

图 7.5.11 画笔属性设置

13 在蒙版上对彩带稍作修饰，至此，彩带修饰完成，最终效果如图 7.5.1 所示。

任务 7.6　文字的输入与编辑——制作励志标语

文字是信息传播的重要手段，为了让文字更吸引眼球，传播更加有效，人们会在文字的编排上下功夫。Photoshop 的文字编辑工具为文字编排和造型提供了便利，Photoshop CS6 中共有 4 种处理文字的工具，分别是横排文字工具、直排文字工具、横排文字蒙版工具和直排文字蒙版工具，使用这些工具可以创建出横排、竖排、段落和文字选区等文本样式，结合 Photoshop 其他工具，能创作出不同的文字效果。

任务目的

本任务通过绘制一张励志标语海报，使学生掌握文字工具的使用方法，体会文字绕排路径的效果，励志标语海报最终效果如图 7.6.1 所示。

扫码学习

制作励志标语

图 7.6.1　励志标语海报效果图

相关知识

1. 文字工具

1）【横排文字工具】：沿水平方向输入文字，除工具栏中的按钮外，在菜单栏中选择【图层】→【文字】→【水平】命令也可输入水平文字。如需输入多行文本，需按“Enter”键换行。

2）【直排文字工具】：沿竖直方向输入文字，在菜单栏中选择【图层】→【文字】→【垂直】命令也可输入垂直文字。

3）【横排文字蒙版工具】：创建沿水平方向的文字选区，使用文字蒙版工具，画面中会呈现红色蒙版模式，输入完成后，单击按钮，原文字蒙版将转化为文字选区。

4）【直排文字蒙版工具】：创建沿垂直方向的文字选区。

2. 文字工具的属性

选择工具箱中的【横排文字工具】，即可输入文字，输入文字后，可以在【横排文字工具】属性栏（如图 7.6.2 所示）中设置文字大小、颜色、形状等属性。

图 7.6.2　【横排文字工具】属性栏

1）（改变文本方向）：单击该按钮，可在水平和垂直之间切换文字方向。

2）（设置字体及其样式）：左边方框为字体，右边方框为字体样式，单击下三角按钮可以从下拉列表框中选择不同的字体及样式，字体样式有 Regular（正常）、Italic（倾斜）、Bold（加粗）、Bold Italic（加粗倾斜）几种，如图 7.6.3 所示。

3）（设置字体大小）：通过单击倒三角按钮可以设置字体大小，单位为“点”，默认字体大小只有 76 点，若设置更大号字体，可以直接输入数字，按“Enter”键即可。

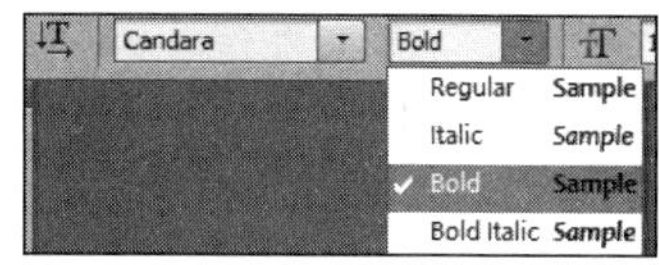

图 7.6.3　字体样式

4）（设置消除锯齿的方法）：可以根据需要选择消除锯齿的方式，分别为无、锐利、犀利、浑厚、平滑 5 个选项。

5）（设置文本的对齐方式）：文本对齐方式分别为左对齐、居中对齐和右对齐。

6）（设置字体颜色）：单击该按钮可以设置字体颜色。

7）（创建变形文本）：单击该按钮会弹出【变形文字】对话框，如图 7.6.4 所示，可以根据需要选择变形的样式，设置弯曲、水平扭曲、垂直扭曲参数。

8）（字符和段落调板）：单击该按钮可以显示或隐藏【字符】面板和【段落】面板，这两个面板如图 7.6.5 和图 7.6.6 所示。

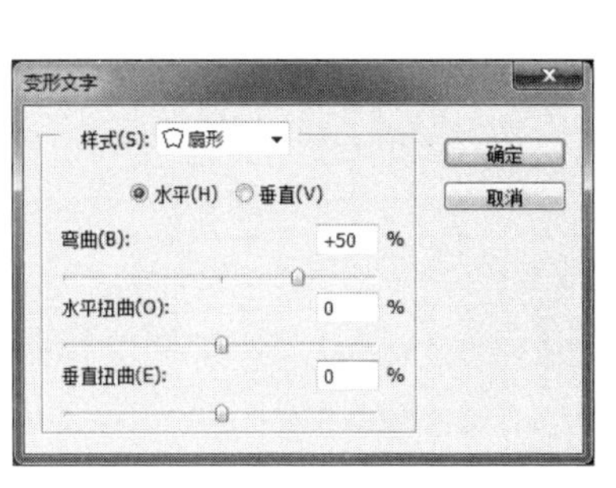

图 7.6.4　【变形文字】对话框

图 7.6.5　【字符】面板

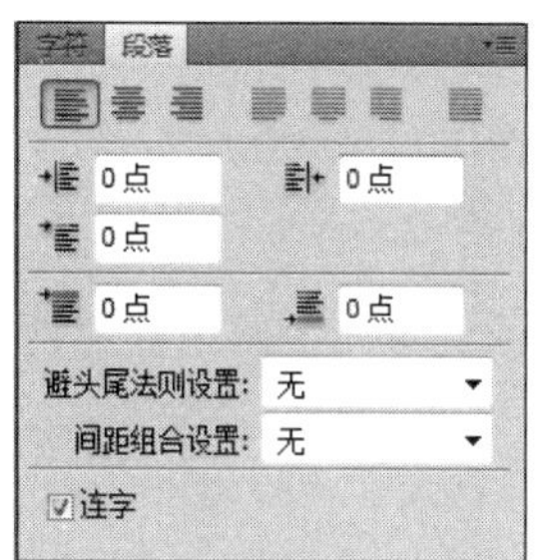

图 7.6.6　【段落】面板

3. 文字的输入

（1）点文字输入

点文字输入，使用工具箱中的【横排文字工具】T，输入一个水平和垂直的文字行，文本长度随着文本的增加而变长，不能自动换行，按“Enter”键换行，如图 7.6.7 所示。

（2）段落文字输入

使用【横排文字工具】T，按住鼠标左键拖动出与图 7.6.8 中手机框大小相符的文本框。在文本框中输入文字，当输入的文字到文本框的右侧边时，系统会自动换行；当输入文字过多无法显示时，可通过调整文字区域和文字大小等方法解决。

小贴示

单击【横排文字工具】属性栏中的【字符和段落调板】按钮，在弹出的【段落】面板中可以设置段落文字的编排格式。

（3）沿路径输入文字

结合文字工具与路径工具，可以使文字沿闭合路径或者开放路径排列。首先使用【钢笔工具】绘制一个曲线路径，如图 7.6.9 所示。然后使用【路径选择工具】选择整条路径，使用【横排文字工具】T设置字体大小。最后移动鼠标指针到路径上的任意位置，当鼠标指针变成形状时单击，即可输入沿路径排列的文字，如图 7.6.10 所示。

图 7.6.7　点输入法

图 7.6.8　段落输入法

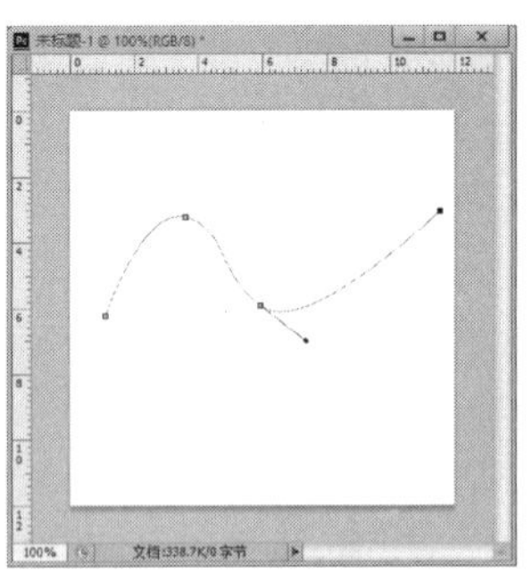

图 7.6.9　绘制曲线路径

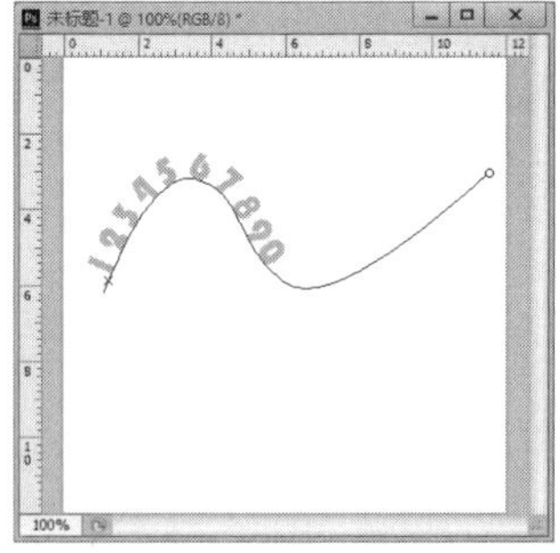

图 7.6.10　输入沿路径排列的文字

（4）在封闭路径区域中输入文字

先利用【钢笔工具】绘制不规则的形状，将文字集中排列在形状中，然后把鼠标指针放置在整个路径区域中，当鼠标指针变为形状时单击，可以在不规则的封闭路径区域输入文字，如图 7.6.11 所示。单击【字符和段落调板】按钮，在弹出的【字符】面板中可调整文字间距，如图 7.6.12 所示，从而达到需要的填充文字的效果。

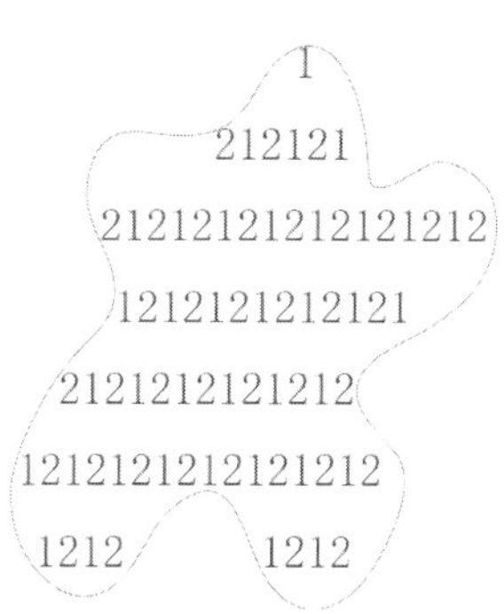

图 7.6.11　在封闭路径区域中输入文字

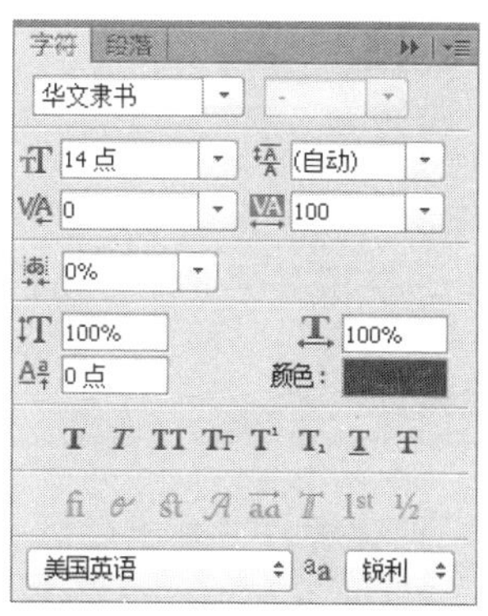

7.6.12　调整文字间距

小贴示

如何沿开放路径内侧排列文字？

使用【路径选择工具】将鼠标指针移动至已排列好的文字的路径上，当指针变为形状时，按住鼠标左键不放并向路径内侧拖动，文字便会向内侧转动，效果如图 7.6.13 所示。

图 7.6.13　沿开放路径内侧排列文字

4. 文字的转换

（1）将文字转换为路径

选择【文字】→【创建工作路径】命令，如图 7.6.14 所示，此时【路径】面板中新添文字路径，文字属性保留，如图 7.6.15 所示。

（2）将文字转换为形状

选择【文字】→【转换为形状】命令，文字图层被含有矢量蒙版的图层所替换，【路径】面板多了文字路径，结合【直接选择工具】和【路径选择工具】，对文字进行造型变化，效果如图 7.6.16 所示。此时，文字图层失去了文字的一般属性，无法进行文本的颜色、大小、字体样式等编辑。

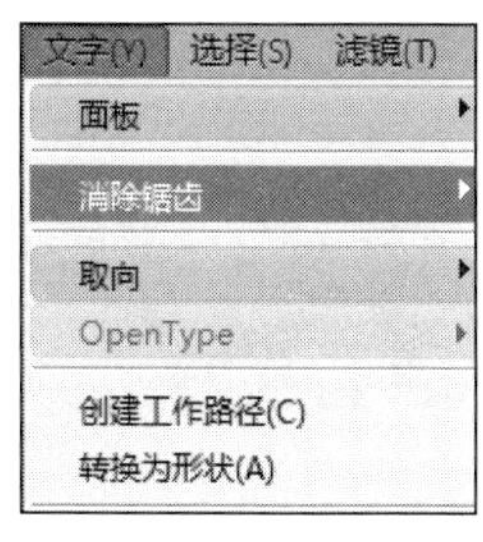

图 7.6.14　【文字】菜单

图 7.6.15　新添文字路径

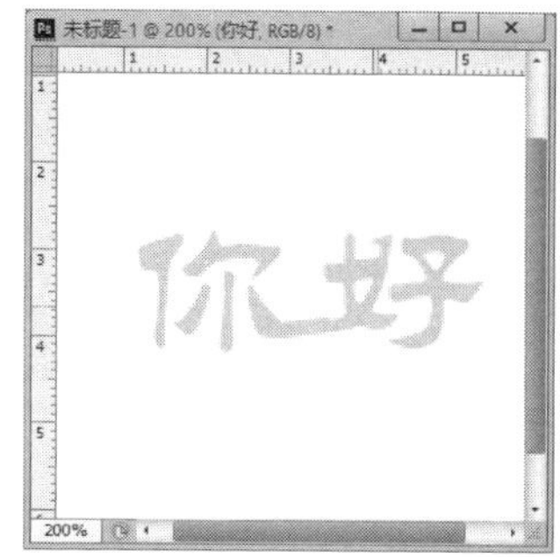

图 7.6.16　将文字转换为形状

任务分析

首先使用文字工具输入文字，并设置效果；然后使用路径工具排列文字；最后进行局部颜色填充，完成效果。本任务的重点在于“文字沿路径排列”和“文字转化”的操作设置。

任务实施

01 打开素材“励志标语.psd”，使用【横排文字工具】T在空白处输入文字“越努力越幸运”，设置字体为方正综艺简体，大小为 72 点，颜色为黑色，按“Eenter”键确定，将文字分两行，如图 7.6.17 所示。

02 选中【图层】面板中新建的文字图层，在菜单栏中选择【文字】→【转换为形状】命令，此时文字图层便转为形状图层，如图 7.6.18 所示。

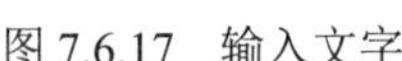

图 7.6.17　输入文字

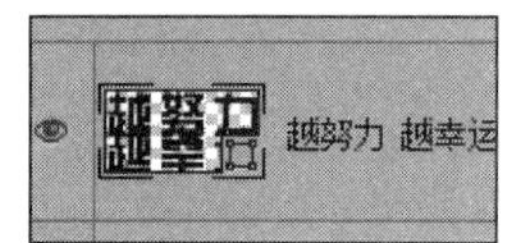

图 7.6.18　转化为形状

03 使用【路径选择工具】为每个字按效果图排列顺序，按住“Ctrl+T”组合键自由变换字体大小，将“努”“力”“运”按效果图缩小，在调整时按住旋转键方向，将“力”改变方向，“幸”字按效果图样式放大，如图 7.6.19 所示。

04 选择【直接选择工具】，框选“努”字左下的“丿”的结束处的两个锚点，按住鼠标左键不放，拉动锚点使其与“越”字的“走”偏旁的最后一笔结合，如图 7.6.20 所示。

05 同步骤04，将“力”字一撇“丿”延长与“努”字连接，效果如图 7.6.21 所示。

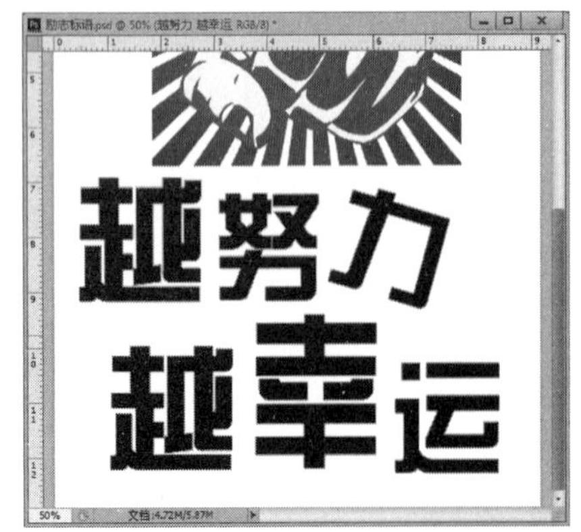

图 7.6.19　自由变换字体大小样式

图 7.6.20　直接选择工具的应用（一）

图 7.6.21　直接选择工具的应用（二）

06 选择【路径选择工具】，按住“Shift”键，分别选中“越”“努”“力”三个字，勾选【合并形状】选项并单击最下方的【合并形状组件】按钮，完成这三个字的连接组合，效果如图 7.6.22 所示。

07 同理，利用【直接选择工具】将“幸”“运”连接在一起，效果如图 7.6.23 所示。

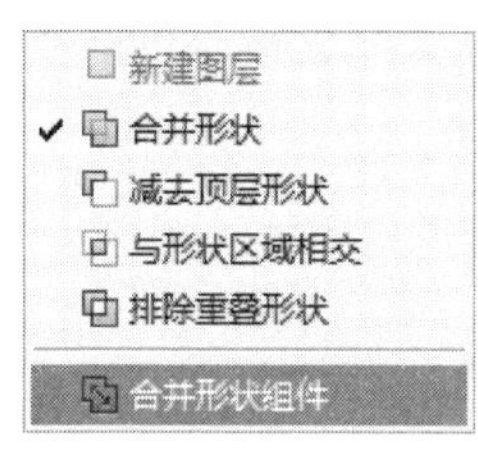

图 7.6.22　路径选择工具的应用

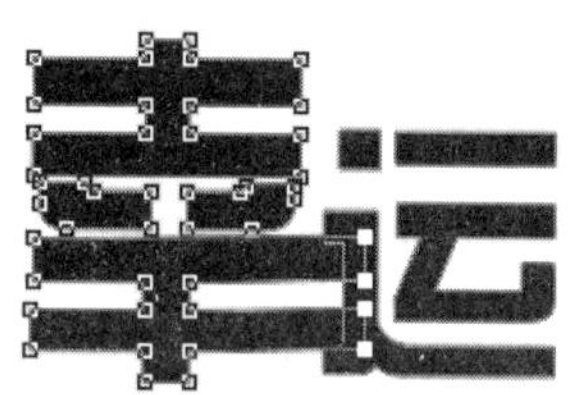

图 7.6.23　直接选择工具的应用（三）

08 选择【路径选择工具】，按住“Shift”键，选中“幸运”两个字，勾选【排除重叠形状】选项，并单击最下方的【合并形状组件】按钮，完成这两个字的连接组合，效果如图 7.6.24 所示。

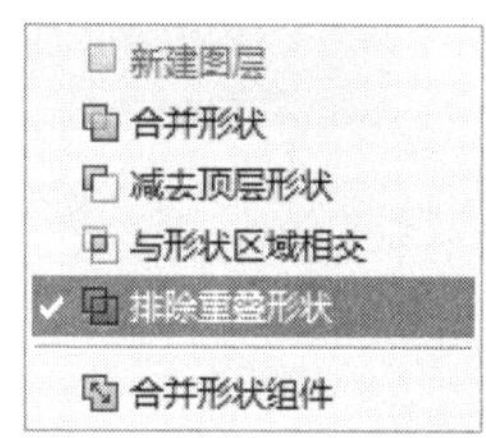

图 7.6.24　排除重叠形状

09 排列组合好文字后，选择【窗口】→【样式】命令，在弹出的【样式】面板中，选择【饱满黑白色】样式，并单击图层样式，对数据进行微调，样式设置及效果如图 7.6.25 所示。

10 设置沿路径排列文字。使用【钢笔工具】沿文字边沿绘制曲线路径，选择【横排文字工具】，将鼠标指针移动至路径上，当指针变为形状时，便可沿路径排列文字，然后输入英文“The harder The more fortunate”，如图 7.6.26 所示。

11 新建图层，利用【画笔工具】，结合选框工具，在局部进行红颜色填充。最终效果如图 7.6.1 所示。

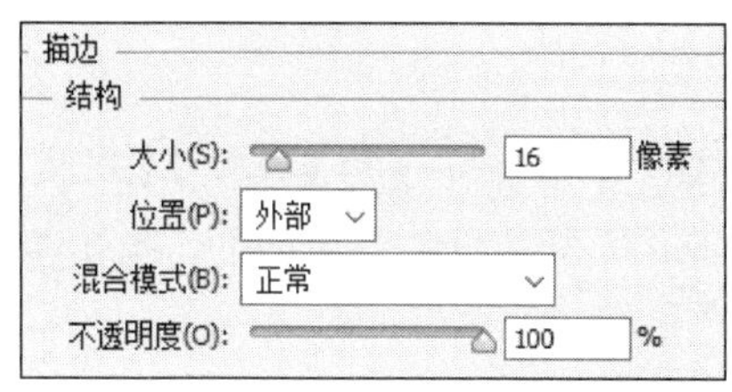

图 7.6.25　样式设置及效果

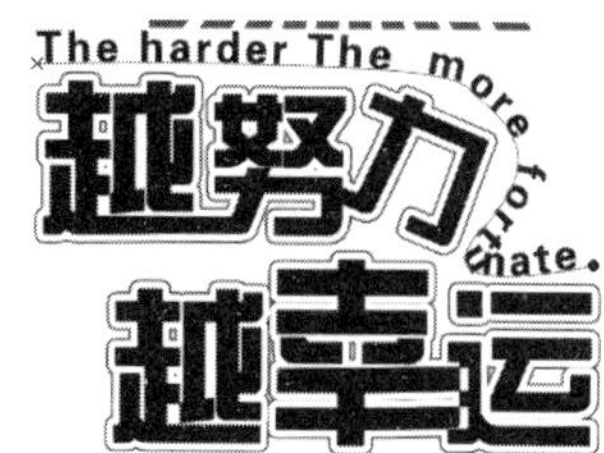

图 7.6.26　沿路径排列文字

任务 7.7　矢量绘图工具的使用——制作播放按钮

Photoshop CS6 提供了一组专门用于绘制矢量图形的工具组，运用该工具组可以轻松绘制各式各样的矢量图形。

任务目的

本任务通过制作播放按钮图片，使学生掌握矢量绘图工具的使用方法和技巧。本任务的最终效果如图 7.7.1 所示。

扫码学习

制作播放按钮

图 7.7.1　播放按钮效果图

相关知识

1. 矢量绘图工具组

1）【矩形工具】：可以绘制矩形路径或矢量图形。
2）【圆角矩形工具】：可以绘制圆角矩形路径或矢量图形。
3）【椭圆工具】：可以绘制椭圆路径或矢量图形。
4）【多边形工具】：可以绘制多边形路径或矢量图形。
5）【直线工具】：可以绘制直线路径或矢量图形。
6）【自定形状工具】：可以选择系统自带的自定义形状来绘制各种各样的路径或矢量图形，也可以自己定义形状。

2. 矢量绘图工具的使用

（1）【矩形工具】

该工具的属性栏如图 7.7.2 所示，与【钢笔工具】属性栏相似，分为【路径】【形状】【像素】3 种状态，与【钢笔工具】不同的是，【像素】在形状工具组中是激活的。单击按钮，弹出【矩形工具】选项组，如图 7.7.3 所示。

1）不受约束：点选此单选按钮，绘制的方形长宽比不受限制。
2）方形：绘制不同大小的正方形。

3）固定大小：固定方形的宽和高。

4）从中心：以鼠标为中心绘制矩形。

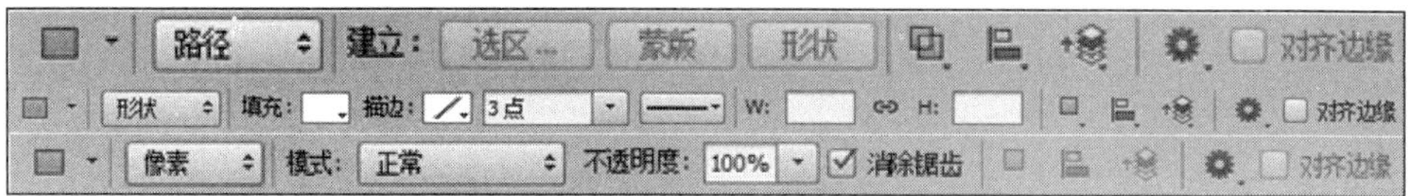

图 7.7.2　【矩形工具】属性栏

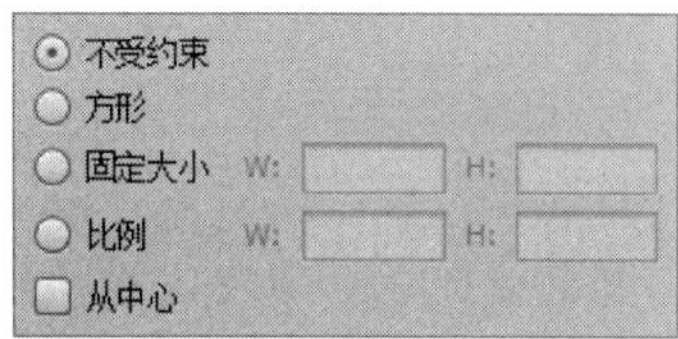

图 7.7.3　【矩形工具】选项组

（2）【圆角矩形工具】

该工具的属性栏如图 7.7.4 所示。

图 7.7.4　【圆角矩形工具】属性栏

该工具的属性栏设置与【矩形工具】的属性栏基本相同，不同之处在于多了【半径】选项，这也是圆角矩形的特点，半径的大小决定圆角矩形四角的圆滑程度，不同的半径，不同的圆滑程度，效果如图 7.7.5 所示。

（a）半径为 0 像素　（b）半径为 20 像素　（c）半径为 50 像素

图 7.7.5　不同半径决定四角圆滑程度

（3）【椭圆工具】

该工具的属性栏与【矩形工具】的属性栏类似。

（4）【多边形工具】

该工具的属性栏如图 7.7.6 所示，多边形工具可以产生正多边形区域，如等边三角形和五角星等，单击按钮弹出【多边形选项】选项组，如图 7.7.7 所示。

图 7.7.6　【多边形工具】属性栏

1）半径：控制多边形中心与外部点之间的距离。

2）平滑拐角：勾选该复选框，可使绘制的多边形具有平滑的拐角。

图 7.7.7 【多边形选项】选项组

3）星形：绘制星形，勾选该复选框可激活启用【缩进边依据】和【平滑缩进】选项。

① 缩进边依据：设置边的缩排比例。

② 平滑缩进：勾选该复选框，可使缩排边平滑，效果如图 7.7.8 所示。

（5）【直线工具】

使用【直线工具】可以绘制出直线和箭头的形状和路径。单击按钮，弹出【直线工具】选项组，如图 7.7.9 所示。

1）粗细：设置线段的宽度（1～100 像素），数值越大线条越粗。

2）起点、终点：勾选相应的复选框，可在起点或终点添加箭头。

3）宽度：箭头宽度与线段宽度的比值（10%～1000%）。

4）长度：箭头长度与线段宽度的比值（10%～5000%）。

5）凹度：设置箭头的凹陷程度（-50%～+50%）。

图 7.7.8 多边形选项效果

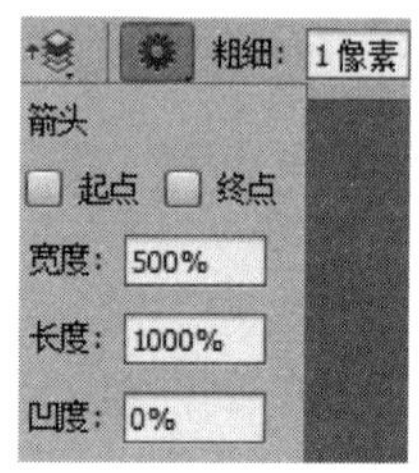

图 7.7.9 【直线工具】选项组

（6）【自定形状工具】

该工具的属性栏如图 7.7.10 所示。

图 7.7.10 【自定形状工具】属性栏

单击【形状】的下三角按钮，在弹出的下拉列表中有许多形状工具缩略图，默认的形状较少，可选择【全部】载入命令，添加更多的形状图形，如图 7.7.11 所示。

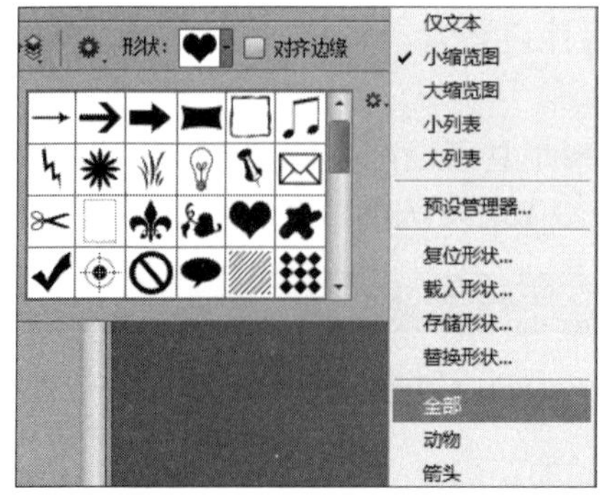

图 7.7.11 添加形状图形

若添加自己创作的形状，可使用【钢笔工具】绘制出相应形状，然后选择【编辑】→【定义自定形状】命令。

3. 矢量绘图工具的新功能：绘制虚线

Photoshop CS6 版本诞生之前，描绘虚线需要较多步骤，利用 Photoshop CS6 版本中的矢量绘图工具可以简易快速地绘制虚线。

（1）直线虚线

在【直线工具】属性栏中，设置【填充】为无，描边颜色为黑色，大小为 9 点，选择虚线，如图 7.7.12 所示。然后，按住“Shift”键，即可绘制出直虚线，如图 7.7.13 所示。

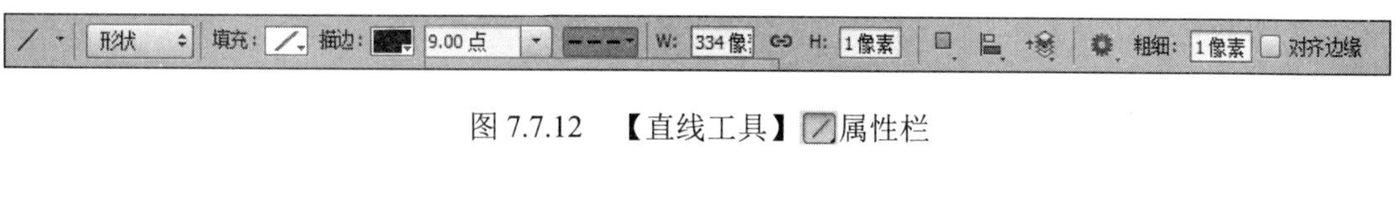

图 7.7.12　【直线工具】属性栏

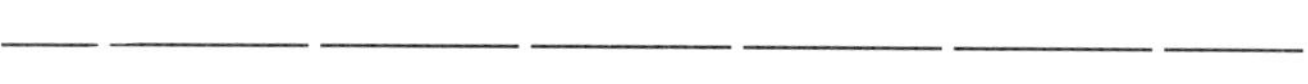

图 7.7.13　直虚线

（2）自定义形状虚线

在【自定形状工具】属性栏中，设置【填充】为无，描边颜色为黑色，大小为 6.69 点，其余设置如图 7.7.14 所示，绘制的图形如图 7.7.15 所示。

图 7.7.14　【自定义形状工具】属性栏

图 7.7.15　自定义形状虚线

（3）自由钢笔形状虚线

使用【钢笔工具】绘制的形状也可转化成虚线，在其属性栏中，设置【填充】为无，描边颜色为黑色，大小为 4 点，选择虚线，如图 7.7.16 所示，绘制的图形如图 7.7.17 所示。

图 7.7.16　【钢笔工具】属性栏

（4）描边选项

描边选项提供了 3 种描边形态，一种直线，两种虚线，如图 7.7.18 所示。在【描边选项】属性框中选择不同的选项会使虚线有不同的变化。单击【更多选项】按钮，弹出【描边】对话框，如图 7.7.19 所示，在该对话框中，可对虚线的对齐、端点、角点、间隙进行调整，通过这些调整，可使用虚线做出特殊的效果。具体操作将在任务 7.8 中讲解。

图 7.7.17　自由钢笔形状虚线

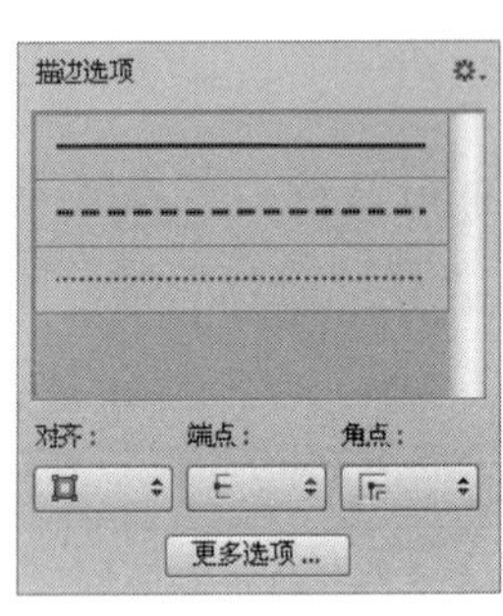

图 7.7.18　描边选项

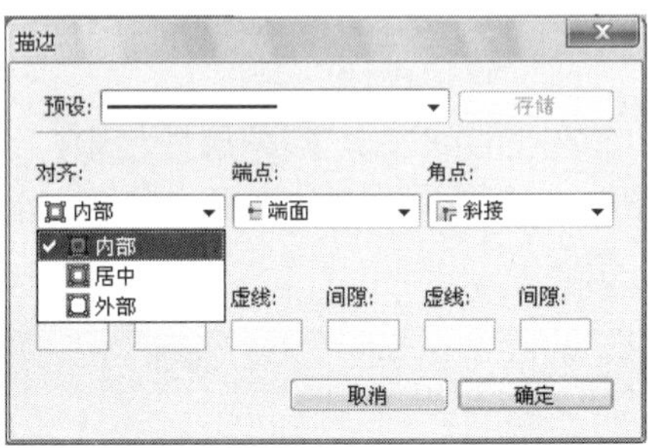

图 7.7.19　【描边】对话框

任务分析

本任务在制作过程中，主要运用【直线工具】绘制虚线，运用【自定形状工具】绘制印花效果。

任务实施

01 新建一个图像文件，设置【宽度】为 12 厘米，【高度】为 12 厘米，【分辨率】为 72 像素/英寸，【背景内容】为透明。新建图层后将背景填充为黑色。

02 新建一个图层，使用【椭圆选框工具】将鼠标指针移至画布正中，按住“Shift+Alt”组合键不放，同时按住鼠标左键，由中心向外拉出一个正圆，选择【渐变工具】，渐变条前后色标颜色分别设置为（R：106，G：97，B：106）和（R：18，G：18，B：18），渐变模式选择径向渐变，如图 7.7.20 所示。将鼠标移动至正圆内，按住鼠标左键不变，由上往下拉出渐变。选择【加深工具】与【减淡工具】，绘制出明暗关系，如图 7.7.21 所示。

图 7.7.20　渐变条设置

03 首先新建一个图层，使用【椭圆选框工具】绘制一个新的椭圆，填充白色。然后为该图层添加蒙版，设置黑白渐变，在蒙版上拉出渐变。最后将该图层复制，并添加一个叠加高光效果，使其更具立体感，效果如图 7.7.22 所示。

04 新建一个图层，使用【自定形状工具】，选择【形状】状态，单击按钮追加全部形状，选择形状，设置【填充】为无，【描边】为红色，大小为 2 点，效果如图 7.7.23 所示。将鼠标指针移至圆中心，拖动鼠标后绘制形状路径。按“Ctrl+T”组合键自由变换结合[icon]变形模式，调整形状，使花纹更贴合球体，再使用【橡皮擦工具】[icon]，修改为柔和边缘，并将多余的边缘擦去，最后将图层混合模式设置为【划分】，效果如图 7.7.24 所示。

05 新建一个图层，使用【自定形状工具】[icon]绘制三角形，按“Ctrl+T”组合键变换方向，为其设置图层阴影样式，效果如图 7.7.25 所示。

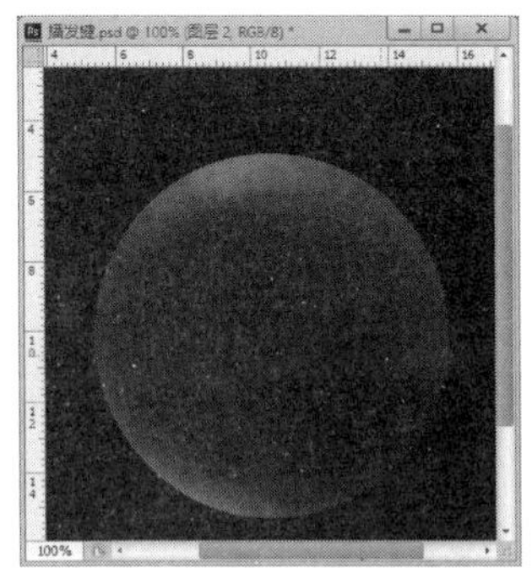

图 7.7.21　渐变设置效果

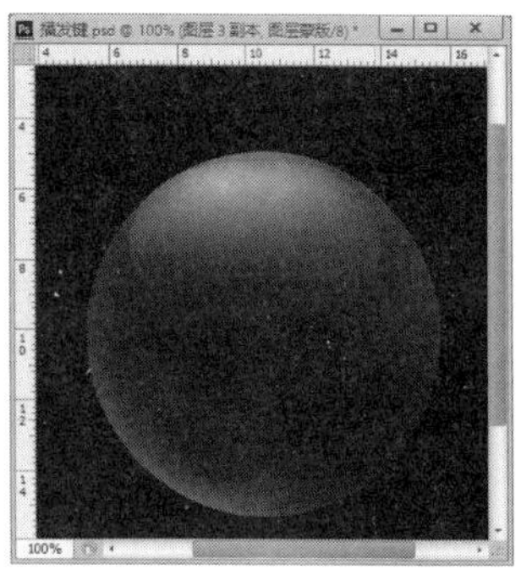

图 7.7.22　叠加高光效果

图 7.7.23　印花部分数据

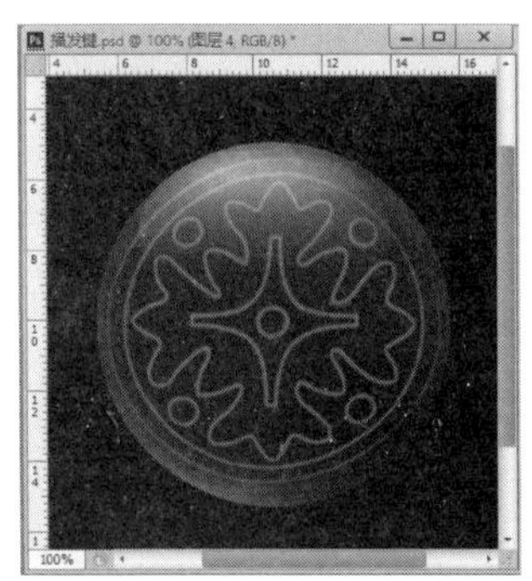

图 7.7.24　印花部分设置

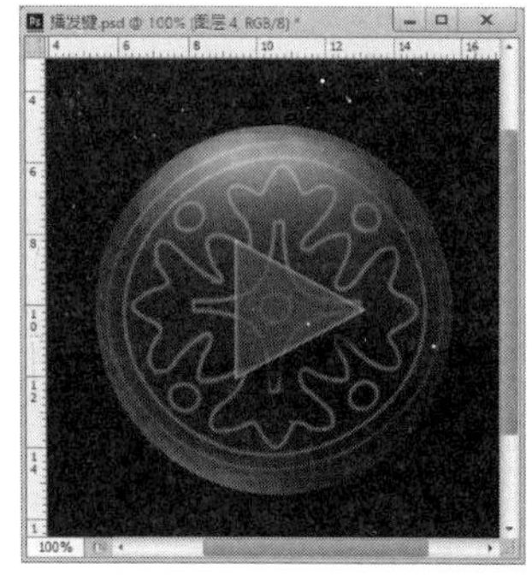

图 7.7.25　箭头部分绘制

06 使用【直线工具】[icon]，按住“Shift”键绘制出 4 条虚线。在【直线工具】[icon]属性栏中，设置颜色为（R：0，G：183，B：283），其余设置如图 7.7.26 所示，最终效果如图 7.7.1 所示。

图 7.7.26　绘制虚线

任务 7.8　矢量绘图工具绘制虚线——制作脸谱邮票

Photoshop CS6 具备绘制虚线的功能后，就可以方便地做一些特殊效果了。例如，制作邮票边缘，之前需要使用路径工具结合其他工具作图，现在直接使用形状工具便可快速绘制出邮票边缘。

任务目的

本任务通过制作脸谱邮票，使学生学习并掌握形状工具的使用方法和技巧，最终效果如图 7.8.1 所示。

扫码学习

制作脸谱邮票

图 7.8.1 脸谱邮票最终效果

任务分析

本任务在制作过程中，主要运用【矩形选框工具】填充颜色，运用【矩形工具】中的虚线功能进行描边，最终完成脸谱邮票的制作。

任务实施

01 新建一个图像文件，设置【宽度】为 20 厘米，【高度】为 30 厘米，【分辨率】为 72 像素/英寸，【背景内容】为透明。

02 新建一个图层，使用【矩形选框工具】框选比脸谱稍大的范围，填充背景为白色，如图 7.8.2 所示。

03 选择【矩形选框工具】，右击，在弹出的快捷菜单中选择【反选】命令，再新建一个图层，为其填充黑色，如图 7.8.3 所示。

图 7.8.2 填充白色框

图 7.8.3 反选填充黑色

04 选择【矩形工具】，其属性栏的设置如图 7.8.4 所示，在属性栏中选择点虚线，单击【更多选项】按钮，在弹出的【描边】对话框中设置对齐方式为居中，【间隙】为 1.21，如图 7.8.5 所示。

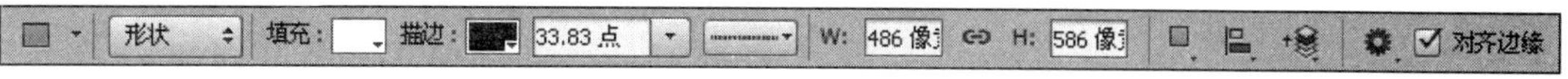

图 7.8.4　【矩形工具】属性栏设置

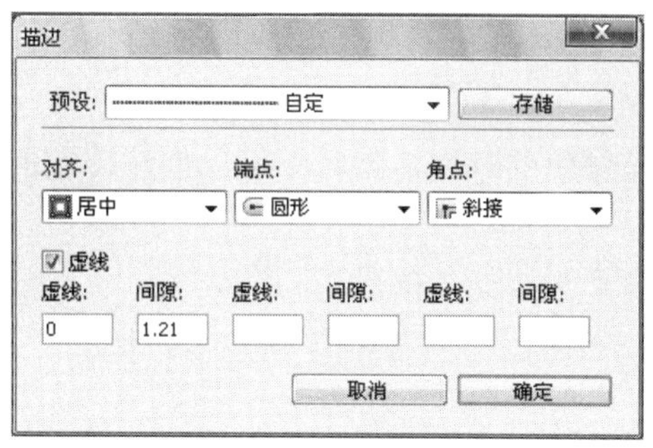

图 7.8.5　虚线属性设置

05 沿着白框边缘，按住鼠标左键不放，拖出矩形形状，加上文字“中国邮政”（字体为楷体，大小为 36 点）及“80 分”（80：字体为宋体，大小为 72 点；分：字体为宋体，大小为 30 点），最终效果如图 7.8.1 所示。

项 目 小 结

本项目通过 8 个任务的实际操作，详细介绍了路径相关知识，加强了对钢笔工具使用的练习，有助于熟练掌握路径的相关应用。

实 践 探 索

一、选择题

1. 在 Photoshop 中要暂时隐藏路径在图像中的形状，可执行的操作为（　　）。
   A. 在【路径】面板中单击当前路径栏左侧的眼睛图标
   B. 在【路径】面板中按“Ctrl”键并单击当前路径栏
   C. 在【路径】面板中按“Alt”键并单击当前路径栏
   D. 单击【路径】面板中的空白区域
2. 在绘制图形时，选择形状图层将绘制（　　）。
   A. 矢量图　　B. 位图　　C. 路径　　D. 选区

3．当使用形状工具在图像中绘制图形时，就会在【图层】面板中自动产生一个（　　）。

A．文本图层　　B．背景图层　　C．普通图层　　D．形状图层

4．在路径曲线线段上，方向线和方向点的位置决定了曲线段的（　　）。

A．用度　　B．形状　　C．方向　　D．像素

5．可以对位图进行矢量图形处理的是（　　）。

A．路径　　B．选区　　C．通道　　D．图层

6．下列关于路径的描述错误的是（　　）。

A．路径可以用【画笔工具】进行描边

B．对路径进行填充颜色的时候，路径不可以创建镂空的效果

C．路径不可以闭合

D．路径可以随时转化为浮动选区

7．路径和选区可以相互切换。在【路径】状态下，按（　　）组合键可以快速将工作路径转换为选区。

A．Shift+Enter　　B．Ctrl + Enter

C．Ctrl+B　　D．Ctrl+D

8．以下不属于【路径】面板中的按钮的有（　　）。

A.【用前景色填充路径】按钮　　B.【用画笔描边路径】按钮

C.【从选区生成工作路径】按钮　　D.【复制当前路径】按钮

二、操作题

1．打开素材中的“兔子.jpg”图像，如图 7.1 所示，结合本项目中路径描边及填充的知识，模仿绘制兔子图片。

2．打开素材中的“古装女.jpg”图像，如图 7.2 所示，运用本项目介绍的知识，制作邮票图片，效果如图 7.3 所示。

图 7.1　兔子.jpg

图 7.2　古装女

图 7.3　邮票效果

三、思考题

简述使用【直接选择工具】可以实现的功能。

通道的使用

项目导读

Photoshop 行业一直流行着这样一句话：通道是核心，蒙版是灵魂。这足以说明通道和蒙版在 Photoshop 中有着极其重要的地位。

学习目标

1）理解通道的原理和特点。

2）掌握利用通道面板中的颜色信息通道快速更改图像颜色的方法。

3）掌握利用通道的原理快速抠取特殊背景下透明区域图像的方法。

素养目标

1）培养学生勇于探索、精益求精、专注创新的职业精神。

2）培养问题意识及思辨能力。

任务 8.1　通道修改颜色——风景图调色

通道是 Photoshop 中的重要概念之一，主要用于保存图像的颜色信息或选区。打开一幅图像时，Photoshop 会自动创建颜色信息通道，图像的颜色模式决定了所创建的颜色通道的数目，如 RGB 图像有红、绿、蓝 3 个颜色通道，而 CMYK 图像有青、洋红、黄、黑 4 个颜色通道。除了颜色信息通道外，Photoshop 的通道还包括专色通道和 Alpha 通道。

任务目的

本任务通过为风景图调色，使学生了解和熟悉通道，并尝试使用通道操作对图像进行处理，体会它产生的某种特殊效果。风景图调色前后对比效果如图 8.1.1 所示。

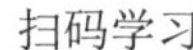

风景图调色

图 8.1.1　风景图调色前后对比效果

相关知识

1. 通道原理

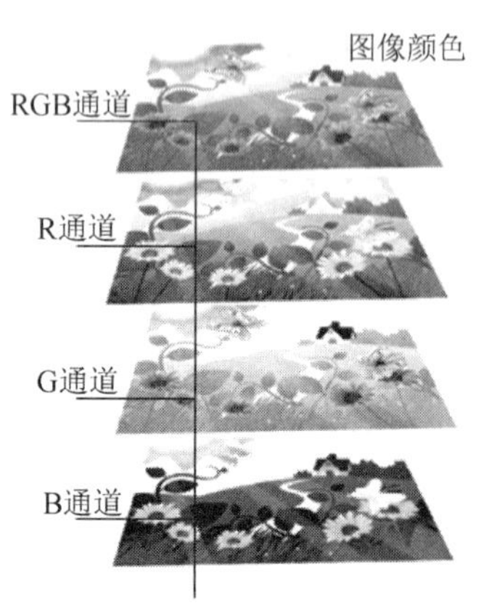

图 8.1.2　RGB 通道图解

通道是基于色彩模式的基础衍生出的简化操作工具。一幅 RGB 三原色图有 3 个默认通道：红、绿、蓝。而一幅 CMYK 图像有 4 个默认通道：青、品红、黄和黑。由此看出，每一个通道其实就是一幅图像中的某一种基本颜色的单独通道，如图 8.1.2 所示。也就是说，通道是利用图像的色彩值进行图像修改的，从某种意义上来讲，通道可以理解为是选择区域的映射。

2. 通道分类

通道作为图像的组成部分，与图像色彩模式密不可分，图像色彩模式的不同决定了通道的数量和模式。在 Photoshop 中涉及的通道类型主要有以下几类。

（1）复合通道

复合通道不包含任何信息，实际上它只是同时预览并编辑所有颜色通道的一个快捷方式。它通常被用来在单独编辑完一个或多个颜色通道后使【通道】面板返回它的默认状态。

（2）颜色通道

在 Photoshop 中编辑图像，实际上就是在编辑颜色通道。这些通道把图像分解成一个或多个色彩成分，图像的模式决定了颜色通道的数量，RGB 模式有 3 个颜色通道，CMYK 图像有 4 个颜色通道，灰度图只有 1 个颜色通道，它们包含了所有将被打印或显示的颜色。

（3）Alpha 通道

Alpha 通道与颜色通道的主要区别在于它不具有颜色存储功能，只用于存储选区和制作蒙版，可以将 Alpha 通道视为一幅灰度图像，从黑到白由 256 种灰度颜色构成。默认情况下，白色代表选区部分，黑色代表非选区部分。

（4）专色通道

专色通道是一种特殊的颜色通道，是指在印刷时使用的一种预制的油墨。使用专色通道的好处在于，可以替代或补充 CMYK 四色油墨无法合成的颜色效果，如金色与银色，此外还可以降低印刷成本。

3. 【通道】面板

通道的处理主要是通过【通道】面板来进行的，【通道】面板可用于创建和管理通道，并监视编辑效果。选择【窗口】→【通道】命令，可弹出【通道】面板。

通常，【通道】面板的堆叠顺序为最上方是复合通道（对于 RGB、CMYK 和 Lab 图像，复合通道为各个颜色通道叠加的效果），然后是颜色通道、专色通道，最后是 Alpha 通道。通道内容的缩览图显示在通道名称的左侧，在编辑通道时，它会自动更新。另外，每一个通道都有一个对应的快捷键，这使用户可以不打开【通道】面板即可选中通道。

单击面板右上角的面板菜单按钮，可以弹出【通道】面板下拉菜单，选择其中的命令便可进行相应的面板功能操作。图 8.1.3 所示为一幅 RGB 彩色图像的【通道】面板，该面板详细列出了当前图像中的所有通道及【通道】面板的功能。

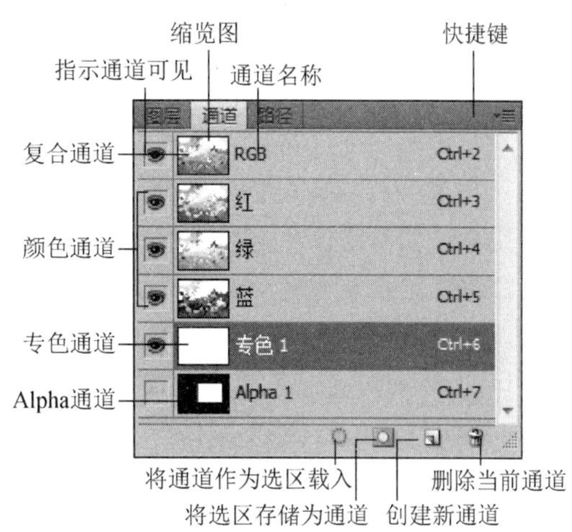

图 8.1.3 【通道】面板

【通道】面板的功能按钮：

1）（将通道作为选区载入）：单击该按钮，可将当前通道作为选区载入。

2）（将选区存储为通道）：单击该按钮，可将当前选区在【通道】面板中存储为一个 Alpha 通道。

3）（创建新通道）：单击该按钮，可建立一个新的 Alpha 通道。

4）（删除当前通道）：单击该按钮，可删除当前通道，但不能删除 RGB 复合通道。

任务分析

首先打开一个彩色图像文件，然后打开【通道】面板，对通道进行选取、分离、合并、删除等基本操作，并使用通道操作对图像进行处理。

任务实施

1. 分离通道

01 按“Ctrl+O”组合键，打开“1.jpg”。

02 打开【通道】面板，可以观察到“红”“绿”“蓝”3 个通道和“RGB”混合通道。

03 单击【通道】面板右上角的面板菜单按钮，在弹出的下拉菜单中选择【分离通道】命令，如图 8.1.4 所示。此时图像“1.jpg”被分解成 3 张灰度级模式的图片，分别为“1.jpg_红”“1.jpg_绿”“1.jpg_蓝”，如图 8.1.5 所示。

图 8.1.4 分离通道

图 8.1.5 分离后的 3 张灰度模式图片

小贴示

1）这一操作对于从一张色彩图像中获取好的灰度图片，是一个非常简便、有效的方法。因为可以进行选择，以提取质量最好的那个图层。

2）RGB 通道：又称主通道，图像只有在这个通道的状态下才能显示完全的色彩。通道显示内容与图像色彩模式有很大关系，如果当前图像是一幅 CMYK 色彩模式的图像，此时的通道显示会发生变化。

3）红色通道：用来存储图像中的红色色彩信息。

4）绿色通道：用来存储图像中的绿色色彩信息。

5）蓝色通道：用来存储图像中的蓝色色彩信息。

2. 合并通道

01 选择被分解为 3 个灰度文件的图像，单击【通道】面板右上角的面板菜单按钮，在弹出的下拉菜单中选择【合并通道】命令，弹出图 8.1.6 所示的【合并通道】对话框。

02 在图 8.1.7 所示的【合并 RGB 通道】对话框中可以分别指定“红”“绿”“蓝”通道分别使用哪个灰度文件，选定后单击【确定】按钮。合并完成后，产生了一个新的图像文件，如图 8.1.8 所示。

图 8.1.6　设置【合并通道】对话框

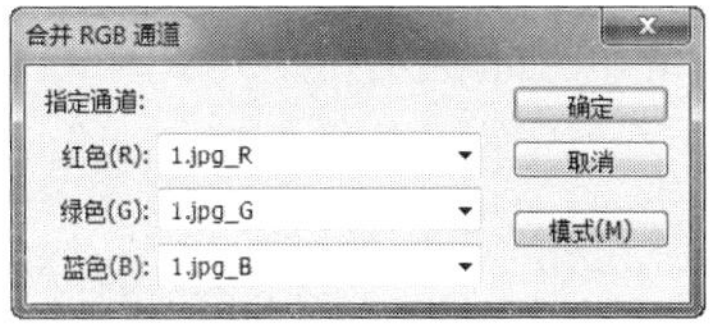

图 8.1.7　设置【合并 RGB 通道】对话框

图 8.1.8　合并后新图像

3. *调整图片颜色*

01 按“Ctrl+O”组合键，打开“1.jpg”。

02 打开【通道】面板。选择“绿”通道，按“Ctrl+A”组合键全选，按“Ctrl+C”组合键复制，然后选择“蓝”通道按“Ctrl+V”组合键粘贴，选择“RGB”通道，然后保存图像效果。

03 打开原图。选择“红”通道，选择【图像】→【调整】→【曲线】命令，在弹出的【曲线】对话框中调整曲线，如图 8.1.9 所示，选择“RGB”通道，然后保存图像效果。

04 打开原图。选择【图像】→【调整】→【通道混合器】命令，在弹出的【通道混合器】对话框中设置参数，如图 8.1.10 所示，然后保存图像效果。最终效果如图 8.1.1 所示。

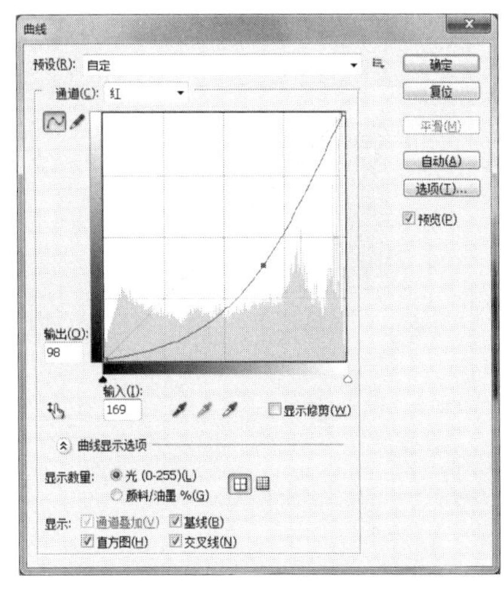

图 8.1.9　设置【曲线】对话框参数

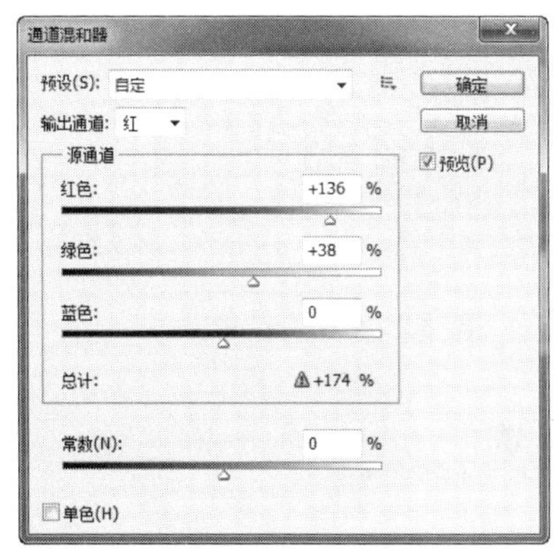

图 8.1.10　设置【通道混合器】对话框参数

任务 8.2　通道的应用——抠婚纱像

抠婚纱像，即从背景图里抠出白色半透明的婚纱，通常被认为是最能够全面体现和应用通道概念的案例。

任务目的

本任务通过抠婚纱像的操作，使学生掌握利用通道完成抠取半透明图像的操作，最终效果如图 8.2.1 所示。

扫码学习

抠婚纱像

图 8.2.1　抠婚纱像最终效果

相关知识

一个通道层与一个图层之间最根本的区别在于，图层的各个像素点的属性是以红、绿、蓝三原色的数值来表示的，而通道层中的像素颜色是由一组原色的亮度值组成的。由此可见，每个通道只有一种颜色的不同亮度，是一种 256 级灰度图像。以“红”通道为例，黑色表示完全没有红色，白色表示有完整的红色，灰度的区域由灰度的深浅来决定红色的多少，如图 8.2.2 和图 8.2.3 所示。

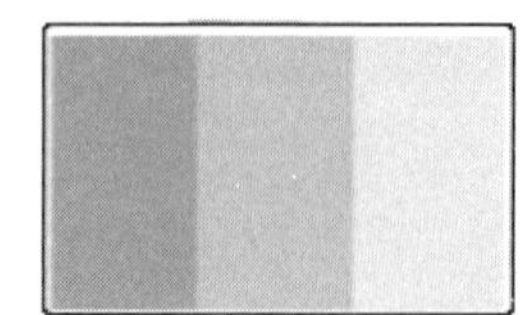

（0，255，0）（128，255，0）（255，255，0）

图 8.2.2　图层及色值

（0，255，0）（128，255，0）（255，255，0）

图 8.2.3　红色通道

任务分析

在通道中，纯黑色部分会完全隐藏图像，纯白色部分会完全显示图像，而灰色部分则是半透明的。分析素材中的“婚纱.jpg”照片，需要处理成半透明的地方只有白纱部分，在通道中处理成灰色。背景要完全隐藏，在通道中处理成黑色。人的身体部分要完全显示，在通道中处理成白色。

任务实施

01 按“Ctrl+O”组合键，打开“婚纱.jpg”图像文件。

02 打开【通道】面板，分别选择“红”“绿”“蓝”3 个通道，通过对比发现“绿”通道的图像质量较好，对比度也较强。

03 拖动“绿”通道到【通道】面板底部的【创建新通道】按钮上，复制出一个“绿 副本”通道，如图 8.2.4 所示。

04 在“绿 副本”通道上，使用工具箱中的【磁性套索工具】将人物及婚纱部分选中，如图 8.2.5 所示。

图 8.2.4　复制“绿 副本”通道

图 8.2.5　创建选区

05 按“Ctrl+Alt+D”组合键，弹出【羽化选区】对话框，设置【羽化半径】为 0.5 像素，如图 8.2.6 所示，单击【确定】按钮，应用羽化。

06 设置背景色为黑色，按“Shift+Ctrl+I”组合键将选区反选，按“Ctrl+Delete”组合键填充背景色，再按“Ctrl+D”组合键取消选区，效果如图 8.2.7 所示。

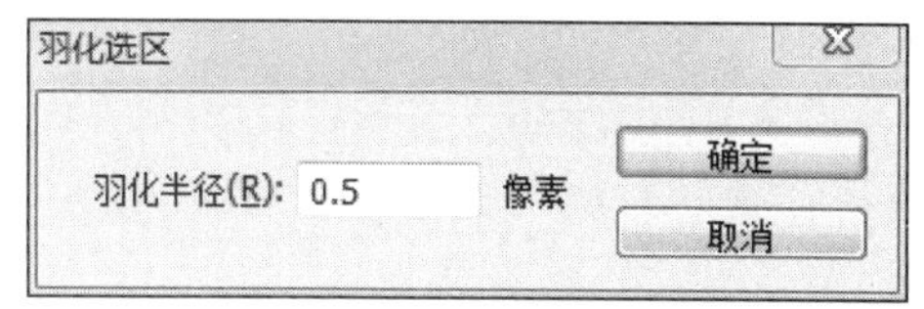

图 8.2.6　【羽化选区】对话框

图 8.2.7　填充背景色

07 使用【磁性套索工具】套选出人物的身体部分，并在其属性栏中设置【羽化】为 1 像素，效果如图 8.2.8 所示。

08 设置前景色为白色，按“Alt+Delete”组合键填充前景色，按“Ctrl+D”组合键取消选区，效果如图 8.2.9 所示。

小 贴 示

此时观察“绿 副本”通道上的黑白图像可以很明显地看出，不需要的背景已经被处理成了黑色，而完全保留的人物部分已经填充了白色。

图 8.2.8 选取人物身体

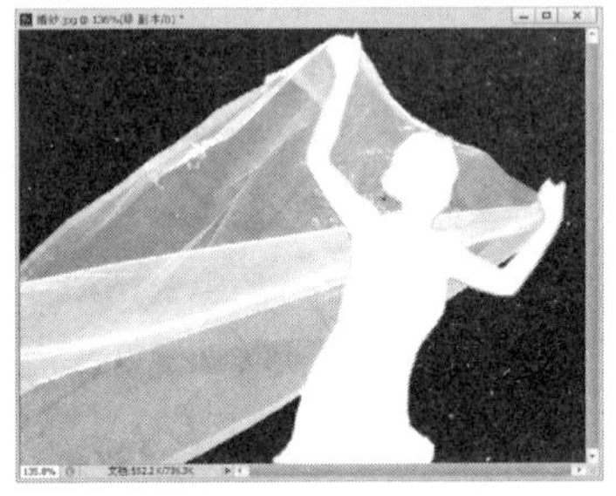

图 8.2.9 为人物身体填充白色

09 使用【修复画笔工具】对婚纱上的白色斑点进行修复。

10 按“Ctrl+L”组合键，弹出【色阶】对话框，将中间的灰色滑块拖动到 0.45 的位置，设置参数如图 8.2.10 所示，单击【确定】按钮。

11 选择“RGB”复合通道，按住“Ctrl”键并选择“绿 副本”通道，将“绿 副本”通道中的白色和灰色部分载入各选区，如图 8.2.11 所示。

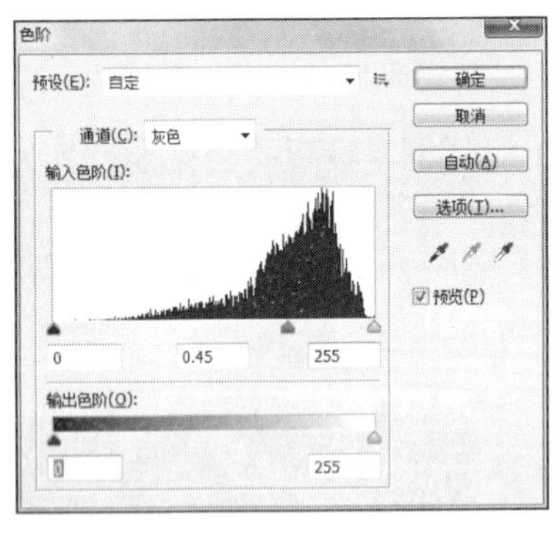

图 8.2.10 【色阶】对话框参数设置

图 8.2.11 载入的选区

12 打开背景素材，使用工具箱中的【移动工具】，拖动“穿婚纱的新娘”图片到“背景”文件中，并移动到适当位置。此时可以发现，新娘身后的纱巾是半透明状的，最终效果如图 8.2.1 所示。

任务 8.3 通道的应用——抠取发丝

飘扬的发丝确实很美，但是要将它从背景中分离出来还是有些难度的。利用通道可以轻松地抠取发丝。

任务目的

本任务通过抠取发丝的过程，使学生进一步熟悉对通道进行编辑的方法。抠发前后效果对比如图 8.3.1 所示。

图 8.3.1　抠发前后对比效果

扫码学习

抠取发丝

任务分析

本任务的素材图像比较复杂，采用常规的【铅笔工具】、【套索工具】或【魔棒工具】来抠取会比较烦琐和困难，故考虑采用通道技术抠图。

任务实施

01 按“Ctrl+O”组合键，打开“长发美女.jpg”图像文件。

02 打开【通道】面板，分别选择“红”“绿”“蓝”3 个通道，通过对比发现“蓝”通道的图像质量较好，对比度也较强。

03 拖动“蓝”通道图像到【通道】面板底部的【创建新通道】按钮上，复制出一个“蓝副本”通道，如图 8.3.2 所示。

小 贴 示

此时可以发现，背景的颜色较亮，而前面的人物颜色较暗。因为头发是要被载入选区的，所以需要将头发处理成白色。

04 选择“蓝 副本”通道，在“蓝 副本”通道上按“Ctrl+ I”组合键将图像反相选择，这样暗的地方就变亮了，效果如图 8.3.3 所示。

05 选择【套索工具】，在其属性栏中将【羽化】设置为 20。按住鼠标左键并拖动，将黑白对比度较弱的区域套选，如图 8.3.4 所示。

06 按“Ctrl+L”组合键弹出【色阶】对话框。首先将中间的灰色滑块向左拖到一个适当位置，使显示不太明显的头发显示出来，然后向右拖动左边的黑色滑块到适当位置，使图像的黑白对比度增大，如图 8.3.5 所示，最后单击【确定】按钮确认。

图 8.3.2 复制“蓝”通道

图 8.3.3 反相“蓝 副本”通道图像

图 8.3.4 选取对比度接近区域

图 8.3.5 调整色阶

07 用同样的方法对其他地方进行调节，增大对比度。

08 使用选区工具将背景选出，填充黑色，再使用选区工具将需要完全显示的地方选出，填充白色，如图 8.3.6 所示。

小贴示

注意步骤**08**也可以使用画笔进行涂抹。如果认为细节还不够完美，可以再次使用羽化选区、色阶调整的方法调节有问题的部分，也可以将图像放大，使用黑白画笔进行修改。

09 按住“Ctrl”键同时单击“蓝 副本”通道的缩览图，将处理好的白色区域载入选区，如图 8.3.7 所示。

10 选择“RGB”复合通道，再选择“背景”图层，并按住“Ctrl+J”组合键将图像复制到一个新的图层中，如图 8.3.8 所示。

11 选择“背景”图层，按下“Alt+Delete”组合键将“背景”图层填充玫红色（#e66ae5），观察抠出后的头发，最终效果如图 8.3.1 所示。

图 8.3.6　填充颜色

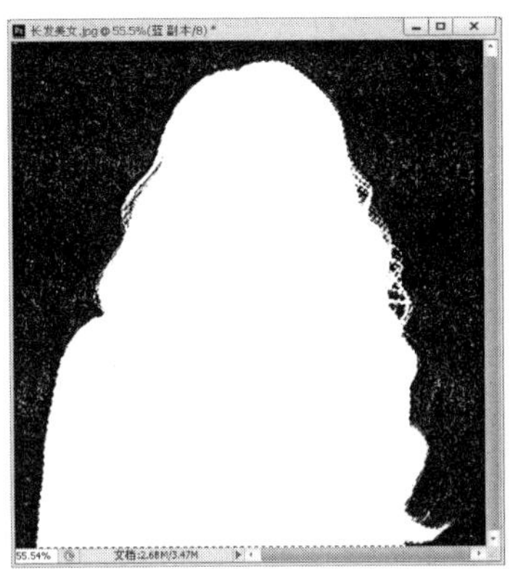

图 8.3.7　载入选区

图 8.3.8　复制图层

任务 8.4　通道的应用——修复照片

任务目的

本任务通过对照片的修复处理，使学生进一步熟悉对通道进行编辑的方法。修复前后的对比效果如图 8.4.1 所示。

图 8.4.1　修复前后对比效果

扫码学习

修复照片

任务分析

本任务主要使用通道来修复照片中人物的雀斑问题。比较“红”“绿”“蓝”3 个通道哪一个通道雀斑问题较明显，就处理哪个通道。首先复制通道，处理黑斑，选择【影印】滤镜，

【反相】处理，选择【阈值】命令，使用【画笔工具】再处理通道，将通道载入为选区，分别提亮“红”“绿”“蓝”3个通道。然后复制通道，处理白斑，选择【高反差保留】滤镜，选择【阈值】命令，使用【画笔工具】再处理通道，将通道载入为选区，分别将“红”“绿”“蓝”3个通道变暗。最后使用【高斯模糊】滤镜使皮肤光滑。

任务实施

01 打开图像素材文件。打开【图层】面板，复制“背景”图层。

02 处理人物脸部的雀斑。打开【通道】面板，分别选择“红”“绿”“蓝”3个通道，如图8.4.2所示，通过对比发现“蓝”通道的图像质量最差，雀斑最多，因此处理“蓝”通道图像。

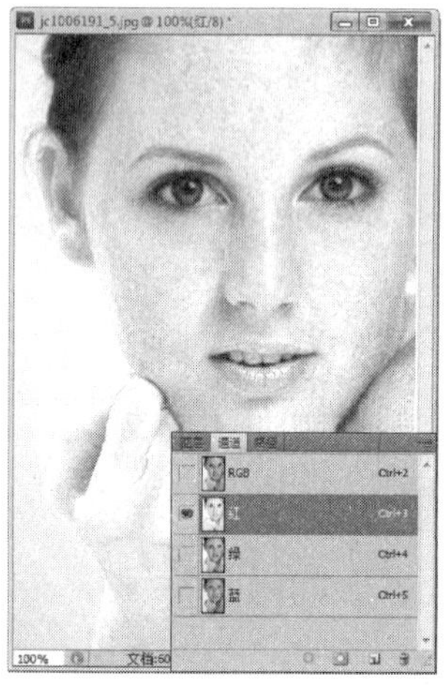

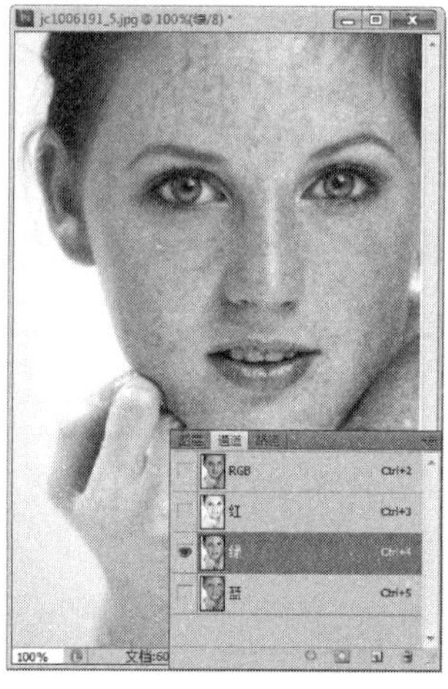

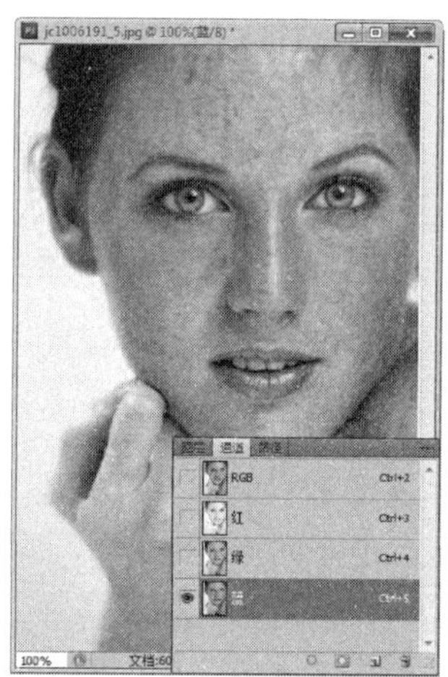

图8.4.2 “红”“绿”“蓝”通道效果

03 复制“蓝”通道，选择【滤镜】→【素描】→【影印】命令，弹出【影印】对话框参数设置如图8.4.3所示。

小贴示

在Photoshop CS6中选择【滤镜】命令时，发现没有【素描】选项，怎么办？其实，只需要选择【编辑】→【首选项】→【增效工具】命令，然后在弹出的【首选项】对话框中勾选【显示滤镜库的所有组和名称】复选框即可。

04 按“Ctrl+I”组合键把“蓝 副本”通道反相，效果如图8.4.4所示。

05 选择【图像】→【调整】→【阈值】命令，在弹出的【阈值】对话框中设置参数，如图8.4.5所示。

06 选择【画笔工具】，将前景色设置为黑色，将人物的五官及脸部轮廓部分涂黑，处理好的“蓝 副本”通道效果如图8.4.6所示。

07 选择【滤镜】→【模糊】→【高斯模糊】命令，在弹出的【高斯模糊】对话框中设置【半径】为2像素。

08 载入“蓝 副本”通道的选区，按“Ctrl+H”组合键隐藏选区，选择“蓝”通道，选择【图像】→【调整】→【曲线】命令，在弹出的【曲线】对话框中设置参数，如图 8.4.7 所示，将选区内的图像调亮，“蓝”通道效果如图 8.4.8 所示。

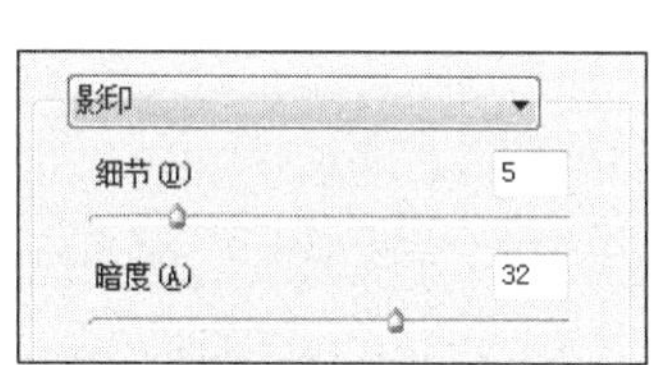

图 8.4.3　设置【影印】滤镜参数

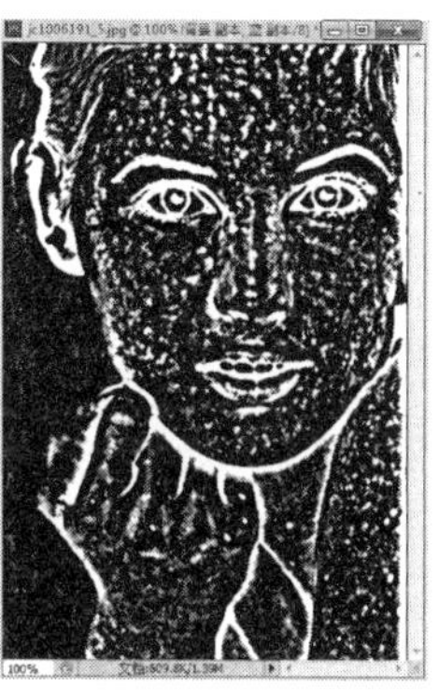

图 8.4.4　通道反相

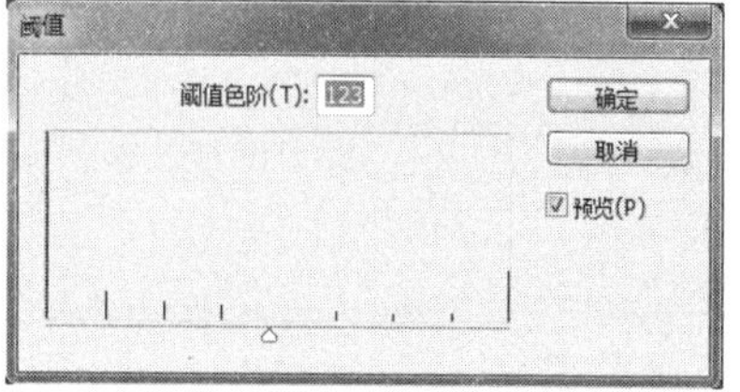

图 8.4.5　设置【阈值】对话框参数

图 8.4.6　利用画笔涂黑（一）

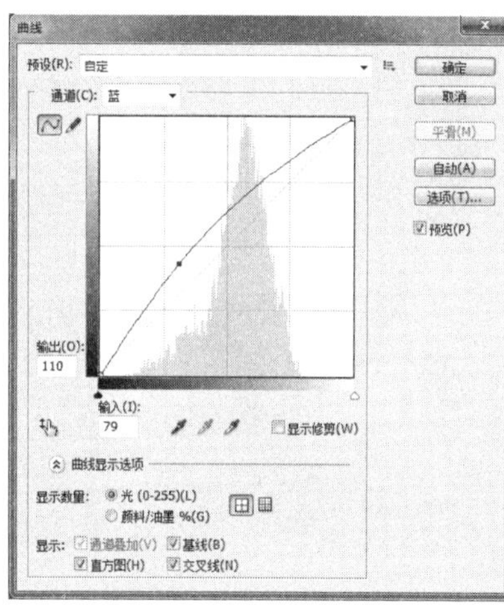

图 8.4.7　设置【曲线】对话框参数（一）

图 8.4.8　调整曲线后效果（一）

09 选择“绿”通道，选择【图像】→【调整】→【曲线】命令，在弹出的【曲线】对话框中设置参数，如图 8.4.9 所示，将选区内的图像调亮，“绿”通道效果如图 8.4.10 所示。

10 选择“红”通道，选择【图像】→【调整】→【曲线】命令，在弹出的【曲线】对话框中设置参数，如图 8.4.11 所示，将选区内的图像调亮，“红”通道效果如图 8.4.12 所示。

11 取消选区。选择“RGB”通道，使用【修复画笔工具】修复部分较大的雀斑，效果如图 8.4.13 所示。

12 处理人物脸部的白斑。选择“蓝”通道，复制“蓝”通道生成“蓝 副本 2”通道，选择【滤镜】→【其他】→【高反差保留】命令，弹出【高反差保留】对话框，具体的参数设置如图 8.4.14 所示。

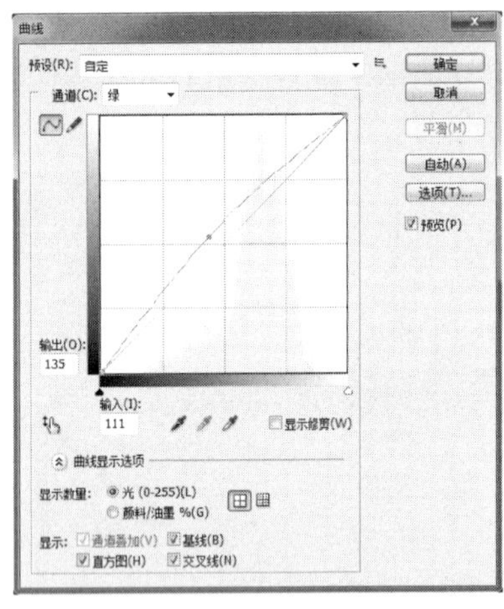

图 8.4.9　设置【曲线】对话框参数（二）

图 8.4.10　调整曲线后效果（二）

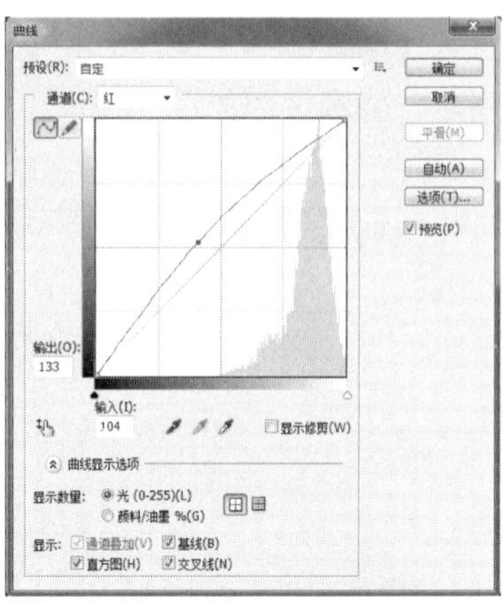

图 8.4.11　设置【曲线】对话框参数（三）

图 8.4.12　调整曲线后效果（三）

图 8.4.13　修复雀斑

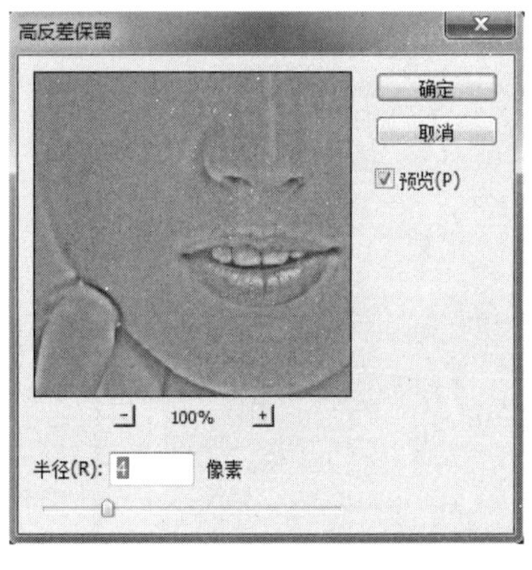

图 8.4.14　设置【高反差保留】对话框参数

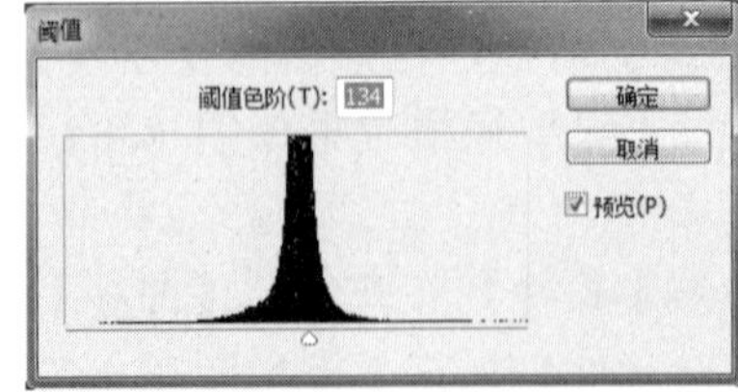

图 8.4.15　设置【阈值】对话框参数

13 选择【图像】→【调整】→【阈值】命令，弹出【阈值】对话框将参数设置如图 8.4.15 所示。

14 选择【画笔工具】，将前景色设置为黑色，将人物的五官及脸部轮廓部分涂黑，处理好的“蓝 副本 2”通道效果如图 8.4.16 所示。

15 选择【滤镜】→【模糊】→【高斯模糊】命令，在弹出的【高斯模糊】对话框中，设置【半径】为 1 像素。

16 载入“蓝 副本 2”通道的选区，按“Ctrl+H”组合键隐藏选区，选择“蓝”通道，选择【图像】→【调整】→【曲线】命令，【曲线】对话框中的参数设置如图 8.4.17 所示，将选区内的图像调暗，“蓝”通道效果如图 8.4.18 所示。

17 选择“绿”通道，执行【图像】→【调整】→【曲线】命令，弹出的【曲线】对话框中的参数设置如图 8.4.19 所示，将选区内的图像调暗，“绿”通道效果如图 8.4.20 所示。

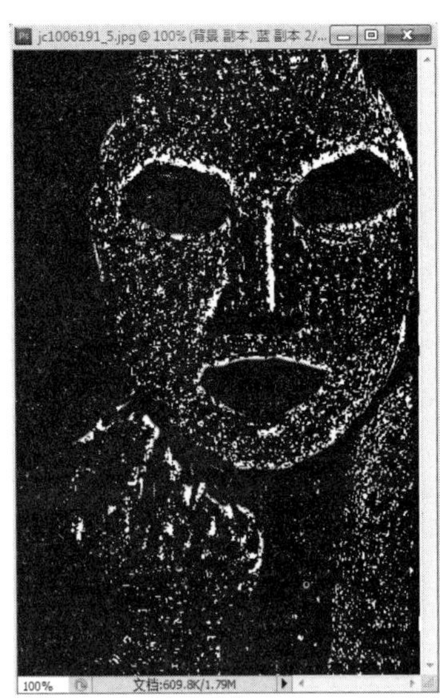

图 8.4.16　利用画笔涂黑（二）

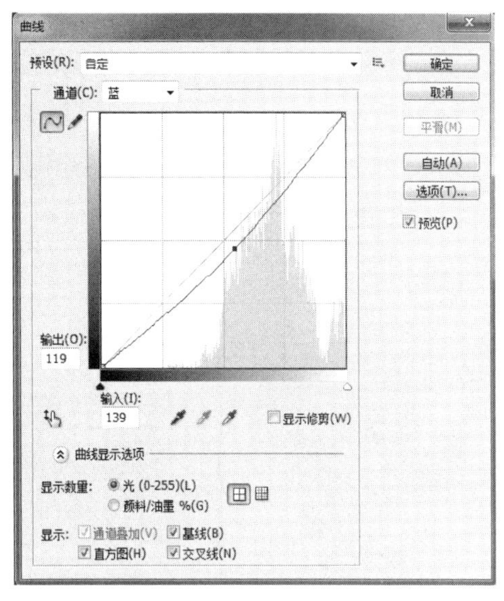

图 8.4.17　设置【曲线】对话框参数（四）

图 8.4.18　调整曲线后效果（四）

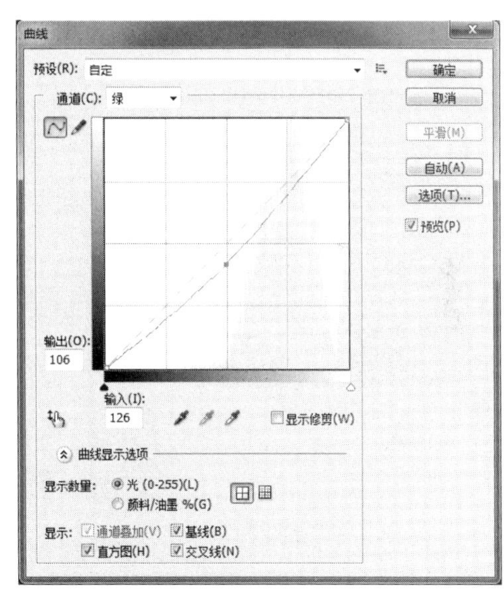

图 8.4.19　设置【曲线】对话框参数（五）

18 选择“红”通道，选择【图像】→【调整】→【曲线】命令，弹出的【曲线】对话框中的参数设置如图 8.4.21 所示，将选区内的图像调暗，“红”通道效果如图 8.4.22 所示。

19 取消选区。打开【图层】面板，将“背景 副本”图层复制得“背景 副本 2”，选择【滤镜】→【其他】→【高反差保留】命令，弹出的【高反差保留】对话框中的参数设置如图 8.4.23 所示。

20 设置“背景 副本 2”图层的图层混合模式为【叠加】，【不透明度】为 40%。

21 将“背景 副本”图层复制生成“背景 副本 3”图层，并将该图层位置移动至最上方，选择【滤镜】→【模糊】→【高斯模糊】命令，弹出的【高斯模糊】对话框中的参数设置如图 8.4.24 所示。

图 8.4.20 调整曲线后效果（五）

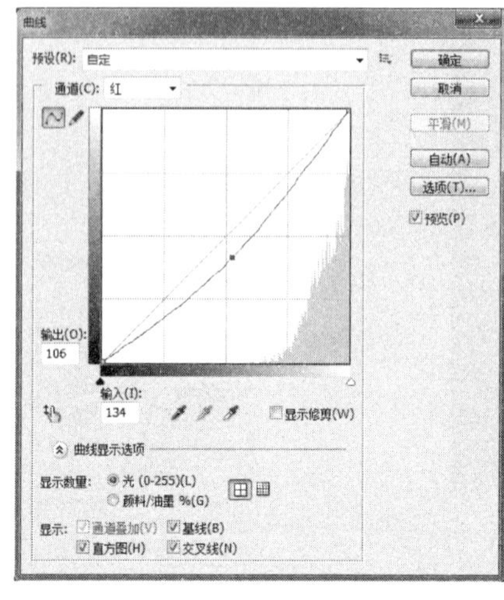

图 8.4.21 设置【曲线】对话框参数（六）

图 8.4.22 调整曲线后效果（六）

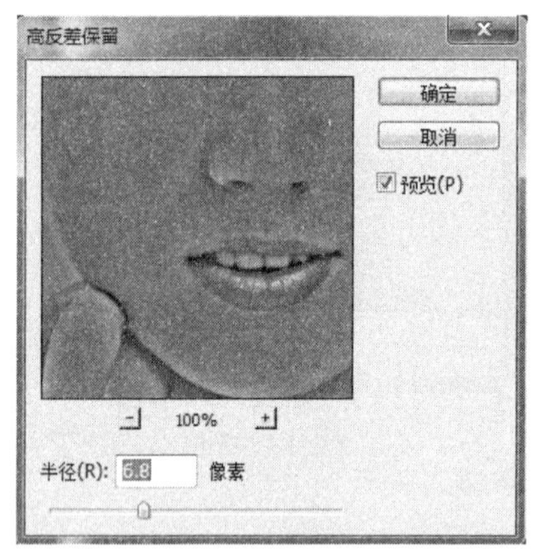

图 8.4.23 设置【高反差保留】对话框参数

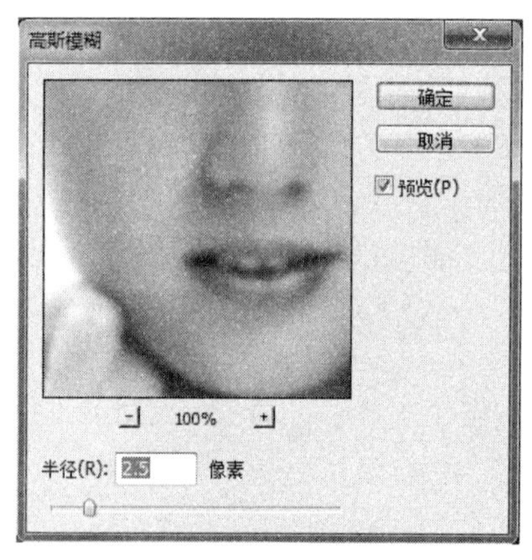

图 8.4.24 设置【高斯模糊】对话框参数

22 设置“背景 副本 3”图层的图层混合模式为【滤色】，【不透明度】为 50%。使用【橡皮擦工具】将除皮肤以外的部分擦除，最终效果如图 8.4.1 所示。

项目小结

本项目通过 4 个任务的实际操作，介绍了通道的原理和特点，详细介绍了如何利用通道来快速更改图像颜色、抠取半透明婚纱和飘扬的发丝，以及修复满脸雀斑人物的图片。

实践探索

一、选择题

1．在印刷行业，（　　）是用来输出图像特殊效果的通道，它可以使用一种特殊的颜色来代替或补充其他的油墨颜色进行图像的输出。

A．复合通道　　B．Alpha 通道　　C．单色通道　　D．专色通道

2．Alpha 通道是新建的用于保存选区的通道，对于一个很不容易建立的选择区域，使用 Alpha 通道可以将其保存以便重复使用。以下（　　）可以将选择区域快速保存到 Alpha 通道中。

A．（将通道作为选区载入）按钮　　B．（将选区存储为通道）按钮

C．（创建新通道）按钮　　D．（删除当前通道）按钮

3．按住（　　）键的同时，选择所需要的 Alpha 通道，可以向图像中载入通道中保存的选择区域。

A．Alt　　B．Ctrl　　C．Ctrl+Enter　　D．Shift+Enter

二、操作题

1．打开图 8.1 所示的“相片.jpg”图像文件，运用本项目介绍的通道知识，快速将其中的人物选取出来（提示：首先复制对比度大的色彩通道；然后运用选区工具选取边缘发丝，调整色阶以增强黑白对比度；接着将除发丝部分用选区工具选出并填充白色；最后按“Ctrl”键并选择通道缩览图选出人物）。

2．打开图 8.2 所示的“婚纱换背景.jpg”图像文件，运用本项目介绍的通道知识为图片中的人物更换背景（提示：参考本项目任务 8.2 中的任务制作过程，注意婚纱半透明区域的抠图方法）。

图 8.1　图片素材（一）

图 8.2　图片素材（二）

项目 9 蒙版的使用

项目导读

蒙版在 Photoshop 中的应用相当广泛，蒙版最大的特点就是可以反复修改，而不会影响本身图层的任何构造。如果对蒙版调整的图像不满意，则去掉蒙版，原图像就会重现。

学习目标

1）理解蒙版的原理和特点。

2）认识蒙版，掌握蒙版的特点及创建方法。

3）掌握应用图层蒙版和快速蒙版编辑图像的方法和技巧。

4）掌握应用剪贴蒙版对图像进行调色处理的方法。

素养目标

1）通过对蒙版的分类和应用，使学生建立职业技能素养。

2）通过不同的案例素材，在处理图像时培养学生团结协作、精益求精、爱岗敬业的精神，提高学生自主实践的能力，帮助学生养成良好的职业道德品格。

任务 9.1　蒙版的应用——快速蒙版

利用快速蒙版可以将两张图片完美地结合在一起，达到渐变溶图的效果。在抠图时，还可以结合笔刷处理图像的边缘，既灵活又方便。

任务目的

本任务通过合成图像操作，使学生了解蒙版的概念、作用，掌握蒙版的用法和常用的效果。本任务合成图像的效果如图 9.1.1 所示。

图 9.1.1　快速合成图像效果

扫码学习

抠取图像（龙猫）

相关知识

1. 蒙版原理

Photoshop 中的蒙版产生于传统的暗房技术，其基本的功能是遮挡。当一幅图像上有选区时，对图像所做的编辑只对不断闪烁的选区有效，但这种选区只是临时的，而蒙版可以保存多个、重复使用且较容易编辑的选区。

在 Photoshop 中，蒙版存储在 Alpha 通道中。蒙版和通道是灰度图像，因此，也可以像编辑其他图像那样编辑它。蒙版也使用黑、白、灰来标记，系统默认状态下，黑色区域用来遮盖图像，白色区域用来显示图像，灰色区域则表现出半透明效果。

选区、蒙版和 Alpha 通道是 Photoshop 中 3 个紧密相关的概念，可以把它们视为同一个事物的不同方面。选区一旦选定，实际上就创建了一个蒙版；将选区或蒙版存储起来就是 Alpha 通道，它们之间可以互相转换。

2. 蒙版类型

Photoshop 中涉及的蒙版类型主要有以下几类：

1）快速蒙版：又称临时蒙版。在该状态下，用户可以在画面中随意绘制蒙版的形状。

2）图层蒙版：通过使用图层蒙版可以创建许多梦幻般的图像效果，是合成图像中必不可少的技术手段。

3）剪贴蒙版：是一组图层的总称。简单来说，它由基层及内容层两部分组成，该蒙版通过使用处于下方图层的形状限制上方图层的显示状态，创造一种剪贴画的效果。

3. 快速蒙版

双击工具箱中的【以快速蒙版方式编辑】按钮，弹出【快速蒙版选项】对话框，如图 9.1.2 所示。

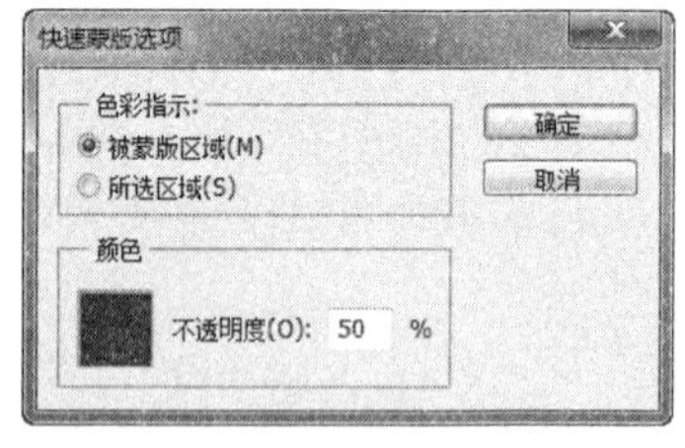

图 9.1.2 【快速蒙版选项】对话框

1）【色彩指示】选项组：用来指定蒙版的作用状态。

① 被蒙版区域：如果图像中存在选区，点选该单选按钮可以使选区之外的区域被遮盖起来，不被编辑。

② 所选区域：如果图像中存在各选区，点选该单选按钮可以使选区内的区域遮盖起来，不被编辑。

2）【颜色】选项组：用来设置蒙版的颜色，单击其下方的颜色块即可随意设置需要的蒙版颜色，默认颜色为红色。

不透明度：用来设置蒙版的透明效果，默认设置为 50%。

任务分析

一般来说，使用快速蒙版抠图时，要结合【磁性套索工具】或【快速选择工具】等工具，先将图像的边缘大致抠选出来，再使用【画笔工具】调整细节部分。

任务实施

1. 抠取图像

01 按“Ctrl+O”组合键，打开“龙猫.jpg”图像文件。

02 用【磁性套索工具】建立一个大致的选区，如图 9.1.3 所示，选择【选择】→【反向】命令。

03 单击工具箱中的【以快速蒙版方式编辑】按钮，进入快速蒙版编辑状态。

04 选择工具箱中的【画笔工具】，设置合适的画笔大小，并将画笔的【硬度】设置为 100%。

05 把鼠标指针放置在图像中拖动，为龙猫玩偶添加蒙版效果，如图 9.1.4 所示。为了提高选取的准确度，可以把图像放大一定比例。

图 9.1.3 利用【磁性套索工具】建立选区

小贴示

1）在涂抹过程中要根据需要随时调整画笔大小。

2）要使选取的图像边缘出现羽化效果，在绘制前可以将画笔硬度设置为 50%。

3）在 Photoshop 中凡具有绘图功能的工具都可以编辑快速蒙版的状态。

4）在选取过程中出现了多选的情况时，可以按“X”键，将前景色、背景色切换，以使用白色减少蒙版区域。

06 在当前的快速蒙版状态下，【通道】面板中也会出现一个快速蒙版，如图 9.1.5 所示。

07 单击工具箱中的【以标准模式编辑】按钮，或按“Q”键，可以将快速蒙版转换成选区，效果如图 9.1.6 所示。

图 9.1.4　画笔涂抹的蒙版

图 9.1.5　【通道】面板

图 9.1.6　将快速蒙版转换成选区

08 选择【选择】→【反向】命令，将选区反选，按“Ctrl+J”组合键，新建图层“图层 1”，如图 9.1.7 所示。然后将龙猫玩偶单独抠取出来。

09 给龙猫玩偶制作一个渐变背景。选中“背景”图层，在“图层 1”下方新建“图层 2”，填充黑白渐变。选择工具栏中的【渐变工具】，在其属性栏中单击渐变颜色条，弹出【渐变编辑器】对话框，编辑渐变颜色为灰—白渐变，并填充到“图层 2”，如图 9.1.8 和图 9.1.9 所示。

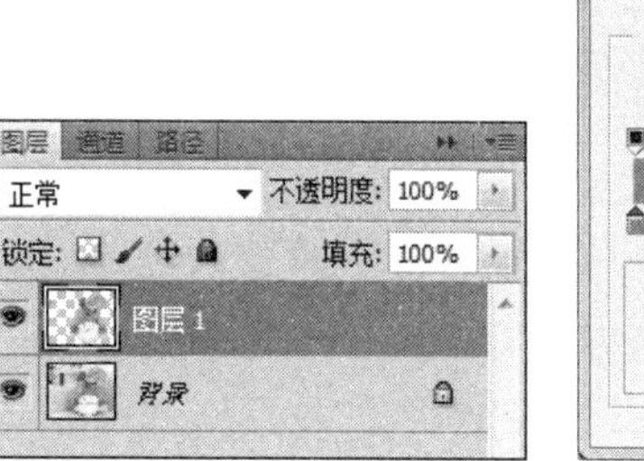

图 9.1.7　【图层】面板

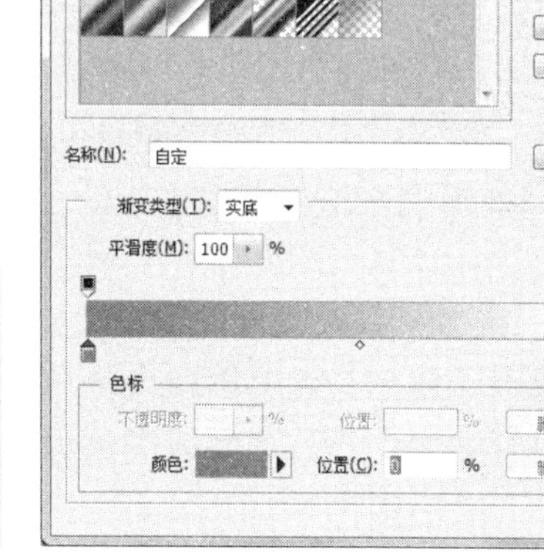

图 9.1.8　【渐变编辑器】对话框

图 9.1.9　图层填充渐变

10 按“Ctrl+T”组合键，使用变形工具适当调整龙猫玩偶的大小和位置，如图 9.1.10 所示，完成后按“Enter”键确认。

11 为龙猫玩偶添加阴影。选中“图层 2”，按“Ctrl+J”组合键新建“图层 3”，使用【椭圆选框工具】在“图层 3”中画出一个椭圆选区，并填充黑色。按“Ctrl+D”组合键取消选区，效果如图 9.1.11 所示。

12 选中“图层 3”，选择【滤镜】→【模糊】→【高斯模糊】命令，弹出【高斯模糊】对话框，如图 9.1.12 所示。在该对话框中，设置【半径】为 12 像素。最终效果如图 9.1.1（a）所示。

图 9.1.10 调整大小和位置

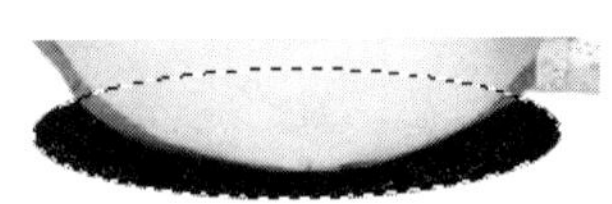

图 9.1.11 黑色椭圆效果

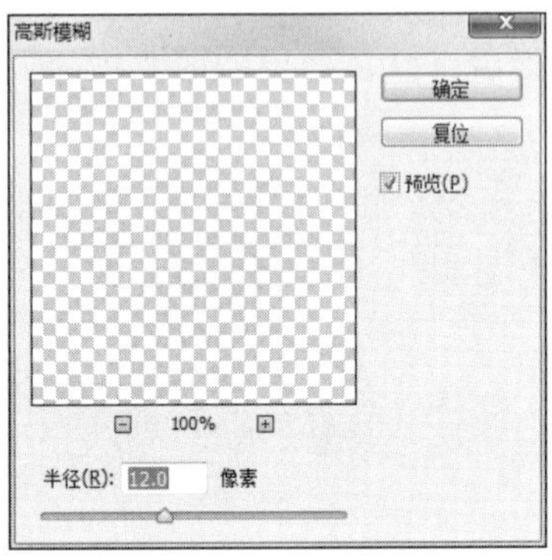

图 9.1.12 【高斯模糊】对话框

2. 合成图像

合成图像部分可自选图片，操作方法如下。

01 按“Ctrl+O”组合键，打开选定合成图像文件。

02 按“D”键，将工具箱中的前景色和背景色设置成系统默认的颜色。

03 单击工具箱中【以快速蒙版方式编辑】按钮，进入快速蒙版编辑状态。

04 选择工具箱中的【画笔工具】，在其属性栏中，设置画笔【大小】和【硬度】，然后涂抹图片进行调色。

05 单击工具箱中的【以标准模式编辑】按钮，或按“Q”键，可以将快速蒙版转换成选区。选择【选择】→【反向】命令，并按“Ctrl+C”组合键，复制选区。

06 打开选定的背景图像文件，按“Ctrl+V”组合键粘贴选区。

07 按“Ctrl+T”组合键，使用变形工具适当调整选区的大小和位置，完成后按“Enter”键结束调整。

08 重复步骤**01**～步骤**07**，将另一张选定合成的图像文件复制到背景中。

09 选择新图像所在图层，通过调整工具调整图像大小和位置，直致满意为止。

10 添加其他修饰素材，并进行调整，直致达到最终预想效果为止。

任务 9.2 蒙版的应用——图层蒙版

图层蒙版是我们作图最常用的工具，平常所说的蒙版一般就是指图层蒙版。它可以在不破坏素材的情况下完成对图层中图像的遮盖，还可以进行任意修改，本任务就来介绍如何添加图层蒙版。

任务目的

本任务通过几个实例的制作，使学生了解图层蒙版的概念、作用，掌握图层蒙版的用法和常用的效果。几个实例的效果如图 9.2.1 所示。

（a）

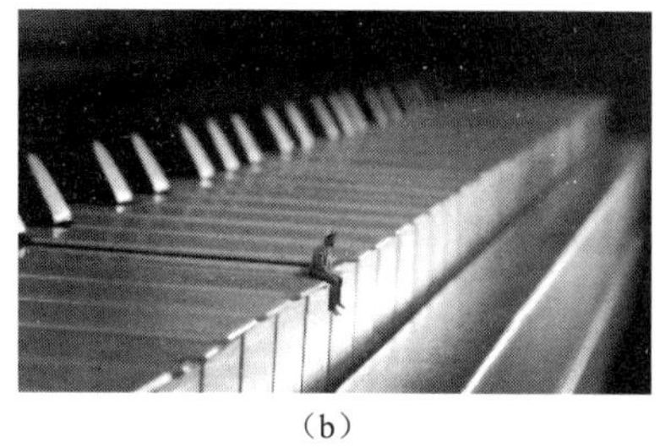
（b）

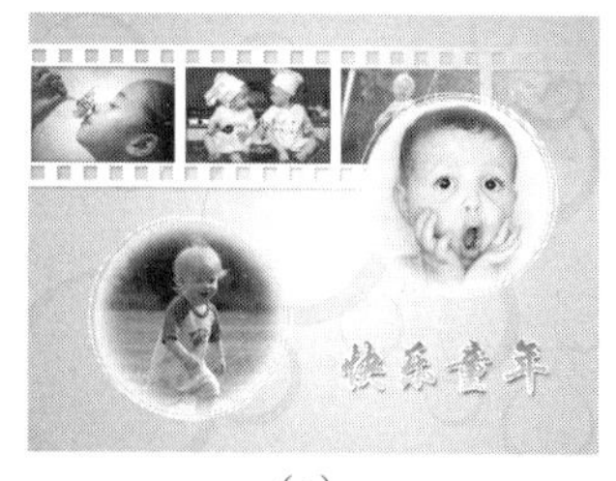

（c）

图 9.2.1　实例效果

扫码学习

制作小鸟倒影

扫码学习

制作超现实微型画像

扫码学习

制作儿童相册

相关知识

1. 图层蒙版的原理

图层蒙版可以理解为在当前图层上面覆盖一层玻璃片，这种玻璃片有透明和黑色不透明两种，前者显示全部，后者隐藏部分。使用各种绘图工具在蒙版上（即玻璃片上）涂色（只能涂黑、白、灰色），则涂黑色的地方蒙版变为不透明，看不见当前图层图像；涂白色的地方变为透明，可看到当前图层上的图像；涂灰色的地方则变为半透明，透明的程度由灰色的深浅决定。

2. 图层蒙版的添加

创建图层蒙版，可以执行以下操作之一：

1）单击【图层】面板下方的【添加蒙版】按钮。

2）选择【图层】→【图层蒙版】→【显示全部】命令。

3. 图层蒙版的快捷菜单命令

将鼠标指针放置在蒙版区域，右击，在弹出的快捷菜单中可以实现蒙版的各种编辑，如图 9.2.2 所示。

1）停用图层蒙版：暂时取消图层蒙版的应用效果。

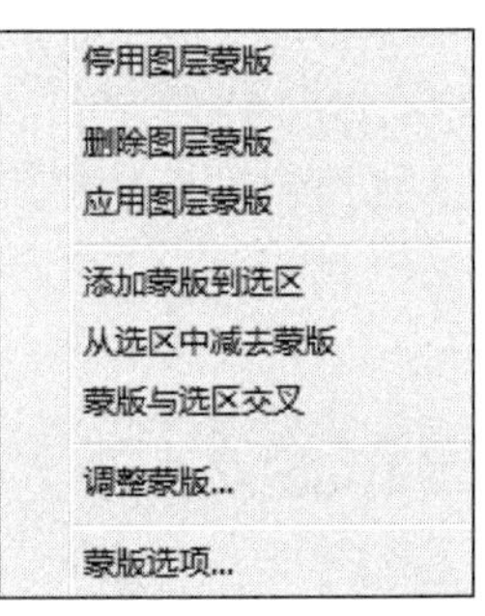

图 9.2.2　蒙版快捷菜单

2）删除图层蒙版：删除当前图层的图层蒙版。

3）应用图层蒙版：将蒙版效果应用于图层，同时删除蒙版。

4）添加蒙版到选区：如果原图像中存在选区，由图层蒙版转换的选区将与原选区相加。

5）从选区中减去蒙版：如果原图像中存在选区，由图层蒙版转换的选区将从原选区中减去。

6）蒙版与选区交叉：如果原图像中存在选区，由图层蒙版转换的选区将与原选区相交。

7）调整蒙版：用来调整蒙版的边缘。

8）蒙版选项：设置蒙版的颜色和不透明度。

任务分析

1. 制作小鸟倒影

首先复制图层，利用透明度制作倒影效果，然后使用蒙版结合渐变工具制作若隐若现的蒙太奇效果。

2. 制作超现实微型画像

首先使用快速蒙版抠图；然后合成人物和钢琴图像，为了让人物更真实地坐在钢琴上，使用图层蒙版处理琴键并制作阴影；最后整体调色。

3. 制作儿童相册

首先，制作背景和泡泡，并对泡泡进行复制，设置不透明度；然后，制作胶片，使用图层蒙版处理胶片上的照片，并制作圆形照片；最后，添加文字，并给文字添加合适的图层样式。

任务实施

1. 制作小鸟倒影

01 按“Ctrl+O”组合键，打开“小鸟.png”和“风景.jpg”图像文件，如图 9.2.3 所示。

02 使用工具箱中的【移动工具】，将“小鸟”图片拖动到“风景”文件中，调节大小并置于适当位置，如图 9.2.4 所示。

图 9.2.3　小鸟和风景图像

图 9.2.4　添加素材

03 在【图层】面板中，复制小鸟图层（图层 1），选择【编辑】→【变换】→【垂直翻转】命令，将复制的图像垂直翻转，调整其位置，设置“图层 1 副本”图层的【不透明度】为 30%，效果如图 9.2.5 所示。

04 单击【图层】面板下方的【添加蒙版】按钮，为“图层 1 副本”图层添加图层蒙版，此时的【图层】面板如图 9.2.6 所示。

05 选择【渐变工具】，设置渐变颜色为黑色—白色，渐变模式为线性渐变，在蒙版中从下到上做一渐变，此时小鸟副本图层出现若隐若现的蒙太奇效果，这就是图像倒影制作的方法之一，图像效果如图 9.2.1 所示，图层蒙版效果如图 9.2.7 所示。

图 9.2.5　垂直翻转效果

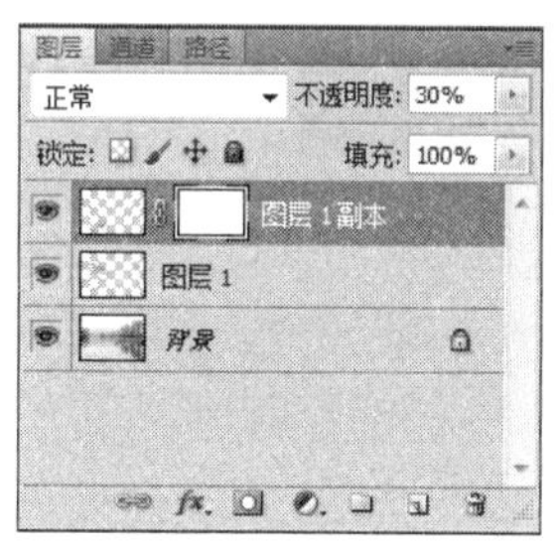

图 9.2.6　【图层】面板

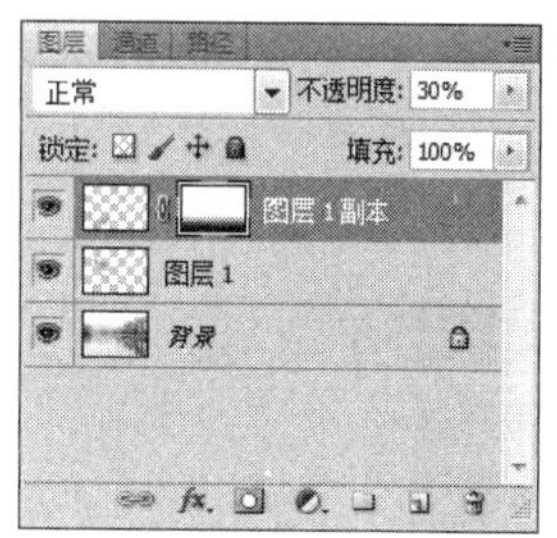

图 9.2.7　图层蒙版效果

小贴示

由图 9.2.7 的图层蒙版可以看出，黑色区域遮盖图像，白色区域显示图像，而灰色区域则使图像若隐若现。

06 在【图层】面板中，单击图层缩览图和图层蒙版之间的按钮，可以取消图像与蒙版的链接，使用【移动工具】可以分别移动图像或蒙版的位置，效果如图 9.2.8 所示。

07 单击图层缩览图和图层蒙版之间的按钮的原位置，图像与蒙版将重新链接。将鼠标指针放置在蒙版区域，右击，在弹出的快捷菜单中可以实现蒙版的各种编辑，如图 9.2.9 所示。

图 9.2.8　取消图像与蒙版的链接

图 9.2.9　蒙版快捷菜单

2. 制作超现实微型画像

01 按“Ctrl+O”组合键，打开“钢琴.jpg”和“模特.jpg”图像文件。

02 使用工具箱中的【移动工具】，按住“Shift”键的同时拖动“模特”图像到“钢琴”文件中，如图 9.2.10 所示。

03 使用【快速选择工具】或【磁性套索工具】先将模特的轮廓用蚂蚁线大致选中，然后选择【选择】→【反向】命令，将选区反选，如图 9.2.11 所示。

图 9.2.10　移动素材

图 9.2.11　建立选区

04 单击工具箱中的【以快速蒙版方式编辑】按钮，进入快速蒙版编辑状态。选择工具箱中的【画笔工具】，在其属性栏设置合适的画笔大小，并将画笔的【硬度】设置为 100%。

05 把鼠标指针放置在图像中拖动，为了提高选取的准确度，可以把图像放大一定比例，如图 9.2.12 所示。

06 单击工具箱中的【以标准模式编辑】按钮，或按“Q”键，可以将快速蒙版转换成选区，按“Delete”键，将模特的背景删除，取消选区。效果如图 9.2.13 所示。

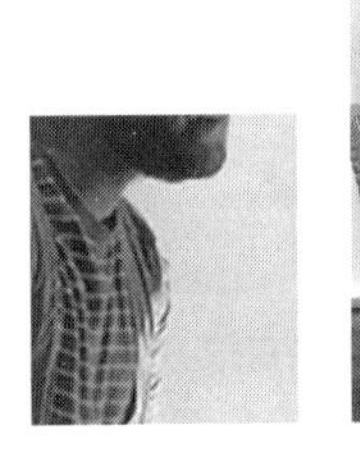

图 9.2.12　放大比例并用画笔涂抹蒙版

图 9.2.13　抠取图像

07 选中人物图层（图层 1），按“Ctrl+T”（自由变换命令）组合键，然后拖动变换大小，并放到合适的位置，按“Enter”键确定。效果如图 9.2.14 所示。

08 选中人物图层，单击【添加蒙版】按钮，用黑色画笔把应该被琴键遮挡的部位擦去，现在人物是坐在琴键上的，效果如图 9.2.15 所示。

图 9.2.14　调整大小和位置

图 9.2.15　擦除遮挡部位

09 新建阴影图层（图层 2），使用黑色画笔画出阴影部分，设置画笔【硬度】为 60%。

选中“阴影”图层，选择【滤镜】→【模糊】→【高斯模糊】命令，在弹出的【高斯模糊】对话框中，将【半径】设置为16像素，如图9.2.16所示。

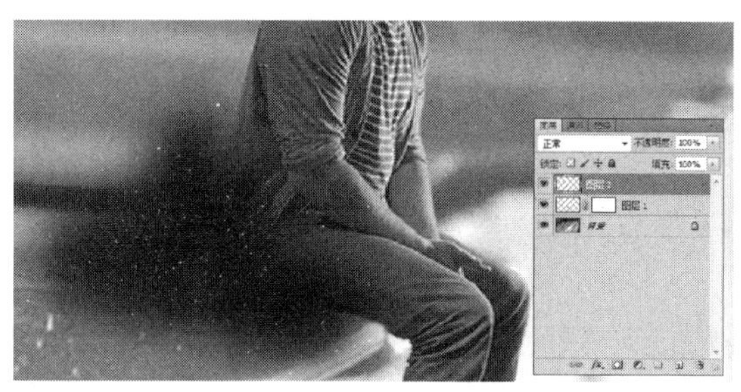

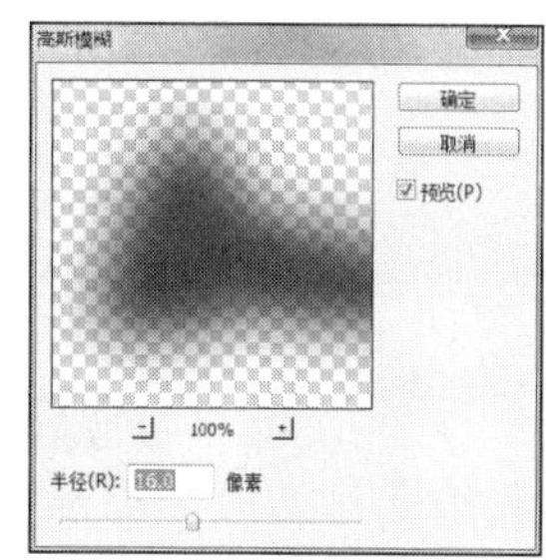

图 9.2.16　制作阴影

10 选中阴影图层，添加蒙版，使用黑色画笔细化阴影，画笔的【硬度】设置为0%，擦除多余的阴影，并将图层的【不透明度】改为68%，如图9.2.17所示。

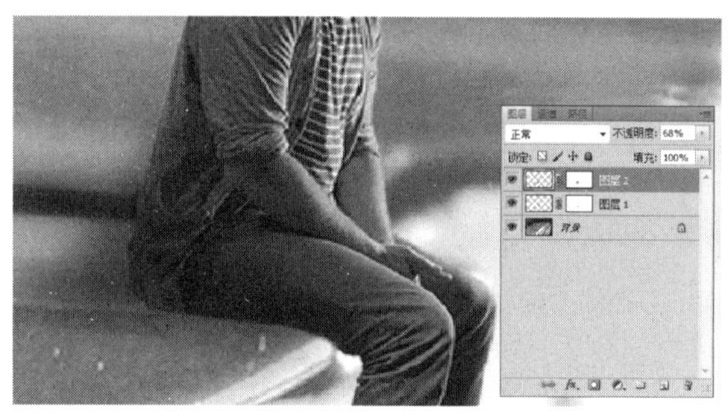

图 9.2.17　使用图层蒙版细化阴影

11 单击【图层】面板下方的按钮，在弹出的下拉列表中选择【曲线】命令，在【曲线】属性面板中设置参数，压暗图片，具体设置如图9.2.18所示，效果如图9.2.19所示。

（a）增加“曲线1”图层

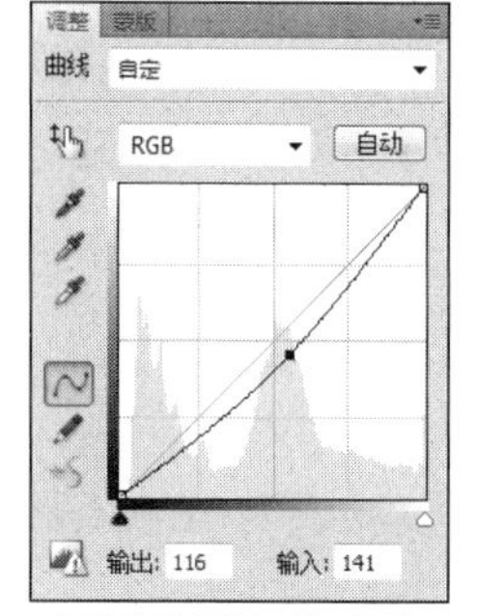

（b）【曲线】属性面板参数设置

图 9.2.18　图像调色设置

图 9.2.19　调色后的效果

12 选择“曲线1”图层，添加图层蒙版，此时的【图层】面板如图9.2.20所示。选择【画笔工具】，在其属性栏中将画笔的【硬度】设置为0%，颜色设置为黑色，然后在人物周围涂抹，把中间擦亮，调整图层【不透明度】为64%。最终效果如图9.2.1（b）所示。

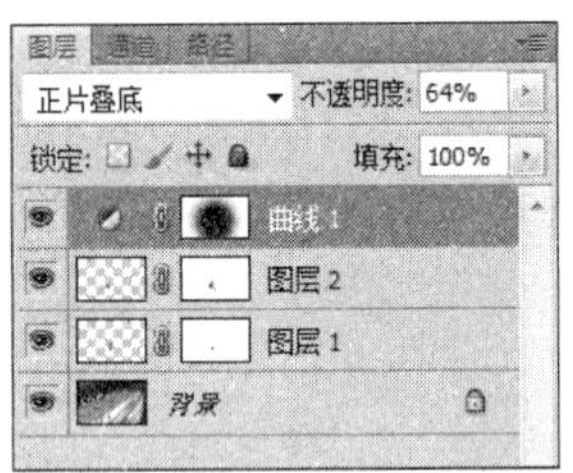

图 9.2.20 【图层】面板

3. 制作儿童相册

01 新建一个文件，设置【宽度】为 1024 像素，【高度】为 768 像素，【分辨率】为 72 像素/英寸。

02 在“背景”图层上使用【渐变工具】填充渐变色，渐变颜色为白色—粉色（#ffb0de），渐变模式为径向渐变，从中心向外做渐变。

03 绘制泡泡。新建一个图层“图层 1”。使用【椭圆选框工具】创建一个正圆选区，前景色设置为红色（#d1509c），选择【编辑】→【描边】命令，在弹出的【描边】对话框中，设置【宽度】为 5 像素，位置为居外，效果如图 9.2.21 所示。

04 新建一个图层“图层 2”，设置前景色为粉色（#ff9ad5），在选区中填充前景色。使用【椭圆选框工具】创建一个正圆选区，效果如图 9.2.22 所示。

05 删除选区中的图像。使用【椭圆选框工具】创建效果如图 9.2.23 所示的选区。

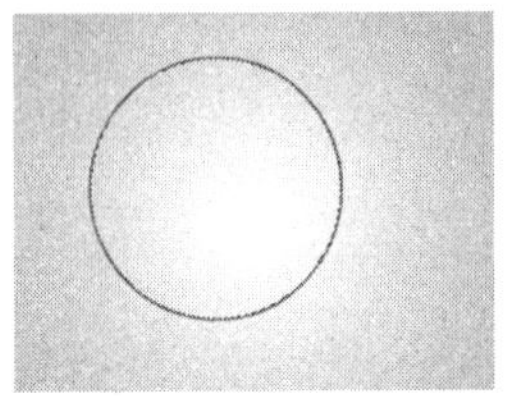

图 9.2.21 选区描边

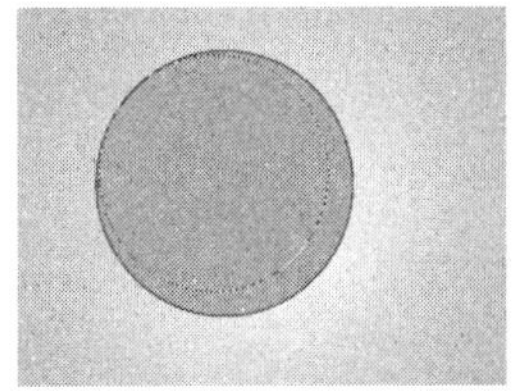

图 9.2.22 创建选区（一）

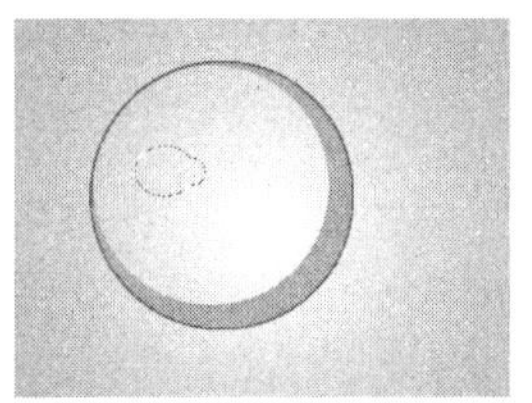

图 9.2.23 创建选区（二）

06 选择【选择】→【变换选区】命令，将选区旋转，在选区中填充浅粉色（#ffedf7）。取消选区，将所有的泡泡图层合并，命名为“泡泡”。将泡泡复制多个，并调整各自的大小、方向和不透明度，然后将所有泡泡的图层都选中，选择【图层】→【图层编组】命令，将所有的泡泡图层成组，图像效果如图 9.2.24 所示。

07 在图层组外新建一个图层，使用【矩形选框工具】在图像上方创建一个矩形选区，填充白色，效果如图 9.2.25 所示。

08 单击【图层】面板下方的【添加蒙版】按钮，给该图层添加一个图层蒙版。选择【画笔工具】，打开【画笔】面板，选择方头画笔，具体设置如图 9.2.26 所示。

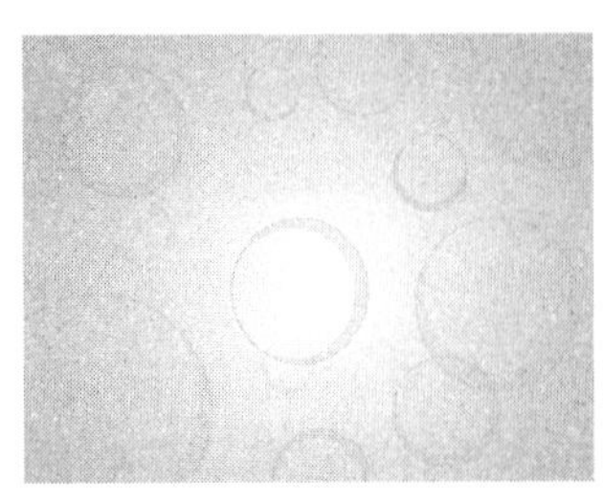

图 9.2.24 复制泡泡

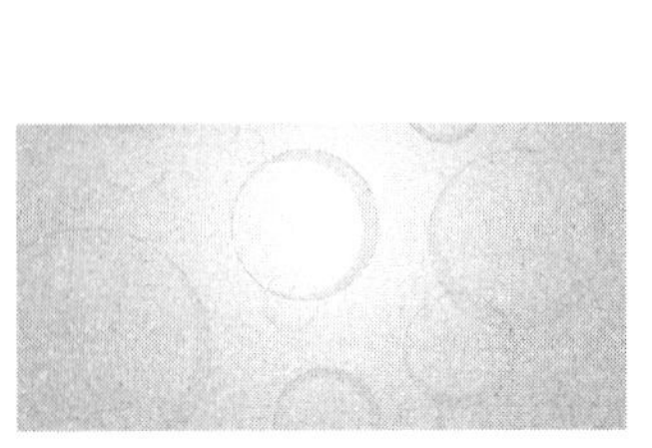

图 9.2.25 绘制白色色块

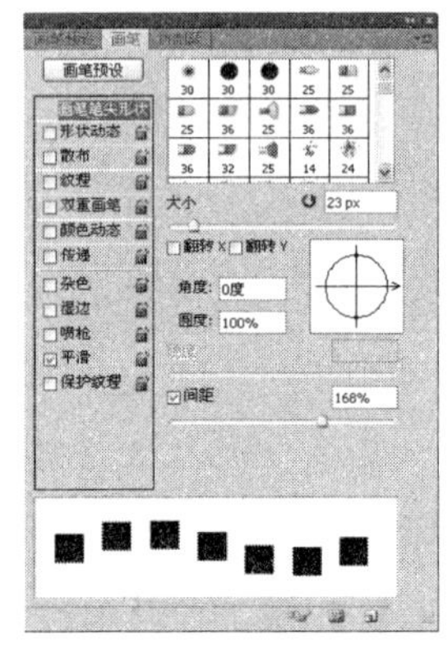

图 9.2.26 设置【画笔】面板属性

09 选择蒙版，设置前景色为黑色，然后在蒙版中绘制，如图 9.2.27 所示，图像效果如图 9.2.28 所示。

10 打开素材文件，使用【移动工具】将人物素材移动到文件中，调整大小和位置，使用【矩形选框工具】创建一个如图 9.2.29 所示的选区。

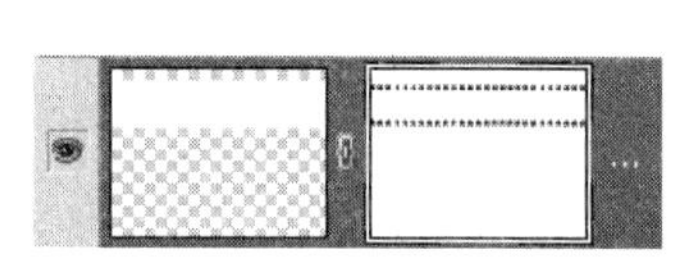

图 9.2.27　编辑蒙版（一）

图 9.2.28　图像效果

图 9.2.29　创建选区（三）

11 选择【图层】→【图层蒙版】→【显示选区】命令，给该图层添加图层蒙版，单击该图层中的按钮，取消图像与蒙版之间的链接，分别调整蒙版和图像的大小和位置。调整完成后，再单击该图层中按钮的原位置处，重新链接。给图层添加【内发光】图层样式，设置发光颜色为红色（#dc4396）。

12 同步骤10、步骤11方法，添加其他素材图片。

13 将胶卷效果的所有图层都选中，选择【图层】→【图层编组】命令，将所有的胶卷图层成组。选中图层组，单击图层面板下方的【添加矢量蒙版】按钮，给该图层组添加一个图层蒙版，在图层蒙版中从右到左填充黑色—白色的线性渐变，图像效果如图 9.2.30 所示。

14 选中胶卷白色框图层，给该图层添加【投影】图层样式。

15 在图层组外新建一个图层，使用【椭圆选框工具】创建一个正圆选区，在选区中填充白色，效果如图 9.2.31 所示。

16 新建一个图层，使用【椭圆选框工具】创建一个比步骤15中稍大点的正圆选区，并用白色描边选区，描边宽度为 3 像素，调整位置，效果如图 9.2.32 所示。

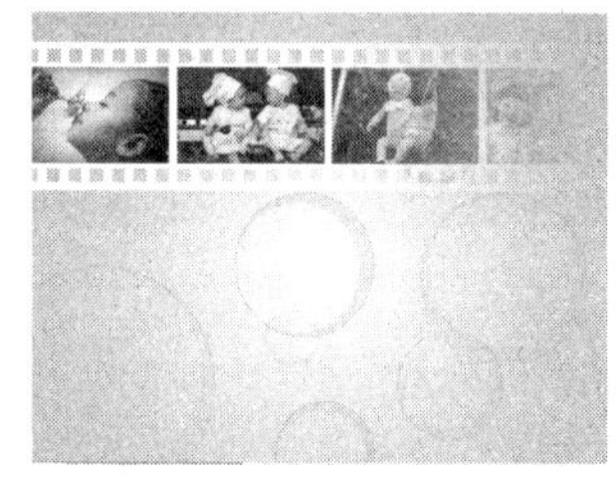

图 9.2.30　图像效果（二）

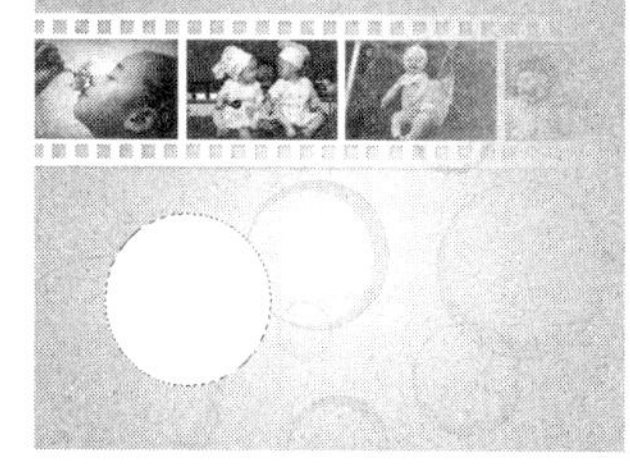

图 9.2.31　绘制白色圆

图 9.2.32　描边选区

17 再复制一个图层，调整大小和位置，效果如图 9.2.33 所示。

18 首先使用【移动工具】将人物素材移动到文件中，调整大小和位置，将其置于白色圆上方，按“Ctrl”键并选择白色圆图层，载入白色圆图像选区。然后选择【图层】→【图层蒙版】→【显示选区】命令，给该图层添加图层蒙版，并单击该图层中的按钮，取消图像与蒙版之间的链接。接着选中蒙版，选择【滤镜】→【模糊】→【高斯模糊】命令，在弹出的【高斯模糊】对话框中，设置【半径】为 8 像素。最后按“Ctrl+T”组合键将蒙版稍微缩小，并调整图像的位置和大小，效果如图 9.2.34 所示。

19 同步骤15～步骤18，在右上角绘制类似效果图像，如图 9.2.35 所示。

20 添加文字“快乐童年”，并设置文字的【投影】【描边】【渐变叠加】图层样式，最终效果如图 9.2.1（c）所示。

图 9.2.33 复制图层

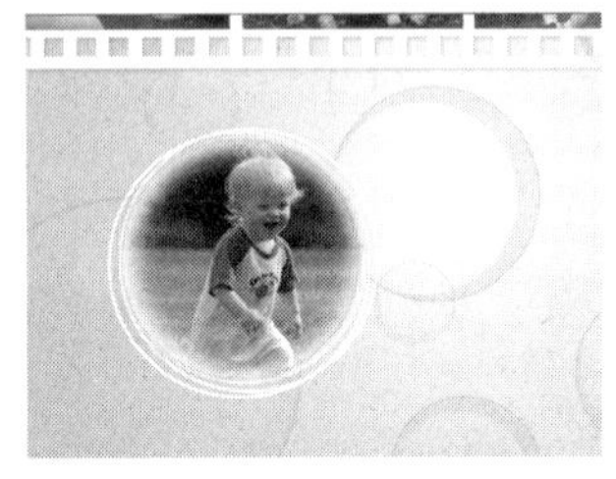

图 9.2.34 图像效果（三）

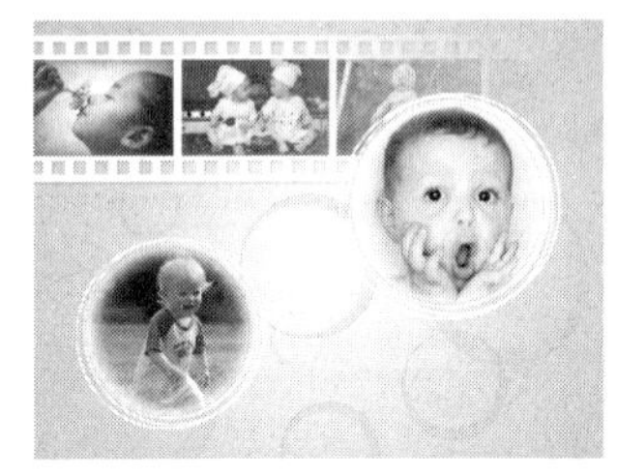

图 9.2.35 处理图像素材图

任务 9.3 蒙版的应用——剪贴蒙版

Photoshop 的剪贴蒙版非常实用，利用它可以制作出很多好看好玩的效果，如 CD 盘面和冲出画框的鲨鱼等。

任务目的

本任务通过制作 CD 盘面和冲出画框的鲨鱼，使学生了解剪贴蒙版的概念和作用，掌握剪贴蒙版的用法，学会使用剪贴蒙版对图像进行调色。

扫码学习

制作 CD 盘面

扫码学习

制作冲出画框的鲨鱼

（a）

（b）

图 9.3.1 剪贴蒙版的效果图

相关知识

1. 剪贴蒙版

剪贴蒙版是一组图层的总称，简单来说，它由基层及内容层两部分组成。该蒙版通过使用处于下方基层的形状限制上方内容层的显示状态，来创造一种剪贴画的效果，如图 9.3.2 所示。

2. 创建剪贴蒙版

创建剪贴蒙版，可以执行以下操作之一。

1）选择【图层】→【创建剪贴蒙版】命令。

2）直接在内容层图层的名称上右击，在弹出的快捷菜单中选择【创建剪贴蒙版】命令。

3）在选择内容层图层的情况下，按“Alt+Ctrl+G”组合键即可创建剪贴蒙版。

4）按住“Alt”键，将鼠标指针放置在基层与内容层之间的分隔线上，当鼠标指针变为两个交叉的圆圈时，单击即可创建。

从图 9.3.2 可以看出建立剪贴蒙版后，内容层前方出现了一个指示标志，并且图层的缩览图被缩进，同时基层的名字会出现下划线。

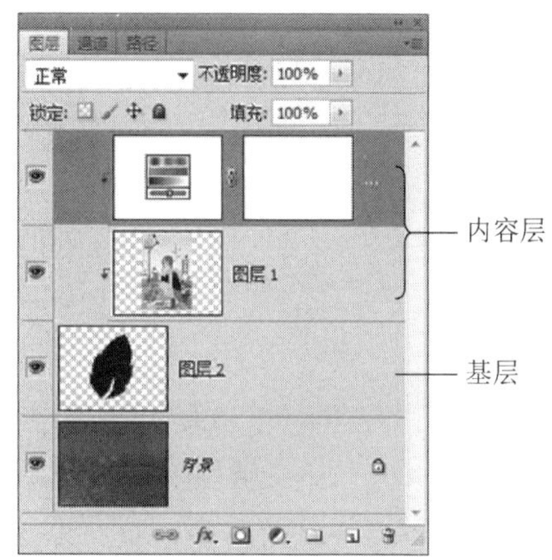

图 9.3.2　剪贴蒙版标示图

小贴示

1）在创建剪贴蒙版后，仍可以为各图层设置混合模式、不透明度及图层样式等。

2）在任意一个剪贴蒙版中，基层都是唯一的，内容层则可以是无限多的。无论基层还是内容层，都没有图层类型的限制，可以根据需要，使用任意一个类型的图层作为剪贴蒙版中的基层或内容层。

3. 取消剪贴蒙版

要取消剪贴蒙版，可以执行以下操作之一。

1）按住“Alt”键，将鼠标指针放置在【图层】面板中两个图层的分隔线上，当鼠标指针变化形状时单击分隔线。

2）在【图层】面板中选择内容图层中的任意一个图层，选择【图层】→【释放剪贴蒙版】命令。

3）选择内容图层中的任意一个图层，按“Alt+Ctrl+G”组合键。

任务分析

首先将各种图像合成，在图像合成的过程中使用剪贴蒙版对每个对象进行具体设置。

任务实施

1. 制作 CD 盘面

01 按“Ctrl+N”组合键，新建一个 12 厘米×12 厘米的文件，如图 9.3.3 所示。

02 按“Ctrl+R”组合键显示标尺，并在横竖 6 厘米的位置各画出一条参考线，如图 9.3.4 所示。

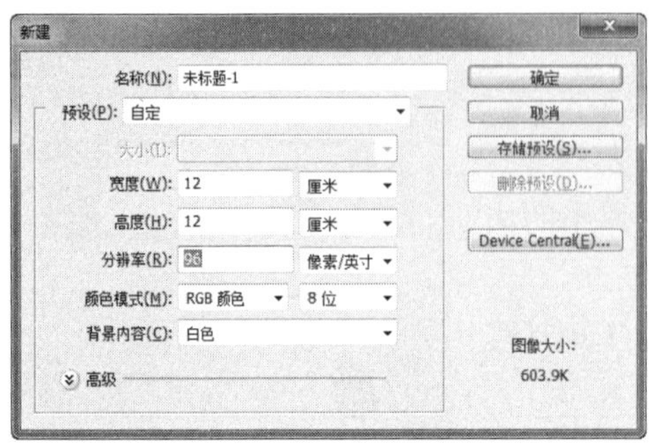

图 9.3.3　新建文件　　图 9.3.4　添加参考线

03 设置前景色为黑色。新建一个图层，选择【椭圆工具】，单击其属性栏中的【填充像素】按钮，移动鼠标指针到两条参考线的交点处单击，按“Shift+Alt”组合键并拖动鼠标，以画布为中心向外绘制一个黑色正圆形，如图 9.3.5 所示。

04 选择【椭圆选框工具】，移动鼠标指针到两条参考线的交点处单击，按“Shift+Alt”组合键并拖动鼠标，以画布为中心向外绘制一个小正圆形选区，删除选区中的图像，效果如图 9.3.6 所示，取消选区。

05 添加【投影】和【描边】图层样式，参数设置如图 9.3.7 所示。

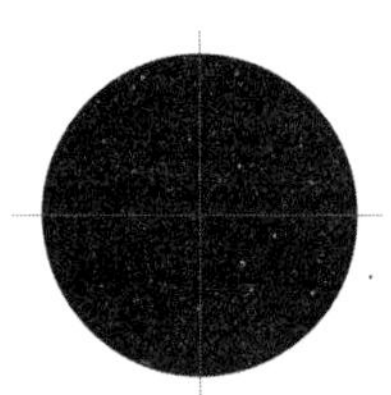

图 9.3.5　绘制正圆形

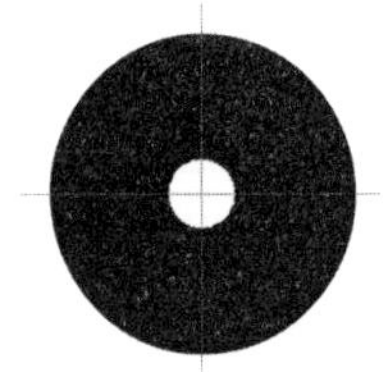

图 9.3.6　删除选区图像

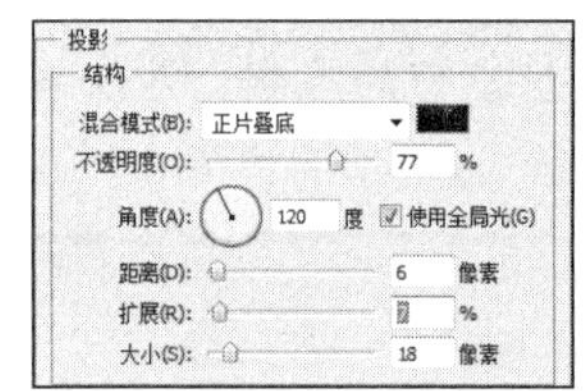

(a)【投影】图层样式

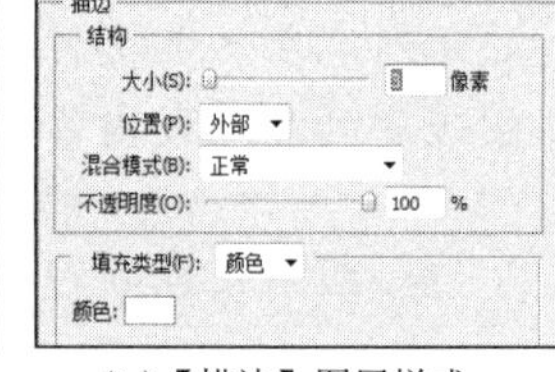

(b)【描边】图层样式

图 9.3.7　设置【投影】和【描边】图层样式

06 选择【视图】→【清除参考线】命令，将参考线清除。

07 打开图像素材文件，将其拖动到文件中，并调整大小和位置，效果如图 9.3.8 所示。

08 打开【图层】面板，按住“Alt”键，移动鼠标指针到“图层 1”和“图层 2”图层的中间分割线位置单击，即创建一个图层剪贴蒙版，效果如图 9.3.9 所示，此时的【图层】面板如图 9.3.10 所示。

图 9.3.8　插入图像素材

图 9.3.9　创建图层剪贴蒙版

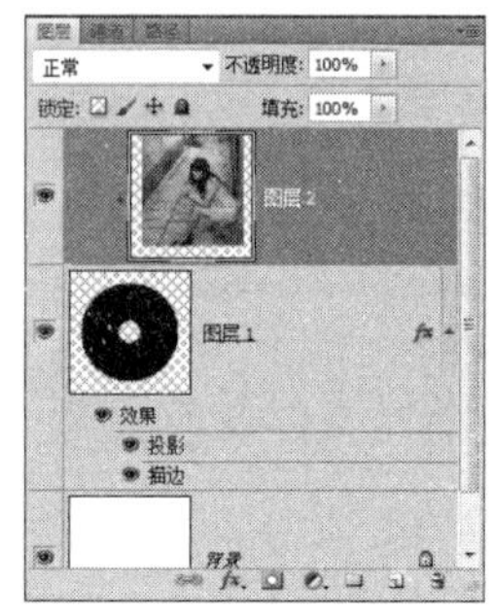

图 9.3.10　【图层】面板（一）

09 使用工具箱中的【移动工具】，调整人物素材的位置。

10 单击【图层】面板中的【创建新的填充或调整图层】按钮，在弹出的下拉列表中选择【色相/饱和度】命令，弹出的【色相/饱和度】属性面板的参数设置如图 9.3.11 所示。

11 按“Alt+Ctrl+G”组合键创建剪贴蒙版，效果如图 9.3.12 所示。

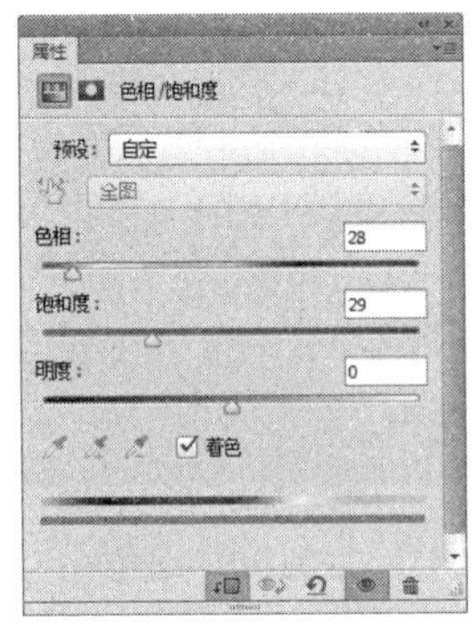

图 9.3.11　【色相/饱和度】属性面板（一）

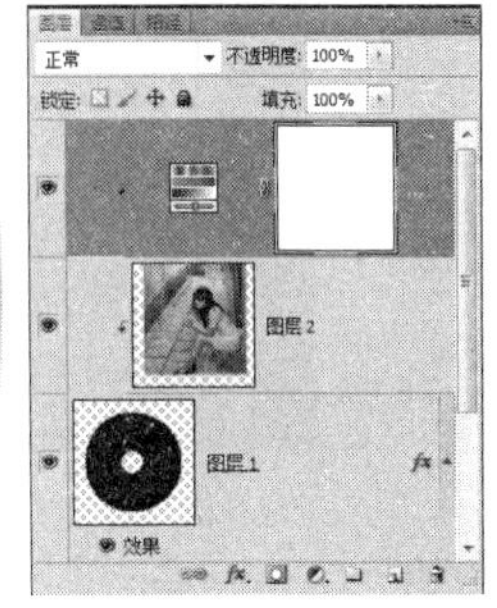

图 9.3.12　创建剪贴蒙板

12 使用工具箱中的【横排文字工具】，在盘面上输入“怀旧金曲”字样，添加【投影】【渐变叠加】和【描边】图层样式，各图层样式的设置如图 9.3.13 所示。至此，CD 盘面就制作完成了，最终效果如图 9.3.1（a）所示。

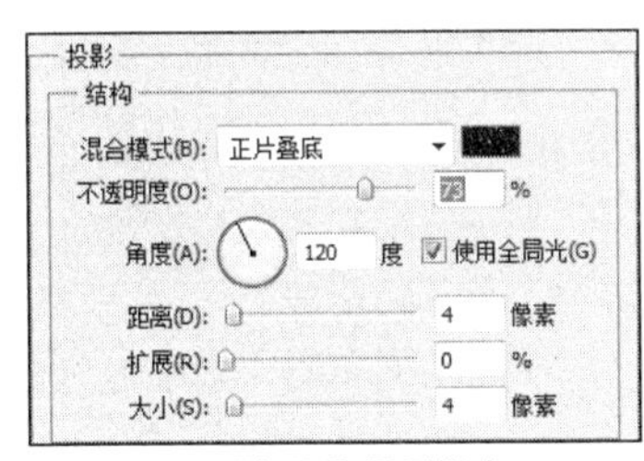

（a）【投影】图层样式

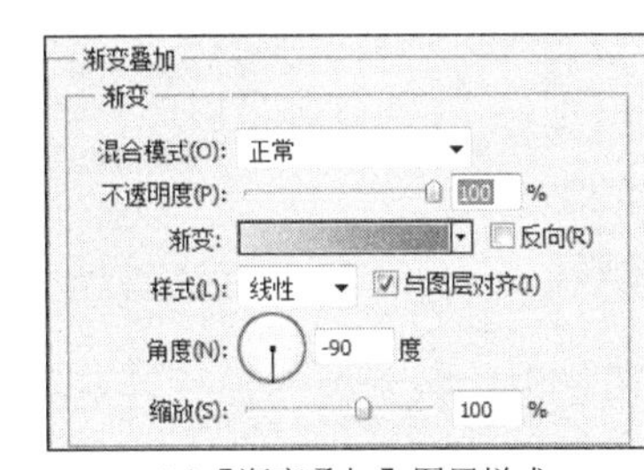

（b）【渐变叠加】图层样式

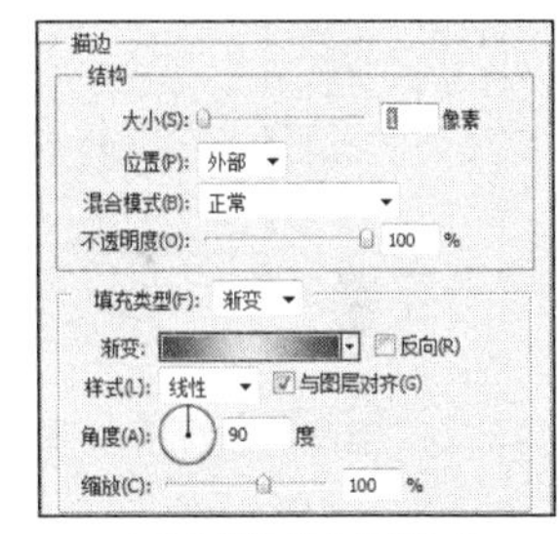

（c）【描边】图层样式

图 9.3.13　设置图层样式参数

2. 制作冲出画框的鲨鱼

01 按“Ctrl+O”组合键，打开“相框.jpg”文件。

02 选择【魔棒工具】，在其属性栏中单击【添加到选区】按钮，选中相框中的空白背景部分，按“Ctrl+Shift+I”组合键反选，并复制选区，如图 9.3.14 所示。

03 打开“房间.jpg”文件，按“Ctrl+V”组合键将相框粘贴进来，并适当调整相框大小，效果如图 9.3.15 所示。

04 相对于房间素材，相框素材看起来太亮了，因此需先调整一下它的亮度和饱和度。在【图层】面板单击【创建新的填充或调整图层】按钮，在弹出的下拉列表中选择【曲线】命令，创建一个“曲线”调整图层，其设置如图 9.3.16 所示。

05 调整曲线时，会发现房间素材的颜色也随之变化，但此时只需相对相框进行调整。此时可以在“曲线 1”图层上右击，在弹出的快捷菜单中选择【创建剪贴蒙版】命令创建剪贴蒙版，如图 9.3.17 所示。

06 调旧相框。添加一个“色相/饱和度”调整图层，设置【饱和度】为-50，如图 9.3.18 所示，并为这个调整图层创建剪贴蒙版，如图 9.3.19 所示。

07 添加一个“色阶”调整图层，参数设置如图 9.3.20 所示。然后创建剪贴蒙版。

图 9.3.14　抠取相框素材

图 9.3.15　复制相框到房间

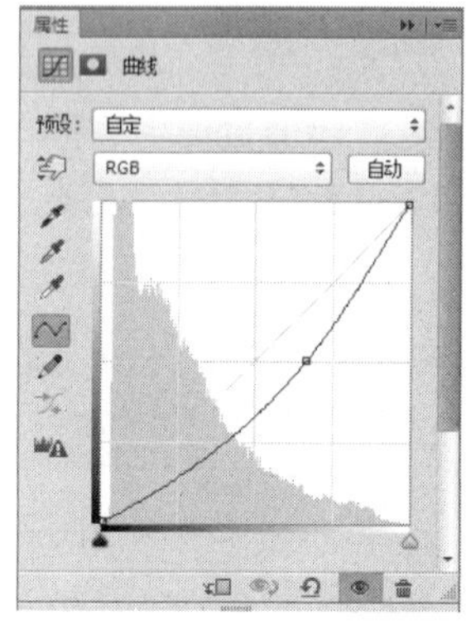

图 9.3.16　【曲线】属性面板

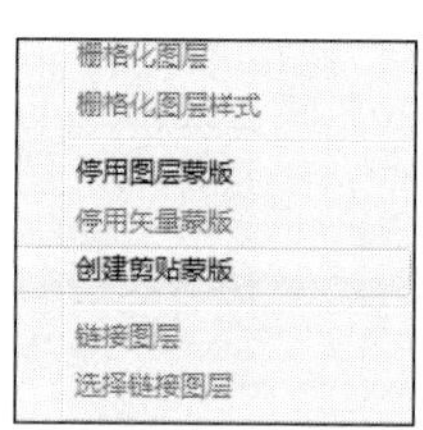

图 9.3.17　创建剪贴蒙版

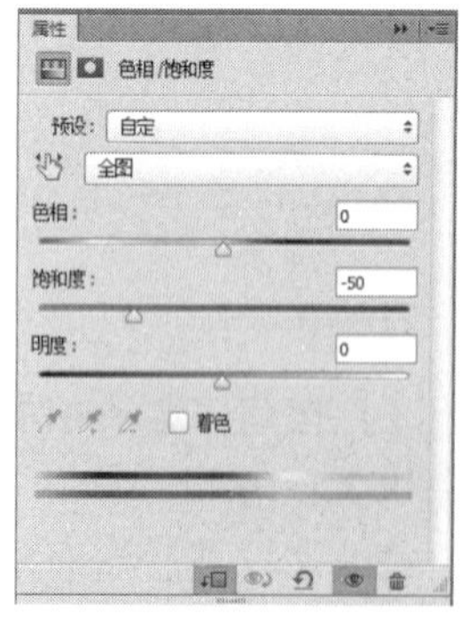

图 9.3.18　【色相/饱和度】属性面板（二）

图 9.3.19　【图层】面板（二）

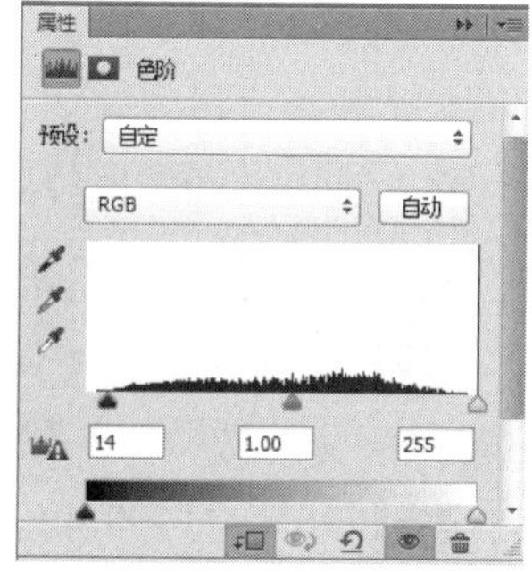

图 9.3.20　【色阶】属性面板（一）

08 添加一个“曝光度”调整图层，参数设置如图 9.3.21 所示，然后创建剪贴蒙版。此时，相框的颜色与房间的颜色看起来就相衬了，效果如图 9.3.22 所示。

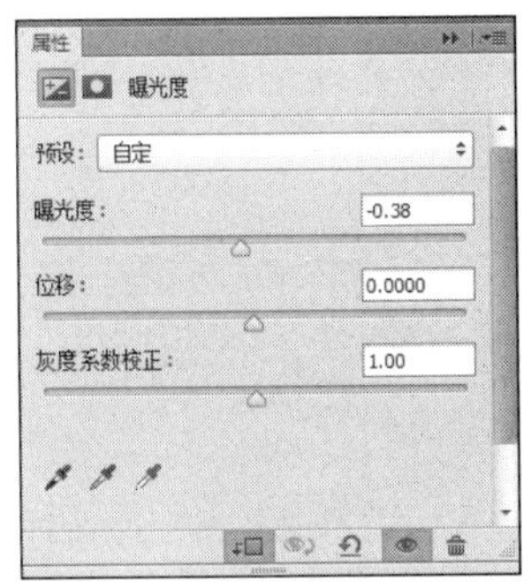

图 9.3.21　【曝光度】属性面板

图 9.3.22　相框调色完成

09 打开“鲨鱼.jpg”素材，使用【快速选择工具】沿着鲨鱼的身体建立选区，设置【羽化半径】为 1 像素，按“Ctrl+C”组合键，复制鲨鱼选区，如图 9.3.23 所示。

10 按“Ctrl+C”组合键，将鲨鱼粘贴到房间素材，并适当调整鲨鱼的大小和位置，如图 9.3.24 所示。

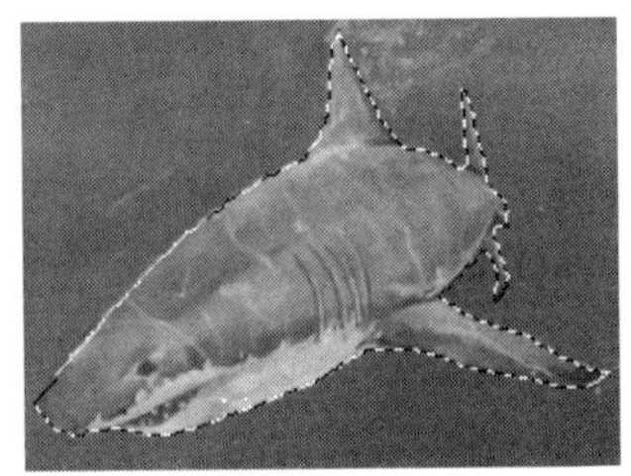

图 9.3.23　抠取鲨鱼图像

图 9.3.24　调整鲨鱼大小和位置

11 为了做出鲨鱼逃离相框的效果，需要把鲨鱼的背鳍和尾鳍删除。首先把鲨鱼图层（图层 2）的不透明度降低，然后使用【套索工具】沿相框创建选区，把鲨鱼的背鳍和尾鳍圈出来，如图 9.3.25 所示。

12 按“Ctrl+Shift+I”组合键反向选择，接着创建一个图层蒙版（单击【图层】面板下面的【添加蒙版】按钮），既去掉了背鳍和尾鳍又不会破坏素材，最后把不透明度调回 100%，如图 9.3.26 所示。

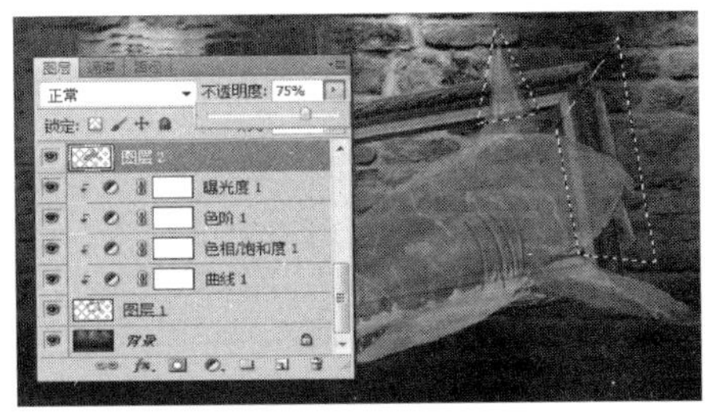

图 9.3.25　删除多余部分

图 9.3.26　图层蒙版

13 在合成图片时，素材图片间的明暗、色调等都必须完美配合，所以接下来要调整鲨鱼的颜色。分别对鲨鱼图层添加“色相/饱和度”“色阶”“亮度/对比度”“曲线”4 个调整图层，设置方法参考图 9.3.27～图 9.3.30（数值仅供参考）。同时为各图层添加剪贴蒙版，【图层】面板如图 9.3.31 所示，效果如图 9.3.32 所示。

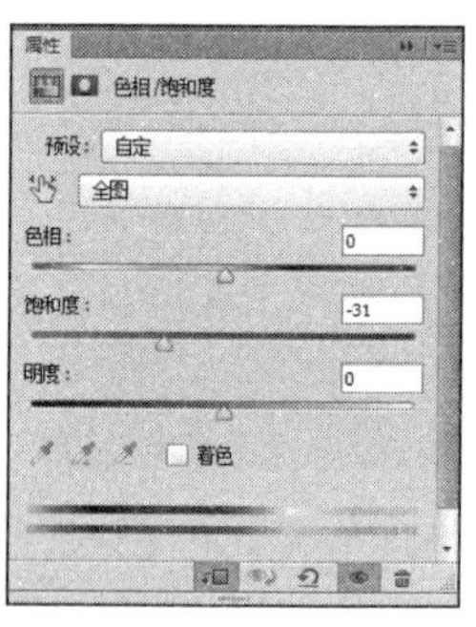

图 9.3.27 【色相/饱和度】属性面板（三）

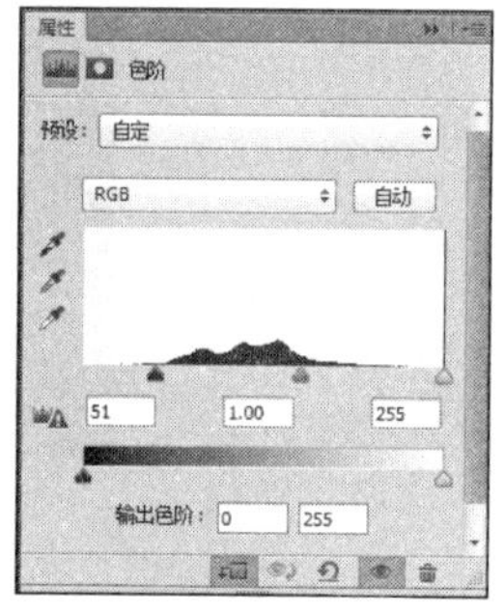

图 9.3.28 【色阶】属性面板（二）

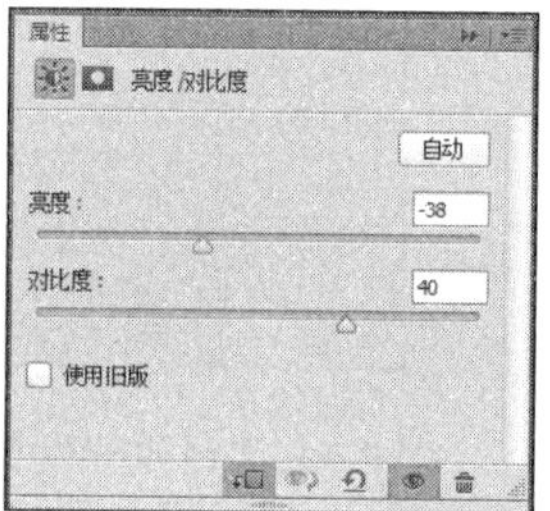

图 9.3.29 【亮度/对比度】属性面板（一）

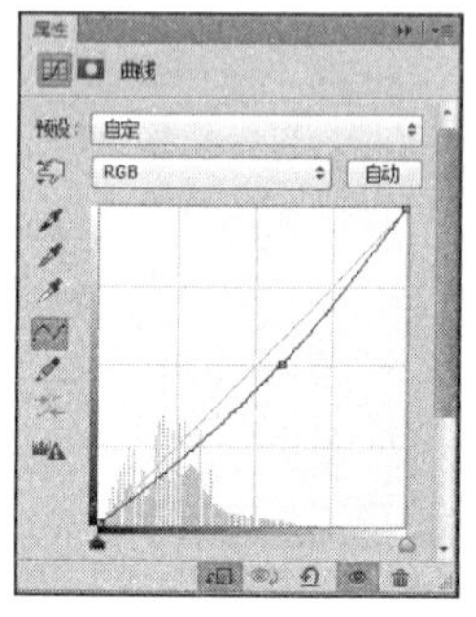

图 9.3.30 【曲线】属性面板（一）

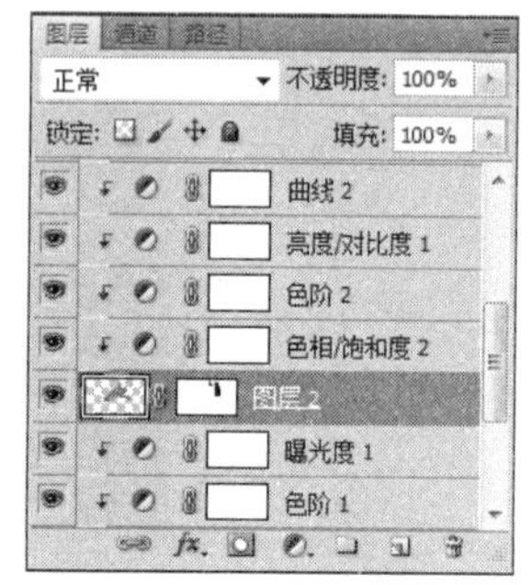

图 9.3.31 【图层】面板（三）

图 9.3.32 调色后效果

14 添加一个纯色调整图层，设置颜色为#131313，图层混合模式为【柔光】，【不透明度】为 26%，如图 9.3.33 所示，效果如图 9.3.34 所示。

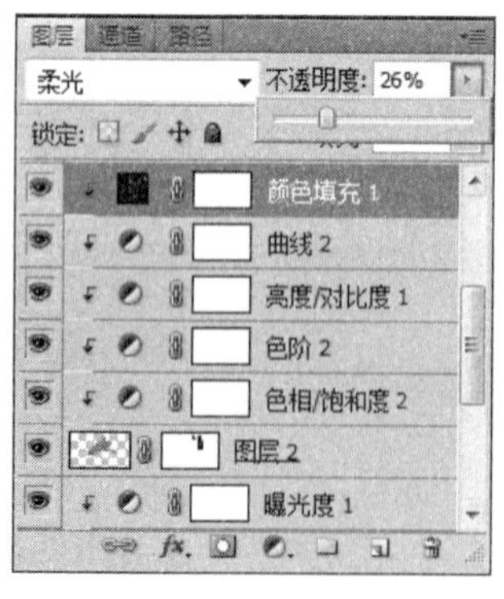

图 9.3.33 纯色调整图层

图 9.3.34 鲨鱼调色效果

15 打开云素材，把云素材复制粘贴到图中，并使用自由变换调整位置和角度。云图层必须位于鲨鱼图层和相框图层的下面，并使用【多边形套索工具】将超出相框的部分删掉。效果如图 9.3.35 所示。

16 选择【滤镜】→【模糊】→【高斯模糊】命令，在弹出的【高斯模糊】对话框中，设置【半径】为8像素，如图9.3.36所示。

图9.3.35 云素材图

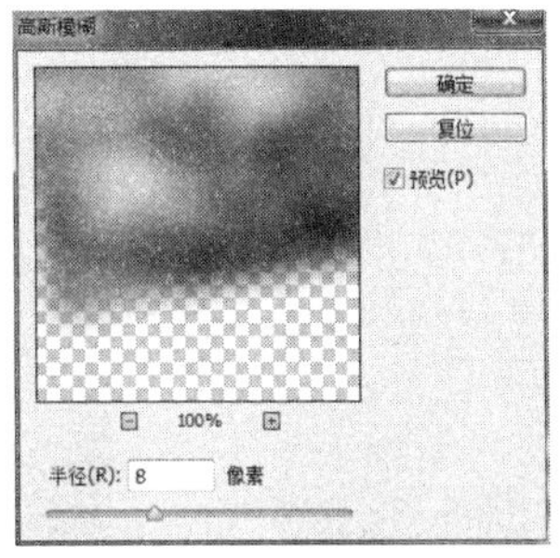

图9.3.36 【高斯模糊】对话框

17 为相框添加投影效果，使它看起来更自然。选择相框素材图层，双击，添加【投影】图层样式，具体设置如图9.3.37所示。

18 为鲨鱼图层添加投影效果。选择鲨鱼素材图层，双击，添加一个【投影】图层样式，具体设置如图9.3.38所示。

图9.3.37 【投影】图层样式（一）

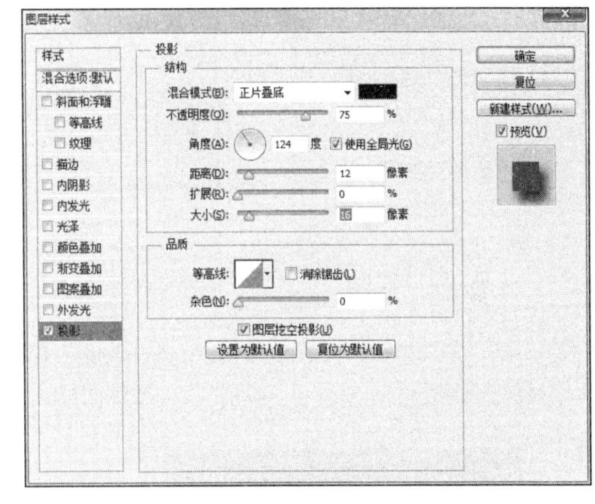

图9.3.38 【投影】图层样式（二）

19 打开小猫素材图片，使用【快速选择工具】结合【以快速蒙版方式编辑】，把小猫图像从背景中提取出来，设置【羽化半径】为1像素，如图9.3.39所示。

20 将小猫图像复制粘贴到房间素材，调整大小并放置到合适的位置，如图9.3.40所示。

21 对小猫素材进行调色，使它的颜色与房间素材相衬。参考图9.3.41～图9.3.43（数值仅供参考）对小猫进行【色相/饱和度】【亮度/对比度】【曲线】的调整。此时的【图层】面板如图9.3.44所示。

22 在小猫图层的下面新建一个图层，然后使用【椭圆工具】创建一个椭圆选区，如图9.3.45所示。按“Ctrl+Delete”组合键填充背景色为黑色，然后设置【高斯模糊】效果，半径设置为5像素左右，最终效果如图9.3.46所示。

图 9.3.39 抠取小猫图像

图 9.3.40 调整小猫的大小和位置

图 9.3.41 【色相/饱和度】属性面板（四）

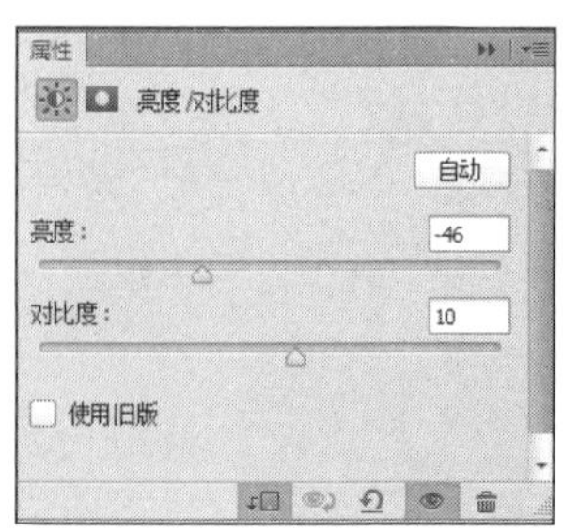

图 9.3.42 【亮度/对比度】属性面板（二）

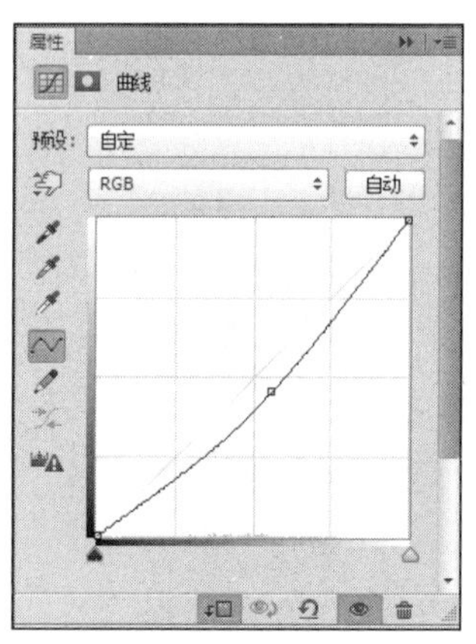

图 9.3.43 【曲线】属性面板（二）

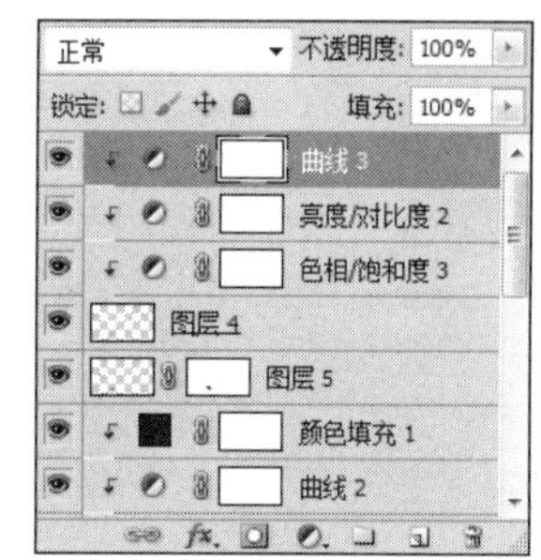

图 9.3.44 【图层】面板（四）

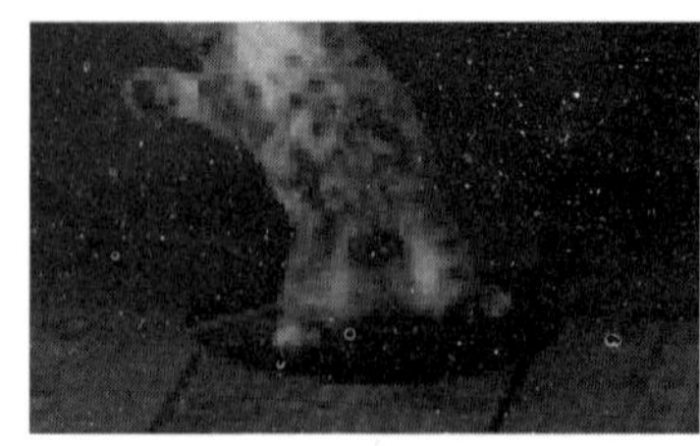

图 9.3.45 黑色椭圆

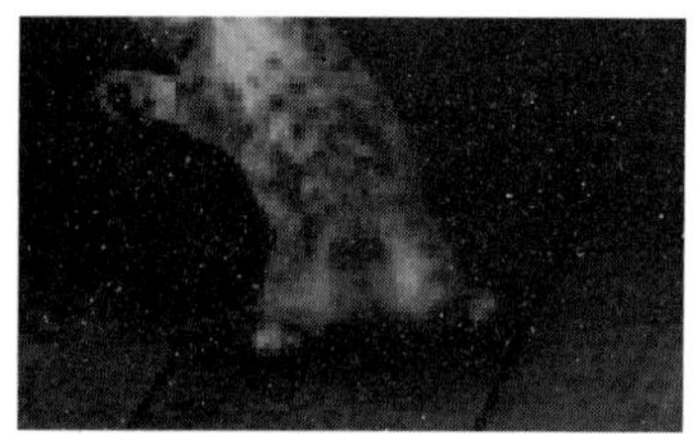

图 9.3.46 阴影完成效果

23 新建一个图层，选择【画笔工具】并载入瀑布笔刷。调整好画笔大小，如图 9.3.47 所示。然后使用瀑布笔刷在鲨鱼下面添加一个水溅效果，使用【橡皮擦工具】清除多余的部分，效果如图 9.3.48 所示。

24 至此，鲨鱼冲出画框的图像制作全部完成，最后效果如图 9.3.1（b）所示。

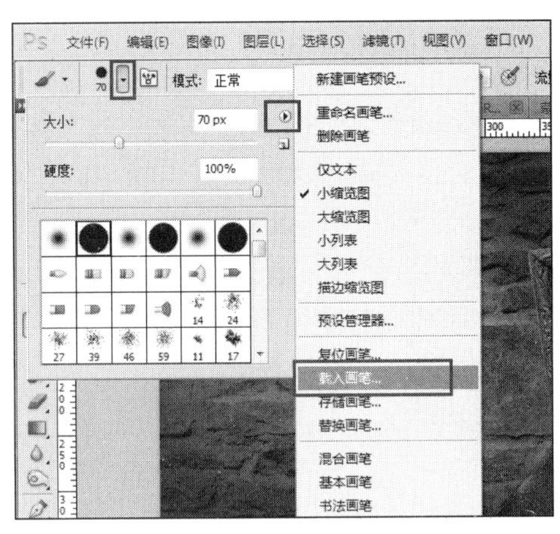

图 9.3.47 调整画笔大小

图 9.3.48 瀑布笔刷

项 目 小 结

本项目通过 3 个任务的实际操作，详细介绍了 3 种蒙版（快速蒙版、图层蒙版、剪贴蒙版）的作用，即快速蒙版主要用于编辑修改选区，图层蒙版多用于图像合成，剪贴蒙版是两个或两个以上图层的组合效果，并说明了使用蒙版时应结合画笔工具、渐变工具等对图像的边缘形状进行灵活处理，最终使图像更为生动有趣。

实 践 探 索

一、选择题

1. 快速蒙版创建后，按（　　）键可以快速将快速蒙版转换为选择区域。

   A. Alt　　B. Ctrl　　C. X　　D. Q

2. 如果在图层上增加一个蒙版，当要单独移动蒙版时，下面操作正确的是（　　）。

   A. 首先单击图层上面的蒙版，然后选择【移动工具】就可以移动了

   B. 首先单击图层上的蒙版，然后选择【选择】→【全选】命令，再用【移动工具】拖动

   C. 首先取消图层与蒙版之间的链接，然后选择【移动工具】

   D. 首先取消图层与蒙版之间的链接，然后选择蒙版，最后选择【移动工具】

3.（多选）可对蒙版虚化的程度进行数字化控制的方式有（　　）。

   A. 使蒙版成为当前选中的通道，然后用【高斯模糊】滤镜对通道进行虚化

   B. 将快速蒙版转化为选区，通过【选择】→【羽化】命令对选区进行羽化后再转化为蒙版，从而实现对蒙版的虚化处理

C．使用模糊或涂抹工具对蒙版进行手工涂抹

D．蒙版不能进行虚化处理

4．（多选）下面对图层蒙版的显示、关闭和删除的描述正确的是（　　）。

A．按住“Shift”键同时单击图层选项栏中的蒙版图标就可关闭蒙版，使之不在图像中显示

B．【图层】面板的蒙版图标上出现一个黑色的×记号，表示图像蒙版暂时关闭

C．图层蒙版可以通过【图层】面板中的垃圾桶图标进行删除

D．图层蒙版创建后就不能删除

二、操作题

1．运用本项目讲解的剪贴蒙版内容，制作一张光盘，其中的素材文件可以自由选择。

2．利用快速蒙版的知识合成海底世界和海滩两张素材图，最后效果如图 9.1 所示。

图 9.1　效果图

滤镜的应用

项目导读

滤镜是 Photoshop 软件中非常强大的工具，它能在较短的时间内产生很多特殊的效果，制作出炫丽的艺术作品。对于滤镜，可通过设置不同的参数做出很多不同的效果，也可以结合图层、蒙版、通道及图层样式等来处理效果。总之，利用滤镜可以制作出许多神奇的效果。

学习目标

1）了解常用滤镜的功能和效果。

2）了解滤镜库的使用方法。

3）掌握各滤镜组中常用滤镜命令的作用与使用规则。

4）掌握常用滤镜的综合应用技巧。

素养目标

1）通过对滤镜的使用，让学生得到创意、创作、创造、创新的初步体验，有利于培养学生创新的意识和能力。

2）在制作水彩画效果时选取中国古建筑视觉元素，使学生通过案例体验中华民族传统文化之美，提升文化自信。

任务 10.1　风格化滤镜的应用——制作多彩羽毛

风格化滤镜主要作用于图像的像素，可以强化图像的色彩边界，图像的对比度对此类滤镜的影响较大，风格化滤镜最终营造出的是一种印象派的图像效果。

任务目的

本任务通过制作多彩羽毛使学生熟悉【风格化】滤镜中的常用滤镜的应用。多彩羽毛的最终效果如图 10.1.1 所示。

扫码学习

制作多彩羽毛

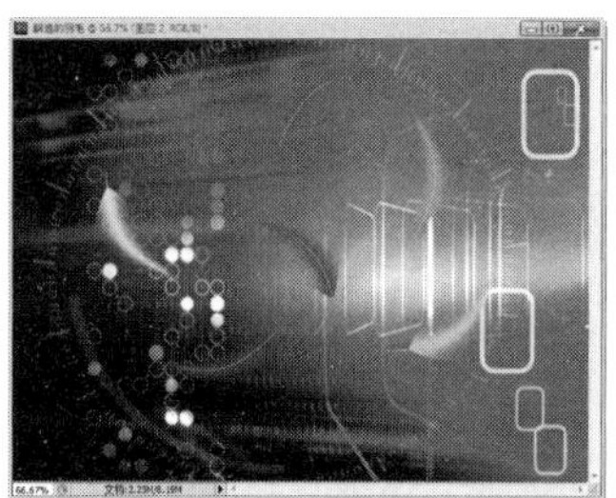

图 10.1.1　多彩羽毛最终效果

相关知识

1.【查找边缘】滤镜

1）作用：【查找边缘】滤镜用相对于白色背景的深色线条来勾画图像的边缘，得到图像的大致轮廓。如果先加大图像的对比度，再应用此滤镜，可以得到更多更细致的边缘。

2）操作：选择【滤镜】→【风格化】→【查找边缘】命令，如图 10.1.2 所示。

3）效果：将待处理图片（如图 10.1.3 所示）进行【查找边缘】滤镜操作后的效果如图 10.1.4 所示。

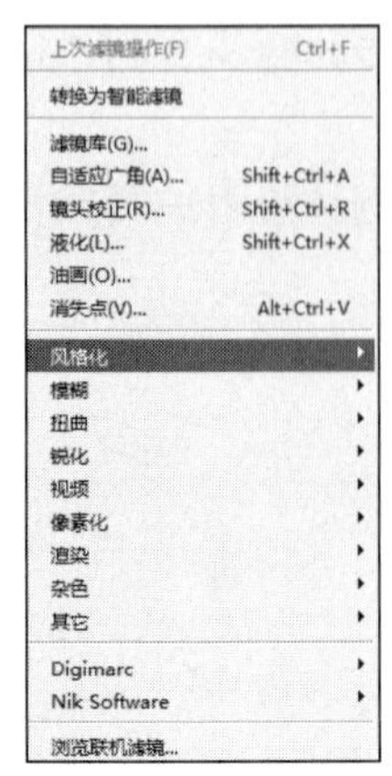

图 10.1.2　【滤镜】菜单

图 10.1.3 待处理图片

图 10.1.4　【查找边缘】滤镜效果

2.【等高线】滤镜

1）作用：【等高线】滤镜类似于【查找边缘】滤镜的效果，但允许指定过渡区域的色调水平，主要作用是勾画图像的色阶范围。

2）操作：选择【滤镜】→【风格化】→【等高线】命令，弹出【等高线】对话框，如图 10.1.5 所示。

3）对应参数。

① 色阶：可以通过拖动三角滑块或输入数值来指定色阶的阀值（0～255）。

② 较低：勾画像素的颜色低于指定色阶的区域。

③ 较高：勾画像素的颜色高于指定色阶的区域。

4）效果：对图 10.1.3 进行【等高线】滤镜操作（参数设置如图 10.1.5 所示）后的效果如图 10.1.6 所示。

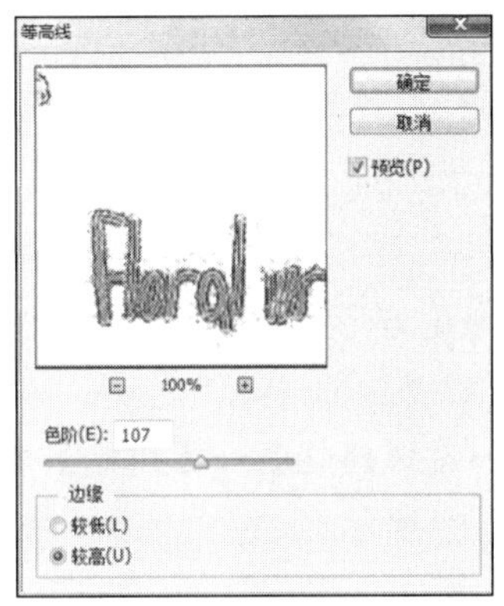

图 10.1.5　【等高线】对话框

图 10.1.6　【等高线】滤镜效果图

3.【风】滤镜

1）作用：【风】滤镜通过在图像中色彩相差较大的边界上增加细小的水平短线来模拟风的效果。

2）操作：打开待处理图片（如图 10.1.7 所示），选择【滤镜】→【风格化】→【风】命令，弹出【风】对话框，如图 10.1.8 所示。

3）对应参数。

① 风：细腻的微风效果。

② 大风：比风效果要强烈得多，图像改变很大。

③ 飓风：最强烈的风效果，图像已发生变形。

④ 从左：风从左面吹来。

⑤ 从右：风从右面吹来。

4）效果：进行【风】滤镜操作的效果如图 10.1.8 和图 10.1.9 所示。

图 10.1.7　待处理图片

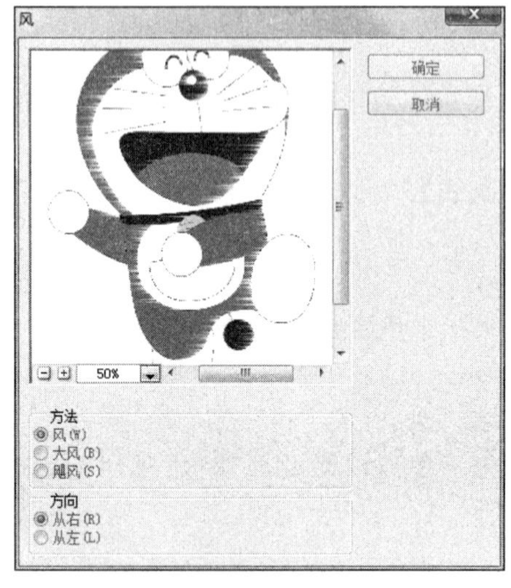

图 10.1.8 【风】滤镜效果——风

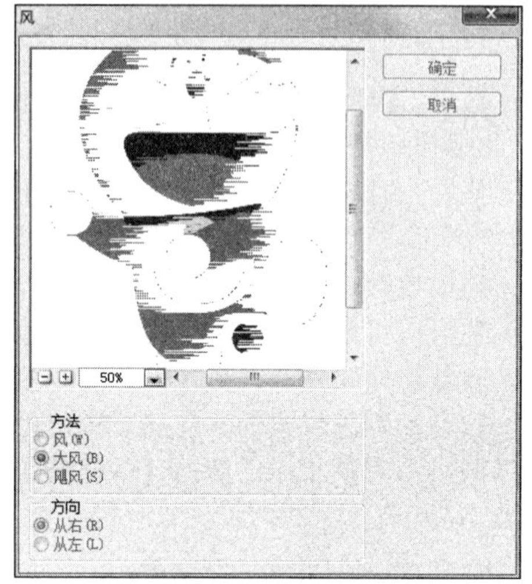

图 10.1.9 【风】滤镜效果——大风

4.【拼贴】滤镜

1）作用：【拼贴】滤镜将图像按指定的值分裂为若干个正方形的拼贴图块，并按设置的位移百分比的值进行随机偏移。

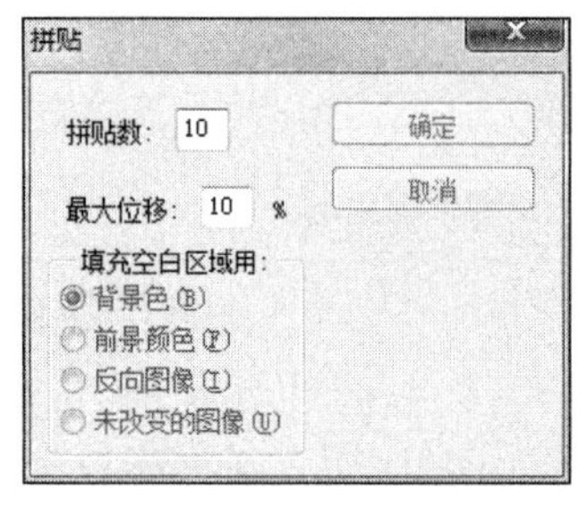

图 10.1.10 【拼贴】对话框

2）操作：选择【滤镜】→【风格化】→【拼贴】命令，弹出【拼贴】对话框，如图 10.1.10 所示。

3）对应参数。

① 拼贴数：设置行或列中分裂出的最小拼贴块数。

② 最大位移：贴块偏移其原始位置的最大距离（百分数）。

③ 背景色：用背景色填充拼贴块之间的缝隙。

④ 前景颜色：用前景颜色填充拼贴块之间的缝隙。

⑤ 反向图像：用原图像的反相色图像填充拼贴块之间的缝隙。

⑥ 未改变的图像：使用原图像填充拼贴块之间的缝隙。

4）效果：对待处理的图片（如图 10.1.11 所示）进行拼贴滤镜操作后（具体的参数设置如图 10.1.10 所示），效果如图 10.1.12 所示。

5. 凸出滤镜

1）作用：凸出滤镜将图像分割为指定的三维立方块或棱锥体。此滤镜不能应用在 Lab 模式下。

2）操作：选择【滤镜】→【风格化】→【凸出】命令，弹出【凸出】对话框，如图 10.1.13 所示。

图 10.1.11　待处理图片

图 10.1.12　【拼贴】滤镜效果图

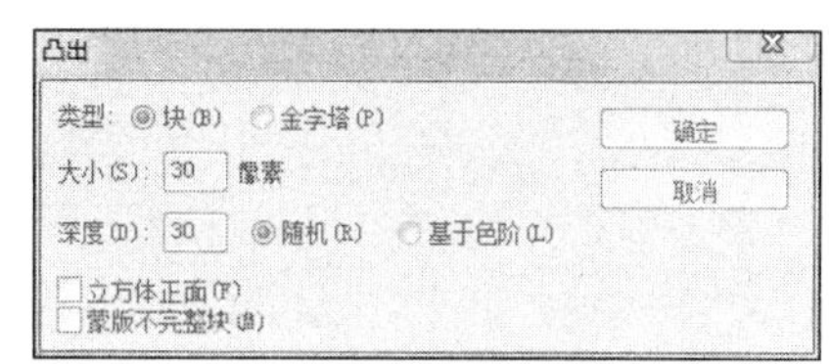

图 10.1.13　【凸出】对话框

3）对应参数。

① 块：将图像分解为三维立方块，用图像填充立方块的正面。

② 金字塔：将图像分解为类似金字塔型的三棱锥体。

③ 大小：设置块或金字塔的底面尺寸。

④ 深度：控制块凸出的深度。

⑤ 随机：点选此单选按钮后，块的深度取随机数。

⑥ 基于色阶：点选此单选按钮后，块的深度随色阶的不同而定。

⑦ 立方体正面：勾选此复选框，将用该块的平均颜色填充立方块的正面。

⑧ 蒙版不完整块：勾选此复选框，则所有块的凸出包括在颜色区域。

4）效果：对图 10.1.11 进行【凸出】滤镜操作（具体参数设置如图 10.1.13 所示）后，效果如图 10.1.14 所示。

图 10.1.14　【凸出】滤镜效果图

任务分析

首先在白色背景中绘制黑色矩形，对其运用【风】滤镜命令与【动感模糊】滤镜命令，制作出羽毛特效；然后使用【自由变换】和【变形】命令，得到羽毛形状；最后复制多个羽毛，变换颜色与形状进行画面布局。

任务实施

01 按“Ctrl+N”组合键新建文件，参数设置如图 10.1.15 所示。

02 新建图层，绘制矩形选区并填充为黑色，效果如图 10.1.16 所示，然后取消选区。

03 选择黑色矩形所在的图层，选择【滤镜】→【风格化】→【风】命令，在弹出的【风】对话框中进行参数设置，如图 10.1.17 所示。

04 选择黑色矩形所在的图层，选择【滤镜】→【模糊】→【动感模糊】命令，在弹出的【动感模糊】对话框中进行参数设置，如图 10.1.18 所示。根据实际情况可加按“Ctrl+F”组合键几次，以加强模糊效果。

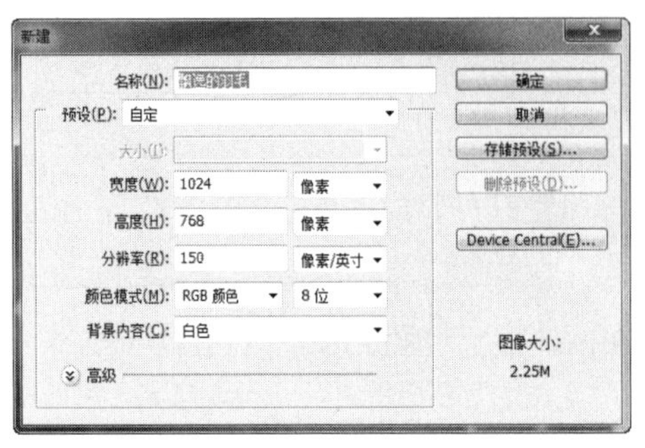

图 10.1.15 【新建】对话框

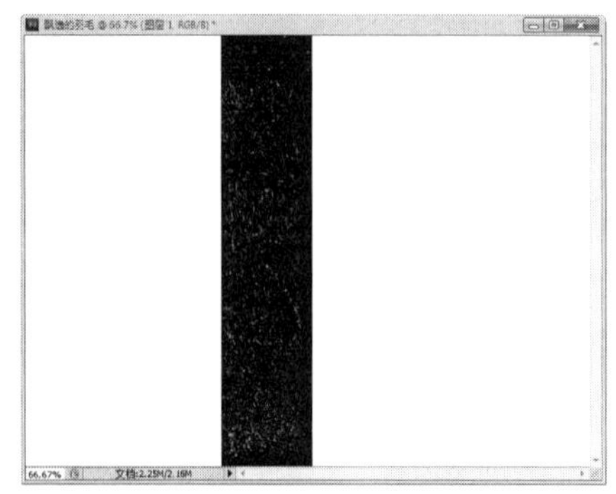

图 10.1.16 绘制黑色矩形

小 贴 示

1）按“Ctrl+F”组合键，可以以相同的参数再次应用【动感模糊】滤镜。

2）按“Alt+Ctrl+F”组合键，可重新打开上一次执行的滤镜对话框。

3）按“Shift+Ctrl+F”组合键或者选择【编辑】→【渐隐】命令，可弹出【渐隐】对话框，从中可以调整【不透明度】和选择颜色的混合模式。

05 使用【矩形选框工具】选择图 10.1.19 所示的左侧无锯齿处，并将其删除。

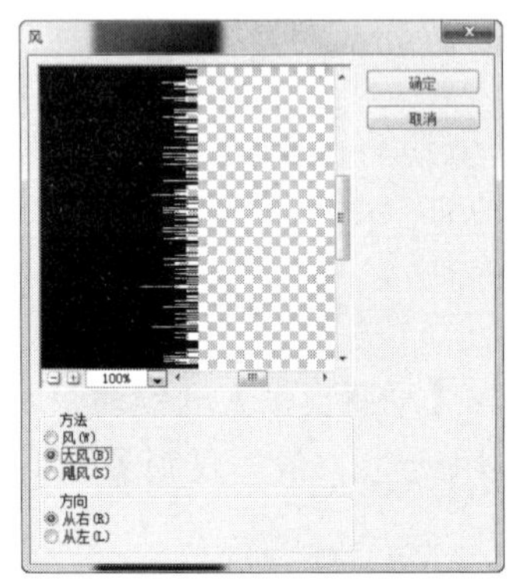

图 10.1.17 设置【风】滤镜参数

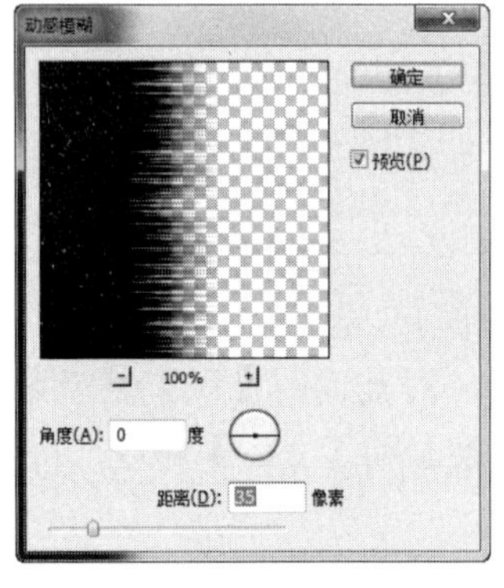

图 10.1.18 设置【动感模糊】参数

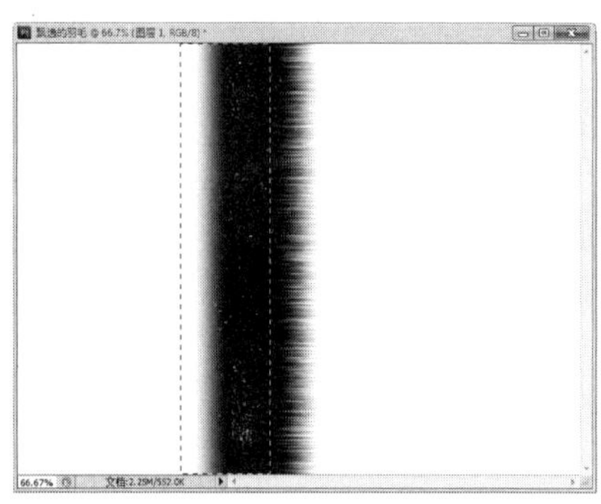

图 10.1.19 选择左侧无锯齿处

06 选择【自由变换】命令和【变形】命令进行变形处理，如图 10.1.20 所示，将黑色矩形变形成羽毛状效果，如图 10.1.21 所示。

07 复制右半边羽毛并进行水平翻转，效果如图 10.1.22 所示。

08 新建图层，绘制羽毛柄状的矩形选区，设置【羽化】为 1 像素，填充深灰色。用硬度较低的橡皮擦擦除羽毛柄过长的部分，制作羽毛柄的效果如图 10.1.23 所示。

09 合并除背景之外的所有图层，并命名为“羽毛”。在“背景”图层填充黑色，再选择“羽毛”图层，选择【图像】→【调整】→【色相/饱和度】命令，在弹出的【色相/饱和度】对话框中设置参数，如图 10.1.24 所示，调整羽毛颜色，效果如图 10.1.25 所示。

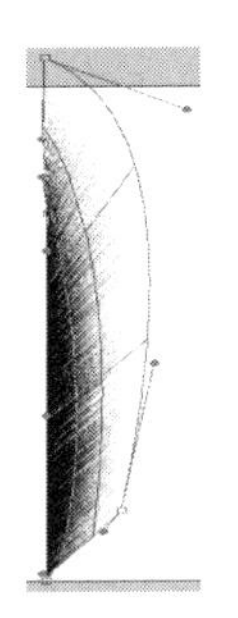

图 10.1.20　变形处理

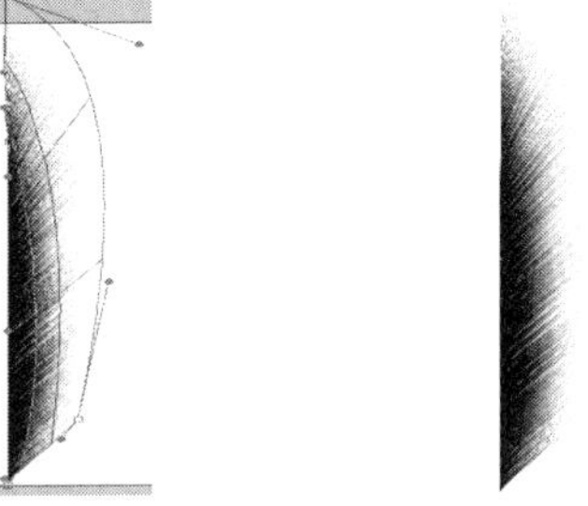

图 10.1.21　羽毛状效果

图 10.1.22　复制翻转羽毛

图 10.1.23　制作羽毛柄效果

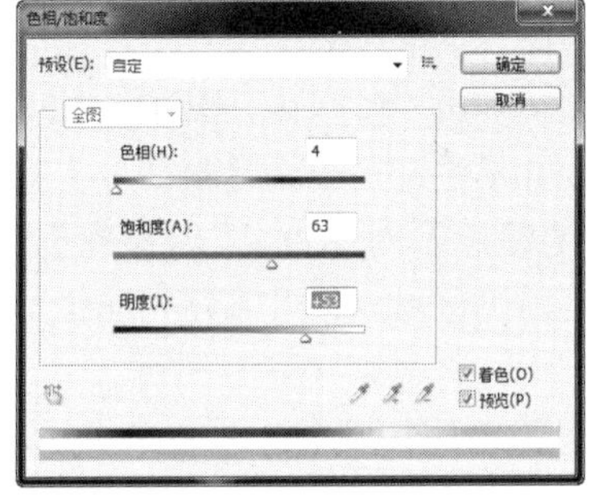

图 10.1.24　设置【色相/饱和度】对话框参数

图 10.1.25　调整羽毛颜色

10 复制“羽毛”图层，将复制的图层命名为“羽毛 01”，隐藏“羽毛”图层，选择“羽毛 01”图层。选择【滤镜】→【扭曲】→【切变】命令，在弹出的【切变】对话框中的曲线上添加节点，并调整羽毛弧度，如图 10.1.26 所示。

11 把羽毛调整到适当的大小，复制多个羽毛图层，调整各图层羽毛的颜色，变换羽毛的位置与方向，如图 10.1.27 所示。

12 打开“背景.jpg”文件，并命名为“图层 2”，移动该图片到的所有羽毛图层之下，背景图层之上，【图层】面板如图 10.1.28 所示，适当调整背景图片的大小与羽毛的位置角度，得到最终的效果如图 10.1.1 所示。

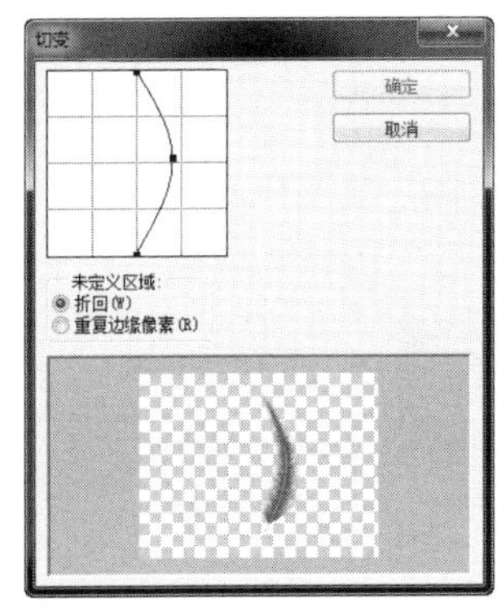

图 10.1.26　设置【切变】对话框参数

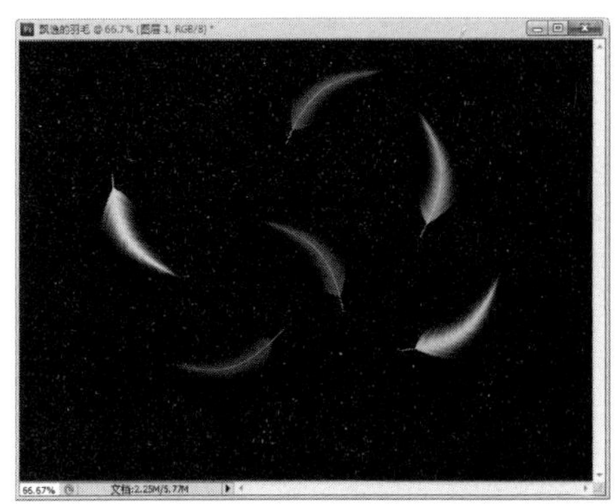

图 10.1.27　复制羽毛效果

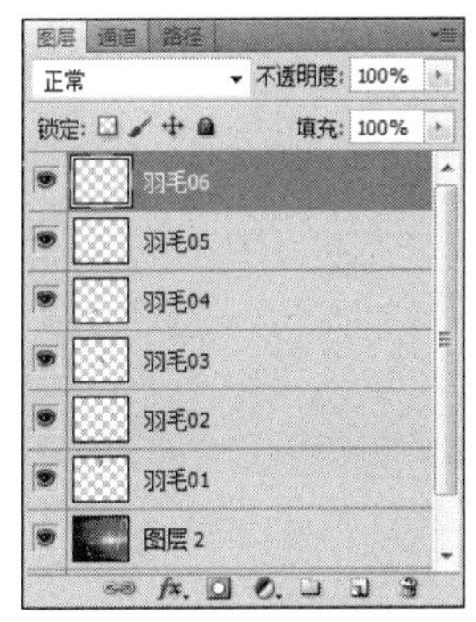

图 10.1.28　【图层】面板

任务 10.2　画笔描边滤镜的应用——制作蝴蝶的多种效果

任务目的

本任务通过制作蝴蝶的多种效果，使学生掌握画笔描边滤镜的应用，并体会各种滤镜的效果。

相关知识

【滤镜库】是一个集中了大部分滤镜效果的集合库。它将滤镜作为一个整体放置在库中，利用【滤镜库】可以对图像进行滤镜操作。这样很好地避免了多次单击滤镜菜单，选择不同滤镜的繁杂操作，但是，【滤镜】菜单中的所有滤镜命令并不是都可以在【滤镜库】对话框中可用。

选择【滤镜】→【滤镜库】命令，可弹出【滤镜库】对话框。【滤镜库】对话框是多种滤镜的集成式对话框。该对话框的左侧为图像效果预览区域，中间部分为滤镜命令选择区域，右侧则是参数设置和滤镜效果添加或删除区域。

在滤镜命令选择区域中显示了 6 个滤镜组，单击滤镜组名称，可以展开或折叠当前的滤镜组。展开滤镜组后，选择某个滤镜命令，即可将该命令应用到当前的图像中，并且在对话框的右侧显示当前选择滤镜的参数选项；还可以从右侧的下拉列表中选择各种滤镜命令。在【滤镜组】右下角显示了当前应用在图像上的所有滤镜列表。

1. 更改【滤镜库】对话框中的预览显示

选择【滤镜】→【滤镜库】→【素描】→【网状】命令，弹出【网状】对话框，如图 10.2.1 所示。

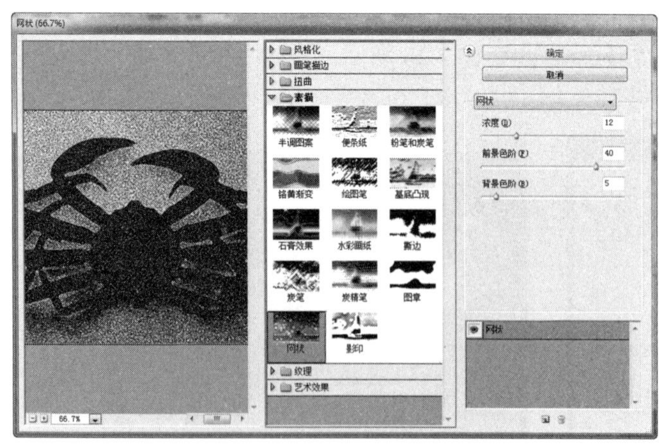

图 10.2.1　【网状】对话框

1）单击预览区域下方的[+]按钮或[-]按钮可以放大或缩小图像。

2）在缩放栏（显示缩放百分比的位置）下拉列表框中可以选取缩放百分比。

3）单击按钮或按钮可以隐藏或者显示中间部分的滤镜命令选择区域。隐藏了滤镜命令选择区域后，图像缩览图就可以展开了。

4）将鼠标指针放置到图像缩览图区域，可以使用【抓手工具】在预览区域中拖移查看图像的其他区域。

2. 滤镜效果图层操作方法

在【滤镜库】对话框中可以对当前图像应用多个相同或者不同的滤镜命令，也可以将这些滤镜命令效果叠加起来以得到更丰富的效果。滤镜效果图层的操作和【图层】面板中图层的操作类似，包括添加、删除、隐藏、显示、改变图层顺序等操作。

1）如果要添加滤镜效果图层，可在滤镜效果图层区域中单击【新建效果图层】按钮，该效果图层会延续上一个滤镜效果图层的命令及参数。

2）如果希望查看在某一个或者某几个滤镜效果图层添加前的效果，可以单击该滤镜效果图层左侧的图标将其隐藏起来。对于不再需要的滤镜效果图层，可以将其删除。要删除这些图层，先选中图层，然后单击【删除效果图层】按钮即可。

任务分析

【画笔描边】滤镜主要模拟使用不同的画笔和油墨进行描边创造出的绘画效果（此类滤镜不能应用在 CMYK 和 Lab 模式下）。用户通过完成对蝴蝶的各种滤镜操作，体会画笔描边不同滤镜下的不同效果。

任务实施

1. 启动【滤镜库】命令

01 启动 Photoshop 软件，打开“蝴蝶.jpg”图像文件，如图 10.2.2 所示。

02 选择【滤镜】→【滤镜库】命令，弹出【滤镜库】对话框，如图 10.2.3 所示。

图 10.2.2　待处理图片

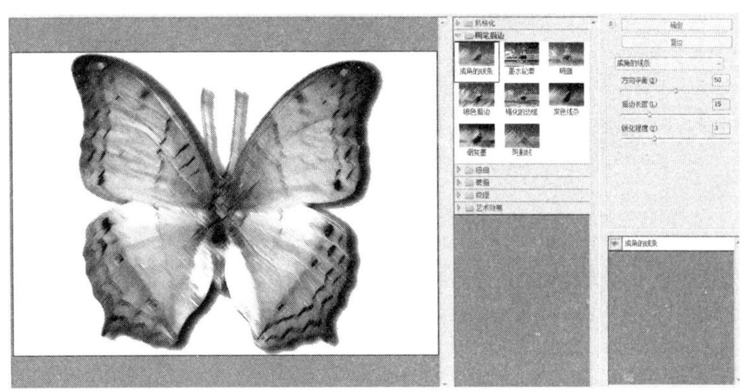

图 10.2.3　【滤镜库】对话框

2. 添加滤镜效果

01 【成角的线条】滤镜。选择【滤镜】→【滤镜库】→【画笔描边】→【成角的线条】命令，弹出【成角的线条】对话框，效果如图 10.2.4 所示。

小贴示

1）作用：使用成角的线条勾画图像。
2）对应参数介绍如下。
① 方向平衡：可以调节向左下角和右下角勾画的强度。
② 线条长度：控制成角线条的长度。
③ 锐化程度：调节勾画线条的锐化度。

02 【喷溅】滤镜。选择【滤镜】→【滤镜库】→【画笔描边】→【喷溅】命令，效果如图 10.2.5 所示。

小贴示

1）作用：创建一种类似透过浴室玻璃观看图像的效果。
2）对应参数介绍如下。
① 喷色半径：形成喷溅色块的半径。
② 平滑度：喷溅色块之间过渡的平滑度。

图 10.2.4 【成角的线条】滤镜效果图

图 10.2.5 【喷溅】滤镜效果图

03 【喷色描边】滤镜。选择【滤镜】→【滤镜库】→【画笔描边】→【喷色描边】命令，效果如图 10.2.6 所示。

小贴示

作用：使用所选图像的主色，并用成角的、喷溅的颜色线条来描绘图像，所以得到的效果与【喷溅】滤镜的效果很相似。

04【强化的边缘】滤镜。选择【滤镜】→【滤镜库】→【画笔描边】→【强化的边缘】命令，效果如图 10.2.7 所示。

小贴示

1）作用：将图像的色彩边界进行强化处理，设置较高的边缘亮度值，将增大边界的亮度；设置较低的边缘亮度值，将降低边界的亮度。

2）对应参数介绍如下。

① 边缘宽度：设置强化的边缘的宽度。

② 边缘亮度：控制强化的边缘的亮度。

③ 平滑度：调节被强化的边缘，使其变得平滑。

05【烟灰墨】滤镜。选择【滤镜】→【滤镜库】→【画笔描边】→【烟灰墨】命令，效果如图 10.2.8 所示。

小贴示

1）作用：以日本画的风格来描绘图像，类似应用深色线条滤镜之后又模糊的效果。

2）对应参数介绍如下。

① 描边宽度：调节描边笔触的宽度。

② 描边压力：为描边笔触的压力值。

③ 对比度：可以直接调节结果图像的对比度。

图 10.2.6　【喷色描边】滤镜效果图

图 10.2.7　【强化的边缘】滤镜效果图

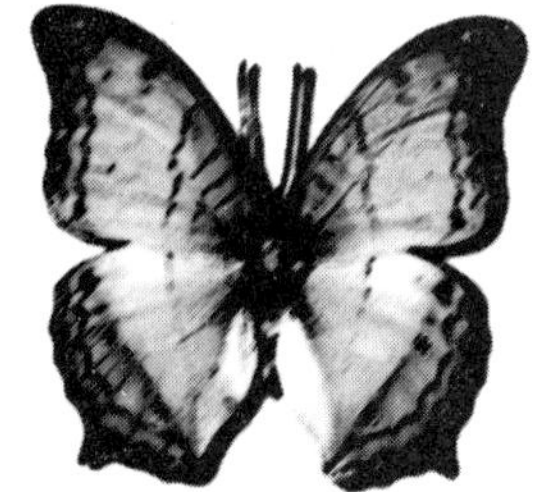

图 10.2.8　【烟灰墨】滤镜效果图

任务 10.3　模糊滤镜的应用——制作漫天飞雪

模糊滤镜主要是使选区或图像柔和，淡化图像中不同色彩的边界，以达到掩盖图像的缺陷或创造出特殊效果的目的。

任务目的

本任务通过制作漫天飞雪的图像效果（如图 10.3.1 所示），使学生学习并掌握【添加染色】滤镜、【点状化】滤镜和【模糊】滤镜的使用方法。

扫码学习

制作漫天飞雪

图 10.3.1　漫天飞雪效果图

相关知识

【模糊】滤镜组中的命令主要对图像进行模糊处理，用于平滑边缘过于清晰和对比度过于强烈的区域，通过削弱相邻像素之间的对比度，达到柔化图像的效果。【模糊】滤镜组通常用于模糊图像背景，突出前景对象，包括表面模糊、动感模糊、方框模糊、高斯模糊、进一步模糊、径向模糊、镜头模糊、模糊、平均、特殊模糊和形状模糊等 14 种模糊命令。下面对待处理图片（如图 10.3.2 所示）增加滤镜效果，介绍其中常用的 3 种滤镜命令的功能。

1.【动感模糊】滤镜

1）作用：【动感模糊】滤镜对图像沿着指定的方向（-360～+360 度），以指定的强度（1～999）进行模糊。

2）操作：选择【滤镜】→【模糊】→【动感模糊】命令，弹出【动感模糊】对话框，如图 10.3.2 所示。

3）对应参数。

① 角度：设置模糊的角度。

② 距离：设置动感模糊的强度。

4）效果：对图 10.3.2 进行【动感模糊】滤镜操作，参数设置如图 10.3.3 所示，效果如图 10.3.4 所示。

图 10.3.2　待处理图片

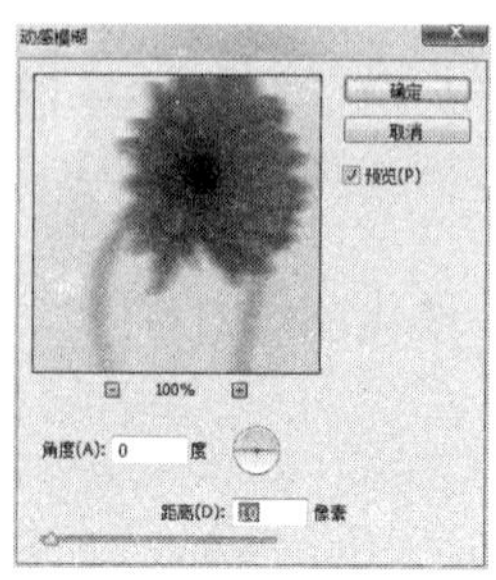

图 10.3.3　【动感模糊】对话框

图 10.3.4　【动感模糊】滤镜效果

2.【高斯模糊】滤镜

1）作用：按指定值快速模糊选中的图像部分，产生一种朦胧的效果。

2）操作：选择【滤镜】→【模糊】→【高斯模糊】命令，弹出【高斯模糊】对话框，如图 10.3.4 所示。

3）对应参数。

半径：调节模糊半径，范围是 0.1～250 像素。

4）效果：对图 10.3.2 进行【高斯模糊】滤镜操作，具体参数设置和效果如图 10.3.5 所示。

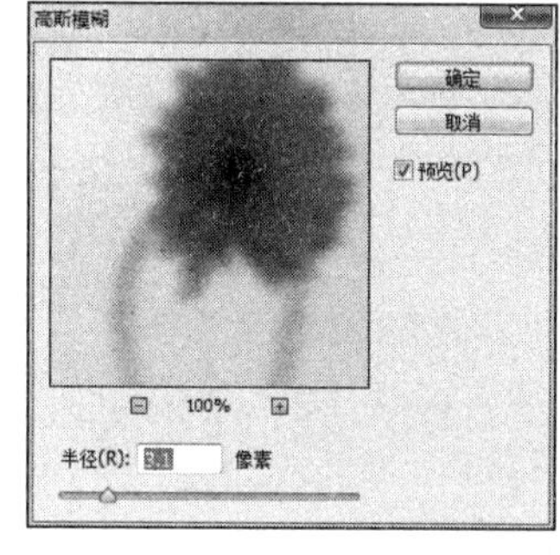

图 10.3.5 【高斯模糊】对话框及效果

3.【径向模糊】滤镜

1）作用：模拟移动或旋转的照相机产生的模糊。

2）操作：选择【滤镜】→【模糊】→【径向模糊】命令，弹出【径向模糊】对话框。

3）对应参数。

① 数量：控制模糊的强度，范围为 1～100。

② 旋转：按指定的旋转角度沿着同心圆进行模糊。

③ 缩放：产生从图像的中心点向四周发射的模糊效果。

④ 品质：有草图、好、最好 3 种品质，效果从差到好。

4）效果：对图 10.3.1 进行【径向模糊】滤镜操作，具体的参数设置如图 10.3.6 和图 10.3.7 所示，对应的效果分别如图 10.3.8 和图 10.3.9 所示。

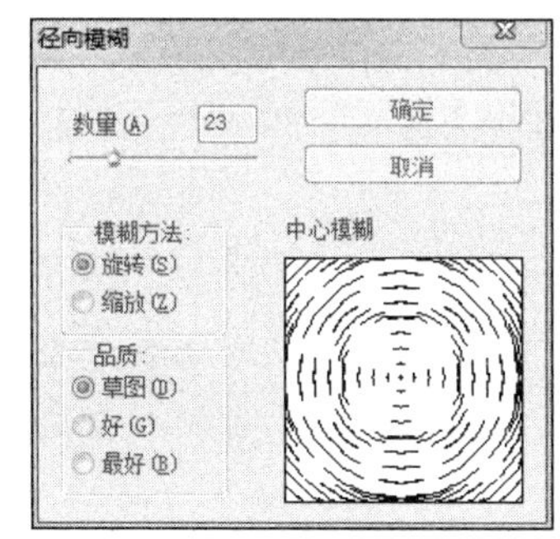

图 10.3.6 径向模糊参数设置（一）

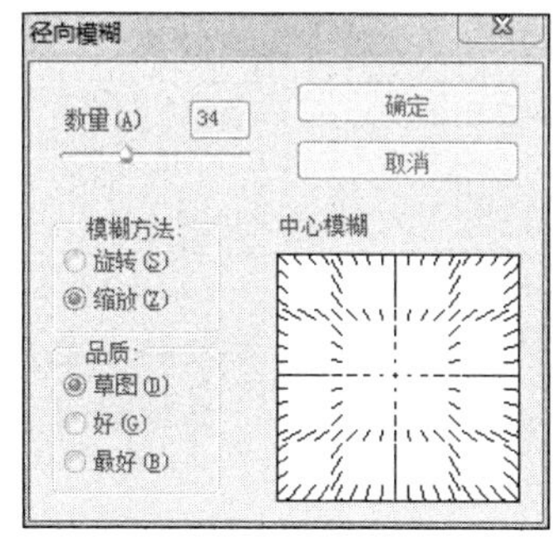

图 10.3.7 径向模糊参数设置（二）

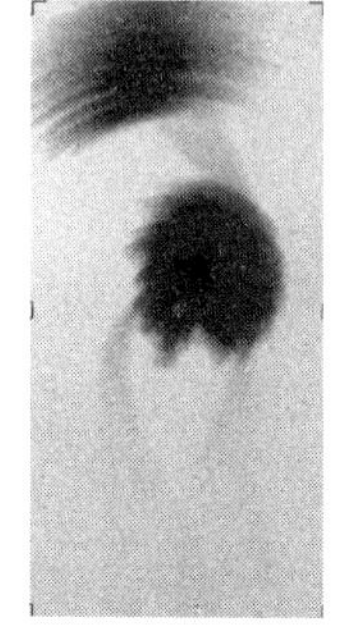

图 10.3.8 旋转效果图

图 10.3.9 缩放效果图

任务分析

首先需添加一个白色填充的图层，运用【添加杂色】滤镜，再使用【点状化】滤镜，把杂点编辑成彩色块效果；然后选择其中的白色，使用【高斯模糊】滤镜模糊图像；最后使用

【动感模糊】滤镜完成最终效果。

任务实施

01 按“Ctrl+O”组合键，打开“雪景.jpg”图像文件，如图 10.3.10 所示。

图 10.3.10　素材文件“雪景.jpg”

02 新建“图层 1”图层，并向该图层中填充白色。选择【滤镜】→【杂色】→【添加杂色】命令，在弹出的【添加杂色】对话框中设置各项参数，如图 10.3.11 所示。单击【确定】按钮，整个图像填满了杂点。

03 选择【滤镜】→【像素化】→【点状化】命令，在弹出的【点状化】对话框中设置参数，如图 10.3.12 所示。单击【确定】按钮，添加的杂色被处理成彩色块效果，如图 10.3.13 所示。

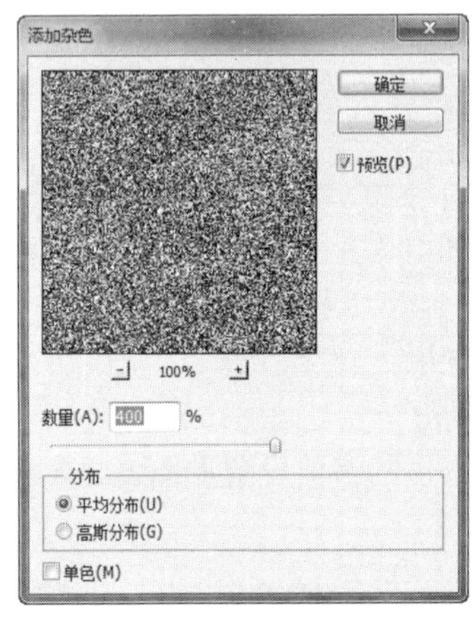

图 10.3.11　【添加杂色】对话框参数设置

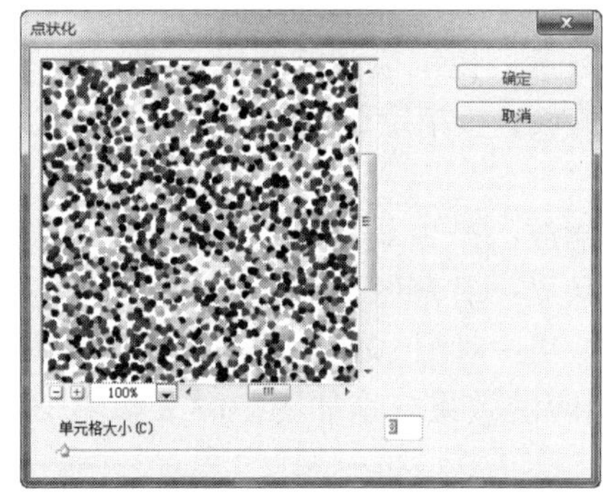

图 10.3.12　【点状化】对话框参数设置

小 贴 示

使用【点状化】滤镜可以将图像杂点归结为大的颜色块，并且颜色块之间还会产生缝隙，这些缝隙将运用工具箱中的背景色填充，其中的【单元格大小】用于控制颜色块的大小。

04 使用【魔棒工具】将其中的任意一种颜色全部选择，并填充白色。然后按“Ctrl+Shift+I”组合键，反选选区并删除选区内的图像，效果如图 10.3.14 所示。

05 取消选区。选择【滤镜】→【模糊】→【高斯模糊】命令，在弹出的【高斯模糊】对话框中设置参数，如图 10.3.15 所示。单击【确定】按钮，图像边缘出现虚化效果。

06 选择【滤镜】→【模糊】→【动感模糊】命令，在弹出的【动感模糊】对话框中设置各项参数，如图 10.3.16 所示。单击【确定】按钮，编辑图像动态模糊效果，如同漫天飞雪。至此完成最终效果，如图 10.3.1 所示。

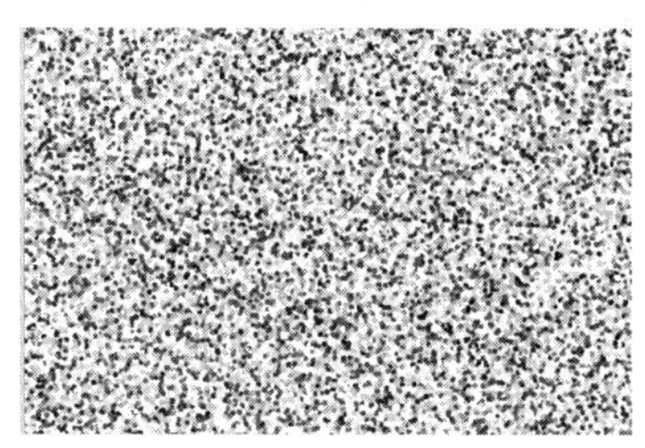

图 10.3.13　【添加杂色】滤镜效果

图 10.3.14　删除选区内的图像效果

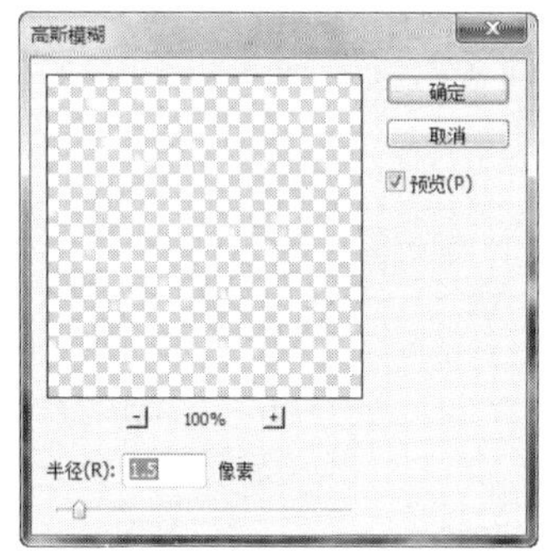

图 10.3.15　【高斯模糊】对话框参数设置

图 10.3.16　【动感模糊】对话框参数设置

07 按“Ctrl+Shift+S”组合键，将该文件保存为“漫天飞雪.psd”。

任务 10.4　扭曲类滤镜的应用——制作水中倒影

任务目的

本任务通过制作水中倒影图像，使学生学习并体会运用扭曲类滤镜制作出不同的扭曲效果。本任务的最终效果如图 10.4.1 所示。

图 10.4.1　水中倒影最终图像效果

扫码学习

制作水中倒影

相关知识

【扭曲】滤镜组可以将图像进行几何扭曲，以创建波浪、波纹、挤压及切变等各种图像的变形效果。其中，既有平面的扭曲效果，又有三维的扭曲效果。【扭曲】滤镜组包括波浪、波纹、玻璃、极坐标、切变、球面化、水波、旋转扭曲、置换、海洋波纹、挤压、扩散亮光和镜头校正 13 种扭曲滤镜，其中，大部分都是常用的滤镜命令。

1. 【波浪】滤镜

1）作用：使图像产生波浪扭曲效果。

2）操作：打开待处理图片（如图 10.4.2 所示），选择【滤镜】→【扭曲】→【波浪】命令，弹出【波浪】对话框，如图 10.4.3 所示。

图 10.4.2　待处理图片

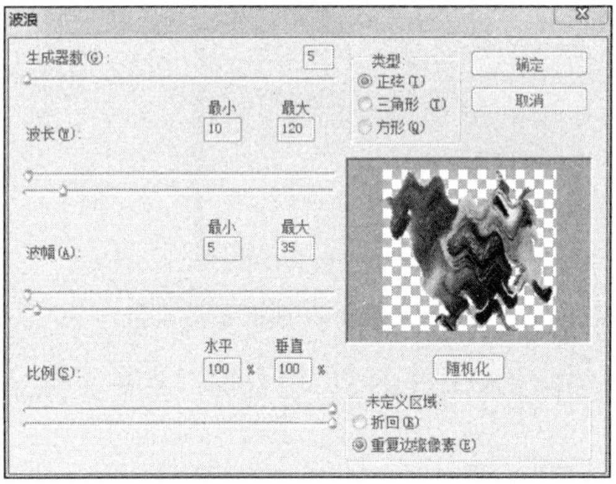

图 10.4.3　【波浪】对话框参数设置

3）对应参数。

① 生成器数：控制产生波的数量，范围是 1～999。

② 波长：其最大值与最小值决定相邻波峰之间的距离，两值相互制约，最大值必须大于或等于最小值。

③ 波幅：其最大值与最小值决定波的高度，两值相互制约，最大值必须大于或等于最小值。

④ 比例：控制图像在水平或垂直方向上的变形程度。

⑤ 类型：有正弦、三角形和正方形 3 种类型可供选择。

⑥ 随机化：每单击一下此按钮都可以为波浪指定一种随机效果。

⑦ 折回：将变形后超出图像边缘的部分反卷到图像的对边。

⑧ 重复边缘像素：将图像中因为弯曲变形超出图像的部分分布到图像的边界上。

4）效果：对图 10.4.2 进行【波浪】滤镜操作后，3 种不同类型下的效果如图 10.4.4～图 10.4.6 所示。

图 10.4.4 正弦模式效果

图 10.4.5 三角形模式效果

图 10.4.6 正方形模式效果

2.【波纹】滤镜

1）作用：使图像产生类似水波纹的效果。

2）操作：打开图 10.4.7 所示的双鸟原图，选择【滤镜】→【扭曲】→【波纹】命令，弹出【波纹】对话框，如图 10.4.8（a）所示。

3）对应参数。

① 数量：控制波纹的变形幅度，范围是-999%～999%。

② 大小：有大、中、小 3 种波纹可供选择。

4）效果：在【波纹】对话框中，具体参数设置如图 10.4.8（a）所示，效果如图 10.4.8（b）所示。

图 10.4.7 双鸟原图

（a）【波纹】对话框参数设置

（b）效果图

图 10.4.8 【波纹】滤镜参数设置及效果

3.【极坐标】滤镜

1）作用：将图像的坐标从平面坐标转换为极坐标或从极坐标转换为平面坐标。

2）操作：打开图 10.4.9 所示的江边城市原图，选择【滤镜】→【扭曲】→【极坐标】命令，弹出【极坐标】对话框，如图 10.4.10 所示。

3）对应参数。

① 平面坐标到极坐标：将图像从平面坐标转换为极坐标。

② 极坐标到平面坐标：将图像从极坐标转换为平面坐标。

4）效果：在【极坐标】对话框中，分别点选【平面坐标到极坐标】【极坐标到平面坐标】

单选按钮，其效果如图 10.4.11 和图 10.4.12 所示。

图 10.4.9 江边城市原图

图 10.4.10 【极坐标】对话框参数设置

图 10.4.11 平面坐标到极坐标

图 10.4.12 极坐标到平面坐标

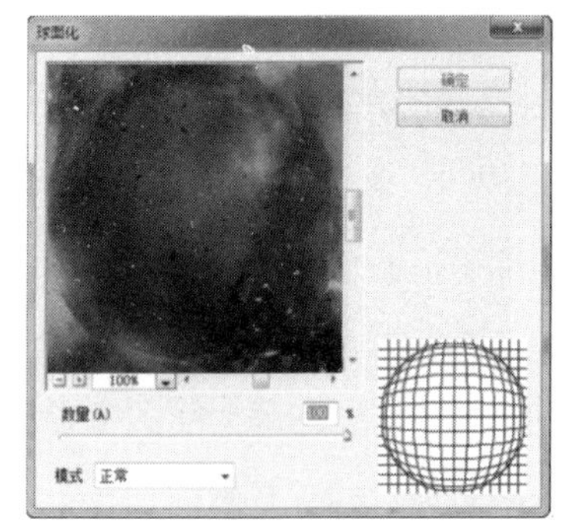

图 10.4.13 【球面化】对话框参数设置

4. 【球面化】滤镜

1）作用：使图像产生凹陷或凸出的球面或柱面效果，就像图像被包裹在球面上或柱面上一样，产生立体效果。

2）操作：选择【滤镜】→【扭曲】→【球面化】命令，弹出【球面化】对话框，如图 10.4.13 所示。

3）对应参数。

① 数量：设置产生球面化或柱面化的变形程度，取值范围为-100%～100%。当值为正时，图像向外凸出，且值越大，凸出的程度越大；当值为负时，图像向内凹陷，且值越小，凹陷的程度越大。

② 模式：设置图像变形的模式，包括正常、水平优先和垂直优先 3 个选项。当选择【正常】模式时，图像将产生球面化效果；当选择【水平优先】模式时，图像将产生竖直的柱面效果；当选择【垂直优先】模式时，图像将产生水平的柱面效果。

4）效果：在原图（如图 10.4.14 所示）中用【椭圆选框工具】选取图像中的一部分，再使用【球面化】命令，效果如图 10.4.15 所示。

图 10.4.14　光斑原图

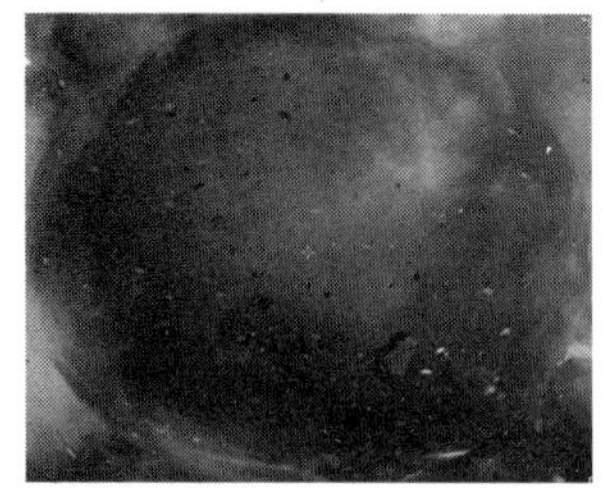

图 10.4.15　【球面化】滤镜效果

5.【水波】滤镜

1）作用：使图像产生同心圆状的波纹效果。

2）操作：打开图 10.4.14，选择【滤镜】→【扭曲】→【水波】命令，弹出【水波】对话框，如图 10.4.16 所示。

3）对应参数。

① 数量：为波纹的波幅。

② 起伏：控制波纹的密度。

③ 围绕中心：将图像的像素绕中心旋转。

④ 从中心向外：靠近或远离中心置换像素。

⑤ 水池波纹：将像素置换到中心的左上方和右下方。

4）效果：在对话框中选择不同的样式，不同的效果如图 10.4.17～图 10.4.19 所示。

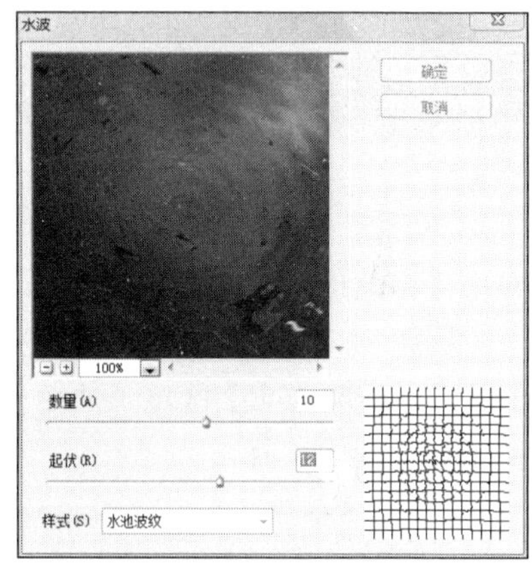

图 10.4.16　【水波】对话框

图 10.4.17　【水池波纹】样式效果

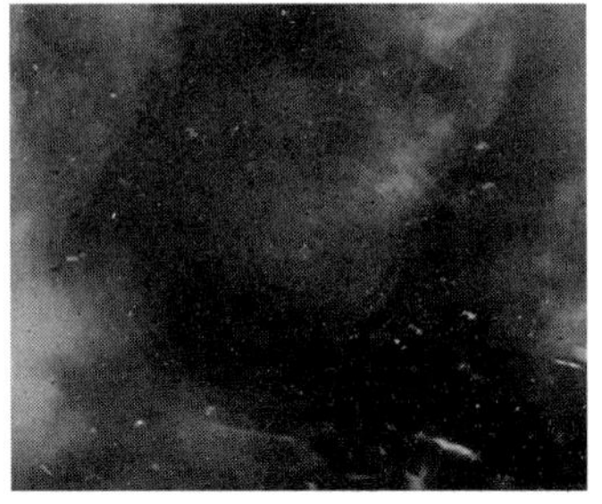

图 10.4.18　【从中心向外】样式效果

图 10.4.19　【围绕中心】样式效果

任务分析

本任务在制作中，首先打开一幅待处理图像，扩大画布的大小为制作倒影提供足够的空间；然后添加两个图层分别作为倒影区域和非倒影区域的图层，使用【波纹】【动感模糊】和【水波】3 种滤镜来制作水中倒影效果。

任务实施

01 启动 Photoshop，打开素材中的“秋色.jpg”图像文件作为待处理的图片，如图 10.4.20 所示。

图 10.4.20　待处理的图片

02 设置前景色和背景色为黑色和白色。选择【图像】→【画布大小】命令，在弹出的【画布大小】对话框中，按图 10.4.21 所示设置各项参数，设置【定位】位于最上面一行的中间位置，单击【确定】按钮，效果如图 10.4.22 所示，即画布高度增加了 60%。这样做是为了增加图像的倒影区域。

03 用选取工具在图像中选出倒影区域，如图 10.4.23 所示。选择【选择】→【存储选区】命令，弹出【存储选区】对话框，具体设置如图 10.4.24 所示，单击【确定】按钮。

04 按“Ctrl+J”组合键将所选区域复制到“图层 1”图层中。选择“图层 1”图层，设置【锁定透明像素】区域，然后按“Ctrl+Delete”组合键，将该图层的图像区域填充为白色，保持该区域的选择。

图 10.4.21　【画布大小】对话框

图 10.4.22　增加画布大小

图 10.4.23　倒影区域

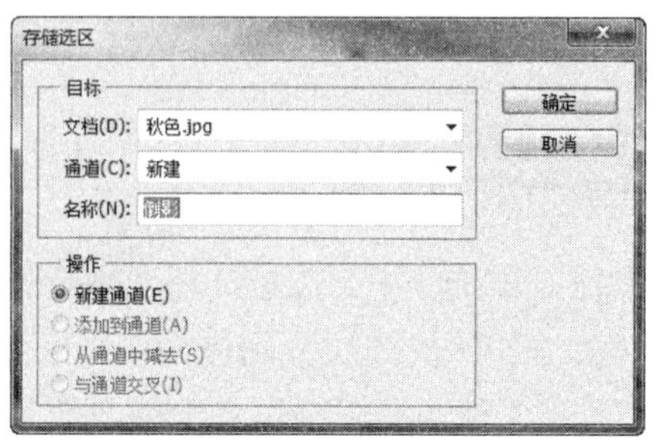

图 10.4.24　【存储选取】对话框

05 选择“背景”图层，按“Ctrl+Shift+I”组合键进行反向选择。按“Ctrl+J”组合键将所选区域复制到“图层 2”图层中，得到倒影以外的图像区域，【图层】面板如图 10.4.25 所示。

06 在“图层 2”图层中，垂直翻转图层中的图像，向下拖动图像内容并将它置于水中倒影的位置，按“Ctrl+T”组合键，拖动控制点，使所选图像充满水面区域，并缩小图像的高度，效果如图 10.4.26 所示。

07 选择“图层 2”图层，按“Alt+Ctrl+G”组合键创建剪贴蒙版。这样在“图层 2”图层中就会只显示“图层 1”图层中有图像区域的内容。【图层】面板如图 10.4.27 所示。

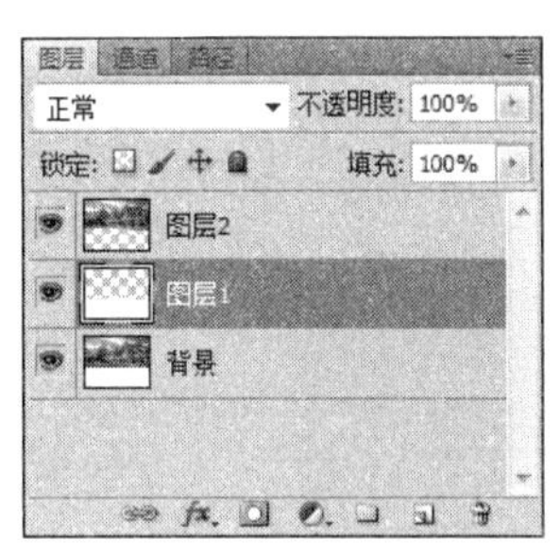

图 10.4.25　【图层】面板（一）

图 10.4.26　移动变形倒影图像

图 10.4.27　【图层】面板（二）

08 选择“图层 2”图层，选择【滤镜】→【扭曲】→【波纹】命令，在弹出的【波纹】对话框中，设置【数量】为 120，【大小】为中，单击【确定】按钮。

09 单击【滤镜】→【模糊】→【动感模糊】命令，在弹出的【动感模糊】对话框中，设定【角度】为 90 度，【距离】为 12 像素，单击【确定】按钮，得到模糊的倒影区域图像，如图 10.4.28 所示。

10 为了产生更为逼真的效果，下面将添加一些羽化效果。在倒影中选择一个矩形区域，按“Ctrl+Alt+D”组合键进行羽化，设置【羽化半径】为 5 像素，羽化效果如图 10.4.29 所示。

图 10.4.28　【动感模糊】滤镜效果

图 10.4.29　羽化效果

11 选择【滤镜】→【扭曲】→【水波】命令，在弹出的【水波】对话框中，设置【数量】为 2，【起伏】为 6，【样式】为水池波纹。设置“图层 2”图层的【不透明度】为 90%，得到比较逼真的水中倒影效果。

12 在“图层 1”图层中取消锁定【透明像素区域】，由于此时倒影和背景层仍有明显的界限，可以考虑用笔刷工具消除。选择笔刷工具，并设置笔刷大小为 40 像素，硬度为 0%，对“图层 1”倒影的边界处进行涂抹，以消除明显的界限。最终的图像效果如图 10.4.1 所示。

任务 10.5　渲染类滤镜的应用——打造梦幻光影

任务目的

本任务通过梦幻光影的制作，使学生学习并体会渲染类滤镜的功能和效果，本任务的效果如图 10.5.1 所示。

扫码学习

打造梦幻光影

图 10.5.1　梦幻光影的最终效果

相关知识

【渲染】滤镜组能够在图像中模拟光线照明、云雾状及各种表面材质的效果，包括分层云彩、光照效果、镜头光晕、纤维和云彩 5 种滤镜。

1.【云彩】滤镜

1）作用：根据前景色和背景色的混合，制作出类似云彩的效果。它与当前图像的颜色没有任何关系。要制作云彩，只需设置好前景色和背景色即可。如将前景色设置为蓝色，背景色设置为白色。

2）操作：选择【滤镜】→【渲染】→【云彩】命令，当前图层上的图像数据将会被替换，效果如图 10.5.2 所示。

2.【光照效果】滤镜

1）作用：模拟不同的灯光，使图像产生立体效果。其包含 17 种光照样式、3 种光照类型和 4 套光照属性，还可以使用灰度文件的纹理（称为凹凸图）产生类似 3D 的效果。

2）操作：选择【滤镜】→【渲染】→【光照效果】命令，弹出【光照效果】对话框，如图 10.5.3 所示。

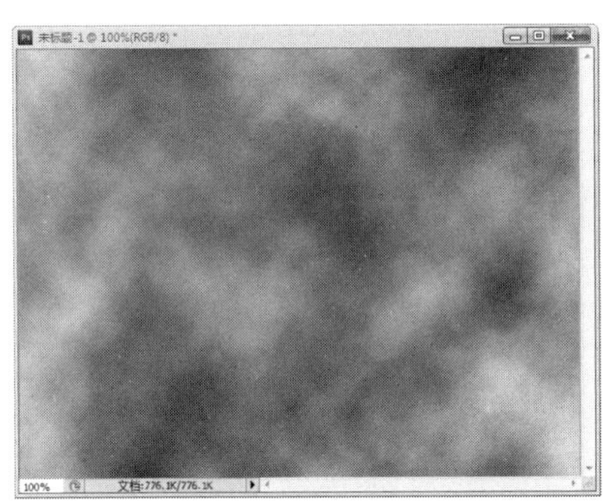

图 10.5.2　渲染云彩效果

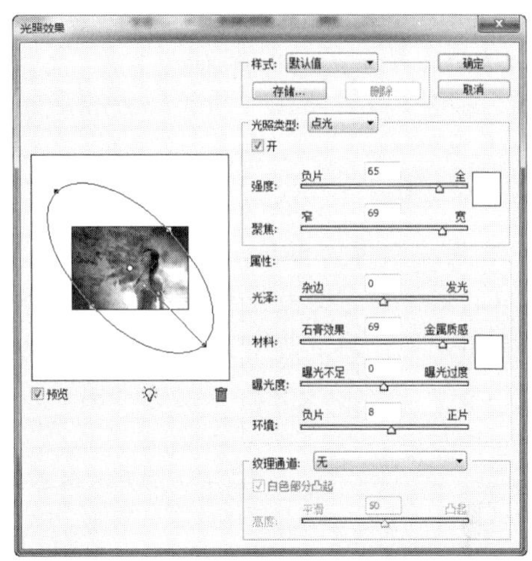

图 10.5.3　【光照效果】对话框参数设置

3）相关参数。

①【样式】选项组。从【样式】下拉列表框中，可以选择一种预置的光照样式，Photoshop 预置了 17 种光照样式。单击【存储...】按钮，可以将当前光照设置保存成新的样式，单击【删除】按钮，可以将当前选择的光照样式删除。

②【光照类型】选项组。该选项组不仅可以设置光照的类型，还可以设置光照的强度、聚焦和是否打开光源等。

a．光照类型：从其下拉列表框中，可以选择一种光照的类型，包括平行光、全光源和点光 3 种类型。【平行光】的照射与其照射的远近和角度有关，可以模拟太阳光；【全光源】的照射是从光源位置向各个方向照射。

b．开：勾选该复选框，将打开光源照射，否则不使用光源效果。

c．强度：设置光照的亮度大小。其值越大，亮度越高。

d．光照颜色：单击右侧的色块，可打开【选择光照颜色】对话框，设置光照的颜色。

e．聚焦：设置点光源的光照范围。其值越大，光照的范围越大。只有在【光照类型】下拉列表框中选择【点光】选项时，该项才可以使用。

③【属性】选项组。在【属性】选项组中，可以对光照的属性进行设置，如光泽、材料、曝光度等。

a．光泽：设置图像表面反射光的多少，从【杂边】到【发光】，反光程度逐渐增强。通过它可以调整图像的平衡程度。

b．材料：设置图像本身颜色的质感。【石膏效果】反射光的颜色比较亮，而【金属质感】反射自身的颜色，有金属质感。

c．曝光度：设置图像的曝光程度。其值越大，图像的曝光程度越大。

d．环境：设置图像的环境光效果。单击右侧的色块，在弹出的【选择环境颜色】对话框中设置环境光的颜色，其值的范围为-100～100。

④ 【纹理通道】选项组。在【纹理】通道选项组中可以选择作用通道，生成一种浮雕效果。

a．白色部分凸起：勾选该复选框，通道中的白色部分为凸起部分；不勾选该复选框，图像中的黑色部分为凸起部分。

b．高度：设置图像中凸起部分的高光，其值越大，凸起越明显。

小贴示

1）要为图像添加多个光源，可以在预览窗口的底部按住鼠标左键并拖动图标到预览窗口的图像中，释放鼠标即可添加一个光源，多次拖动，可以添加多个光源；还可以选择不同的光源，将其设置成不同的光照类型。

2）如果要删除光源，可以选择该光源，然后按“Delete”键；或将其拖动到图标上，释放鼠标即可。

3.【镜头光晕】滤镜

1）作用：模拟亮光照射到照相机镜头所产生的光晕效果。通过单击图像缩览图来改变光晕中心的位置，此滤镜不能应用于灰度、CMYK 和 Lab 模式的图像。

图 10.5.4 图像文件

2）操作：打开图像文件（如图 10.5.4 所示），选择【滤镜】→【渲染】→【镜头光晕】命令，弹出【镜头光晕】对话框。

3）相关参数。

① 光晕中心：设置光晕的中心位置。在预览窗口中单击或拖动窗口中的十字形标记，可改变光晕中心的位置。

② 亮度：设置光晕的亮度。其值越大，光晕的亮度越大，取值范围为 10%～300%。

③ 镜头类型：设置镜头的类型，包括 50-300 毫米变焦、35 毫米聚焦、105 毫米聚焦和电影镜头 4 个选项，不同的镜头将产生不同的光晕效果。

4）效果：在该对话框中，参数设置及效果如图 10.5.5 所示。

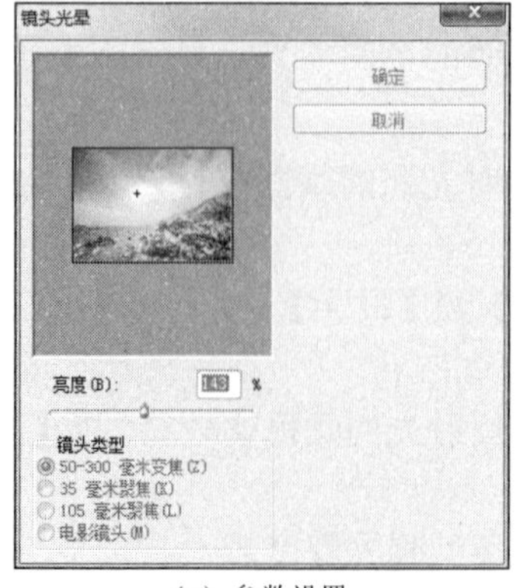

（a）参数设置

（b）效果图

图 10.5.5 镜头光晕参数设置及效果

任务分析

首先新建一个图像文件；然后添加【镜头光晕】和【极坐标】滤镜，调整图层混合模式；接着执行【水波】【高斯模糊】滤镜；最后添加七彩渐变图层，调整图层混合模式，添加圆点进行点缀，完成梦幻光影效果。

任务实施

01 启动 Photoshop，新建一个 600 像素×600 像素的文件，设置【分辨率】为 300 像素/英寸。

02 新建“图层 1”图层，并填充黑色。

03 选择“图层 1”图层，选择【滤镜】→【渲染】→【镜头光晕】命令，弹出【镜头光晕】对话框，如图 10.5.6 所示。为“图层 1”添加【镜头光晕】滤镜的图像效果。

04 用同样的方法添加另外两处镜头光晕效果，添加的光晕中心点的位置如图 10.5.7 所示。

05 在“图层 1”上选择【滤镜】→【扭曲】→【极坐标】命令，在弹出的【极坐标】对话框中进行参数设置，如图 10.5.8 所示，单击【确定】按钮。

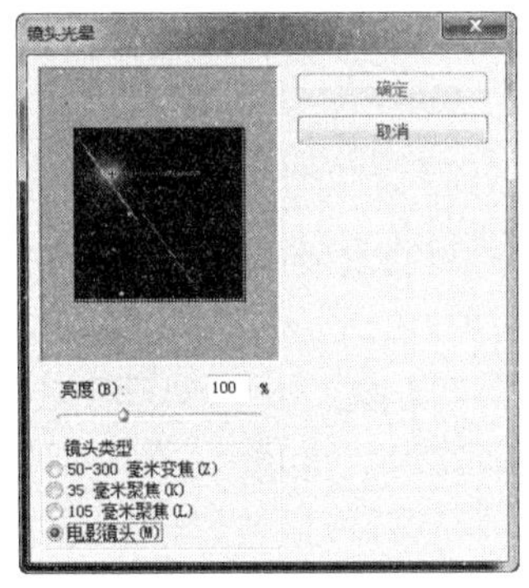

图 10.5.6　【镜头光晕】对话框

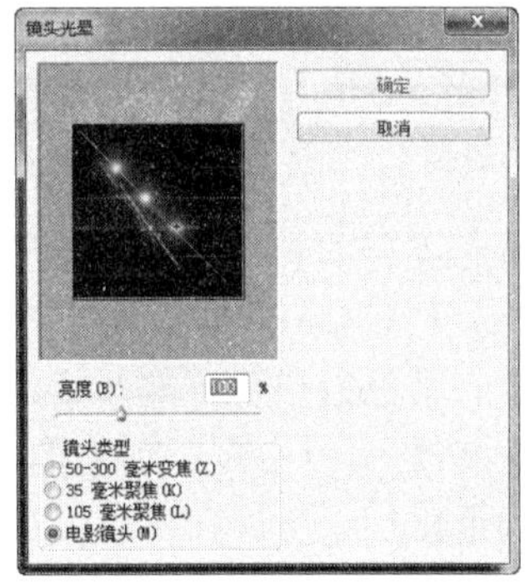

图 10.5.7　添加另外两处镜头光晕

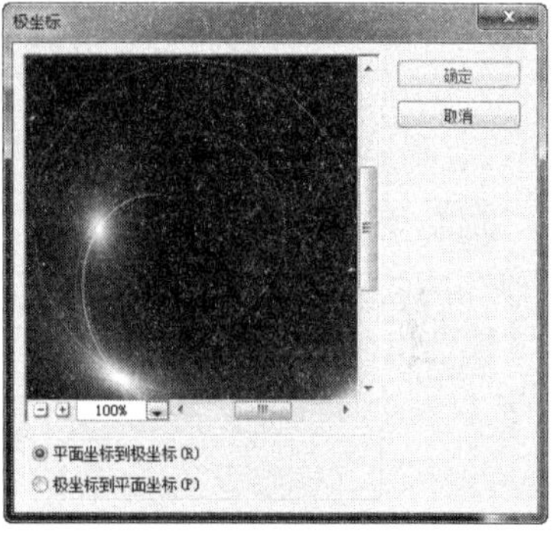

图 10.5.8　【极坐标】对话框参数设置

06 按“Ctrl+J”组合键复制图层并旋转 180°，设置图层的混合模式为【滤色】。此时的【图层】面板如图 10.5.9 所示，效果如图 10.5.10 所示。

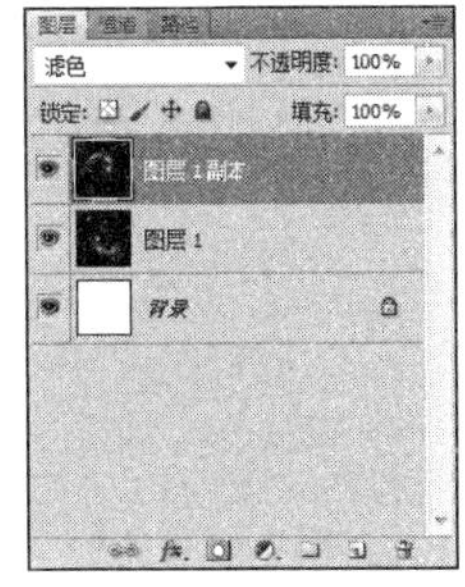

图 10.5.9　【图层】面板（一）

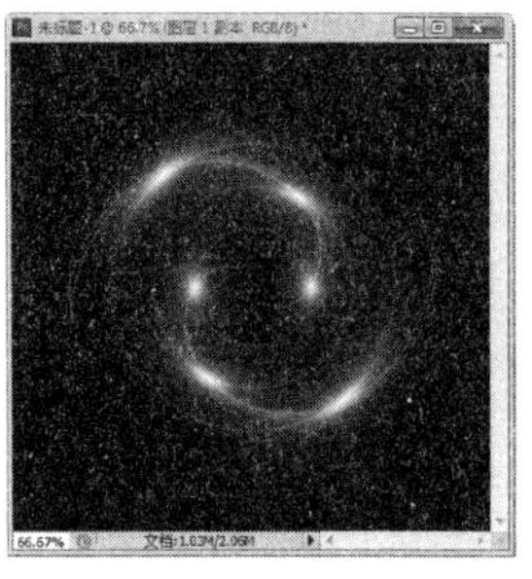

图 10.5.10　复制旋转图层的效果

07 按“Ctrl+E”组合键向下合并两个图层，在合并后的图层上，选择【滤镜】→【扭曲】→【水波】命令，在弹出的【水波】对话框中进行参数设置，如图 10.5.11 所示。

08 在“图层 1”上选择【滤镜】→【模糊】→【高斯模糊】命令，在弹出的【高斯模糊】对话框中进行参数设置，如图 10.5.12 所示。单击【确定】按钮，效果如图 10.5.13 所示。

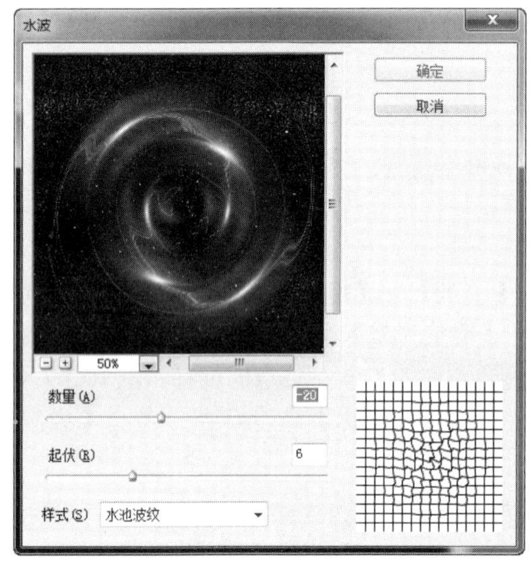

图 10.5.11 【水波】对话框参数设置

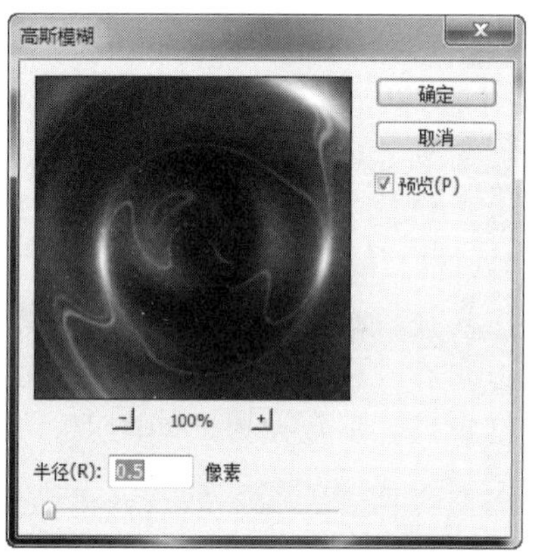

图 10.5.12 【高斯模糊】对话框

09 新建“图层 2”图层，并填充【透明彩虹】线性渐变，图层效果如图 10.5.14 所示；设置图层的混合模式为【叠加】模式，【图层】面板如图 10.5.15 所示。

10 新建“图层 3”图层，设置前景色为白色，选择【画笔工具】，在其属性栏中单击【切换画笔调板】按钮，在【画笔】面板中设置适当的画笔尖直径、间距、形状动态、散布等参数，参数设置如图 10.5.16 所示。

11 使用【画笔工具】点缀一些白色光点，并为图层添加【外发光】图层样式，参数设置如图 10.5.17 所示，得到梦幻光影的最终效果如图 10.5.1 所示。

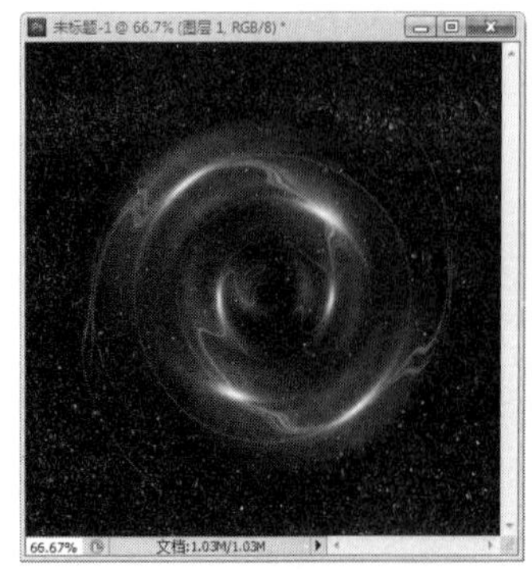

图 10.5.13 【高斯模糊】效果

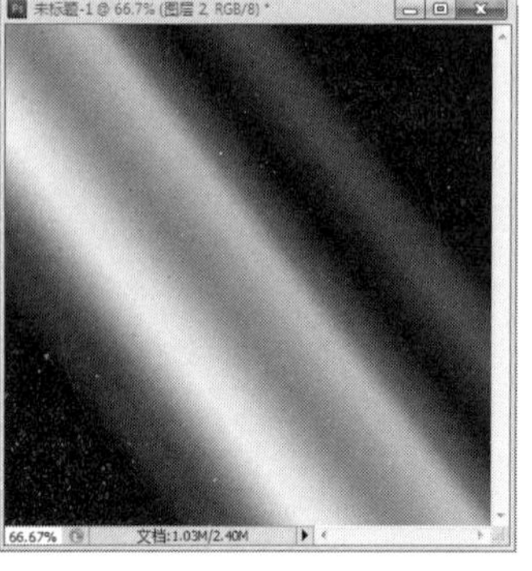

图 10.5.14 填充【透明彩虹】线性渐变

图 10.5.15 【图层】面板（二）

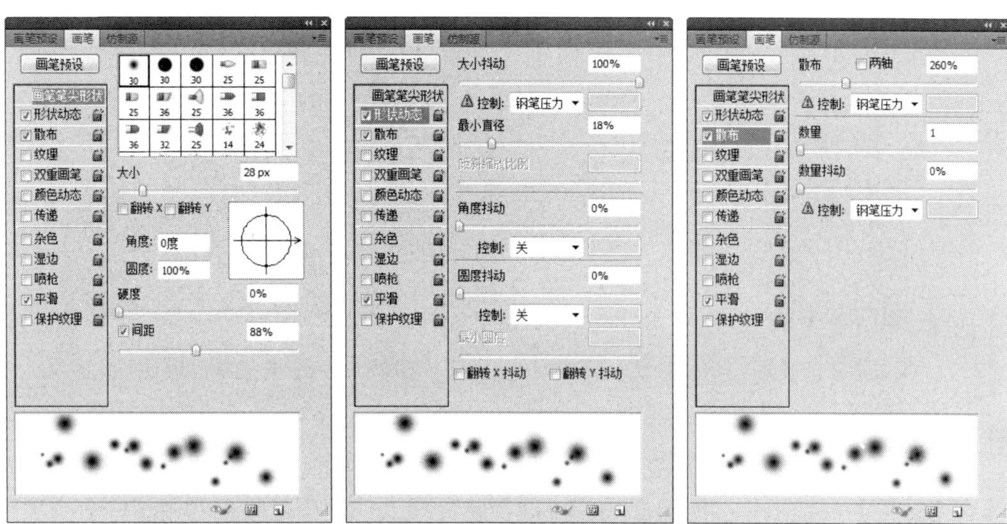

图 10.5.16　【画笔】面板参数设置

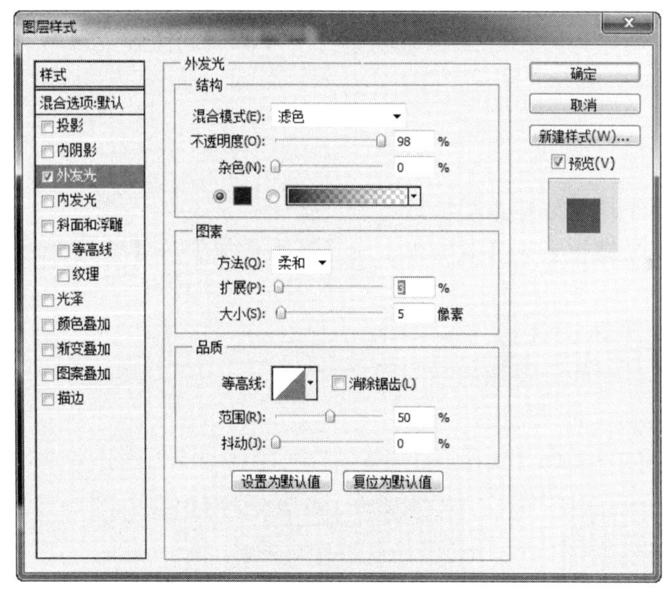

图 10.5.17　【外发光】图层样式参数设置

任务 10.6　艺术效果滤镜的应用——制作水彩画效果

任务目的

本任务通过制作水彩画效果，使学生学习并体会艺术效果滤镜的功能和效果，本任务的最终效果如图 10.6.1 所示。

扫码学习

制作水彩画效果

图 10.6.1　水彩画最终效果

相关知识

【艺术效果】滤镜组主要将摄影图像变成传统介质上的绘画效果，利用这些命令可以使图像产生不同风格的艺术效果，包括壁画、彩色铅笔、粗糙蜡笔、底纹效果、调色刀、干画笔、海报边缘、海绵、绘画涂抹、胶片颗粒、木刻、霓虹灯光、水彩、塑料包装和涂抹棒 15 种滤镜。在此，通过为图 10.6.2 所示的素材图片添加滤镜效果，学习几种主要的【艺术效果】滤镜的操作和作用。

1.【壁画】滤镜

1）作用：使用小块的颜料来粗糙地绘制图像。

2）操作：选择【滤镜】→【滤镜库】→【艺术效果】→【壁画】命令。

3）对应参数。

① 画笔大小：调节颜料的大小。

② 画笔细节：控制绘制图像的细节程度。

③ 纹理：控制纹理的对比度。

4）效果：效果如图 10.6.3 所示。

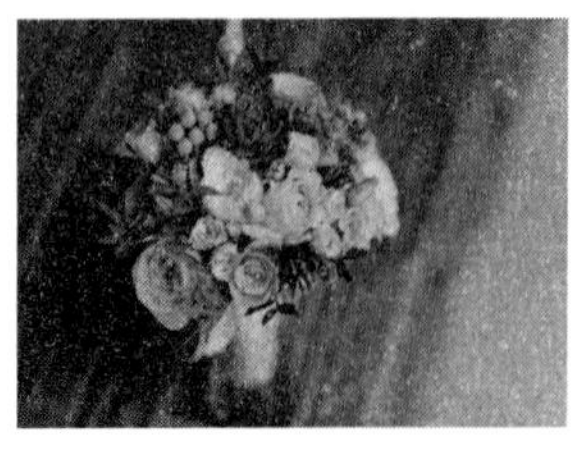

图 10.6.2　素材图片

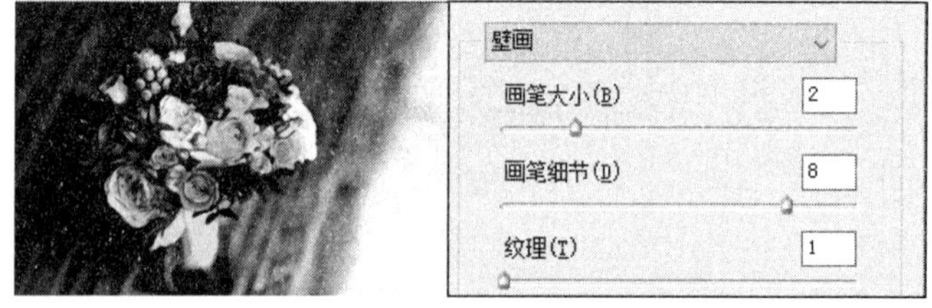

图 10.6.3　【壁画】滤镜效果

2.【绘画涂抹】滤镜

1）作用：使用不同类型的效果涂抹图像。

2）操作：选择【滤镜】→【滤镜库】→【艺术效果】→【绘画涂抹】命令。

3）对应参数。

① 画笔大小：调节笔触的大小。

② 锐化程度：控制图像的锐化值。

③ 画笔类型：共有简单、未处理光照、未处理深色、宽锐化、宽模糊和火花 6 种类型的涂抹方式。

4）效果：效果如图 10.6.4 所示。

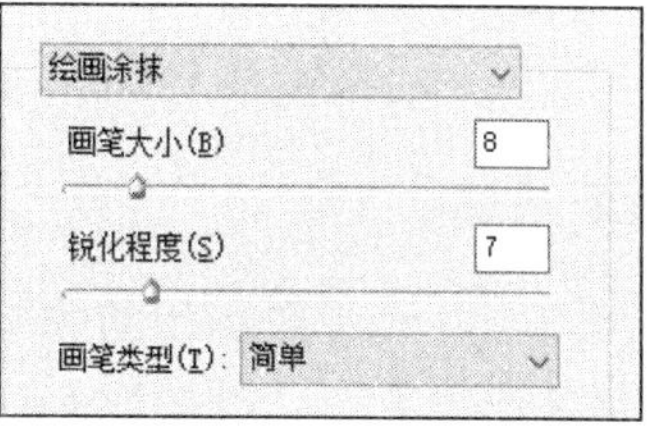

图 10.6.4 【绘画涂抹】滤镜效果

3.【胶片颗粒】滤镜

1）作用：模拟图像的胶片颗粒效果。

2）操作：选择【滤镜】→【滤镜库】→【艺术效果】→【胶片颗粒】命令。

3）对应参数。

① 颗粒：控制颗粒的数量。

② 高光区域：控制高光的区域范围。

③ 强度：控制图像的对比度。

4）效果：效果如图 10.6.5 所示。

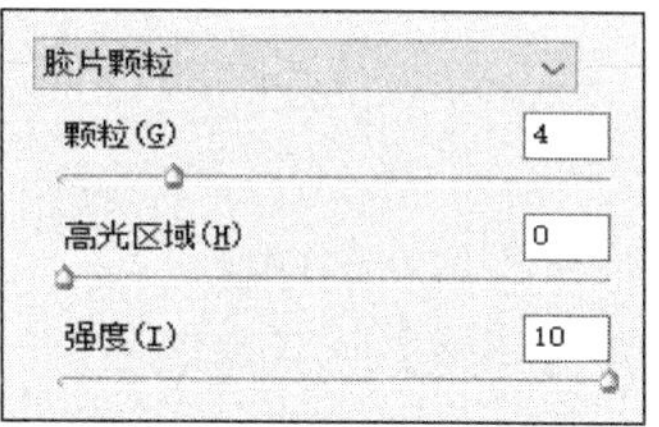

图 10.6.5 【胶片颗粒】滤镜效果

4.【木刻】滤镜

1）作用：将图像描绘成如同用彩色纸片拼贴的一样。

2）操作：选择【滤镜】→【滤镜库】→【艺术效果】→【木刻】命令。

3）对应参数。

① 色阶数：控制色阶的数量级。

② 边缘简化度：简化图像的边界。

③ 边缘逼真度：控制图像边缘的细节。

4）效果：效果如图 10.6.6 所示。

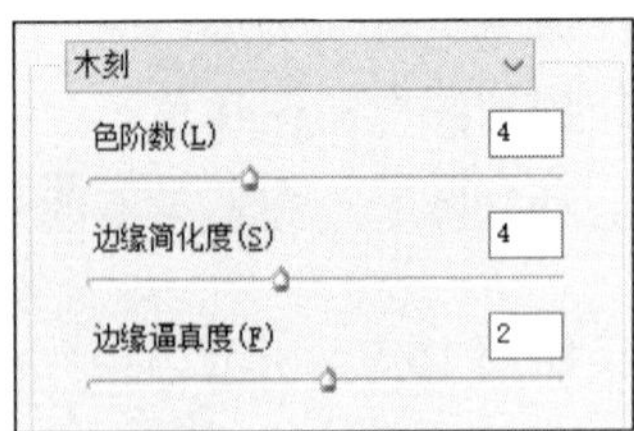

图 10.6.6　【木刻】滤镜效果

5.【霓虹灯光】滤镜

1）作用：模拟霓虹灯光照射图像的效果，图像背景将用前景色填充。
2）操作：选择【滤镜】→【滤镜库】→【艺术效果】→【霓虹灯光】命令。
3）对应参数。
① 发光大小：正值为照亮图像，负值则使图像变暗。
② 发光亮度：控制亮度数值。
③ 发光颜色：设置发光的颜色。
4）效果：效果如图 10.6.7 所示。

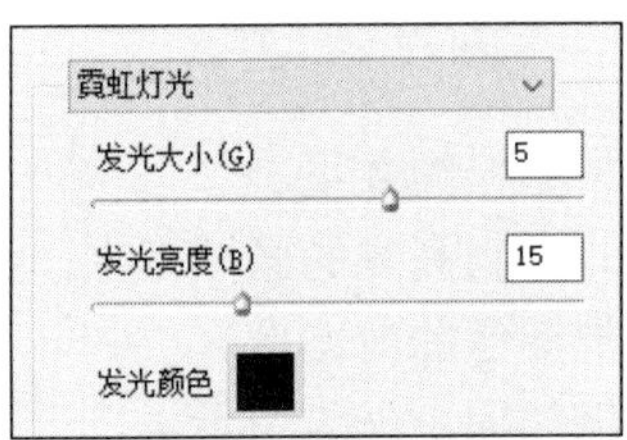

图 10.6.7　【霓虹灯光】滤镜效果

6.【水彩】滤镜

1）作用：模拟水彩风格的图像。
2）操作：选择【滤镜】→【滤镜库】→【艺术效果】→【水彩】命令。
3）对应参数。
① 画笔细节：设置笔刷的细腻程度。
② 阴影强度：设置阴影强度。
③ 纹理：控制纹理图像的对比度。
4）效果：效果如图 10.6.8 所示。

图 10.6.8　水彩效果

任务分析

本任务首先通过使用【特殊模糊】滤镜与【查找边缘】滤镜，配合应用【叠加】图层混合模式，产生淡彩的效果；然后使用【艺术效果】滤镜组的【水彩】命令，配合应用【柔光】图层混合模式，完成水彩画效果。

任务实施

01 打开素材“古建筑.jpg”图像文件，如图 10.6.9 所示。

02 按“Ctrl+J”组合键，复制“背景”图层为“图层 1”图层。选择【滤镜】→【模糊】→【特殊模糊】命令，弹出【特殊模糊】对话框，具体的参数设置如图 10.6.10 所示，单击【确定】按钮。

图 10.6.9　素材图片

图 10.6.10　【特殊模糊】对话框参数设置

03 复制“图层 1”图层为“图层 1 副本”图层，选择【滤镜】→【风格化】→【查找边缘】命令，得到画面效果如图 10.6.11 所示。

图 10.6.11　【查找边缘】滤镜效果

04 选择【滤镜】→【模糊】→【高斯模糊】命令，弹出【高斯模糊】对话框，设置参数如图 10.6.12 所示，单击【确定】按钮，得到的效果如图 10.6.13 所示。

图 10.6.12 【高斯模糊】对话框参数设置

图 10.6.13 【高斯模糊】命令处理后的效果

05 在【图层】面板上，设置图层混合模式为【叠加】,【图层】面板与叠加效果如图 10.6.14 和图 10.6.15 所示。

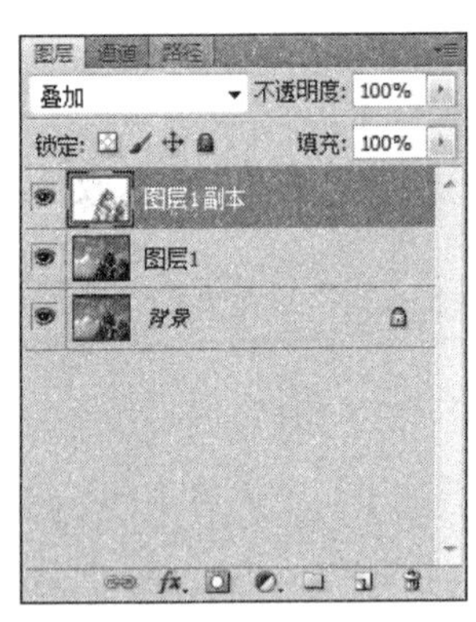

图 10.6.14 【图层】面板

图 10.6.15 叠加效果

06 复制“背景”图层为“背景 副本”图层，然后将新图层置于图层的最上方。选择【滤镜】→【滤镜库】→【艺术效果】→【水彩】命令，弹出【水彩】对话框，具体参数设置如图 10.6.16 所示，单击【确定】按钮。

07 在【图层】面板中设置图层混合模式为【柔光】，完成水彩画的制作,【图层】面板与水彩画最终效果如图 10.6.17 和图 10.6.1 所示。

图 10.6.16　【水彩】对话框参数设置

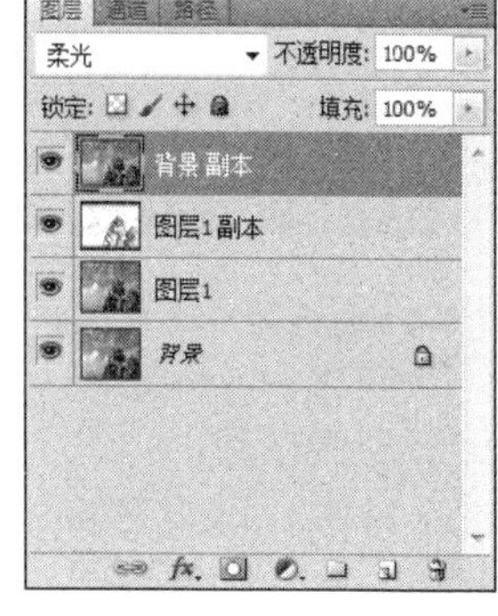

图 10.6.17　【图层】面板

任务 10.7　杂色滤镜的应用——创建怀旧色调照片

任务目的

本任务通过创建怀旧色调照片，使学生学习并体会【杂色】滤镜的功能与效果，本任务最终效果如图 10.7.1 所示。

图 10.7.1　怀旧色调照片效果图

扫码学习

创建怀旧色调照片

相关知识

【杂色】滤镜组主要是添加或减少杂色，以增加图像的纹理或减少图像的杂色效果。【杂色】滤镜包括减少杂色、蒙尘与划痕、去斑、添加杂色和中间值 5 种滤镜。下面将素材中的

“风景.jpg”图像文件（如图 10.7.2 所示）作为演示素材，讲解【杂色】滤镜组中常用的几个滤镜命令。

图 10.7.2　打开的“风景.jpg”图像

1.【减少杂色】滤镜

1）作用：通常使用数码照相机拍摄的照片较容易出现大量的杂点，使用【减少杂色】命令可以轻易地将这些杂点去除。

2）操作：选择【滤镜】→【杂色】→【减少杂色】命令，弹出【减少杂色】对话框，如图 10.7.3 所示。

3）相关参数。

① 基本：控制降低杂色中最基础的选项。

② 高级：在此模式下，用户可以在每个通道上执行降噪，还可以将特定的设置保存为预设值。

③ 强度：控制降噪的程度。

④ 保留细节：在减少图像杂色时保持原图像细节的程度。

⑤ 减少杂色：控制图像减少杂色的数量。

⑥ 锐化细节：控制图像颜色像素的锐化程度。

⑦ 移去 JPEG 不自然感：勾选此复选框，可以移除 JPEG 图像压缩时产生的杂色。

4）效果：效果如图 10.7.4 所示，可以看到使用【减少杂色】命令移除的图像杂点效果更加细腻，几乎保持了原图像的细节。

图 10.7.3　【减少杂色】对话框

图 10.7.4　使用【减少杂色】命令后的效果

2.【蒙尘与划痕】滤镜

1）作用：去除像素邻近区差别较大的像素，以减少杂色，修复图像的细小缺陷。

2）操作：选择【滤镜】→【杂色】→【蒙尘与划痕】命令，弹出【蒙尘与划痕】对话框，如图 10.7.5 所示。

3）相关参数。

① 半径：设置去除缺陷的搜索范围。其值越大，图像越模糊，取值范围为 1～100 像素。

② 阈值：设置被去掉的像素与其他像素的差别程度。其值越大，去除杂点的能力越弱，取值范围为 0～128 色阶。

4）效果：原图使用【蒙尘与划痕】命令后的效果如图 10.7.6 所示。

图 10.7.5　【蒙尘与划痕】对话框

图 10.7.6　使用【蒙尘与划痕】命令后的效果

3. 【添加杂色】滤镜

1）作用：在图像上随机添加一些杂点，产生杂色的图像效果。

2）操作：选择【滤镜】→【杂色】→【添加杂色】命令，弹出【添加杂色】对话框，如图 10.7.7 所示。

3）相关参数。

① 数量：设置图像中生成杂色的数量。其值越大，生成的杂色数量越多。

② 分布：设置杂色分布的方式，包括平均分布和高斯分布两种分布方式。如果点选【平均分布】单选按钮，将使用随机分布产生杂色；如果点选【高斯分布】单选按钮，则根据高斯曲线进行分布，产生的杂色效果更加明显。

③ 单色：勾选该复选框，将产生单色的杂色效果。

4）效果：效果如图 10.7.8 所示。

图 10.7.7　【添加杂色】对话框

图 10.7.8　使用【添加杂色】命令后的效果

小贴示

在图像处理过程中，【添加杂色】命令往往会与其他滤镜结合起来使用。

4.【中间值】滤镜

1）作用：在邻近的颜色像素中搜索，去除与邻近像素相差过大的像素，用得到的像素中间值来替换中心像素的亮度值，使图像变得模糊。

2）操作：选择【滤镜】→【杂色】→【中间值】命令，弹出【中间值】对话框，如图 10.7.9 所示。

3）相关参数。

半径：设置邻近像素亮度的分析范围。其值越大，图像越模糊，取值范围为 1～100 像素。

4）效果：原图使用【中间值】命令后的效果如图 10.7.10 所示。

图 10.7.9 【中间值】对话框

图 10.7.10 使用【中间值】命令后的效果

任务分析

首先使用【去色】命令将照片处理为灰度图像效果，给照片添加老照片的泛黄色调；然后使用【添加杂色】滤镜；最后使用【云彩】与【纤维】滤镜，结合图层的混合模式为照片添加老照片的纹理。

任务实施

01 启动 Photoshop，打开素材文件“江南水乡.jpg”。

02 选择【图像】→【调整】→【去色】命令，去掉照片中的彩色信息，效果如图 10.7.11 所示。

03 新建一个图层“图层 1”，将前景色设置为土黄色（R：224，G：190，B：72），按“Alt+Delete”组合键将该图层填充为前景色，然后设置该图层的混合模式为【颜色】，【不透明度】为 40%，此时【图层】面板如图 10.7.12 所示。

04 选中“背景”图层，选择【滤镜】→【杂色】→【添加杂色】命令，弹出【添加杂色】对话框，相应的参数设置如图 10.7.13 所示。单击【确定】按钮，给“背景”图层添加杂色。

图 10.7.11　灰度图像效果

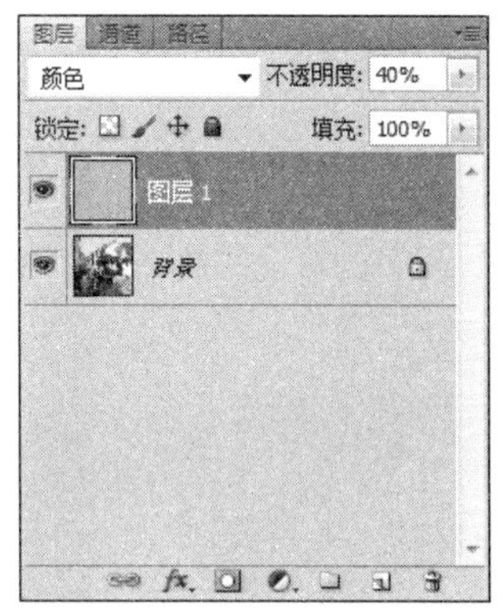

图 10.7.12　【图层】面板（一）

图 10.7.13　【添加杂色】对话框参数设置

05 新建“图层 2”图层，按“D”键恢复默认的前景色和背景色，选择【滤镜】→【渲染】→【云彩】命令，为“图层 2”添加云彩效果，此时【图层】面板如图 10.7.14 所示。

06 选择【滤镜】→【渲染】→【纤维】命令，弹出【纤维】对话框，参数设置如图 10.7.15 所示。

07 单击【确定】按钮，应用【纤维】滤镜，设置“图层 2”的图层混合模式为【颜色加深】，【不透明度】为 40%，此时【图层】面板如图 10.7.16 所示，得到的怀旧色调照片的最终效果如图 10.7.1 所示。

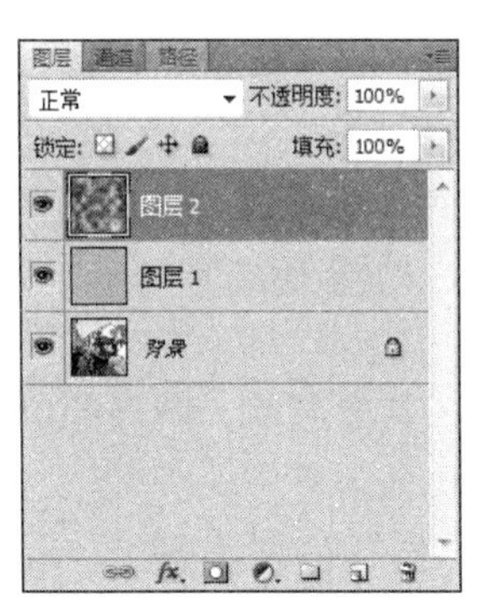

图 10.7.14　【图层】面板（二）

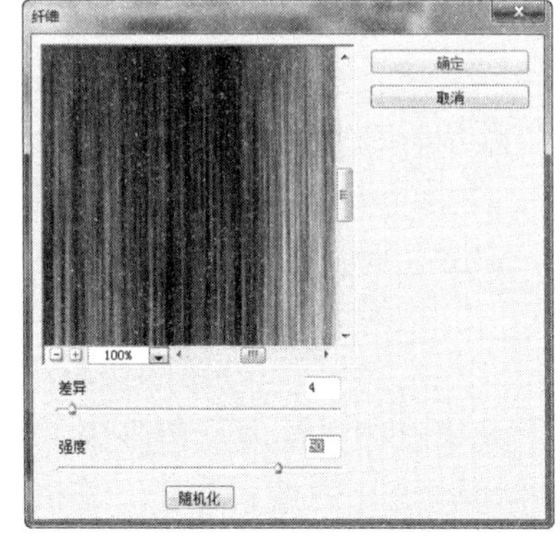

图 10.7.15　【纤维】对话框参数设置

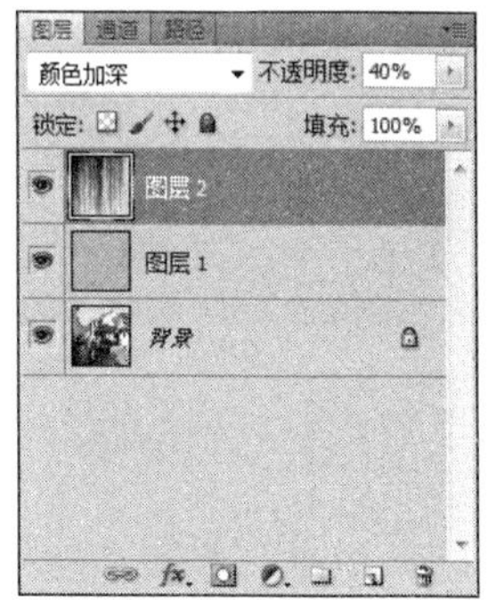

图 10.7.16　【图层】面板（三）

任务 10.8　锐化滤镜的应用——制作油画效果

油画的笔触具有强烈的立体感和极强的表现力。通过 Photoshop 软件，即使不懂油画，也能使自己的照片变成一幅油画艺术品。

任务目的

本任务通过制作油画效果，使学生学习并体会【锐化】滤镜的功能和效果，本任务的最终效果如图 10.8.1 所示。

扫码学习

制作油画效果

图 10.8.1 油画效果图

相关知识

【锐化】滤镜组可以加强图像的对比度，使图像变得更加清晰，包括 USM 锐化、进一步锐化、锐化、锐化边缘和智能锐化 5 种锐化命令，其中比较常用的是【USM 锐化】滤镜和【智能锐化】滤镜。下面以“书桌.jpg”图像为素材（如图 10.8.2 所示）演示这两种锐化滤镜的作用与效果。

图 10.8.2 “书桌.jpg”图像

1. 【USM 锐化】滤镜

1）作用：在图像边缘的每侧生成一条亮线和一条暗线，以此来产生轮廓的锐化效果，多用于校正摄影、扫描、重新取样或打印过程中产生的模糊效果。

2）操作：选择【滤镜】→【锐化】→【USM 锐化】命令，弹出【USM 锐化】对话框，如图 10.8.3 所示。

3）相关参数。

① 数量：设置图像对比强度。其值越大，图像的锐化效果越明显，取值范围为 1%～500%。

② 半径：设置边缘两侧像素影响锐化的像素数目。其值越大，锐化的范围越大，取值范围为 0～255 像素。

③ 阈值：设置锐化像素与周围区域亮度的差值。其值越大，锐化的像素越少，取值范围为 0～255 色阶。

4）效果：使用【USM 锐化】命令后的效果如图 10.8.4 所示。

2. 【智能锐化】滤镜

1）作用：具有【USM 锐化】滤镜所没有的锐化控制功能，可以设置锐化算法或控制在阴影和高光区域中进行的锐化量。

图 10.8.3　【USM 锐化】对话框

图 10.8.4　使用【USM 锐化】命令后的效果

2）操作：选择【滤镜】→【锐化】→【智能锐化】命令，弹出【智能锐化】对话框，如图 10.8.5 所示。

图 10.8.5　【智能锐化】对话框

3）相关参数。

①　【锐化】选项卡。该选项卡是默认状态下显示的选项卡。

a．数量：设置锐化的程度。其值越大，图像的简化效果越明显，取值范围为 1%～500%。

b．半径：设置边缘周围像素的锐化影响范围。其值越大，受影响的边缘越宽，锐化的效果越明显，取值范围为 0.1～640 像素。

c．移去：设置图像锐化的锐化算法。【高斯模糊】是【USM 锐化】滤镜使用的方法;【镜头模糊】将更精细地锐化图像中的边缘和细节，并减少了锐化光晕;【动感模糊】可以减少由于照相机或主体移动而导致的模糊效果。当选择【动感模糊】选项后，可以通过【角度】值或拖动鼠标指针来设置动感模糊的角度。

d．更加准确：勾选该复选框，将更加精确地移去模糊，但处理速度也会变慢。

②　【阴影】选项卡。选择【阴影】选项卡进行【阴影】参数设置，如图 10.8.6 所示，该区域主要用来进行图像中较暗和较亮区域的锐化设置。

a．渐隐量：减少对图像阴影部分的锐化百分比。

b．色调宽度：控制阴影或高光中色调的修改范围。

c．半径：设置锐化阴影的范围。

③　【高光】选项卡中的参数与【阴影】选项卡中的参数相同，这里不再赘述。

4）效果：图 10.8.2 使用【智能锐化】命令后的效果如图 10.8.7 所示。

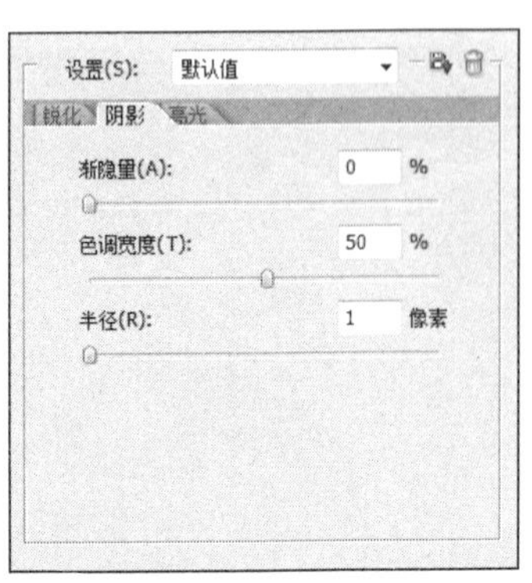

图 10.8.6 【阴影】选项卡

图 10.8.7 使用【智能锐化】命令后的效果

任务分析

本任务的制作是运用 Photoshop 中的绘画涂抹、USM 锐化、浮雕效果和纹理化等滤镜的配合来完成的。

任务实施

01 按“Ctrl+O”组合键，打开“田园风光.jpg”图像文件作为待处理图像，如图 10.8.8 所示。

02 选择【滤镜】→【杂色】→【中间值】命令，在弹出的【中间值】对话框中设置参数，如图 10.8.9 所示，单击【确定】按钮。

03 选择【滤镜】→【锐化】→【USM 锐化】命令，在弹出的【USM 锐化】对话框中设置参数，如图 10.8.10 所示，单击【确定】按钮。

图 10.8.8 待处理的图像

图 10.8.9 【中间值】对话框

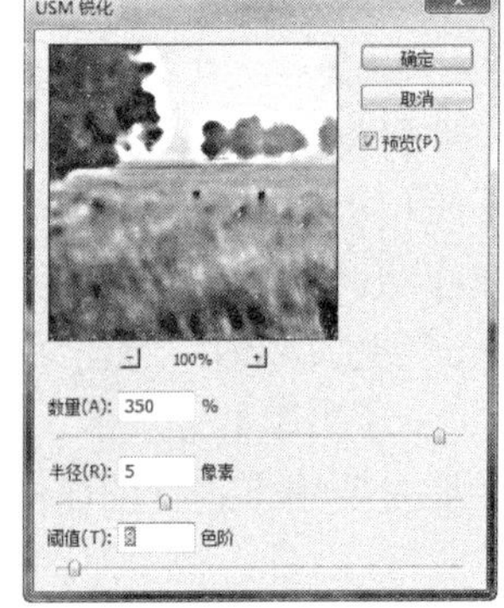

图 10.8.10 【USM 锐化】对话框参数设置

04 选择【滤镜】→【艺术效果】→【绘画涂抹】命令，在弹出的【绘画涂抹】对话框中设置参数，如图 10.8.11 所示。

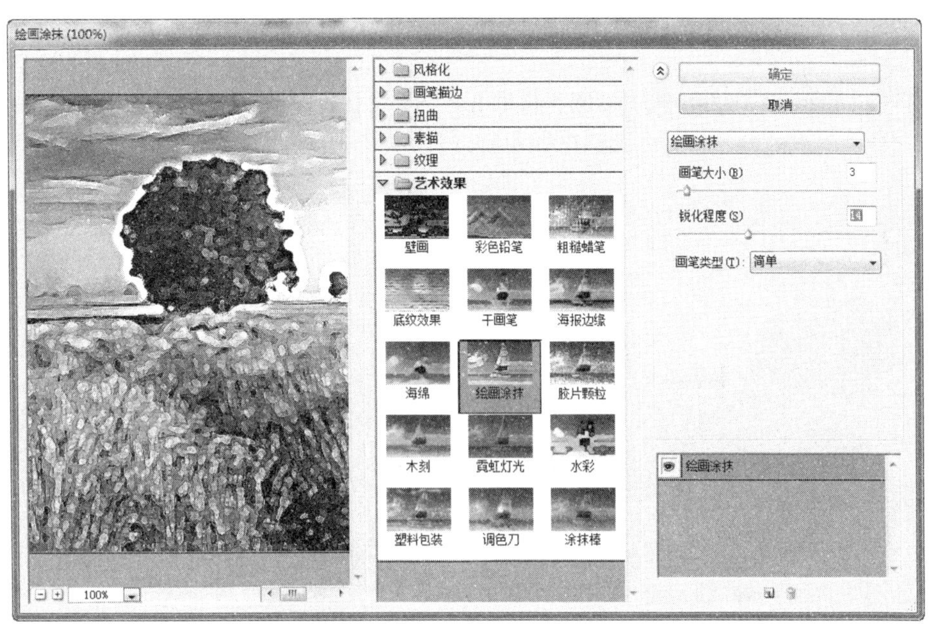

图 10.8.11　【绘画涂抹】对话框参数设置

05 选择【图像】→【调整】→【色阶】命令，在弹出的【色阶】对话框中设置参数，如图 10.8.12 所示。单击【确定】按钮。

06 复制图层。在【图层】面板上将“背景”图层拖动到【创建新的图层】按钮上复制图层，得到“背景 副本”图层。

07 选择【滤镜】→【风格化】→【浮雕效果】命令，在弹出的【浮雕效果】对话框中设置参数，如图 10.8.13 所示，单击【确定】按钮。设置“背景 副本”图层的混合模式为【线性光】，图层【不透明度】为 50%，如图 10.8.14 所示。

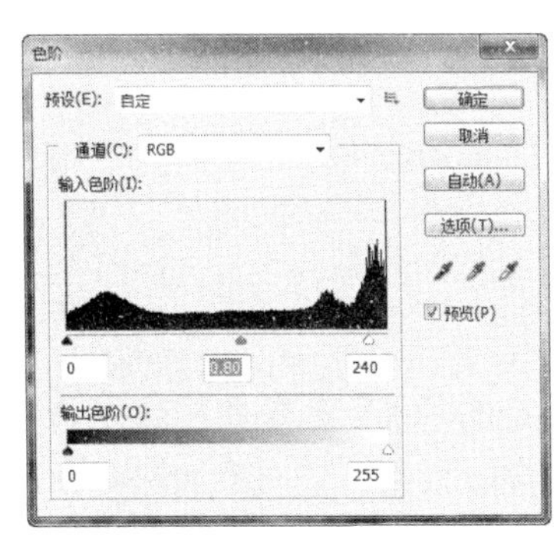

图 10.8.12　【色阶】对话框参数设置

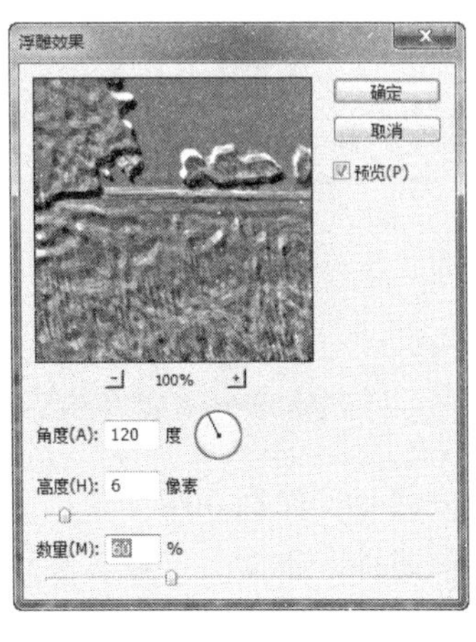

图 10.8.13　【浮雕效果】对话框参数设置

图 10.8.14　【图层】面板（一）

08 按“Ctrl+E”组合键，将“背景 副本”图层合并到“背景”图层，得到图像的油画效果，如图 10.8.15 所示。按“Ctrl+A”组合键，使图像全部选中，再按“Ctrl+C”组合键对制作的油画进行复制。

09 按“Ctrl+O”组合键，打开“画框.jpg”图像文件，使用【魔棒工具】在画框内部单击，得到画框内部选区，如图 10.8.16 所示。

图 10.8.15 油画效果

图 10.8.16 选取画框内部

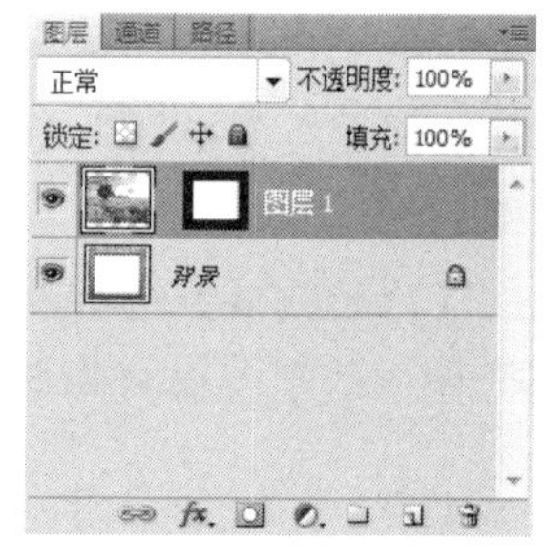

图 10.8.17 【图层】面板（二）

10 选择【编辑】→【选择性粘贴】→【贴入】命令，将复制的内容粘贴到选区中，在【图层】面板中生成“图层 1”，如图 10.8.17 所示。

11 按“Ctrl+T”组合键，同时按“Shift”键和“Alt”键，调整图像的大小至与画框适配，按“Enter”键确定操作。至此油画效果制作完成，最终效果如图 10.8.1 所示。

小贴示

步骤**10**中的【贴入】命令等效于使用“Alt+Shift+Ctrl+V”组合键。

项目小结

本项目通过 8 个任务的实际操作，详细介绍了常用滤镜命令的功能、各参数的作用与使用规则。通过各任务的操作过程演练，使学生了解各种滤镜的实际效果，进一步加深对常用滤镜的掌握。利用这些滤镜可以为图像制作各种特殊效果。由于篇幅有限，本书不能详尽地介绍每一种滤镜的使用方法。滤镜在实际工作中的应用，还需学生自己多多实践，慢慢领会各个滤镜的内在功能。

实践探索

一、选择题

1．在运用【滤镜】命令处理图像时，如果需要重复上一次使用的滤镜命令，可以按（　　）组合键。

A．Alt+F　　B．Shift+F　　C．Ctrl+F　　D．Ctrl+D

2．如果在【滤镜】对话框中对自己调节的效果不满意，希望恢复调节前的参数，可以按（　　）键，这时【取消】按钮会变为【复位】按钮，单击此按钮就可以将参数重置为调节前的状态。

A．Alt　　B．Alt+F　　C．Ctrl+F　　D．Shift+F

3．（　　）滤镜组通过置换像素、查找和增加图像的对比度，在图像中产生一种印象派的艺术风格。

A．风格化　　B．艺术效果　　C．锐化　　D．像素化

4．（　　）滤镜组可以将图像进行几何扭曲，以创建波浪、波纹、挤压及切变等各种图像的变形效果。

A．风格化　　B．扭曲　　C．艺术效果　　D．纹理

二、操作题

1．打开“美少女.jpg”图像文件，运用【喷色描边】与【彩色半调】滤镜，制作艺术边框，效果如图10.1所示（提示：首先把“美少女.jpg”图像转为普通图层，在该图层之下添加淡蓝色背景层，在美少女图层中创建矩形选区，分割照片为相框与框内两个区域，进入“以快速蒙版模式编辑”模式，对相框区域使用【喷色描边】滤镜制作边框。然后进入“以标准模式编辑”模式，反选选区，按“Delete”键删除选区内容，最后对淡蓝色背景图层使用【彩色半调】滤镜完成艺术边框的制作）。

2．绘制炫丽的花朵，参考效果如图10.2所示（提示：首先绘制一个白色矩形条，选择【滤镜】→【风格化】→【风】命令做出花瓣雏形；然后选择【编辑】→【变换】→【变形】命令将风格化后的矩形条变形成一个花瓣，并为花瓣添加图层样式；最后复制花朵的其他花瓣。花蕊的制作方法与花瓣相同）。

图10.1　艺术边框效果

图10.2　炫丽花朵

项目11 快捷高效的动作功能

项目导读

动作是 Photoshop 具有的一个非常强大而又难以掌握的功能，而图像自动化处理又是动作的高级应用，也是一个非常实用的功能。运用图像自动化处理可以快速完成大批量图像的处理操作，既提高了工作效率，又不会因多次操作而发生参数设置错误的情况。

学习目标

1）了解动作的工作原理。

2）认识动作面板及作用。

3）掌握动作最基本的录制与播放及其他编辑操作的方法。

4）掌握自动批处理的意义及作用。

5）掌握自动批处理的使用方法。

素养目标

1）以中国古建筑制作水墨画，注重对案例作品主题、形式、技法方面的艺术鉴赏和分析，树立学生“工匠精神”，打磨出好作品。

2）掌握动作功能的意义和作用，更多的是专注、创新，走进用户心理，升华产品。由此培养学生追求卓越的创造精神、精益求精的工匠精神、用户至上的服务精神。

3）从了解动作界面、原理到掌握其方法，推动工作从一般走向高级，从有效走向卓越。

任务 11.1　使用预置动作——制作宝宝相框

动作是 Photoshop 中一些命令的集合，利用动作可以方便快捷地将用户执行过的操作及命令记录下来。需要再次执行同样或类似的操作或命令时，应用录制的动作即可。应用动作可以大大提高设计工作者的工作效率。

任务目的

本任务通过制作图 11.1.1 所示的宝宝相框实例，使学生学习并掌握 Photoshop 预置动作的使用方法。

图 11.1.1　宝宝相框效果图

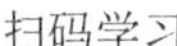

扫码学习

制作宝宝相框

相关知识

Photoshop 动作是将一系列命令组合为单个动作，相当于以前 DOS 操作系统中的批处理命令，也就是一种对图像进行多重步骤的批处理操作，这样可以大大提高工作效率。

在 Photoshop 中，对动作的编辑是通过一个单独的面板来完成的。使用该面板可以实现动作的记录、播放、编辑和删除等，还可以创建新序列和新动作。选择【窗口】→【动作】命令或按“Alt+F9”组合键，可以显示【动作】面板，如图 11.1.2 所示。

图 11.1.2　【动作】面板

1）（停止播放/录制）：当【动作】面板中正在执行录制或播放动作时，单击该按钮，可以停止录制或播放。

2）（开始记录）：单击该按钮时将显示红色，说明已经开始录制动作。

3）（播放）：单击该按钮系统将自动播放录制的动作。

4）（创建新组）：单击该按钮可以新建一个动作组。动作组如同图层中的组，是用来管理具体动作的。

5）（创建新动作）：单击该按钮可以创建一个新的动作。

6）（删除动作）：单击该按钮可以删除记录的动作或动作指令。

7）（切换对话开/关）：此按钮以黑白效果显示，在播放动作时会弹出该动作相对应的对话框，以方便对此动作参数进行重新设置。如果某项动作指令前面没有该按钮，说明该项操作没有可以设置的对话框。如果该按钮显示为红色，说明此动作中有部分动作指令在当前条件下不可执行，单击该按钮系统会自动将不可执行的动作指令转换成可执行的指令。

8）✔（切换项目开/关）：用来控制动作指令是否被播放。

9）默认动作：这是系统默认的动作选项。选择【动作】面板下拉菜单中的【复位动作】命令，即可将【动作】面板设置为系统默认的显示状态。

10）动作指令：录制的操作指令。一个动作中可以包含许多动作指令。

任务分析

本任务使用 Photoshop 预置动作及软件自带的动作为图像制作一个木质画框。

任务实施

01 按“Ctrl+O”组合键，打开“宝宝.jpg”图像文件，如图 11.1.3 所示。选择【窗口】→【动作】命令，或按“Alt+F9”组合键打开【动作】面板，如图 11.1.4 所示。

图 11.1.3 “宝宝.jpg”图像

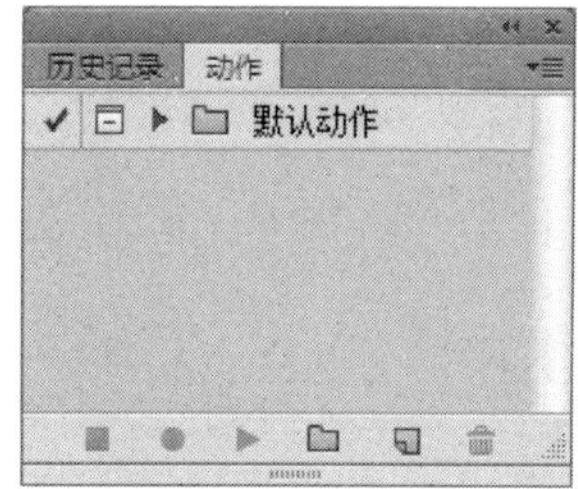

图 11.1.4 【动作】面板

02 单击【动作】面板右上角的▾≡按钮，从弹出的下拉菜单中选择【图像效果】命令，如图 11.1.5 所示。此时【图像效果】动作组被调出，如图 11.1.6 所示。

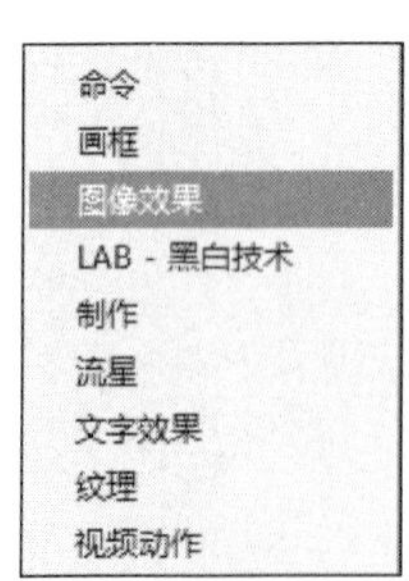

图 11.1.5 选择【图像效果】命令

图 11.1.6 调出【图像效果】动作组

03 选择【图像效果】动作组中的【细雨】动作，使其变成蓝色状态，如图 11.1.7 所示。此时【动作】面板底部的【开始记录】按钮和【播放】按钮也变成了启动状态。

04 单击【动作】面板底部的【播放】按钮，可看到 Photoshop 窗口不停地闪动，几秒后，图像就有细雨蒙蒙的效果了，如图 11.1.8 所示。

图 11.1.7　选择【细雨】动作

图 11.1.8　选择【细雨】动作的效果

05 单击【动作】面板右上角的按钮，从弹出的下拉菜单中选择【画框】命令，调出【画框】动作组，如图 11.1.9 所示。

06 选择【画框】动作组中的【木质画框-50 像素】动作，使其变成蓝色状态，如图 11.1.10 所示。此时【动作】面板底部的【开始记录】按钮和【播放】按钮也变成了启动状态。

07 单击【动作】面板底部的【播放】按钮，会弹出一个【信息】提示对话框，如图 11.1.11 所示。

图 11.1.9　调出【画框】动作组

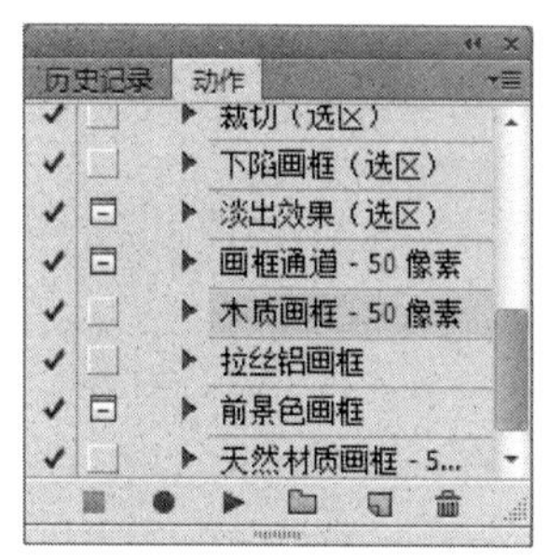

图 11.1.10　选择“木质画框-50 像素”动作

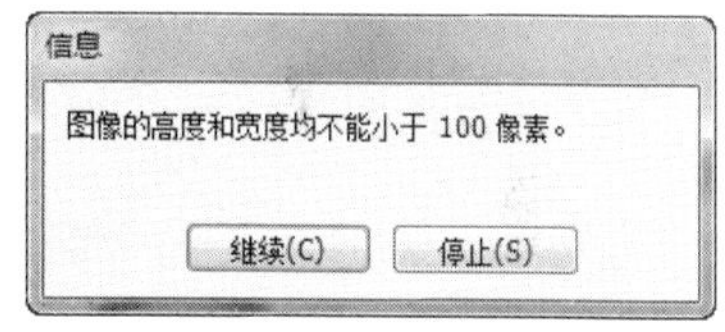

图 11.1.11　【信息】提示对话框

08 单击【继续】按钮，Photoshop 闪动数秒后，就为图像制作了一个木质画框，最终效果如图 11.1.1 所示。

任务 11.2　应用及录制动作——快速制作水墨画

Photoshop 预置的动作毕竟是有限的，无法满足个性化的需求。Photoshop 提供的录制、应用动作功能，则可以使我们快速、灵活地完成工作任务。

任务目的

本任务通过使用 Photoshop 制作水墨画，使学生掌握 Photoshop 录制并应用动作的方法。本任务的最终效果如图 11.2.1 所示。

扫码学习

快速制作水墨画

图 11.2.1 水墨画的效果图

任务分析

根据 Photoshop 动作制作的规律，首先记录下第一张风光图片的水墨效果制作的全过程，然后将所记录的动作运用到其他图像上，最终制作多张风格统一的水墨画。

任务实施

1. 动作录制

01 按“Ctrl+O”组合键，打开“风光 1.jpg”图像文件。

02 单击【动作】面板底部的【创建新组】按钮，在弹出的【新建组】对话框中输入名称“水墨效果”，如图 11.2.2 所示。

03 单击【动作】面板底部的【创建新动作】按钮，在弹出的【新建动作】对话框中输入名称“水墨效果”，如图 11.2.3 所示。

图 11.2.2 【新建组】对话框

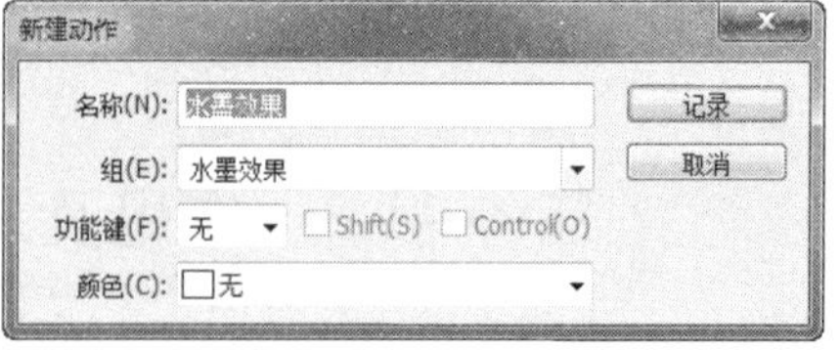

图 11.2.3 【新建动作】对话框

04 单击【动作】面板底部的【开始记录】按钮，开始录制操作。

05 按“Ctrl+M”组合键，弹出【曲线】对话框，调整画面亮度，如图 11.2.4 所示。

06 在【图层】面板中复制出两个图层，如图 11.2.5 所示。

07 在【图层】面板中，将“背景 副本”图层隐藏，选中“背景 副本 2”图层，选择【图像】→【调整】→【去色】命令，将图像去色，此时的【动作】面板如图 11.2.6 所示。

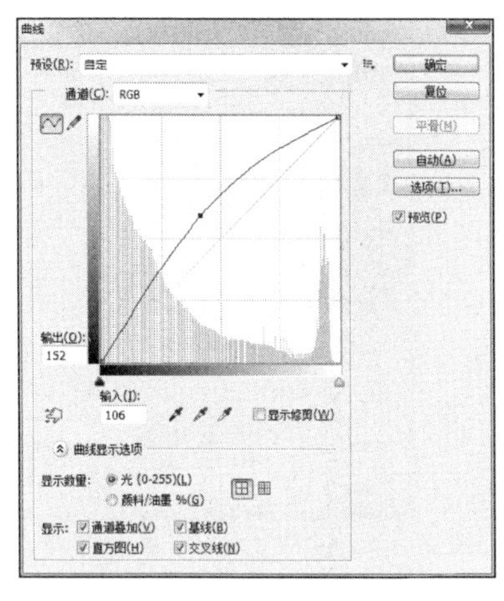

图 11.2.4　【曲线】对话框

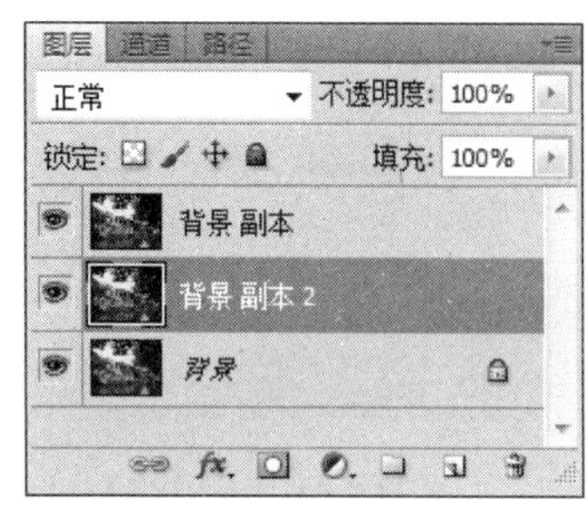

图 11.2.5　【图层】面板（一）

图 11.2.6　【动作】面板

08 选择【图像】→【调整】→【亮度/对比度】命令，在弹出的【亮度/对比度】对话框中设置参数，如图 11.2.7 所示。

09 选择【滤镜】→【模糊】→【特殊模糊】命令，在弹出的【特殊模糊】对话框中设置参数，如图 11.2.8 所示。再选择【滤镜】→【模糊】→【高斯模糊】命令，在弹出的【高斯模糊】对话框中设置参数，如图 11.2.9 所示。

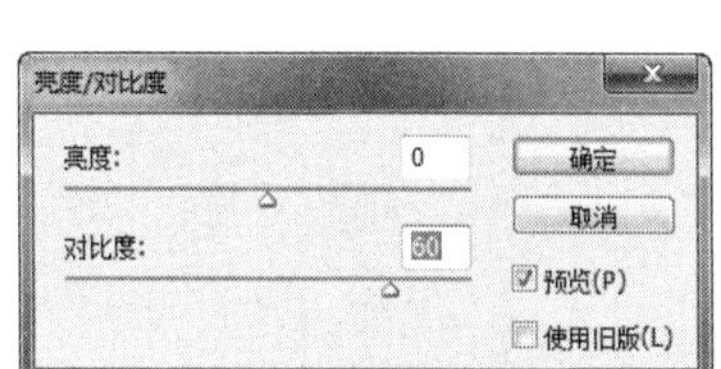

图 11.2.7　【亮度/对比度】对话框

图 11.2.8　【特殊模糊】对话框参数设置（一）

图 11.2.9　【高斯模糊】对话框参数设置

10 选择【滤镜】→【杂色】→【中间值】命令，在弹出的【中间值】对话框中设置参数，如图 11.2.10 所示。

11 在【图层】面板中选择“背景 副本”图层，显示图层，选择【图像】→【调整】→【去色】命令，将图像去色。选择【图像】→【调整】→【亮度/对比度】命令，在弹出的【亮度/对比度】对话框中，设置【对比度】为 50。选择【图像】→【调整】→【曲线】命令，在弹出的【曲线】对话框中设置参数，如图 11.2.11 所示。

12 选择“背景 副本”图层，选择【滤镜】→【模糊】→【特殊模糊】命令，在弹出的【特殊模糊】对话框中设置参数，如图 11.2.12 所示。

图 11.2.10　【中间值】对话框参数设置

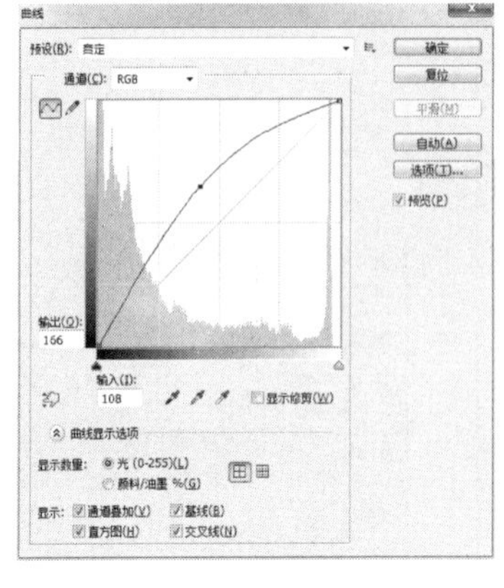

图 11.2.11　【曲线】对话框

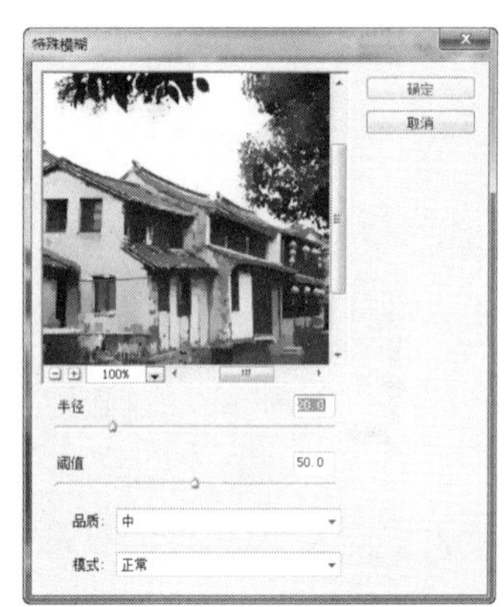

图 11.2.12　【特殊模糊】对话框参数设置（二）

13 在“背景 副本”图层上添加半径为 1 像素的【高斯模糊】滤镜，然后将该图层的混合模式调整为【变亮】模式。

14 复制两个“背景 副本”图层，增加页面的层次感，设置完成后的【图层】面板如图 11.2.13 所示。

15 使用【直排文字工具】在页面中添加合适的文字。最后，使用【矩形选框工具】绘制一个矩形选区，并进行描边，效果如图 11.2.14 所示。

16 打开【动作】面板，单击【动作】面板下方的【停止播放/录制】按钮。选中【水墨效果】动作组，单击【动作】面板右上角的按钮，从弹出的下拉菜单中选择【存储动作】命令，如图 11.2.15 所示，在弹出的【存储为】对话框中输入动作名称“水墨效果”，并单击【保存】按钮保存动作。

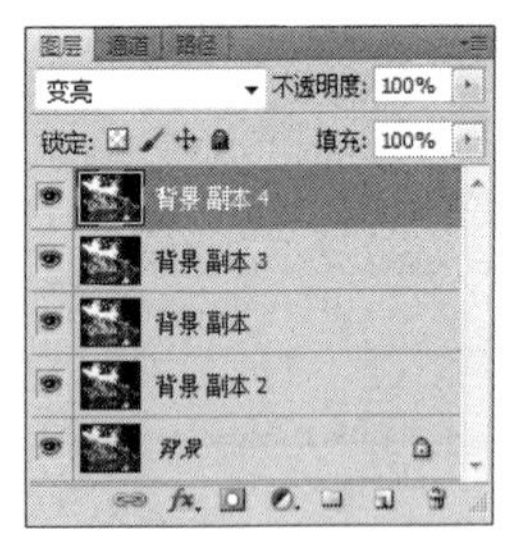

图 11.2.13　【图层】面板（二）

图 11.2.14　描边后的效果

图 11.2.15　【动作】面板下拉菜单

2. 动作应用

01 按“Ctrl+O”组合键，打开“风光 2.jpg”图像文件，在【动作】面板上选择【水墨效果】动作，如图 11.2.16 所示，然后单击【动作】面板下方的【播放】按钮，图像闪烁数秒后，一幅水墨画就完成了，如图 11.2.17 所示。

小贴示

1）在播放（应用）动作过程中，当部分效果不适合时，可以双击动作中的某个命令，在弹出的相应对话框中重新调整参数，或是暂停动作进行手动调整。

2）如果有大量的图片都要进行相同处理，可选择【批处理】命令来完成。

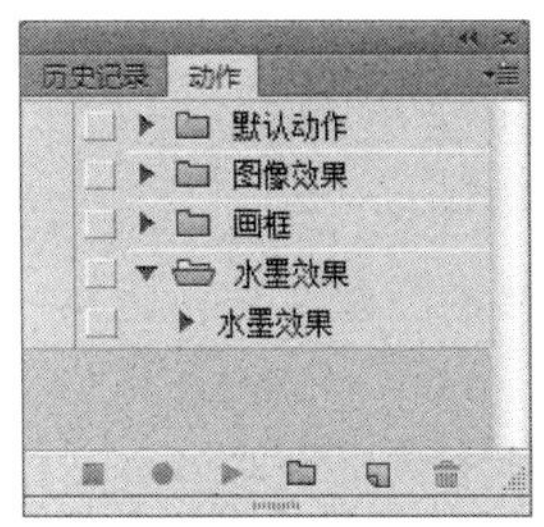

图 11.2.16　选择【水墨效果】动作

图 11.2.17　“风光 2”水墨效果

02 按照步骤 **01** 的方法将其他图片应用动作，最终效果如图 11.2.1 所示。

任务 11.3　自动批处理——制作统一规格的系列图片

从事图形图像工作的人员经常会处理大批量的图像文件，如将几百张彩色图片转换成灰度图像，将上千张图片的分辨率改成 100 像素/英寸，将上万张图片的大小统一成“500 像素×500 像素”等，这些工作很难一张一张去完成。在 Photoshop 中利用动作和批处理功能就可以很好地解决这些问题。其实，批处理也就是使多个图像文件执行同一个动作，从而实现自动化操作。

任务目的

本任务通过制作图 11.3.1 所示的批处理图像效果，使学生学习并掌握 Photoshop 自动批处理的使用方法。

图 11.3.1　运用批处理完成的图像效果

扫码学习

制作电子相册

相关知识

1. 图像自动批处理的意义

在 Photoshop 的【文件】→【自动】菜单下有几个非常实用的自动处理功能，如图 11.3.2 所示。

图 11.3.2 【自动】子菜单

1）批处理：一次性地对大批量图像文件执行同一个“动作”操作，从而实现操作的自动化。

2）PDF 演示文稿：使用各种图像来创建多页文档或幻灯片演示文稿。

3）创建快捷批处理：将一个“动作”创建一个可执行的小程序。

4）裁剪并修齐照片：裁剪并修齐照片。

5）联系表Ⅱ：快速又简捷地生成多张图片的预览形式。

6）Photomerge：合并多幅图像。

7）合并到 HDR Pro：合并高动态区域的图像。

8）镜头校正：利用数码图片拍摄数据信息自动修正图像的几何失真，修饰图像周边曝光不足的暗角晕影，以及修复边缘出现彩色光晕的色相差。

9）条件模式更改：快速转换文件的色彩模式。

10）限制图像：自动调整图像文件的大小。

2. 批处理

选择【文件】→【自动】→【批处理】命令，弹出图 11.3.3 所示的【批处理】对话框。

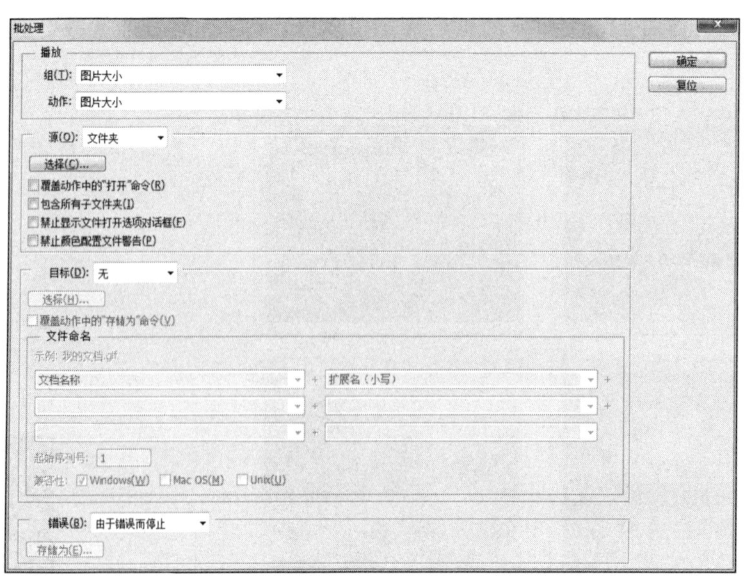

图 11.3.3 【批处理】对话框

在对话框中可设置选项，各选项作用如下。

1）组：此下拉列表框中包含载入动作面板的所有组，从中选择要执行的动作所在的组即可。

2）动作：从该下拉列表框中选择要执行的动作。

3）源：在该下拉列表框中可以选择图片的来源，共有 4 种选择。

① 文件夹：处理指定文件夹中的文件。单击 选择(C)... 按钮可以查找并选择文件夹。

② 导入：处理来自数码相机、扫描仪或 PDF 文档的图像。此选项只有安装了扫描仪才会被启用。

③ 打开的文件：处理所有打开的文件。此选项只有在打开图像后才可用。

④ Bridge：处理 Adobe Bridge 中选定的文件。如果未选择任何文件，则处理当前 Bridge 文件夹中的文件。

4）覆盖动作中的“打开”命令：勾选此复选框可以忽略动作中的【打开】命令。

5）包含所有子文件夹：勾选此复选框可以对文件夹中的所有子文件执行相同的动作。

6）禁止显示文件打开选项对话框：勾选此复选框可以禁止打开文件选项对话框。

7）禁止颜色配置文件警告：勾选此复选框可以禁止颜色警告。

8）目标：设置文件处理后的存储方式，其下拉列表框中共有 3 种选择。

① 无：对处理后的文件不进行任何保存，只将文件打开并放置在 Photoshop 界面中。

② 存储并关闭：将文件保存在原路径中并关闭。

③ 文件夹：将处理后的文件保存在新的文件夹中，单击 选择(H)... 按钮指定文件存储的路径。

9）覆盖动作中的“存储为”命令：勾选此复选框可以忽略动作中的【存储为】命令。

10）错误：此下拉列表框中提供了遇到错误时的两种方案。

① 由于错误而停止：遇到错误时停止。

② 将错误记录到文件：遇到错误时保存。

任务分析

本任务使用 Photoshop【批处理】命令，对多张图片进行快速“大小”处理，最后得到所需的图像效果。

任务实施

01 启动 Photoshop，打开【动作】面板，单击【动作】面板右上角的 按钮，从弹出的下拉菜单中选择【载入动作】命令，如图 11.3.4 所示。

02 在弹出的【载入】对话框中，选择已经存储的“图片大小”动作组文件，如图 11.3.5 所示，单击【载入】按钮，【图片大小】动作组被载入【动作】面板中，如图 11.3.6 所示。

03 选择【文件】→【自动】→【批处理】命令，在弹出的【批处理】对话框中设置，在【源】下拉列表框中选择【文件夹】选项，单击【选择】按钮选择“批处理”文件夹。

04 单击【确定】按钮，Photoshop 界面自动演示处理过程，最终效果如图 11.3.1 所示。

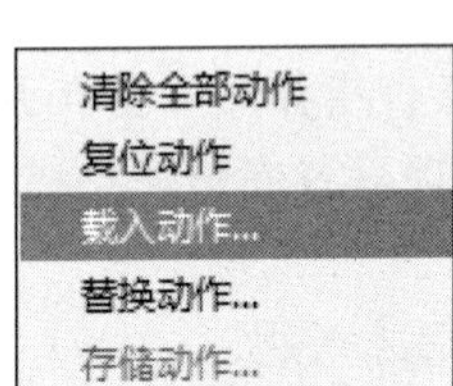

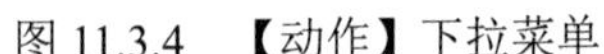
图 11.3.4 【动作】下拉菜单　　图 11.3.5 【载入】对话框　　图 11.3.6 【动作】面板

项 目 小 结

本项目通过 3 个任务的实际操作，详细介绍了动作面板及其作用、图片的批处理，同时详细介绍了使用预置动作快速完成图片处理的方法，以及根据个人需求自行录制动作、应用动作的方法。

实 践 探 索

一、选择题

1. 要想建立一个动作序列，可以单击【动作】面板中的（　　）按钮。

A. （停止播放/录制）　　B. （开始记录）

C. （新建组）　　D. （播放）

2. 要想使用已经录制好的动作，需要先打开图片，然后单击【动作】面板下方的（　　）按钮，图像闪烁数秒后即可完成。

A. （停止播放/录制）　　B. （开始记录）

C. （创建新组）　　D. （播放）

二、操作题

运用所学的动作知识，使用所提供的【怀旧照片】动作为照片制作怀旧效果，如图 11.1 所示。（提示：在【动作】面板下拉菜单中选择【载入动作】命令，执行导入的【怀旧效果】动作）。

图 11.1　怀旧效果

项目实训

项目导读

Photoshop 是 Adobe 公司推出的一款功能十分强大、使用范围非常广泛的平面图形图像处理软件。它是众多平面设计师进行平面设计、图形和图像处理时的首选软件。本项目主要介绍 Photoshop 在商业广告、平面海报、网页设计中的应用，使学生通过综合实例的制作，提高软件的综合应用能力。

学习目标

1）掌握 Photoshop 在商业广告中的应用方法。
2）掌握 Photoshop 在平面海报中的应用方法。
3）掌握 Photoshop 在网页设计中的应用方法。

素养目标

1）通过文化艺术节海报创意设计，培养学生有创新意识、社会责任感和工匠精神。
2）通过淘宝美工详情页制作，培养学生钻研精神、团队合作精神、设计原创精神。

任务 12.1 制作笔记本式计算机创意广告

任务目的

本任务通过制作图 12.1.1 所示的笔记本式计算机创意广告的实例，提高学生使用 Photoshop 软件进行综合制作的能力。

图 12.1.1 笔记本式计算机创意广告效果

扫码学习

制作笔记本式计算机创意广告

任务分析

本任务制作的是数码类产品创意广告，年轻、时尚、科技是笔记本式计算机（俗称笔记本电脑）的特点，通过色彩的处理可以突出其特点。本任务是创意广告，广告意思明确，文字较少。本任务的制作分为平面广告背景的制作、广告中各元素的制作和组合等几个部分。首先在“背景”图层中填充渐变色，使用滤镜做效果，添加花纹，完成背景部分的制作；然后将广告中各主要的图像元素添加进来；最后添加文字，完成广告的整体设计制作。

任务实施

01 新建文件，选择【文件】→【新建】命令，新建一个图像文件，设置【宽度】为 7.5 厘米，【高度】为 10.5 厘米，【分辨率】为 300 像素/英寸。

02 新建一个图层，命名为“背景色”。使用工具箱中的【渐变工具】，设置渐变类型为径向渐变，单击渐变颜色条，设置渐变颜色为淡紫色（#f0d5ff）—深紫色（#180739），从图像文件中心向外做一渐变。

03 选择【滤镜】→【素描】→【水彩画纸】命令，设置【纤维长度】为 15，【亮度】为 50，【对比度】为 70。

04 设置前景色为黑色。复制“背景色”图层，在“背景色 副本”图层中选择【滤镜】→【滤镜库】→【纹理】→【染色玻璃】命令，设置【单元格大小】为 10，【边框粗细】

为 2，【光照强度】为 3。将“背景色 副本”图层的【不透明度】设置为 15%，图层混合模式设置为【滤色】。

05 打开“花纹.png”文件，使用工具箱中的【移动工具】将花纹图像移动到图像文件中，调整其大小和位置。再复制两个花纹图层，调整大小和位置，效果如图 12.1.2 所示。

06 将所有的花纹图层合并，命名为“花纹”，设置“花纹”图层的【不透明度】为 30%。

07 使用【矩形选框工具】在文件中创建一个长条形选区，效果如图 12.1.3 所示。

08 新建一个图层，命名为“晾衣竿”。使用【渐变工具】，设置渐变类型为线形渐变，设置渐变颜色为灰色（R：114，G：101，B：108）—白色—灰色（R：51，G：53，B：55）—白色—灰色（R：73，G：73，B：74）—灰色（R：99，G：96，B：94），在选区中从上到下做一渐变，取消选区。按“Ctrl+T”组合键，调整长度和位置，完成晾衣竿的制作，效果如图 12.1.4 所示。

09 打开素材文件“衣架.png”，使用【移动工具】将衣架移动到图像文件中，调整其大小和位置。选择【编辑】→【变换】→【斜切】命令，调整衣架，增强立体感。按“Ctrl+T”组合键，调整其角度。

10 选择【图层】→【图层蒙版】→【显示全部】命令，给该图层添加图层蒙版。在蒙版中使用黑色画笔，在衣架和晾衣竿的交叉处添上黑色，效果如图 12.1.5 所示。

图 12.1.2 添加图像素材（一）

图 12.1.3 创建选区

图 12.1.4 填充渐变色

图 12.1.5 添加图层蒙版（一）

11 选择图像部分，按“Ctrl+M”组合键，调出【曲线】对话框，具体的参数设置如图 12.1.6 所示。

12 打开“笔记本式计算机.png”，使用【移动工具】将衣架移动到图像文件中，调整其大小和位置。按“Ctrl+T”组合键，调整其角度。选择【编辑】→【变换】→【水平翻转】命令，效果如图 12.1.7 所示。

13 选择【编辑】→【变换】→【扭曲】命令，调整笔记本式计算机的侧边，使其向内稍微弯曲，效果如图 12.1.8 所示。

14 使用【磁性套索工具】沿衣架和笔记本式计算机交界处做图 12.1.9 所示的选区。

15 新建一个图层，设置前景色为黑色，在选区中填充黑色，将该图层移动到笔记本式计算机图层的下方。选中笔记本式计算机的图层，选择【图层】→【图层蒙版】→【显示全部】命令，给该图层添加图层蒙版。在蒙版中从上到下填充黑色到白色的渐变，使笔记本式计算机图层和新图层有很好的过渡，效果如图 12.1.10 所示。

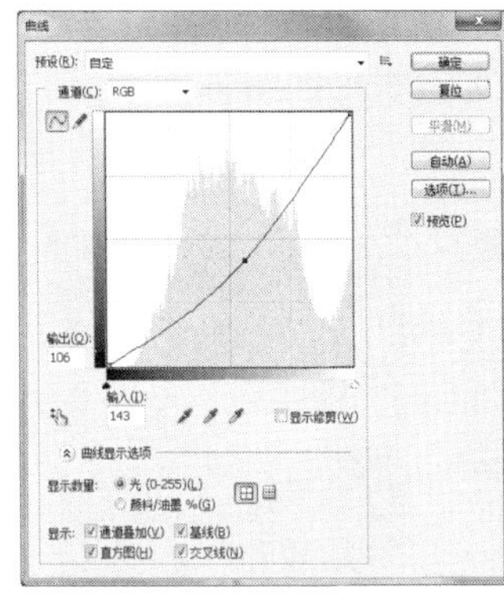

图 12.1.6 设置【曲线】对话框参数

图 12.1.7 添加图像素材（二）

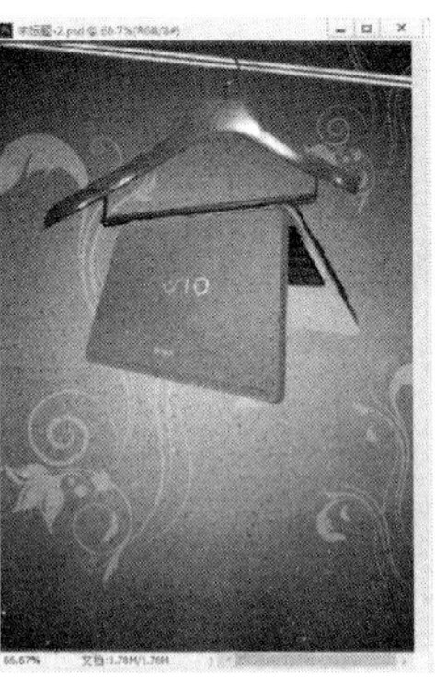

图 12.1.8 执行【扭曲】命令

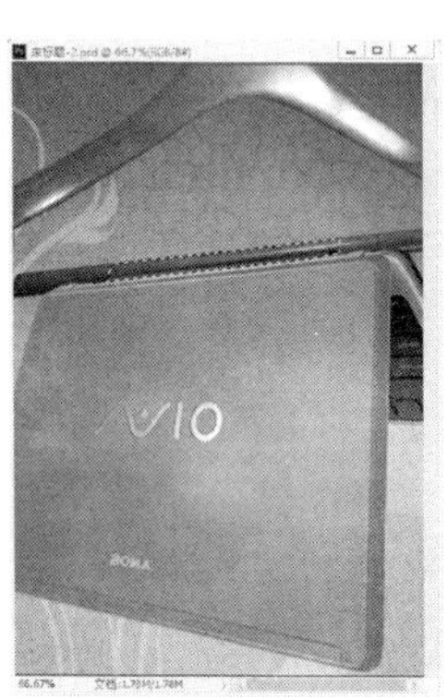

图 12.1.9 创建选区

16 使用工具箱中的【钢笔工具】绘制图 12.1.11 所示的路径。将路径转换成选区，将选区羽化 1 像素。新建一个图层，在选区中填充白色，取消选区，效果如图 12.1.12 所示。

17 选择【文件】→【打开】命令，打开“蝴蝶.jpg”图像，使用【移动工具】将蝴蝶图像移动到图像文件中，将该图层命名为“蝴蝶”，调整其大小和位置，效果如图 12.1.13 所示。

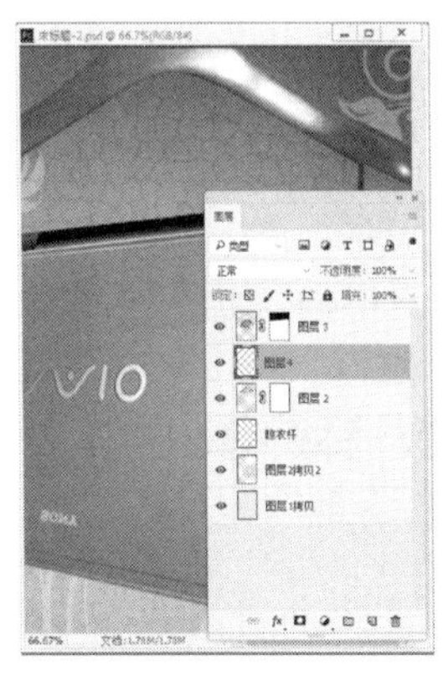

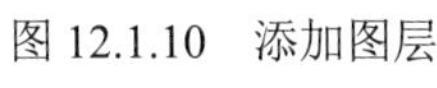

图 12.1.10 添加图层蒙版（二）

图 12.1.11 绘制路径

图 12.1.12 填充白色

图 12.1.13 添加图像素材（三）

18 按“Alt”键，在【图层】面板中单击“蝴蝶”图层和白色色块中间交界处，创建剪贴蒙版，效果如图 12.1.14 所示。

19 选择“蝴蝶”图层。设置前景色为紫色（#4e3d65）。新建一个图层。在图像下方创建一个矩形选区，填充前景色，取消选区，效果如图 12.1.15 所示。给衣架和笔记本式计算机图层添加【投影】图层样式。

20 选择工具箱中的【横排文字工具】，设置文字颜色为白色，在紫色区域中输入文字“B&C”字样，效果如图 12.1.16 所示。

21 将 B&C 图层复制，选择【编辑】→【变换】→【垂直翻转】命令，然后选择【图层】→【图层蒙版】→【显示全部】命令，给该图层添加图层蒙版。在蒙版中从上到下填充白色到黑色的渐变，将该图层的【不透明度】设置为 50%，完成文字倒影的制作，效果如图 12.1.17 所示。

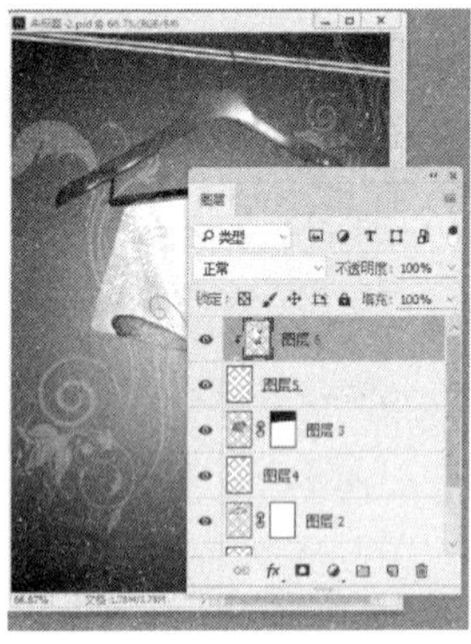

图 12.1.14 创建剪贴蒙版

图 12.1.15 填充前景色

图 12.1.16 添加文字

图 12.1.17 倒影效果

22 使用【横排文字工具】，在右下角输入文字“中国授权有限公司 TEL：010-34562888 010-34562999”字样。

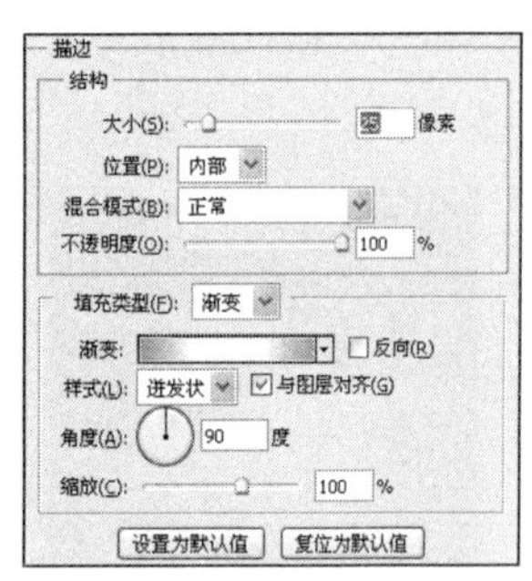

图 12.1.18 设置图层样式

23 打开素材“字.png”文件，使用【移动工具】将素材图像移动到图像文件中，并调整大小和位置。

24 选择【窗口】→【样式】命令，弹出【样式】面板，单击面板右上方的按钮，在弹出下拉菜单中选择【Web 样式】命令，在新出现的样式中选择【蓝色回环】样式，修改【描边】图层样式，将其中的渐变颜色设置为灰色（R：166，G：166，B：166）—白色—白色—灰色（R：166，G：166，B：166），如图 12.1.18 所示。

25 选择花纹图层，将图层混合模式设置为【减去】，最终效果如图 12.1.1 所示。

任务 12.2 制作文化艺术节海报

任务目的

本任务通过制作图 12.2.1 所示的文化艺术节海报的实例，使学生学习并掌握使用 Photoshop 软件设计海报的技巧。

图 12.2.1　文化艺术节海报效果

扫码学习

制作文化艺术节海报

任务分析

本任务的制作分为海报背景部分的制作、版面布局的设计、海报中各元素的制作和组合等几个部分。首先绘制并填充图像，作为海报背景部分；然后分别制作海报中各元素图像；最后将其组合，完成版面的整体设计。

任务实施

01 新建一个文件，设置【宽度】为 10 厘米，【高度】为 14 厘米，【分辨率】为 200 像素/英寸。

02 使用【渐变工具】在图像中从上至下做蓝色（#97c3fe）—浅蓝色（#d8e6ff）渐变，效果如图 12.2.2 所示。

03 新建一个图层，使用【多边形套索工具】创建图 12.2.2 所示的多边形选区。

04 在选区中填充白色，将白色色条图层复制多个，按“Ctrl+T”组合键旋转，效果如图 12.2.3 所示。

05 将所有白色色条都选中并进行合并，命名为“白色色条”，选择【滤镜】→【扭曲】→【旋转扭曲】命令，在弹出的【旋转扭曲】对话框中，设置【角度】为-50 度。

06 将“白色色条”图层复制生成“白色色条 副本”图层，选择“白色色条”图层，选择【滤镜】→【模糊】→【径向模糊】命令，在弹出的【径向模糊】对话框中，设置【数量】为 70，【模糊方法】为缩放。

07 选中“白色色条”图层和“白色色条 副本”图层，选择【图层】→【图层编组】命令，将两个图层合并成组“组 1”。选择“组 1”图层组，单击【图层】面板中的按钮，给图层组添加蒙版，在蒙版中填充白色—黑色的径向渐变，效果如图 12.2.4 所示。

08 使用【移动工具】调整“组 1”图层组的位置，效果如图 12.2.5 所示。

09 新建图层，使用【钢笔工具】绘制多条路径，分别填充粉色（#fcafff）、红色（#ed1485）、白色、紫色（#9a0b81）、白色、蓝色（#1f3394）、浅蓝色（#8bdbff）、白色、绿色（#74be23）、黄色（#ffff40）、白色、橙色（#ff9801），绘制彩虹。将彩虹所有图层选中合并，命名为“彩虹”，效果如图 12.2.6 所示。

图 12.2.2 创建多边形选区

图 12.2.3 复制旋转白色色条

图 12.2.4 给图层组添加蒙版

图 12.2.5 调整图层组位置

10 给“彩虹”图层添加【投影】图层样式。

11 打开素材图“人物.jpg”文件，使用【魔棒工具】选中其中的一个人物造型，将其移动到海报文件中。单击【图层】面板中的【锁定透明像素】按钮，设置前景色为黑色，按“Alt+Delete”组合键填充前景色，效果如图 12.2.7 所示。

12 打开素材图“人物 1.jpg”文件，使用【魔棒工具】选中其中几个人物造型，将其移动到海报文件中，并调整人物的大小和位置，效果如图 12.2.8 所示。

13 打开素材图“人物 2.jpg”文件，使用【磁性套索工具】选中中间人物区域，选择【选择】→【修改】→【平滑】命令，在弹出的【平滑】对话框中，设置【取样半径】为 1 像素，并将其移动到海报文件中。单击【图层】面板中的【锁定透明像素】按钮，设置前景色为黑色，按“Alt+Delete”组合键填充前景色，调整其大小和位置，效果如图 12.2.9 所示。

图 12.2.6 绘制彩虹

图 12.2.7 添加人物素材（一）

图 12.2.8 添加人物素材（二）

图 12.2.9 添加人物素材（三）

14 新建一个图层，创建一个正圆选区，设置前景色为红色（#d3291c），在选区中填充红色，取消选区，效果如图 12.2.10 所示。

15 以参考线的交点为中心，向外做一个较小的正圆选区，选择【编辑】→【描边】命令，在弹出的【描边】对话框中，设置描边颜色为白色，【宽度】为15像素，效果如图12.2.11所示。

16 取消选区，再做一个较小的正圆选区，选择【编辑】→【描边】命令，在弹出的【描边】对话框中，设置描边颜色为白色，【宽度】为6像素，取消选区，效果如图12.2.12所示。

17 再做一个更小的正圆选区，填充白色，取消选区，效果如图12.2.13所示。

图12.2.10　绘制红色正圆

图12.2.11　选区描边（一）

图12.2.12　选区描边（二）

图12.2.13　填充白色

18 调整该图层大小和位置，将该图层复制多个，分别调整它们的大小位置，将所有的红色白色圆选中，按“Ctrl+G”组合键将这些图层编组，效果如图12.2.14所示。

19 选择“组1”，在蒙版中使用【画笔工具】将左下部分涂黑，效果如图12.2.15所示。

20 在“彩虹”图层上方新建一个图层，设置前景色为黑色，使用【自定形状工具】绘制一个高音符号，效果如图12.2.16所示。

图12.2.14　复制圆形图案

图12.2.15　编辑图层组蒙版

图12.2.16　绘制高音符号

21 使用【魔棒工具】选中高音符号图像区域，选择【编辑】→【定义画笔预设】

命令，将高音符号定义为画笔，取消选区。

22 按“Ctrl+A”组合键全选，删除选区内图像。选择【画笔工具】附页【画笔】面板设置如图 12.2.17 所示。设置前景色为红色（#b31616），绘制高音符号，如图 12.2.18 所示。设置该图层混合模式为【划分】，【不透明度】为 80%。

23 在图层最上方新建一个图层，设置前景色为白色，按“Alt+Delete”组合键填充白色。创建一个圆角矩形选区，删除选区中图像，取消选区，效果如图 12.2.19 所示。

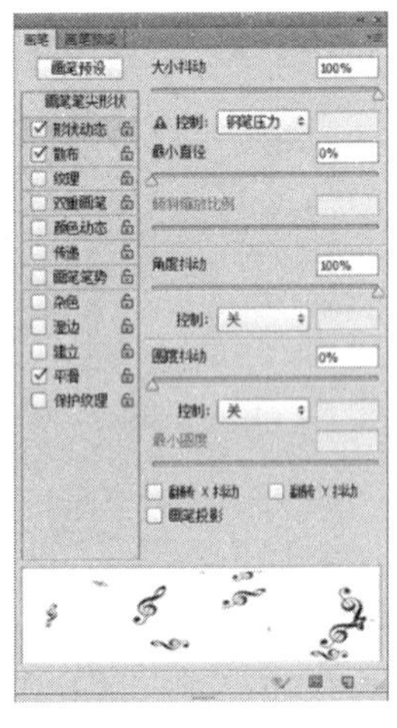

图 12.2.17　设置画笔属性

图 12.2.18　绘制红色高音符号

图 12.2.19　绘制白色边框

24 新建一个图层，使用【圆角矩形工具】在正上方创建一个白色矩形，如图 12.2.20 所示。

25 新建一个图层，使用【椭圆工具】在左下角创建几个白色正圆，如图 12.2.21 所示。

26 添加文字，选择【窗口】→【样式】命令，打开【样式】面板，在面板的下拉菜单中选择【Web 样式】→（蓝色回环）样式，效果如图 12.2.22 所示。

27 在右下角添加“文化艺术节组委会宣”字样，效果如图 12.2.23 所示。

图 12.2.20　创建白色圆角矩形

图 12.2.21　创建白色正圆

图 12.2.22　添加文字（一）

图 12.2.23　添加文字（二）

28 打开素材图“吉他.jpg”文件，将吉他选中，移动到海报文件中，并调整吉他图片的大小和位置，最终效果如图 12.2.1 所示。

任务 12.3 网页设计——公司网站首页的制作

Photoshop 是一款功能强大的图像处理软件，在网页制作中有着广泛的应用。使用 Photoshop 设计网页，可以实现网页底纹无缝连接，使网页前景和背景紧密配合，提高图像在网络上的传输效率。

任务目的

本任务通过制作图 12.3.1 所示的网页效果，使学生学习并掌握使用 Photoshop 软件设计网页的技巧。

图 12.3.1 网页效果图

相关知识

网页界面的基本组成包括网页浏览器（工具栏、地址栏和菜单栏）、导航要素（主菜单、子菜单、搜索栏和历史记录）及各种主页内容（标志、图像和文本）。在网页设计中主要制作的是导航要素和主页内容。

1. 导航要素

一般来说，导航位于主页的上端或左端，如图 12.3.2 所示，利用菜单按钮或移动图像区别于一般内容和其他文本，使浏览者知道这些就是导航用的要素。大多数网页都有导航栏，对于同一个网站内的所有网页来说，导航栏必须在风格上力求一致，在统一的风格下，在每一组或每一个网页中寻求细节上的变化，如图 12.3.3 所示。

图 12.3.2 网页导航

图 12.3.3 网页细节变化

2. 主页内容

第一印象是非常重要的，因此，网站的主页（首页）必须包含公司或站点所提供的所有服务内容。主页的设计必须是干净的，且有组织、有条理，要根据主题内容决定网站的整体风格，只有形式与内容的完美统一，才能达到理想的宣传效果。页面版面编排应做到主次分明、中心突出、大小搭配、相互呼应、图文并茂、线条和形状使用合理。

任务分析

本任务的制作分为网站背景部分的制作、版面布局的设计、网站中各要素的制作、切片的制作和优化 4 个部分。首先分别绘制并填充图像，作为网站背景部分；然后分别制作网站各个部分的图像和导航栏部分，完成版面的整体设计；接着制作网站中的各要素；最后制作和优化切片。

任务实施

扫码学习

绘制网页背景和导航条

1. 绘制网页背景和导航条

01 新建一个图像文件，设置【宽度】为 1077 像素，【高度】为 1474 像素，【分辨率】为 72 像素/英寸。

02 选择【渐变工具】，设置渐变颜色为白色—灰色(#dedede)，渐变模式为线性渐变，从上至下做一渐变。

03 制作背景底纹。新建文件，设置【宽度】为 20 像素，【高度】为 20 像素，【分辨率】为 72 像素/英寸。设置前景色为灰色（#808080），新建一个图层，使用【直线工具】绘制一条斜线，线宽 2 像素，效果如图 12.3.4 所示。

04 将“背景”图层隐藏，按“Ctrl+A”组合键将全部图像选中，选择【编辑】→【定义图案】命令，将其定义为图案。选择制作网页的图像文件，新建一个图层“图层 1”，使用【油漆桶工具】，填充刚定义的图层。设置“图层 1”图层的【不透明度】为 8%。

05 新建一个图层“图层 2”，使用【矩形工具】绘制一个矩形，效果如图 12.3.5 所示。

06 给“图层 2”添加【内阴影】【外发光】【渐变叠加】和【描边】图层样式，参数设置如图 12.3.6 所示。内阴影颜色为#86c2ff，外发光颜色为#185dc2，渐变叠加为#449df1—#1e4f94—#449df1 的渐变，描边颜色为#72d9ff。

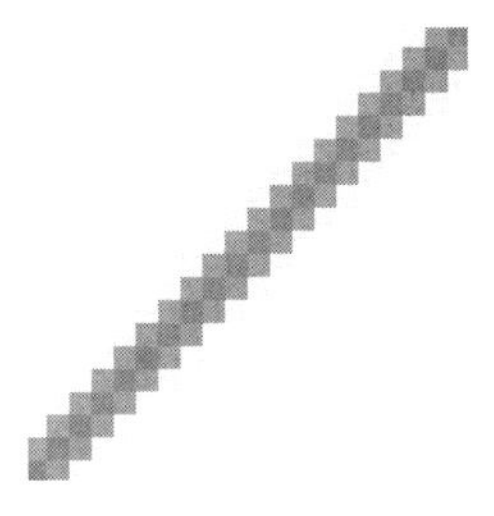

图 12.3.4　绘制斜线

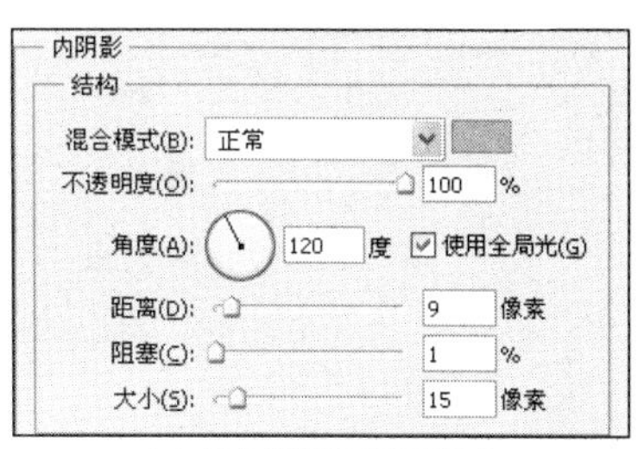

（a）【内阴影】图层样式

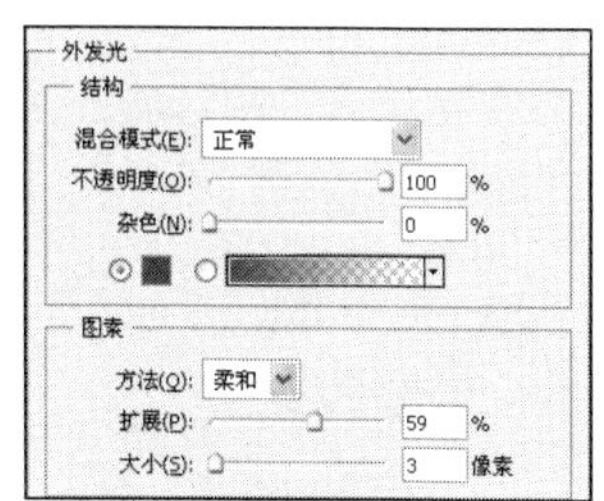

（b）【外发光】图层样式

图 12.3.5　绘制矩形（一）

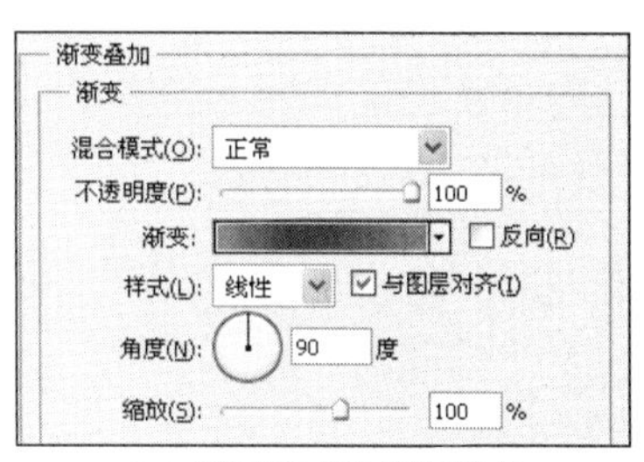

（c）【渐变叠加】图层样式

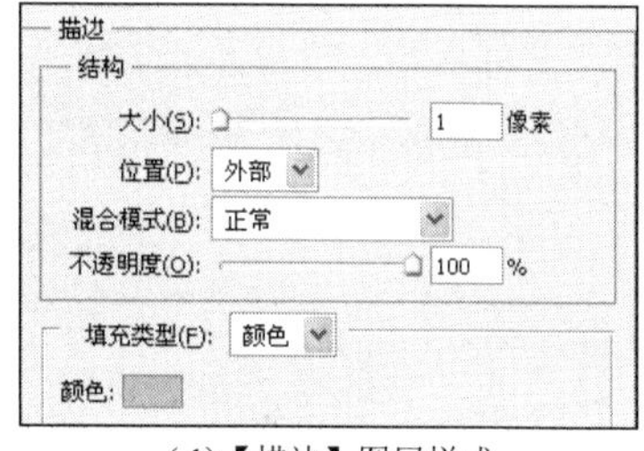

（d）【描边】图层样式

图 12.3.6　设置图层样式（一）

07 新建一个图层“图层 3”，设置前景色为蓝色（#2357a0），使用【直线工具】绘制一条竖直线，线宽 1 像素，效果如图 12.3.7 所示。复制“图层 3”生成“图层 3 副本”，设置前景色为蓝色（#70a5f4），单击【图层】面板中的【锁定透明像素】按钮，按“Alt+Delete”组合键，填充前景色，选择【移动工具】，使用键盘中右移键将图像向右移动 1 像素。

08 选中“图层 3”和“图层 3 副本”图层，将两个图层合并。使用【移动工具】，将其移动到蓝色导航条上，效果如图 12.3.8 所示。

09 将该图层复制 5 个，均匀排列，分别添加“网站首页”“关于我们”“服务项目”“客户案例”“网站建设”“新闻资讯”字样，并给文字添加【投影】和【外发光】图层样式，效果如图 12.3.9 所示。

10 制作图标。新建两个图层，使用【横排文字工具】分别在两个图层中输入“C”和“X”字样，字体为 Vani，“C”和“X”的字号大小分别是 60 点和 30 点。

11 选中两个文字图层，选择【图层】→【栅格化】→【文字】命令，将栅格化后的图层合并，并调整大小和位置，效果如图 12.3.10 所示。

12 给图标添加【投影】【光泽】【渐变叠加】和【描边】图层样式，参数设置如图 12.3.11 所示。

图 12.3.7　绘制直线（一）

图 12.3.8　合并图层

图 12.3.9　添加文字（一）

图 12.3.10　调整图像

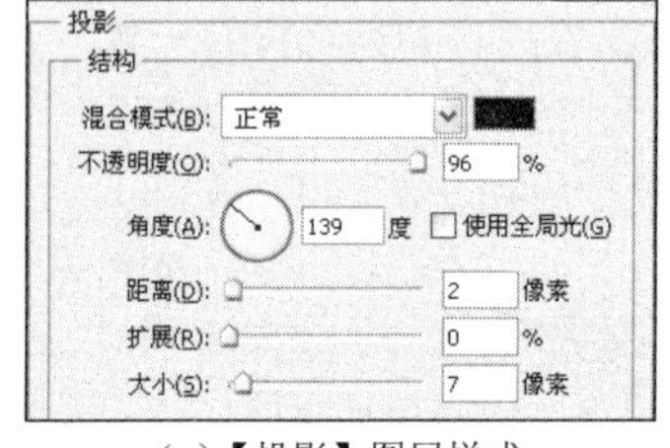

（a）【投影】图层样式

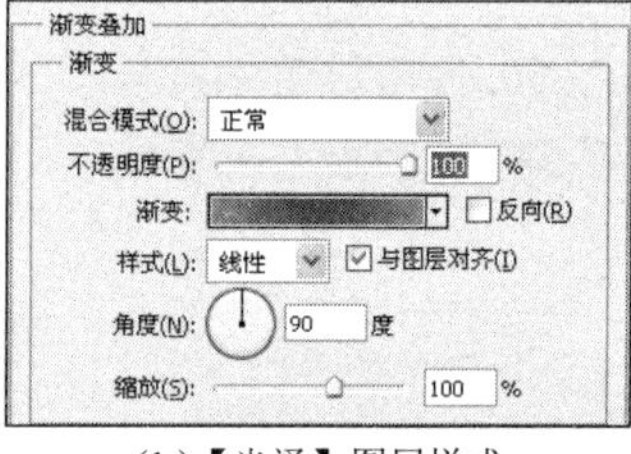

（b）【光泽】图层样式

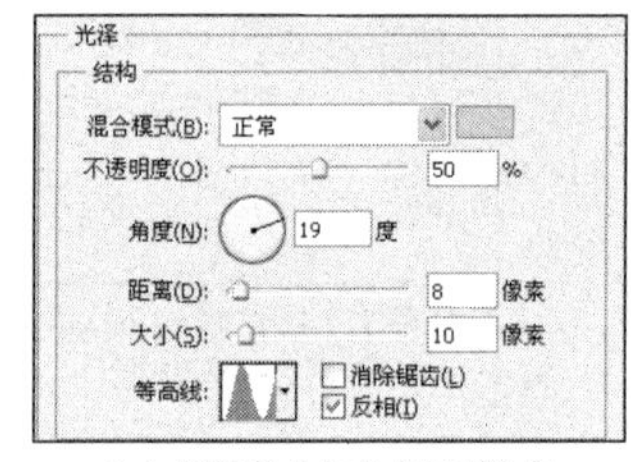

（c）【渐变叠加】图层样式

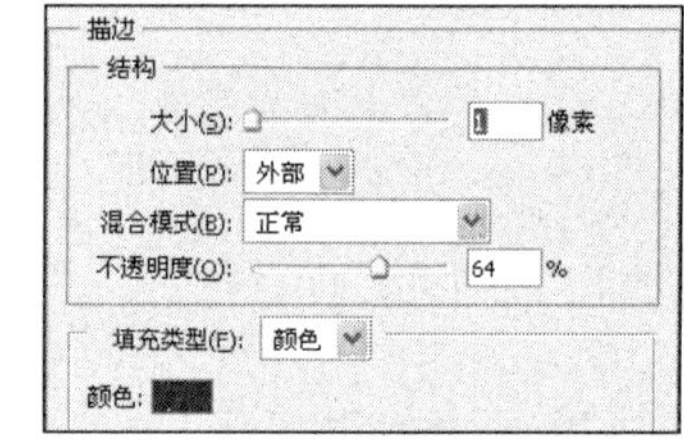

（d）【描边】图层样式

图 12.3.11　设置图层样式（二）

扫码学习

绘制页面元素-banner

13 添加“创新源网络”“CHUANG XIN NETWORK”“网站建设”“推广专家”字样。新建一个图层“图层 4”，绘制一条灰色竖直线，在右边添加文字“加入收藏”“联系我们”提交需求“付款方式”等文字，效果如图 12.3.12 所示。

14 将除“背景”和“图层 1”以外的图层选中，按“Ctrl+G”组合键将这些图层编组，并将生成的图层组命名为“导航”。

图 12.3.12　添加文字（二）

2. 绘制页面元素

01 新建一个图层组“banner”。在图层组中新建一个图层，使用【矩形工具】绘制一个宽为 1024 像素，高为 283 像素的黑色矩形，效果如图 12.3.13 所示。给该图层添加【内发光】和【渐变叠加】图层样式，内发光颜色为#244572，

渐变叠加为深蓝（#183c6e）—浅蓝（#83c3ff）的渐变。具体设置如图 12.3.14 所示。

图 12.3.13　绘制矩形（二）

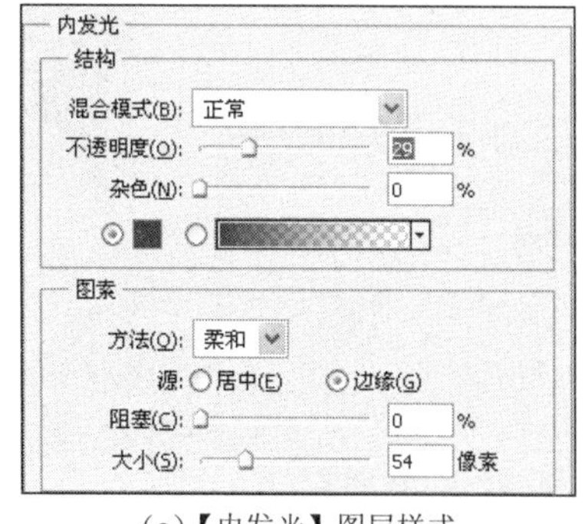

（a）【内发光】图层样式

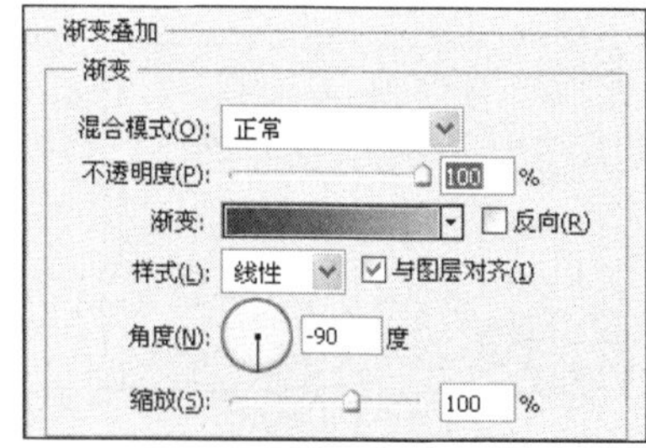

（b）【渐变叠加】图层样式

图 12.3.14　设置图层样式（三）

02 打开素材“云彩.png”图像文件，将云彩拖动到图像文件中，调整大小和位置，再复制该图层，效果如图 12.3.15 所示。

03 首先将云彩的两个图层选中合并；然后添加图层蒙版，效果如图 12.3.16 所示；接着将该云彩图层的【不透明度】设置为 90%；最后再复制该云彩图层，选择【编辑】→【变换】→【水平翻转】命令，调整大小和位置，设置图层的【不透明度】为 15%，效果如图 12.3.17 所示。

图 12.3.15　添加云彩素材

图 12.3.16　添加图层蒙版

图 12.3.17　复制图层

04 打开素材“5.jpg”图像文件，将图像素材拖动到图像文件中，调整大小和位置，并添加【投影】和【外发光】图层样式，参数设置和效果如图 12.3.18 所示。

05 打开素材“1.jpg”图像文件，将图像素材拖动到图像文件中，调整大小和位置。选择【图像】→【调整】→【去色】命令，将该素材移动到素材“5.jpg”图层下方，添加【投影】和【外发光】图层样式，参数设置同素材“5.jpg”图层。

06 打开素材“6.jpg”图像文件，同步骤**05**方法处理素材图像。调整素材“1.jpg”和“6.jpg”所在图层的不透明度分别为 85%和 75%，效果如图 12.3.19 所示。

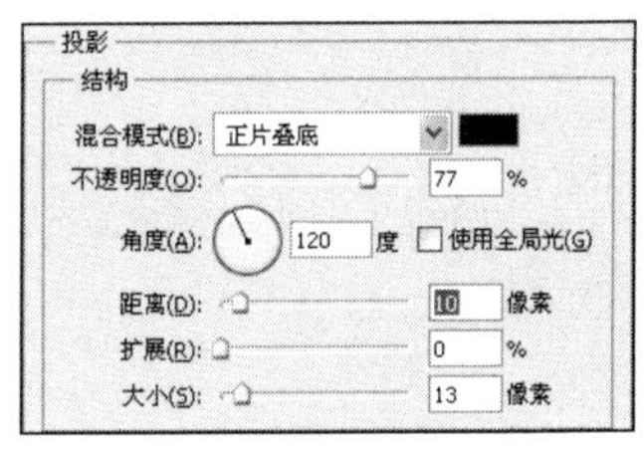

（a）【投影】图层样式

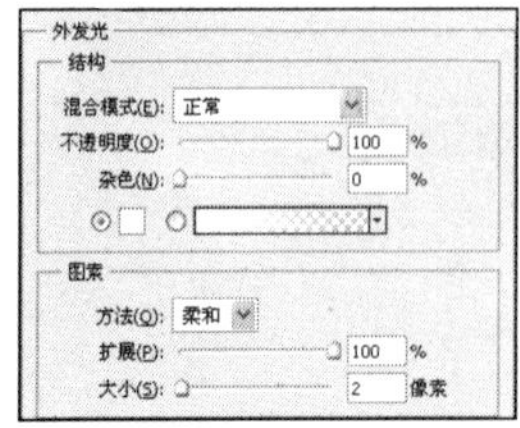

（b）【外发光】图层样式

（c）效果

图 12.3.18 设置图层样式及效果

扫码学习

制作服务中心

图 12.3.19 添加素材效果

07 添加文字“创意”和“专业”字样，调整文字大小和位置，并添加【投影】【渐变叠加】和【描边】图层样式，设置渐变叠加颜色为“#163866”—“#85c9f9”，参数设置如图 12.3.20 所示。

08 新建一个图层。使用【矩形工具】绘制一个白色矩形，效果如图 12.3.21 所示。

09 新建一个图层组“服务中心”。新建一个图层。选择【圆角矩形工具】，设置工具属性栏中【半径】为 20，绘制一个宽为 271 像素，高为 411 像素的黑色圆角矩形，效果如图 12.3.22 所示。

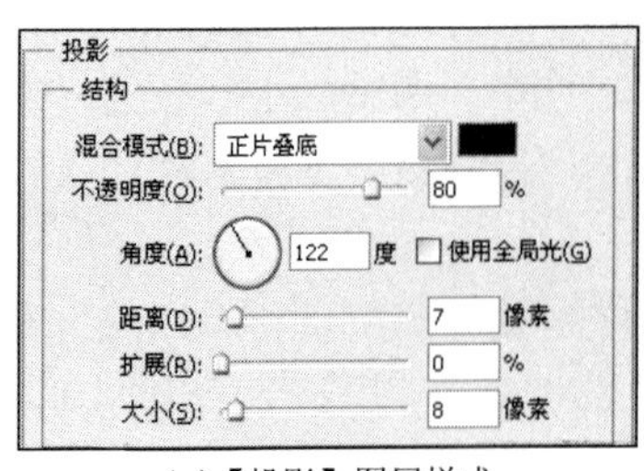

（a）【投影】图层样式

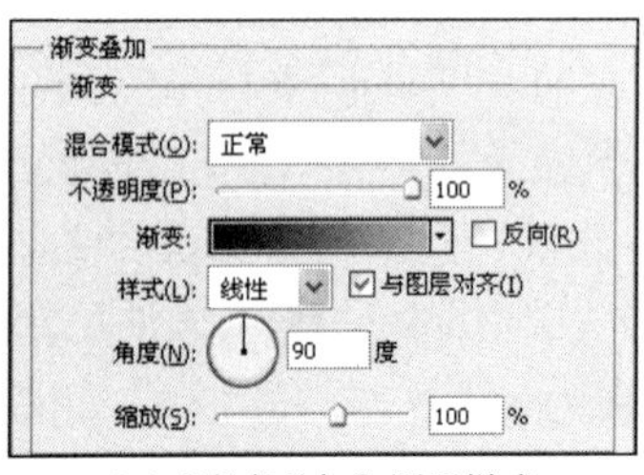

（b）【渐变叠加】图层样式

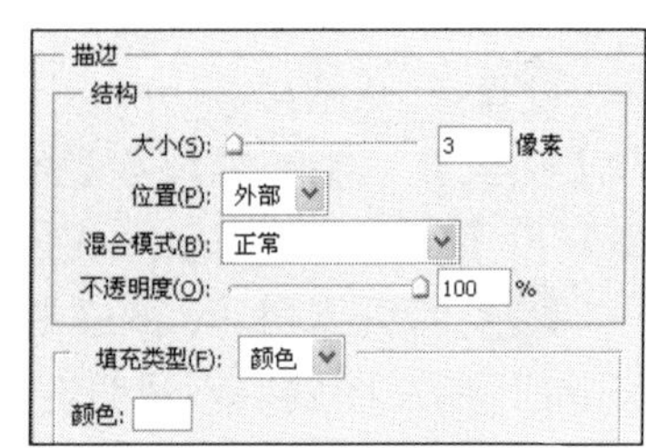

（c）【描边】图层样式

图 12.3.20 设置图层样式（四）

10 使用【矩形选框工具】创建图 12.3.23 所示选区。使用【移动工具】将选区中的图像向下移动，选择【图层】→【新建】→【通过剪切的图层】命令，效果如图 12.3.24 所示。

图 12.3.21　绘制白色矩形

图 12.3.22　绘制圆角矩形（一）

图 12.3.23　创建选区（一）

11 使用【矩形选框工具】创建图 12.3.25 所示选区。使用【移动工具】将选区中的图像向下移动，选择【图层】→【新建】→【通过剪切的图层】命令，效果如图 12.3.26 所示。

图 12.3.24　分割图像（一）

图 12.3.25　创建选区（二）

图 12.3.26　分割图像（二）

12 选择最上方的圆角矩形部分图层，添加【投影】【外发光】【渐变叠加】和【描边】图层样式，设置如图 12.3.27 所示，效果如图 12.3.28 所示。

13 选择中间的矩形部分图层，添加【投影】【外发光】【渐变叠加】和【描边】图层样式，设置如图 12.3.29 所示，效果如图 12.3.30 所示。

14 选择最下方的圆角矩形部分图层，添加同步骤 13 中相同的图层样式效果，效果如图 12.3.31 所示。

15 使用【横排文字工具】T 输入文字“服务中心”“SERVICE CENTER”“全国技术支持热线”“0592-7654132”“售后服务直线”“18005770327”“19005240123”“客户 110”“EMERGENCY”“在线 QQ 客服，请进入选择对应区域”，效果如图 12.3.32 所示。

16 打开素材“电话.jpg”图像文件，将素材添加到图像文件中，给素材图层添加图层蒙版，效果如图 12.3.33 所示。

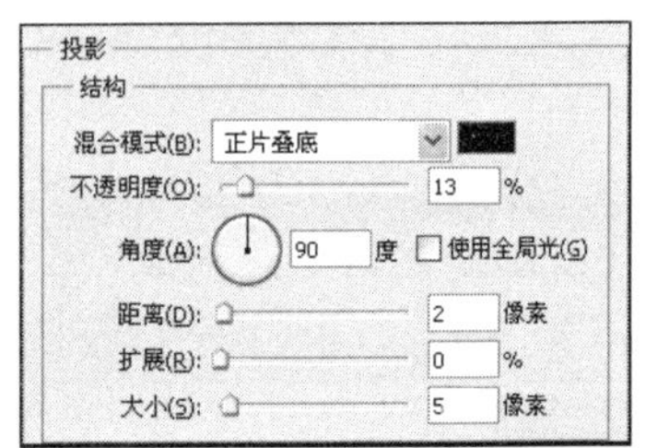

（a）【投影】图层样式

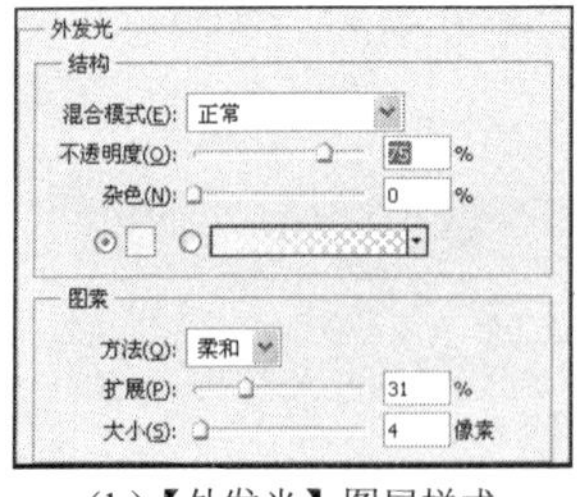

（b）【外发光】图层样式

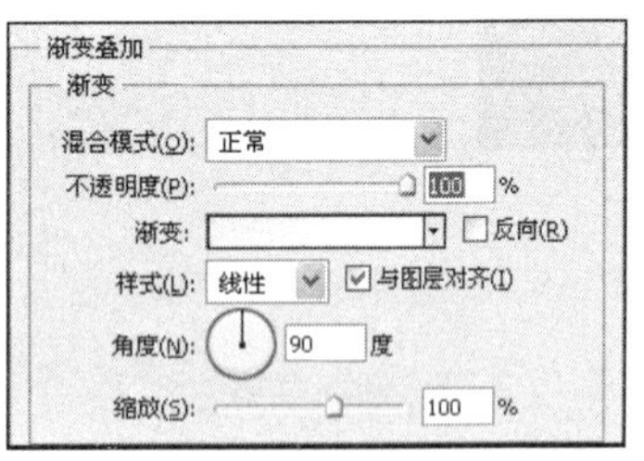

（c）【渐变叠加】图层样式

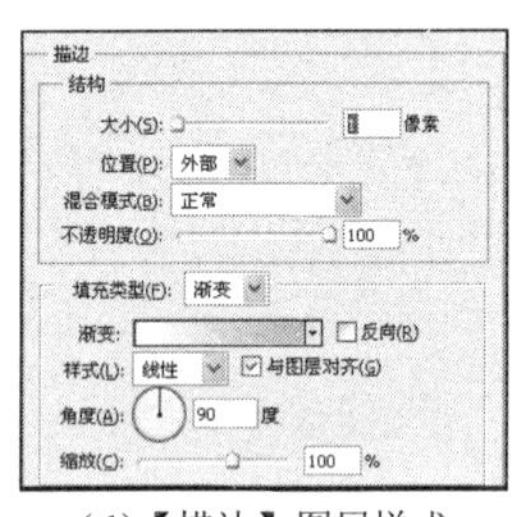

（d）【描边】图层样式

图 12.3.27　设置图层样式（五）

图 12.3.28　添加图层样式效果（一）

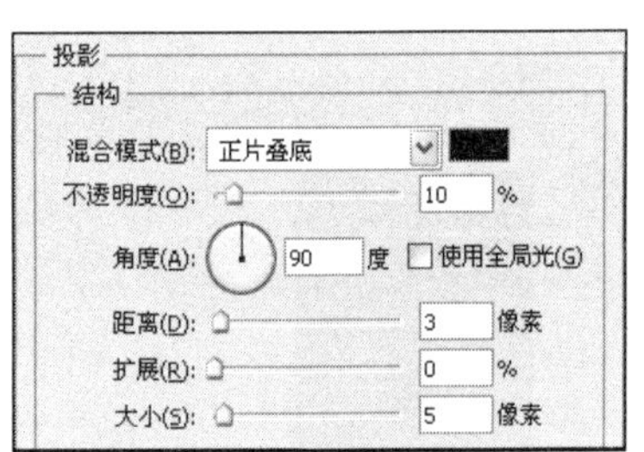

（a）【投影】图层样式

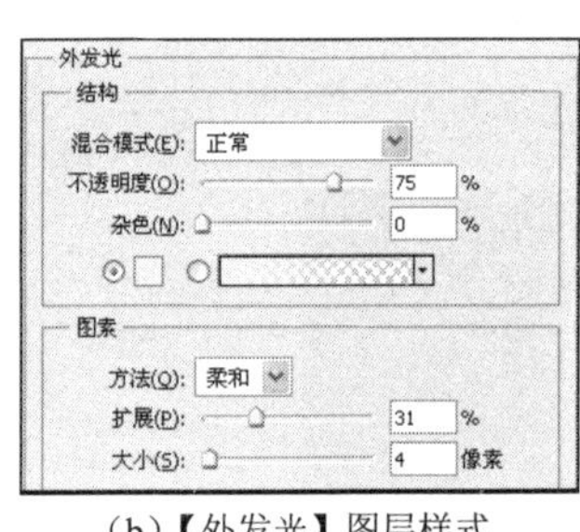

（b）【外发光】图层样式

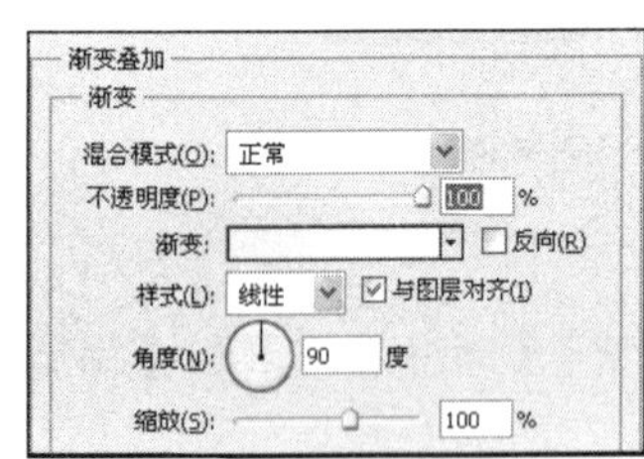

（c）【渐变叠加】图层样式

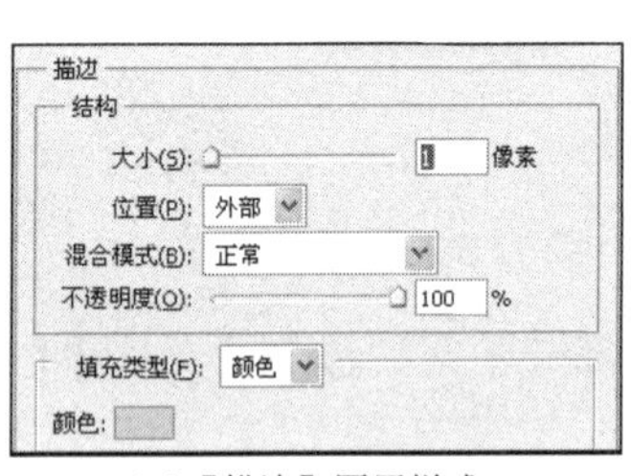

（d）【描边】图层样式

图 12.3.29　设置图层样式（六）

图 12.3.30　添加图层样式效果（二）

17 打开素材“人物.jpg”图像文件，将素材添加到图像文件中，给素材图层添加图层蒙版，效果如图 12.3.34 所示。

18 新建一个图层，选择【圆角矩形工具】，在其工具属性栏中设置【半径】为 6 像素，绘制一个黑色圆角矩形，效果如图 12.3.35 所示。

19 给该圆角矩形图层添加【渐变叠加】和【描边】图层样式，具体设置如图 12.3.36 所示，效果如图 12.3.37 所示。

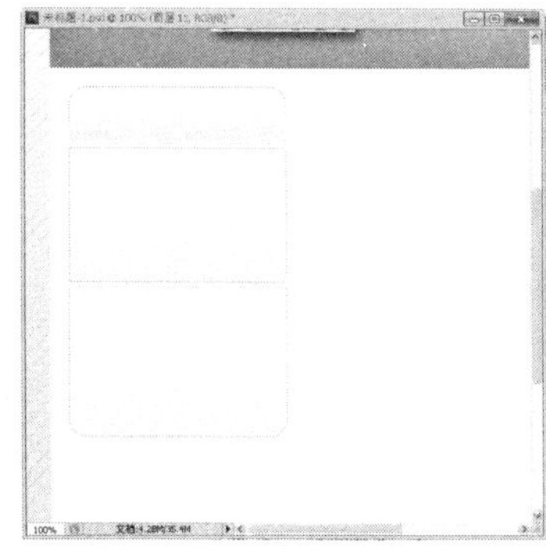

图 12.3.31 添加图层样式效果（三）

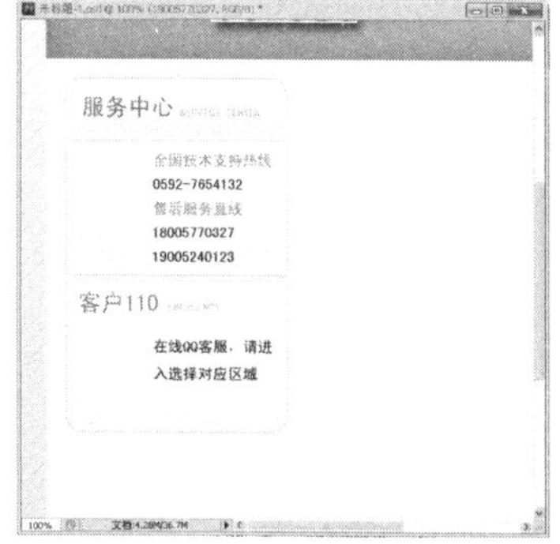

图 12.3.32 添加文字（三）

图 12.3.33 添加图像素材

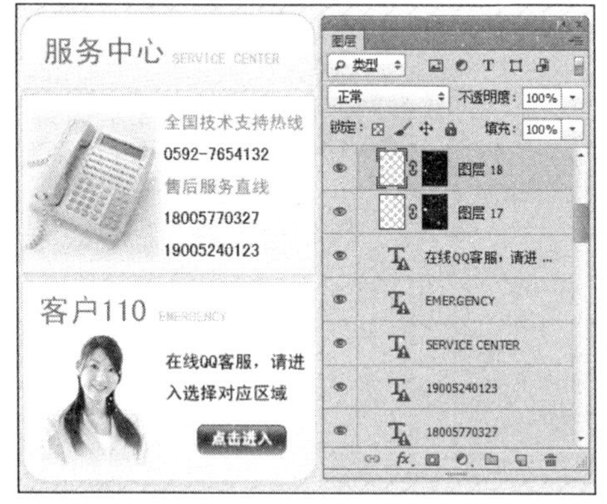

图 12.3.34 添加人物素材

图 12.3.35 绘制圆角矩形（二）

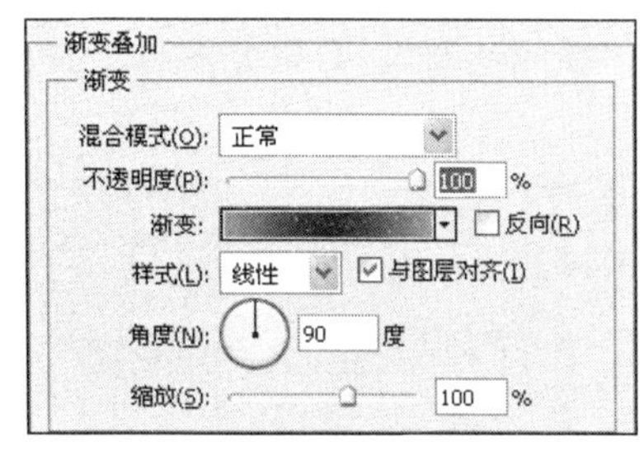

（a）【渐变叠加】图层样式

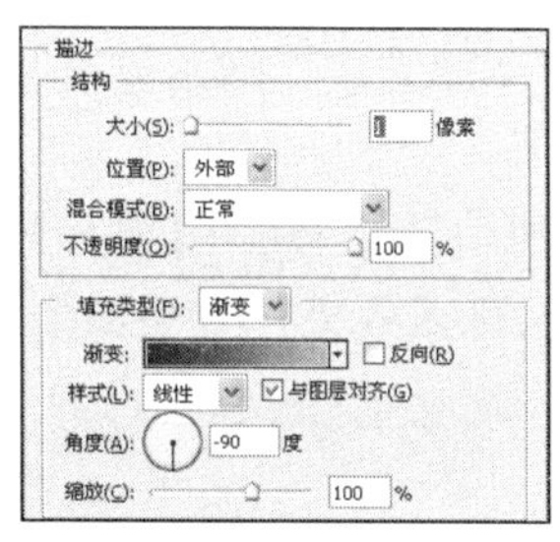

（b）【描边】图层样式

图 12.3.36 设置图层样式（七）

图 12.3.37 添加图层样式效果（四）

20 使用【横排文字工具】T输入文字“点击进入”，效果如图 12.3.38 所示。

21 新建一个图层组“服务套餐”，新建一个图层，选择【圆角矩形工具】，在其工具属性栏中设置【半径】为 20 像素，绘制一个黑色圆角矩形，调整其位置，效果如图 12.3.39 所示。

22 给圆角矩形图层添加【渐变叠加】和【描边】图层样式，具体设置如图 12.3.40 所示，效果如图 12.3.41 所示。

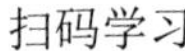
扫码学习

制作服务套餐

图 12.3.38 添加文字（四）

图 12.3.39 绘制圆角矩形（三）

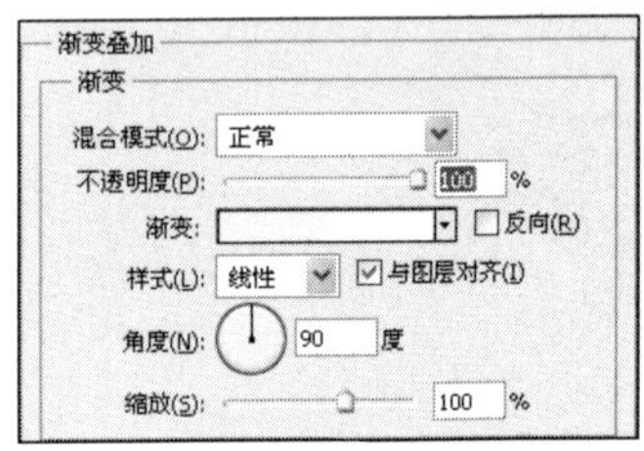

（a）【渐变叠加】图层样式

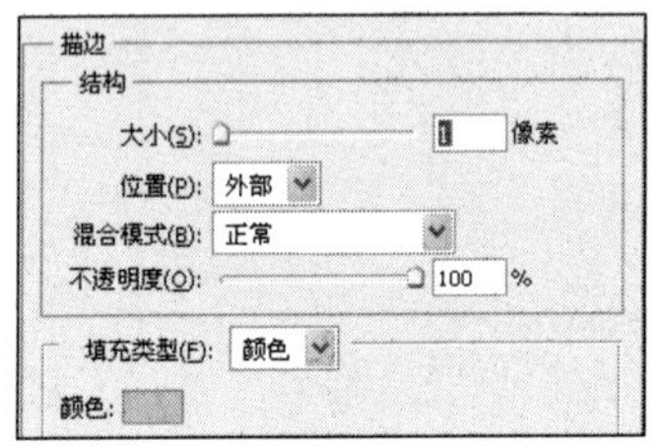

（b）【描边】图层样式

图 12.3.40 设置图层样式（八）

图 12.3.41 添加图层样式效果（五）

23 复制该图层，调整位置，添加文字“网站建设”和“新闻动态”，效果如图 12.3.42 所示。

24 新建一个图层，使用【矩形工具】和【圆角矩形工具】绘制如图 12.3.43 所示图形。添加同步骤 13 中相同的图层样式效果，效果如图 12.3.44 所示。

图 12.3.42 添加文字（五）

图 12.3.43 绘制图形

图 12.3.44 添加图层样式效果（六）

25 添加文字“服务套餐”，效果如图 12.3.45 所示。

26 新建一个图层，绘制一条灰色竖直线，使用【橡皮擦工具】擦除线的上下两头，效果如图 12.3.46 所示。再复制一条竖直线。

27 打开素材“1.jpg”“2.jpg”“3.jpg”图像文件，将素材添加到图像文件中，调整大小和位置。添加【投影】图层样式，添加“企业宣传型”“2800 元”“企业专业型”“4300 元”“电子商务型”“8000 元”字样，效果如图 12.3.47 所示。

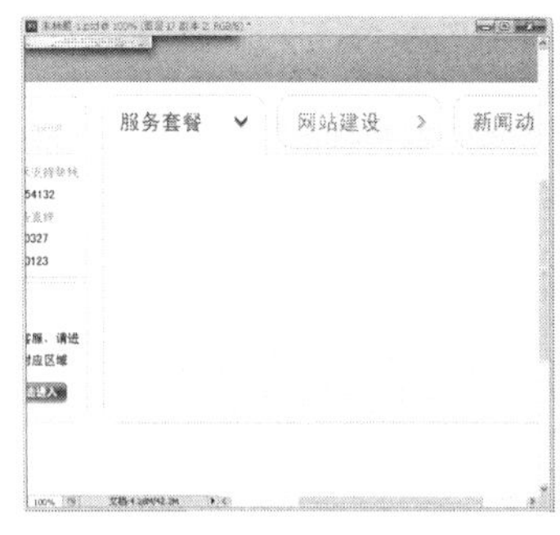

图 12.3.45　添加文字（六）

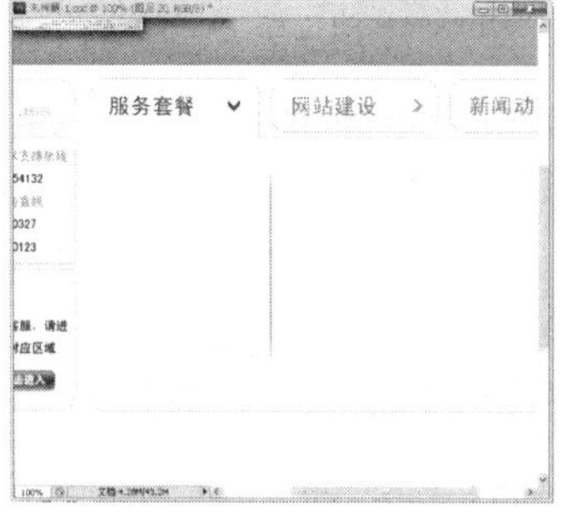

图 12.3.46　绘制直线（二）

图 12.3.47　添加文字和图像素材（一）

28 新建一个图层组“最新案例”。新建一个图层，使用【圆角矩形工具】绘制一个黑色圆角矩形，效果如图 12.3.48 所示。

29 使用【矩形选框工具】创建图 12.3.49 所示选区。使用【移动工具】将选区中的图像向下移动，选择【图层】→【新建】→【通过剪切的图层】命令，效果如图 12.3.50 所示。

图 12.3.48　绘制圆角矩形（四）

图 12.3.49　创建选区（三）

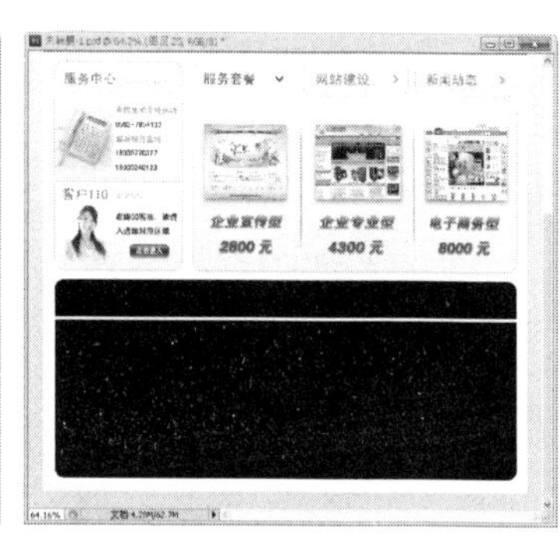

图 12.3.50　分割图像（三）

30 圆角矩形的上半部分使用同“服务中心”字样背景的图层样式，即添加【投影】【外发光】【渐变叠加】和【描边】图层样式。

31 圆角矩形的下半部分使用同“全国技术支持热线”字样背景的图层样式，即添加【投影】【外发光】【渐变叠加】和【描边】图层样式。

32 添加“最新案例”和“NEW CASE”字样。新建一个图层，使用【矩形工具】绘制一个白色矩形，添加【投影】图层样式，效果如图 12.3.51 所示。

33 再复制两个矩形。打开素材“4.jpg”“5.jpg”“6.jpg”图像文件，

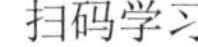

扫码学习

绘制最新案例和版权

将素材添加到图像文件中，调整大小和位置，添加【描边】图层样式。然后添加“典雅装饰”“源脉温泉园”“隆德集团”字样，效果如图 12.3.52 所示。

34 新建一个图层。设置前景色为蓝色（#458dd4），使用【矩形工具】绘制一个蓝色矩形，添加“网站地图”“友情链接”“法律声明”“联系我们”“创新源网络”“版权所有”字样，效果如图 12.3.53 所示。

图 12.3.51 绘制矩形（三）

图 12.3.52 添加文字和图像素材(二)

图 12.3.53 添加文字（七）

3. 制作优化网页切片

01 使用工具箱中的【切片工具】绘制切片，效果如图 12.3.54 所示。

02 选择【文件】→【存储为 Web 设备所用格式】命令，弹出【存储为 Web 设备所用格式】对话框，选择【优化】选项卡，对页面进行优化。使用工具箱中的【切片选择工具】选择每一块切片，【优化】选项卡中的设置如图 12.3.55 所示。

图 12.3.54 设置切片

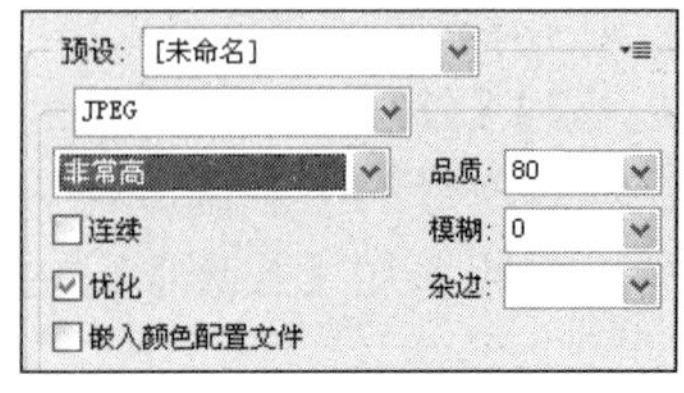

图 12.3.55 设置【优化】选项卡

03 将所有切片优化完成后，单击【存储】按钮，弹出【将优化结果存储为】对话框，在该对话框中，【格式】选择 HTML 和图像，保存优化结果，可看到存储的“.html”文件。

此时可预览网页效果，如图12.3.56所示。

图12.3.56 预览网页效果

任务12.4 淘宝美工——宝贝详情页的设计与制作

电商平台上的消费者要了解产品，主要是通过宝贝（商品）详情页获取。宝贝详情页是提高转化率的入口，它有着激发顾客的消费欲望、树立顾客对店铺的信任感、打消顾客的消费疑虑、促使消费者下单的作用，一个好的宝贝详情页能激起顾客的消费欲望，促使顾客下单购买。

任务目的

本任务通过制作图12.4.1所示的儿童袜宝贝详情页，使学生学习并掌握使用Photoshop设计和制作宝贝详情页的一般思路和技巧。

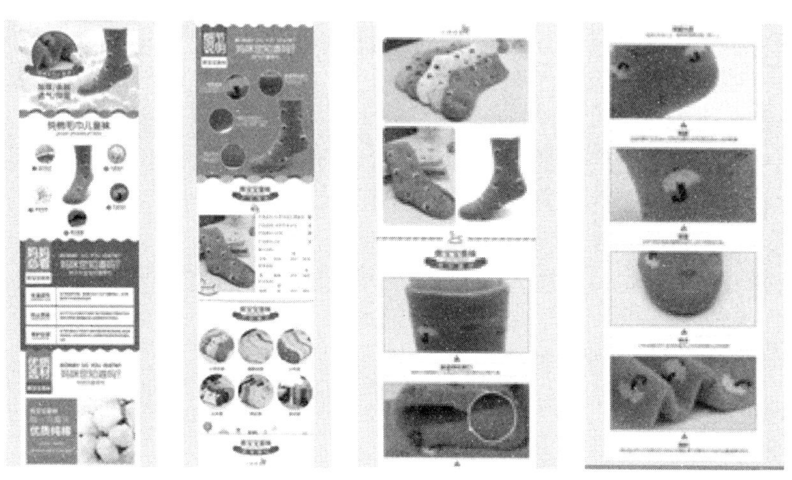

图12.4.1 儿童袜宝贝详情页效果

相关知识

1. 宝贝详情页的基本构成

消费者一般希望从宝贝详情页了解的信息有产品的详细用途和功能、是否适合自己、产品附件清单、产品的规格和型号信息、产品的质量认证文件、产品制造商信息、产品的特点特性、产品各角度的清晰图和使用流程等。

2. 宝贝详情页的设计流程

（1）确定风格

页面风格主要由产品本身来定，如女装类宝贝详情页根据产品特点可能有欧美风、韩版、名族风、复古等不同风格，电子产品的详情页设计中多带有科技感十足的元素，儿童类产品的详情页则多带着童趣的风格，如图 12.4.2 所示。

图 12.4.2　童趣风格的设计

（2）构建布局框架

详情页的描述基本遵循以下顺序：引发兴趣→激发潜在需求→赢得消费者信任→替消费做决定。图 12.4.3 是宝贝详情页的基本框架。

（3）搜集设计素材

详情页设计需要根据消费者分析、产品卖点的提炼及宝贝风格的定位准备所用的设计素材，如图 12.4.4 所示的运动鞋，可选择一些运动线条和透气效果的素材。设计素材可从百度图片、昵图、千图等网站获取。

（4）确认配色方案

如果产品所在店铺有其特定的视觉规范，则可直接沿用；如果没有，则可从产品本身的颜色、Logo、联想属性来提取，如图 12.4.5 所示。

（5）选择合适的字体类型

字体的选择要符合产品本身的定位，一般一个宝贝详情页字体不超过 3 种，重点部分文字加粗，如图 12.4.6 所示。

（6）文字和图片的设计排版制作

文字和图片的排版在 Photoshop 软件中完成，初学者可以参考销售同类产品的优秀店铺里的优秀设计，先模仿再创作。

（7）修改定稿

美工设计好的效果图要交付委托方审核，根据委托方提出的意见进行修改，直到对方满

意后定稿。

（8）图片切割优化、上传到网店

宝贝详情页一般都很长且体积较大，为了保证用户的访问速度，需要对整张图进行切割，优化后再上传。

创意海报大图	根据前3屏3秒注意力原则，开头的大图是视觉焦点，背景应该采用能够展示品牌特色的意境图，要第一时间吸引消费者的注意力
宝贝卖点/作用/功能 宝贝给消费者带来的好处	特性：产品品质，材料、设计的特点。产品与众不同的地方。 作用：用途，产品给消费者带来的作用或优势。 好处：作用或优势给消费者带来的利益
宝贝规格参数/信息	宝贝的可视化尺寸设计，可以采用实物与宝贝对比，让消费者切身体验宝贝实际尺寸，以免货物的性能低于心理预期
同行宝贝优劣对比	通过对比强化宝贝卖点
模特/宝贝全方位展示	通过模特或实景展示，拉近与消费者的距离，让消费者了解产品是否适合自己
宝贝细节图展示	细节图要清晰富有质感，附上文案介绍
产品包装展示	产品包装兼具消费说明作用，让消费者了解产品的特殊性。物流包装的展示还能打消消费者对于运输损坏或变质的疑虑
店铺/产品资历证书 品牌店面/生产车间展示	通过店铺的资历证书及生产车间的实景展示，烘托品牌和实力
售后保障/物流	在这个模块预先解答顾客想要了解的各种问题，减轻客服的工作压力，增加静默转化率

图 12.4.3 宝贝详情页的基本框架

图 12.4.4 运动鞋页面

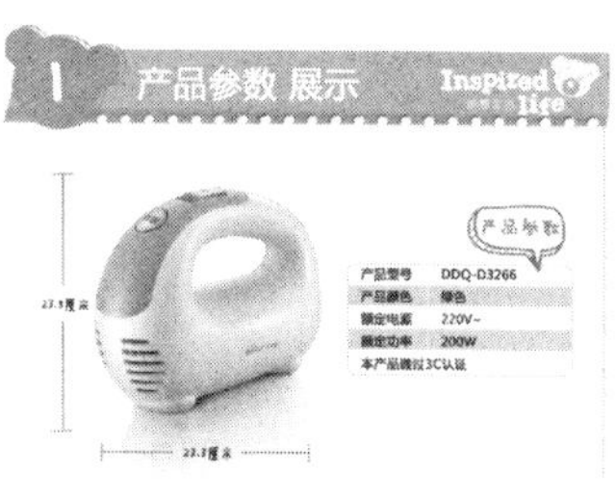

图 12.4.5 采用产品本身的颜色作为配色方案

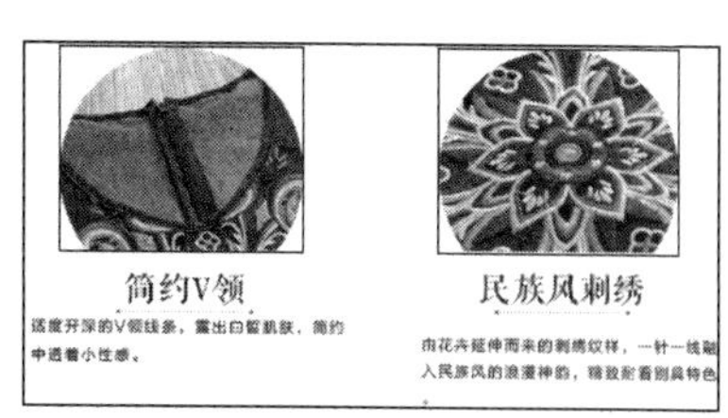

图 12.4.6 产品详情

任务分析

本任务设计的是一款纯棉毛巾儿童袜的详情页，根据产品的材质和使用对象，定位为童趣风格，搜集的设计素材有天然棉花、云彩、气球和木马等图片，使用的字体为华康娃娃体、思源黑体等，宝贝详情页包括广告、卖点细节说明、产品展示、实物展示、细节展示等模块。

任务实施

扫码学习

制作“广告”模块

1. 制作“广告”模块

01 新建一个文件（宝贝详情页），设置【宽度】为750像素，【高度】为9450像素，【分辨率】为72像素/英寸，RGB模式，【背景内容】为白色。

02 在【图层】面板创建新组“广告”，打开“云彩背景.jpg”素材文件，使用【移动工具】将其移到新建文件中并调整其位置。

03 使用【椭圆工具】，创建一个正圆，描边颜色为#ff0084，白色填充，其他参数设置如图12.4.7所示，效果如图12.4.8所示。

图12.4.7 【椭圆工具】属性栏参数设置

04 选择【文件】→【置入】命令，在“广告”组中置入“341A1403.jpg”素材，按“Enter”键确认置入。在按“Alt”键的同时将鼠标指针移到“341A1403.jpg”素材和刚才创建的正圆图层之间，当指针形状发生变化时单击创建剪贴蒙版，效果如图12.4.9所示。

05 选中“341A1403.jpg”素材所在图层，按“Ctrl+T”组合键，修改图片的大小并移动到合适的位置，效果如图12.4.10所示。

图12.4.8 创建正圆

图12.4.9 置入素材（一）

图12.4.10 移动素材位置

06 打开“彩带.png”和“棉花抠图.psd”素材文件，将彩带和棉花移动到宝贝详情文件中，并调整大小和位置，效果如图12.4.11所示。

07 选择【钢笔工具】，沿着彩带的走向绘制一条曲线路径，选择【横排文字工具】，设置字体为华康娃娃体，字的颜色为白色，大小为30点，在曲线路径上添加“纯棉毛巾儿童袜”的文字，效果如图12.4.12所示。

08 新建一个图层，选择【横排文字工具】，设置字体为思源黑体，字的颜色为#fe349a，大小为45点，行距为50点。加入文字“加厚/亲肤 透气/抑菌”，效果如图12.4.13所示。

图 12.4.11 加入彩带和棉花素材

图 12.4.12 加入产品名称

图 12.4.13 加入产品特性

09 选择【文件】→【置入】命令，在“广告”组中置入“341A1570.psd”素材，按“Enter”键后调整位置如图 12.4.14 所示。

10 选中“341A1570”图层，单击【图层】面板中的【创建图层蒙版】按钮为“341A1570”图层添加图层蒙版，如图 12.4.15 所示。选择【画笔工具】，设置画笔笔尖大小为 82 像素，硬度为 0%，将前景色设置为黑色，在袜子的脚掌部分涂抹，做出云彩盖住脚掌一部分的朦胧效果，效果如图 12.4.16 所示。

图 12.4.14 置入素材（二）

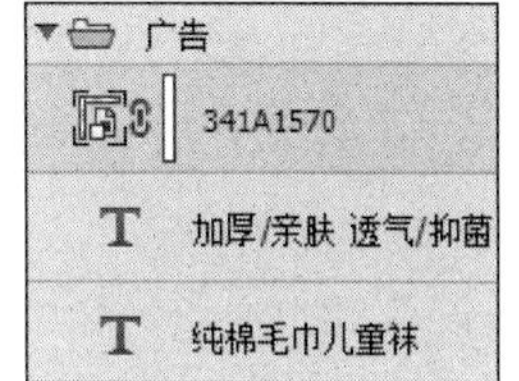

图 12.4.15 创建图层蒙版

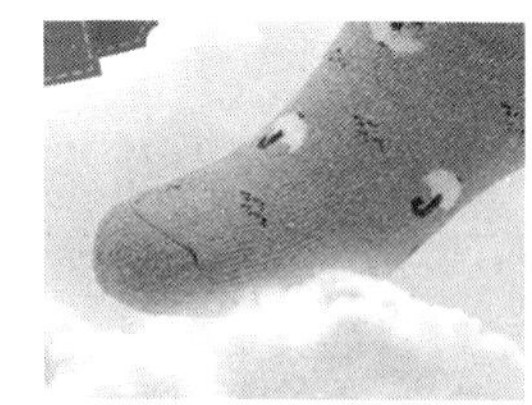

图 12.4.16 画图涂抹后的效果

11 新建一个图层，命名为“橙色波浪”，选择【矩形工具】，在广告图下方绘制一个颜色为#ff530d 的橙色矩形，设置其属性为像素，正常模式，效果如图 12.4.17 所示。选择橙色矩形所在图层，选择【滤镜】→【扭曲】→【波浪】命令，在弹出的【波浪】对话框中设置参数，如图 12.4.18 所示，效果如图 12.4.19 所示。

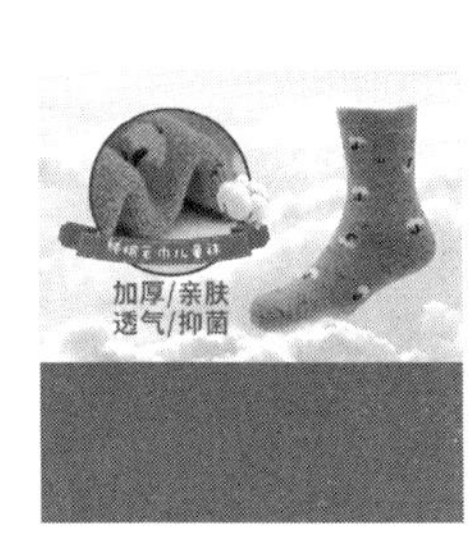

图 12.4.17 绘制橙色矩形

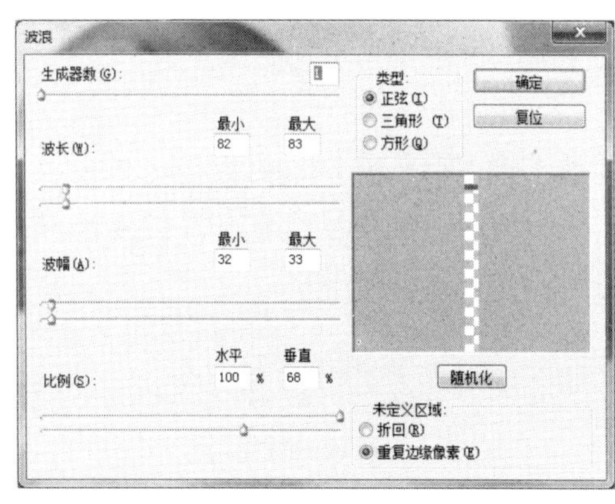

图 12.4.18 【波浪】对话框的参数设置（一）

图 12.4.19 执行【波浪】滤镜后的效果

12 将“橙色波浪”复制两次，按照从下往上的顺序分别命名为“蓝色波浪”和“白色波浪”图层，在按“Ctrl”键的同时，单击“蓝色波浪”图层，将选区填充为#06b8c2 颜色。以同样的操作方式将“白色波浪”图层上的波浪形状填充为白色。移动“蓝色波浪”和“白色波浪”，使其错开，效果如图 12.4.20 所示。复制“蓝色波浪”图层，横向移动使其效果如图 12.4.21 所示。

13 合并图 12.4.22 所示的 4 个图层，并将合并后的图层命名为“彩色波浪”，选中下方多余图案，填充为白色。至此“广告图”模块制作完成，效果如图 12.4.23 所示。

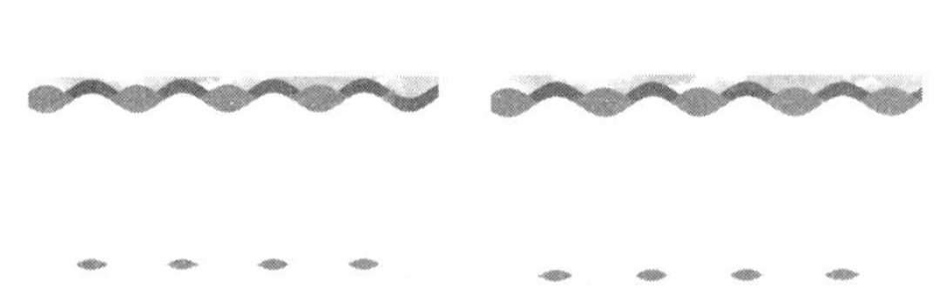

图 12.4.20 复制波浪形状叠加后的效果

图 12.4.21 补上短的蓝色波浪部分

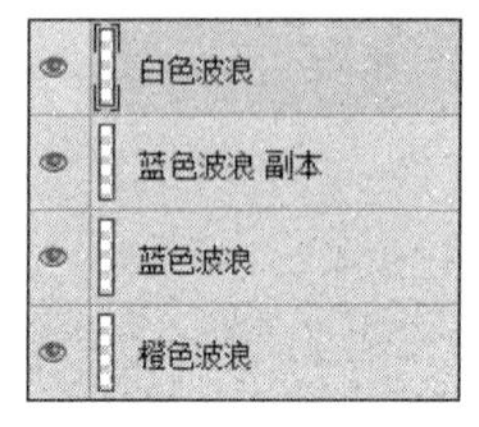

图 12.4.22 【图层】面板

图 12.4.23 “广告图”模块最终效果

小贴示

淘宝网对宝贝详情页的尺寸规定为宽度 750 像素，高度不限。因为商品详情页在网络上使用不需印刷，所以分辨率为 72 像素/英寸即可。

扫码学习

制作“卖点”模块

2. 制作“卖点”模块

01 新建“卖点”组，在“卖点”组中新建一个文字图层，输入“纯棉毛巾儿童袜”字样，字体为方正准圆简体，颜色为#fe349a，大小为 55 点。

02 在“卖点”组中新建“线条”图层，在图层上绘制一条颜色为#898989、粗细为 1 像素的直线。复制“线条”图层并垂直下移，效果如图 12.4.24 所示。

03 选择【自定义形状工具】，使用形状符号，前景色设置为#ff530d，绘制效果如图 12.4.25 所示。

04 选择【横排文字工具】，输入“有弹性”“加厚保暖”“不易变形”字样，字体为思源黑体，颜色为#5c5c5c，大小为 18 点，效果如图 12.4.26 所示。

纯棉毛巾儿童袜

图 12.4.24 加入文字和线条后的效果

图 12.4.25 加入自定义形状后的效果

有弹性 加厚保暖 不易变形

图 12.4.26 加入“卖点”文字后的效果

05 打开素材文件“341A1578.psd”，将文件中的袜子图像用【移动工具】移动到详情页文件中，在【图层】面板选择该图层后右击，在弹出的快捷菜单中选择【转换为智能对象】命令，按“Ctrl+T”组合键后按住“Shift”键将袜子图像缩放至合适大小，效果如图 12.4.27 所示。

小 贴 示

智能对象的特点之一就是保障图像质量。普通模式下，栅格化的图像或位图在做变形处理的过程中容易受到破坏，最终出现图像模糊的结果。但若将图层事先转化为智能对象，则即便进行变形处理，最终图像的质量也与原始图像一致。不过，需要说明的一点是，在将图像放大至比原始图像尺寸还大时，智能对象依旧会模糊，但是这种像素化和质量损失的程度比普通模式处理下要小很多，所以在设计宝贝详情页时经常将产品图作为智能对象置入。

06 为了增加袜子的真实感，需要给袜子增加投影效果。在袜子图层下方新建投影层，用【钢笔工具】沿着脚掌位置绘制图 12.4.28 所示形状的路径，将路径转换为选区后羽化 5 像素，用【渐变工具】做径向填充，颜色为#454545—透明，最后将投影图层的【不透明度】修改为 80%，效果如图 12.4.29 所示。

07 在“卖点”组中新建“透气吸汗”组，在“透气吸汗”组中新建图层“虚线圆圈”图层，选择【椭圆工具】，描边颜色为#fe349a，其他属性设置如图 12.4.30 所示，在该图层上绘制一个直径为 130 像素带虚线描边效果的正圆。

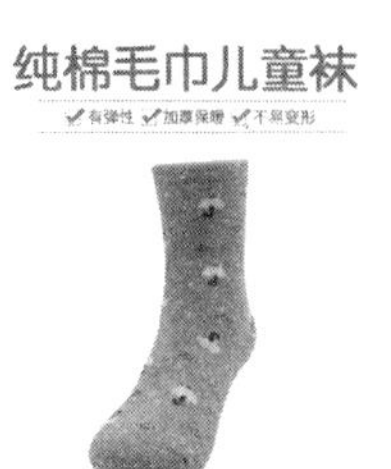

图 12.4.27 加入素材“341A1578”后的效果

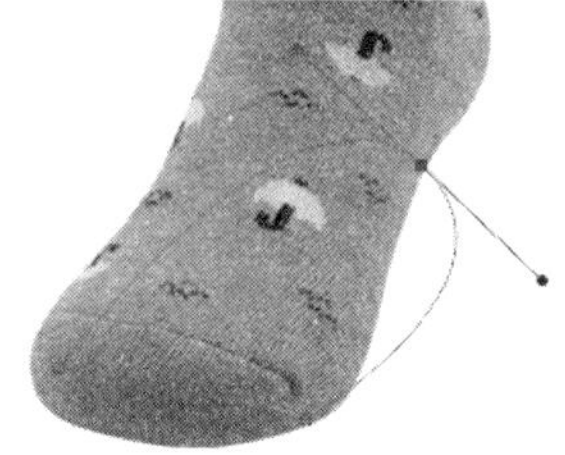

图 12.4.28 绘制投影路径

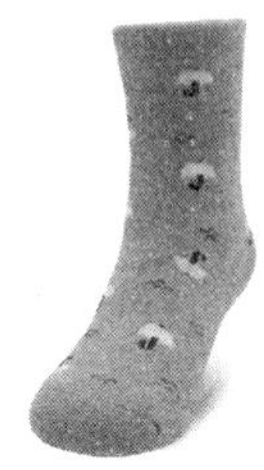

图 12.4.29 加入投影后的效果

12.4.30 【椭圆工具】的属性栏设置

08 复制“虚线圆圈”图层，按“Ctrl+T”组合键，在按“Alt+Shift”组合键的同时原地缩小图像，再次选择【椭圆工具】，填充颜色#fe349a，其他属性设置如图 12.4.31 所示，效果如图 12.4.32 所示。

09 置入“透气材质.jpg”素材，在按“Alt”键的同时将鼠标指针移到“透气材质”和“虚线圆圈 副本”图层之间，当鼠标指针形状发生变化时单击创建剪贴蒙版，效果如图 12.4.33 所示。

10 新建一个图层，在图层上绘制一个颜色为#ff530d 的正圆，输入数字“1”，字体为 Aller Light Italic，颜色为白色，大小为 30 点。新建一个图层，输入文字“透气吸汗”，字体为思源黑体，颜色为#797874，大小为 20 点。输入文字“BREATHABLE”，字体为思源黑体，颜色为#797874，大小为 12 点，效果如图 12.4.34 所示。

11 复制 4 次“透气吸汗”组，调整各组的位置如图 12.4.35 所示，并替换各组图片和文字，最终效果如图 12.4.36 所示。

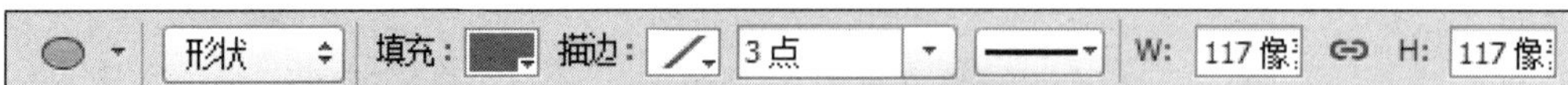

12.4.31 缩小椭圆的属性设置

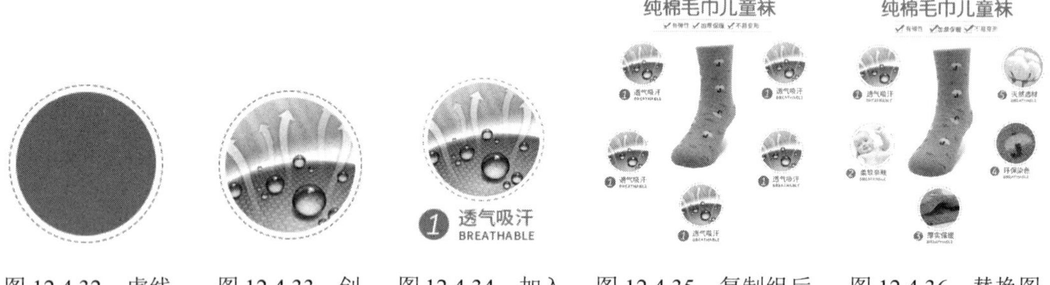

图 12.4.32 虚线圆与实心圆　图 12.4.33 创建剪贴蒙版　图 12.4.34 加入文字　图 12.4.35 复制组后的效果　图 12.4.36 替换图片和文字后的效果

3. 制作“妈妈必看”模块

01 新建“妈妈必看”组，在该组中新建一个“橙色背景”图层，使用【矩形工具】绘制一个宽 750 像素，高约 650 像素，颜色为#ff530d 的矩形像素块。选择该层，选择【滤镜】→【扭曲】→【波浪】命令，在弹出的【波浪】对话框中，参数设置如图 12.4.37 所示，效果如图 12.4.38 所示。

02 新建“蓝色标签”图层，绘制一个颜色为#06b8c2 的圆角矩形，效果如图 12.4.39 所示。在按“Alt”键的同时将鼠标指针移到“橙色背景”和“蓝色标签”图层之间，当指针形状发生变化时单击创建剪贴蒙版，效果如图 12.4.40 所示。

扫码学习

制作“妈妈必看”模块

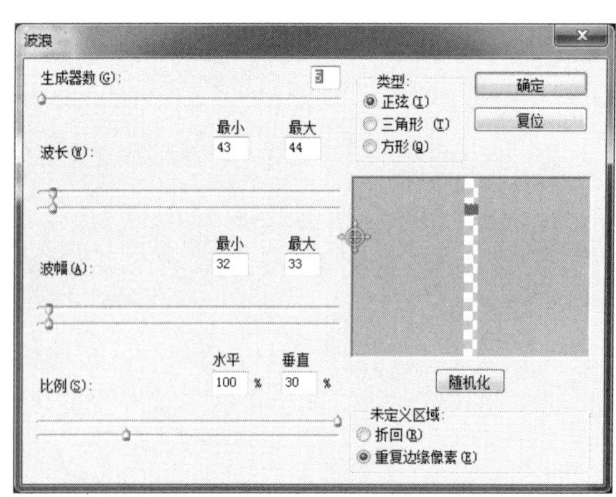

图 12.4.37 【波浪】对话框的参数设置（二）

图 12.4.38 【波浪】滤镜后的效果

图 12.4.39 绘制蓝色圆角矩形

图 12.4.40 创建剪贴蒙版

03 使用【矩形工具】，创建一个颜色为#fefce7 的形状矩形，效果如图 12.4.41 所示。按“Ctrl”键的同时单击“蓝色标签”图层载入选区，选择形状矩形所在的图层，单击【图层】面板的【添加蒙版】按钮创建蒙版，效果如图 12.4.42 所示。输入“妈妈必看”文字，字体为方正准圆简体，颜色为白色，大小为 70 点。输入“烯宝宝童袜”文字，字体为方正准圆简体，颜色为#ff530d，大小为 30 点，效果如图 12.4.43 所示。

04 使用【矩形工具】，创建一个颜色为#fefce7 的形状矩形，将其复制两次，并调整位置，如图 12.4.44 所示。新建一个“波浪线”图层，绘制一根颜色为#fefce7、3 像素粗细的竖线，如图 12.4.45 所示。选中“波浪线”图层，选择【滤镜】→【扭曲】→【波浪】命令，在弹出的【波浪】对话框中，参数设置如图 12.4.46 所示，效果如图 12.4.47 所示。

图 12.4.41 创建矩形形状

图 12.4.42 添加图层蒙版

图 12.4.43 添加文字

图 12.4.44 创建 3 个矩形形状

图 12.4.45 绘制竖线

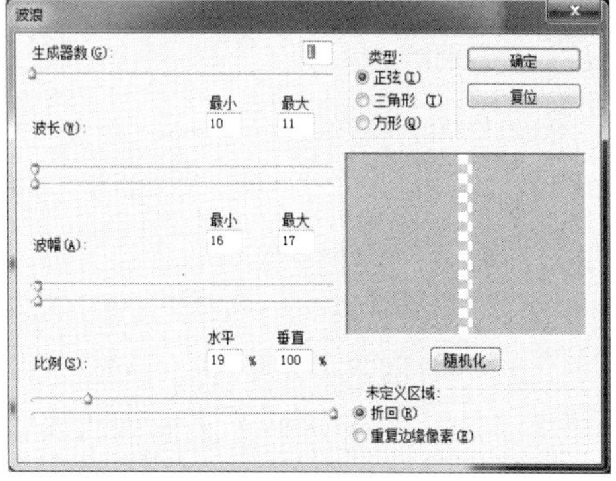

图 12.4.46 【波浪】对话框的参数设置（三）

图 12.4.47 【波浪】滤镜后的效果

05 选择【横排文字工具】，输入“MOMMY DO YOU KNOW？”，字体为 Comic Sans MS，加粗，颜色为白色，大小为 30 点。为该文字图层添加【投影】图层样式，参数设置如

图 12.4.48 所示。然后添加其他文字，完成后的效果如图 12.4.49 所示。

图 12.4.48 【投影】图层样式参数设置

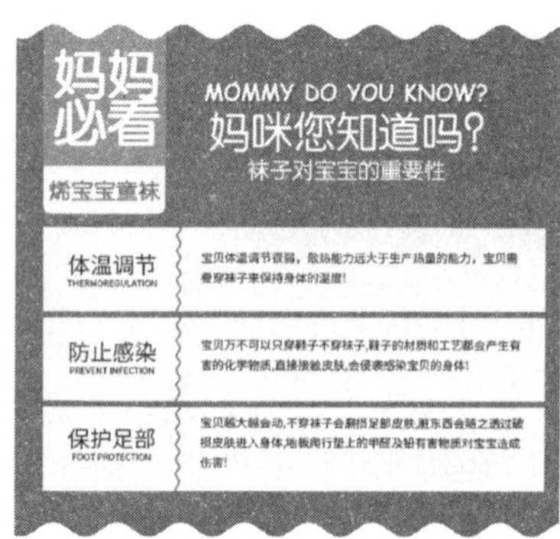

图 12.4.49 加入文字后的“妈妈必看”模块效果

4. 制作“优质选材”模块

01 “优质选材”模块与“妈妈必看”模块有很多相似的元素，因此直接复制“妈妈必看”组并更名为“优质选材”组，在【图层】面板中调整组的排列顺序使“优质选材”组位于“妈妈必看”组的下方。在画布中垂直下移“优质选材”组。

02 将复制过来的组中不需要的元素删除，调整留下来的文字和矩形的颜色，效果如图 12.4.50 所示，【图层】面板剩余图层如图 12.4.51 所示。

扫码学习

制作“优质选材”模块

图 12.4.50 “优质选材”模块

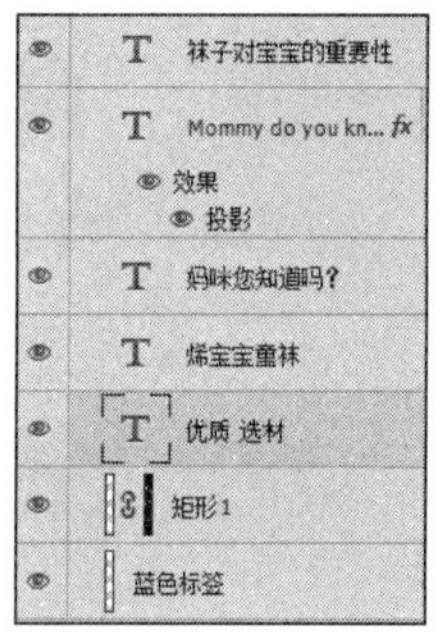

图 12.4.51 “优质选材”组的【图层】面板

03 使用【矩形工具】，绘制一个颜色为#06b8c2 的矩形，置入“棉花材质.png”素材。在按“Alt”键的同时将鼠标指针移到“棉花材质”和蓝色矩形所在层之间，当指针形状发生变化时单击创建剪贴蒙版，调整棉花素材的大小和位置，效果如图 12.4.52 所示。添加对应文字后的效果如图 12.4.53 所示。

扫码学习

制作“细节说明”模块

5. 制作“细节说明”模块

01 “细节说明”模块与“妈妈必看”模块也有很多相似的元素，因此也直接复制“妈妈必看”组并更名为“细节说明”组，将复制过来的组中不需要的元素删除，效果如图 12.4.54 所示。

02 选择“细节说明”组的“橙色背景”图层，在该图层上绘制宽

750 像素的矩形将下方波浪盖住并加长该模块背景，效果如图 12.4.55 所示。为该图层添加【颜色叠加】的图层样式，叠加颜色为#06b8c2，添加图层样式后选择该图层右击，在弹出的快捷菜单中选择【栅格化图层样式】命令。选择原“蓝色标签”图层，为该图层添加【颜色叠加】的图层样式，叠加颜色为#ff530d，效果如图 12.4.56 所示。

图 12.4.52　创建剪贴蒙版后的效果

图 12.4.53　加入文字后的“优质选材”模块

图 12.4.54　“细节说明”组

图 12.4.55　盖住下方波浪

图 12.4.56　颜色叠加后的效果

03 新建“虚线正圆”图层，选择【椭圆工具】，在该图层上绘制一个直径为 571 像素、白色、虚线描边、无填充效果的正圆，属性设置如图 12.4.57 所示，效果如图 12.4.58 所示。

图 12.4.57　虚线正圆属性设置

04 置入“341A1570.psd”素材，置入后选择该素材图层，按“Ctrl+T”组合键，然后按“Shift”键把高和宽同比例缩放至合适大小，调整位置后的效果如图 12.4.59 所示。

05 为“虚线正圆”图层添加图层蒙版，在蒙版上用黑色画笔在虚线圆圈的右下角涂抹，隐去脚掌以下的虚线，效果如图 12.4.60 所示。

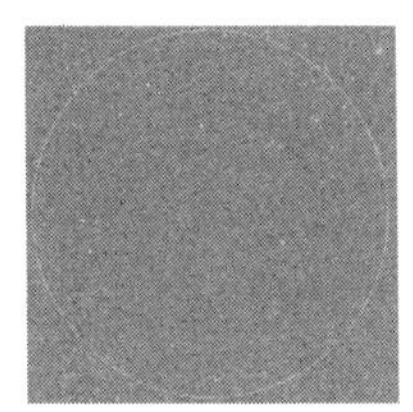

图 12.4.58　白色虚线正圆效果

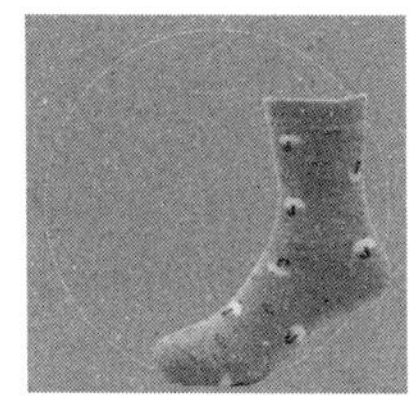

图 12.4.59　置入素材后缩放调整

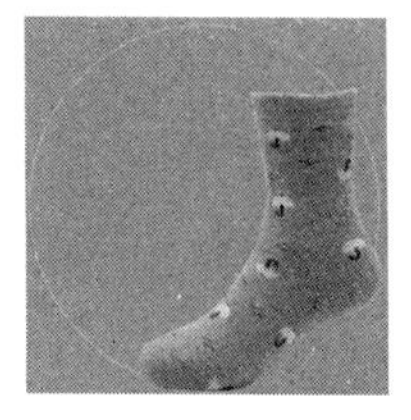

图 12.4.60　除去部分虚线

06 为了增加袜子的真实感，需要给袜子增加投影效果。在袜子图层下方新建“投影”图层，使用【钢笔工具】沿着脚掌位置绘制图 12.4.61 所示形状的路径，将路径转换为选区后羽化 5 像素，使用【渐变工具】做径向填充，颜色为#050000—透明，最后将“投影”图层的【不透明度】修改为 80%，效果如图 12.4.62 所示。

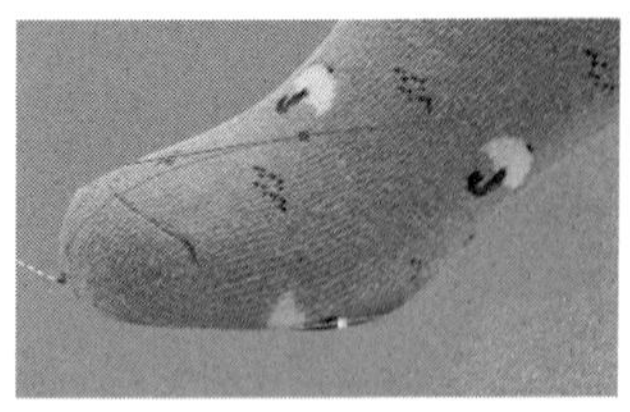

图 12.4.61　绘制投影路径

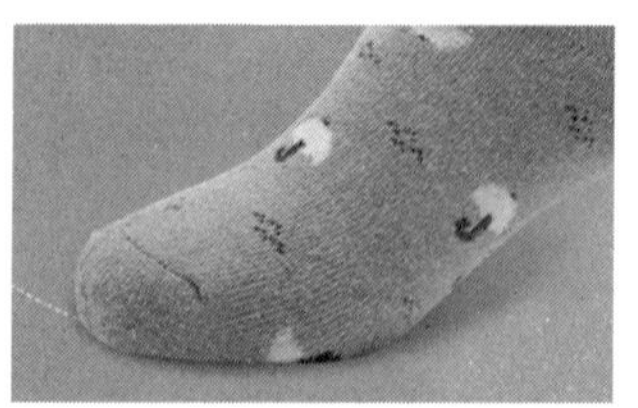

图 12.4.62　填充投影并修改不透明度后效果

07 在“细节说明”组中新建“袜口细节”组，在“袜口细节”组中新建“圆形图片”图层，选择【椭圆工具】，在该图层上绘制一个直径为 165 像素的正圆，属性栏的设置如图 12.4.63 所示，效果如图 12.4.64 所示。

08 置入“341A1573.jpg”素材，在按“Alt”键的同时将鼠标指针移到“341A1573”和“圆形图片”图层之间，当指针形状发生变化时单击创建剪贴蒙版，按比例放大素材并移动位置，效果如图 12.4.65 所示。

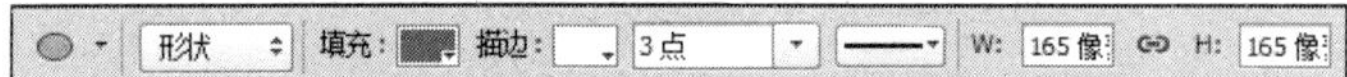

图 12.4.63　【椭圆工具】属性栏设置

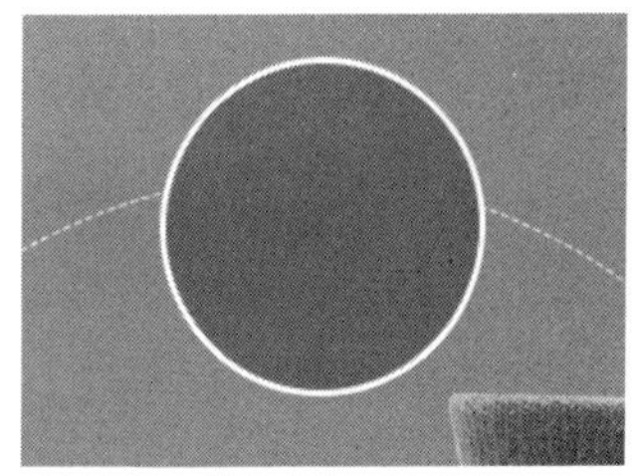

图 12.4.64　橙色正圆效果

图 12.4.65　置入素材并按比例放大后的效果

09 选择【横排文字工具】，输入“舒适弹性袜口”字样，字体为方正准圆简体，颜色为白色，大小为 24 点。选择【横排文字工具】，输入“弹性舒张 松紧有度 不勒脚 更体贴”字样，字体为方正兰亭超细黑简体，颜色为白色，大小为 18 点。效果如图 12.4.66 所示。

10 复制 3 个“袜口细节”组，分别更名为“可爱图案”“丫跟 3D 立体设计”“足尖对目”组，此时的【图层】面板如图 12.4.67 所示。调整位置后替换相应文字和图片，效果如图 12.4.68 所示。

11 将“广告”组中的“彩色波浪”图层复制到“细节说明”组，调整位置如图 12.4.69 所示。选择【魔棒工具】，选中彩色波浪上的蓝色部分，效果如图 12.4.70 所示，选择【选择】→【修改】→【扩展】命令，扩展选区 1 像素，将选区填充为亮蓝色，颜色为#00f1ff，填充后效果如图 12.4.71 所示。

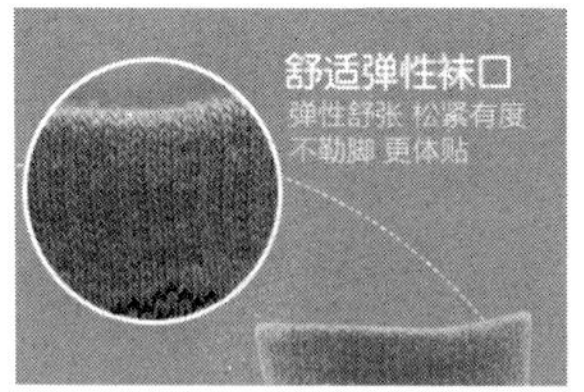

图 12.4.66 添加文字后的“袜口细节”效果

图 12.4.67 复制“袜口细节”组后的【图层】面板

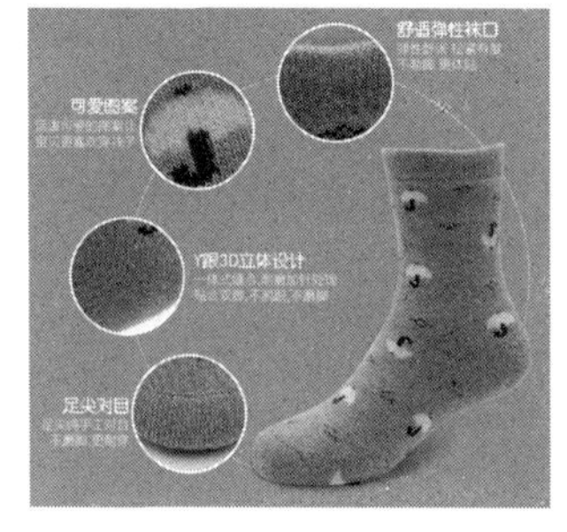

图 12.4.68 替换素材和文字

图 12.4.69 复制“广告”组中的彩色波浪

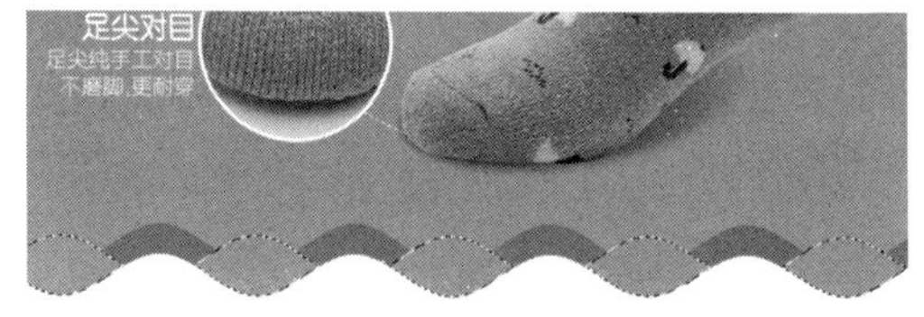

图 12.4.70 使用【魔棒工具】选择波浪的蓝色部分

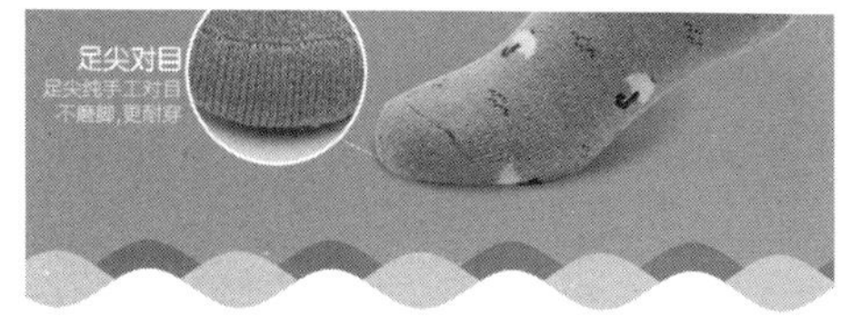

图 12.4.71 填充为亮蓝色后的效果

6. 制作“产品信息”模块

扫码学习

制作“产品信息”模块

01 新建“产品信息”组，在该组中新建图层，选择【横排文字工具】，输入“烯宝宝童袜”，字体为方正准圆简体，加粗，颜色为#fe349a，大小为 39 点。新建图层，选择【横排文字工具】，输入“Rare baby child socks”，字体为方正准圆简体，加粗，颜色为#fe349a，大小为 12 点。

02 置入“彩带素材.ai”素材，置入后选择该素材图层，按“Ctrl+T”

组合键后右击，在弹出的快捷菜单中选择【垂直翻转】命令，调整位置后使用【钢笔工具】，沿着彩带的走向绘制一条曲线路径，选择【横排文字工具】，设置字体为方正准圆简体，颜色为白色，大小为 24 点，字间距为 1000 点，在曲线路径上添加“产品信息”的文字，效果如图 12.4.72 所示。

03 在“产品信息”组中新建一个图层，使用【矩形工具】，在该图层上绘制一个宽 359 像素、高 488 像素、无描边、蓝色填充的矩形形状。置入“341A1391.jpg”素材，在按“Alt”键的同时将鼠标指针移到“341A1391”和“矩形”图层之间，当指针形状发生变化时单击创建剪贴蒙版，调整素材位置后效果如图 12.4.73 所示。

图 12.4.72 “产品信息”组标题部分

图 12.4.73 置入素材“341A1391.jpg”后的效果

04 在“产品信息”组中新建“品名”组，在“品名”组中新建一个图层命名为“线条”，选择【画笔工具】，画笔的【画笔笔尖形状】和【形状动态】选项卡设置如图 12.4.74 所示，绘制一条颜色为#99ca40 的曲线，效果如图 12.4.75 所示。

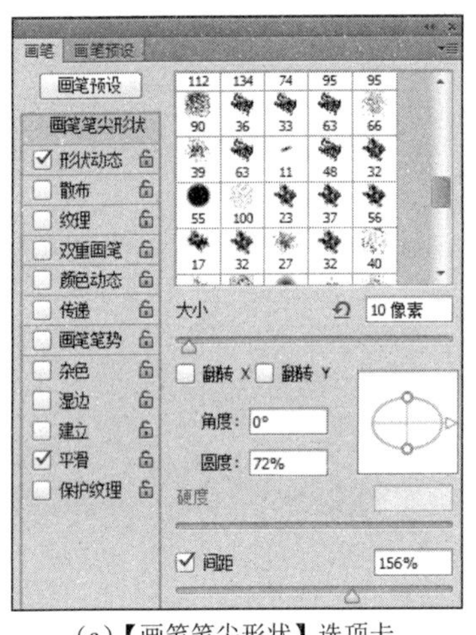

(a)【画笔笔尖形状】选项卡

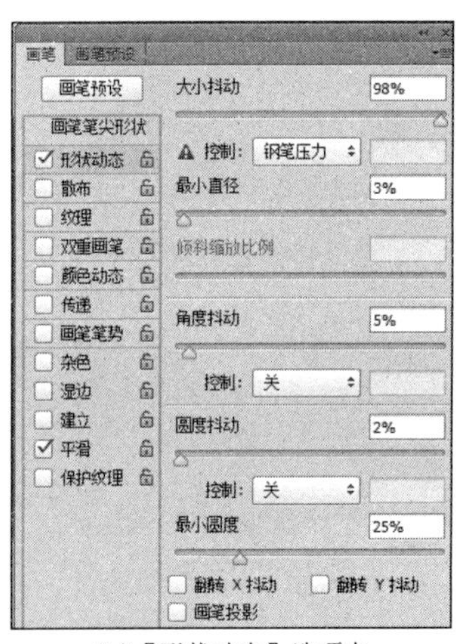

(b)【形状动态】选项卡

图 12.4.74 【画笔笔尖形状】和【形状动态】选项卡设置

图 12.4.75 绘制一条曲线

05 置入“小树.ai”素材，调整小树的大小和位置。选择【横排文字工具】，输入文字“产品品名：加厚保暖毛圈童袜”，字体为华康娃娃体，字的颜色为#fe349a，大小为 25 点，字间距为-50 点，效果如图 12.4.76 所示。

06 复制“品名”组，替换文字和图像，最后置入“木马”和“气球”素材，至此，“产品信息”模块制作完成，效果如图 12.4.77 所示。

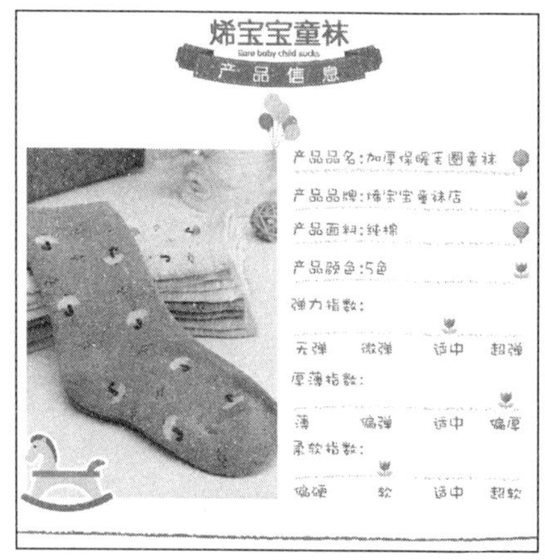

图 12.4.76 添加文字和小树素材后的效果

图 12.4.77 “产品信息”模块最后效果图

7. 制作“产品展示”模块

01 新建“产品展示”组，复制“产品信息”组的标题部分，修改文字如图 12.4.78 所示。

图 12.4.78 “产品展示”模块标题

扫码学习

制作“产品展示”模块

02 在“产品展示”组中新建“小雨伞款”组，在“小雨伞款”组中新建“虚线圆圈”图层，选择【椭圆工具】，其属性栏设置如图 12.4.79 所示。在该图层中绘制一个描边颜色为#ff530d、直径为 233 像素的虚线边框圆，效果如图 12.4.80 所示。复制“虚线圆圈”图层并命名为“实心圆”，按“Ctrl+T”组合键后，同时按下“Shift”键和“Alt”键原地缩放，然后将该圆形形状填充颜色改为#ff530d，效果如图 12.4.81 所示。

03 置入“小雨伞款.jpg”素材，在按“Alt”键的同时将鼠标指针移到“小雨伞款”和“实心圆”图层之间，当指针形状发生变化时单击创建剪贴蒙版，调整素材位置，输入文字“小雨伞款”，文字大小为 24 点，字体为方正准圆简体，颜色为#fe349a，效果如图 12.4.82 所示。

图 12.4.79 【椭圆工具】属性栏设置

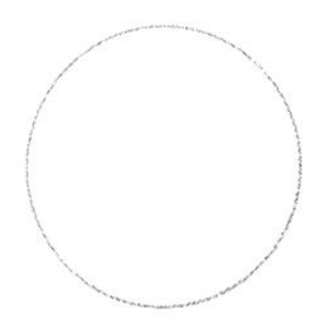

图 12.4.80　虚线圆圈效果

图 12.4.81　加入橙色实心圆

图 12.4.82　置入产品素材

04 复制“小雨伞款”组，替换文字和图片后置入“矢量小图.png”素材，效果如图 12.4.83 所示。

8. 制作“细节展示”模块

01 新建“细节展示”组，复制“产品信息”组的标题部分，修改文字如图 12.4.84 所示。

图 12.4.83　“产品展示”模块最后效果

扫码学习

制作“细节展示”模块

图 12.4.84　“细节展示”模块标题

02 在“细节展示”组中新建“弹性袜口”组，在“弹性袜口”组中新建“矩形”图层，选择【矩形工具】，其属性栏设置如图 12.4.85 所示。在该图层中绘制一个矩形形状，描边颜色为#ffa27d，填充颜色为白色。

图 12.4.85　【矩形工具】属性栏设置

03 置入“341A1573.jpg”素材，在按“Alt”键的同时将鼠标指针移到“341A1573”和“矩形”图层之间，当指针形状发生变化时单击创建剪贴蒙版，调整素材位置，效果如图 12.4.86 所示。

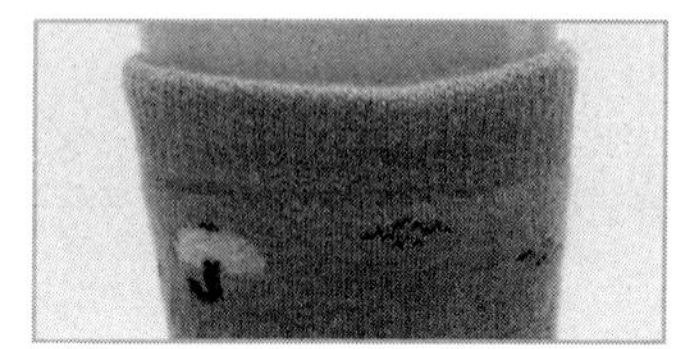

图 12.4.86　置入“341A1573.jpg”素材并调整位置后的效果

04 新建“三角形”图层，选择【多边形工具】，其属性栏设置如图 12.4.87 所示。在该图层中绘制一个三角形，填充颜色为#ff530d。新建“文字”图层，输入文字“1”，字体为 Aller Light，大小为 25 点，颜色为白色。

形状 填充： 描边： 3点 W: 45 像素 H: 38 像素

图 12.4.87 【多边形工具】属性栏设置

05 新建“虚线矩形”图层，选择【矩形工具】，其属性栏设置如图 12.4.88 所示。在该图层绘制一个虚线矩形框，描边颜色为#ff530d。

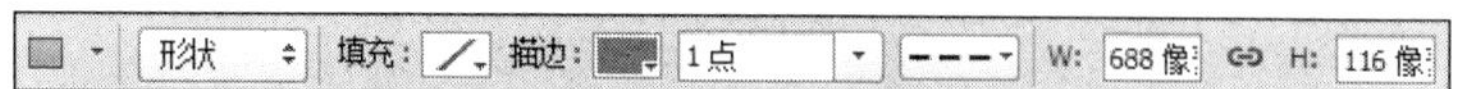

图 12.4.88 【矩形工具】属性栏设置

06 输入“舒适弹性袜口”文字标题，字体为方正准圆简体，大小为 30 点，颜色为黑色。输入其他文字，字体为方正兰亭超细黑简体，大小为 22 点，颜色黑色，效果如图 12.4.89 所示。

07 复制“弹性袜口”组，更名为“保暖内里”组，选择“保暖内里”组，选择【移动工具】，在按“Shift”键的同时将该组垂直下移。然后将其中的文字和图片替换，替换后效果如图 12.4.90 所示。

1
舒适弹性袜口
精致双线脚缝制工艺，保证袜子的宽松度及拉伸耐久度。

图 12.4.89 加入文字后的效果

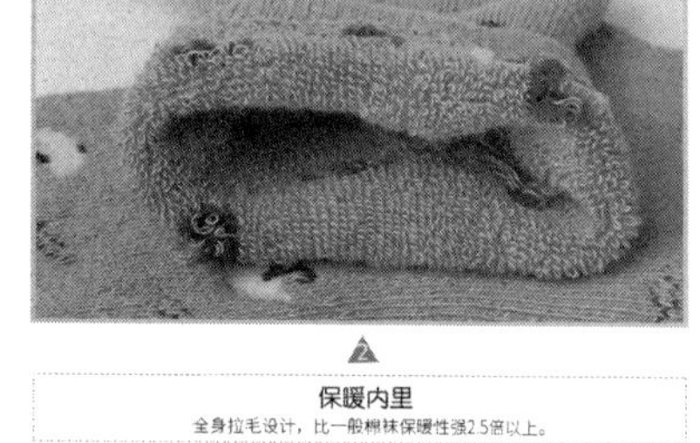

图 12.4.90 “保暖内里”组效果

08 以同样的方式，制作“袜根”“图案”“袜头”“面料”组，效果如图 12.4.91～图 12.4.94 所示。

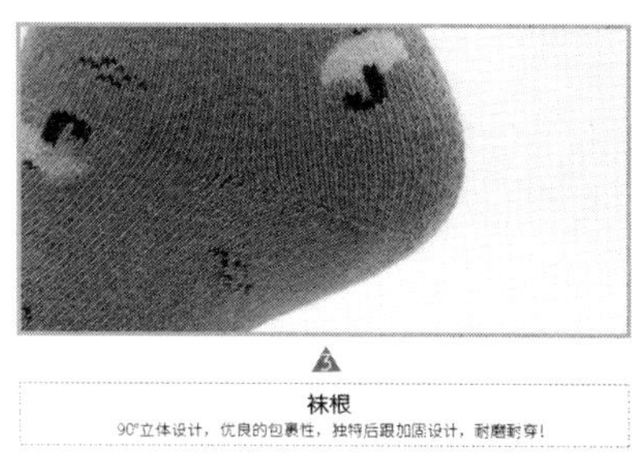

图 12.4.91 “袜根”组效果

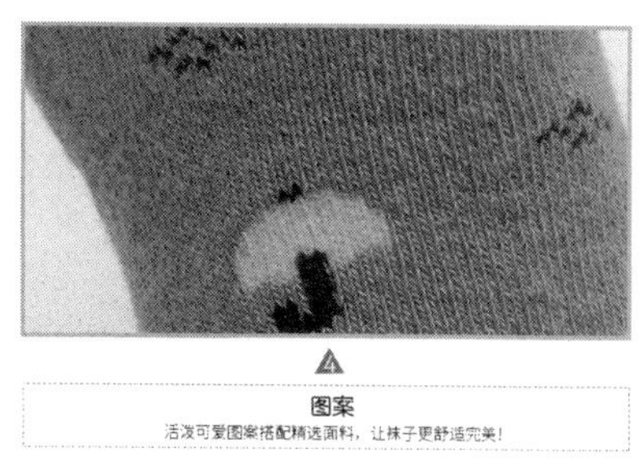

图 12.4.92 “图案”组效果

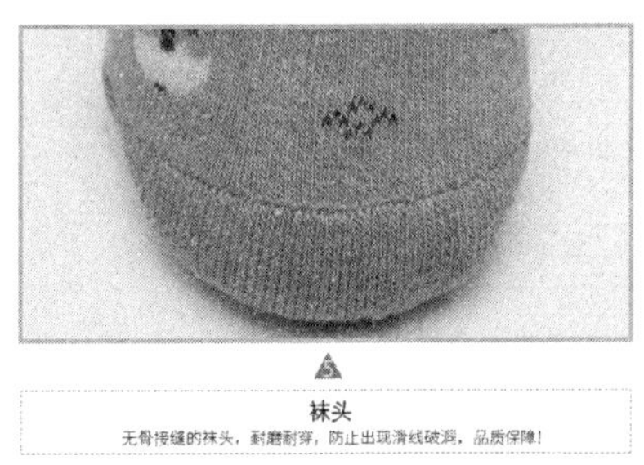

图 12.4.93 “袜头”组效果

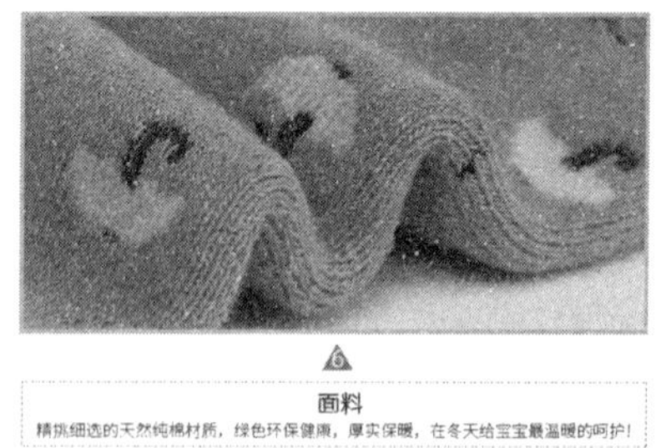

图 12.4.94 “面料”组效果

至此，童袜的详情页制作完毕，最终效果如图 12.4.1 所示。

项 目 小 结

本项目通过 4 个任务的实际操作，介绍了 Photoshop 的综合应用，包括创意广告的制作、平面海报的制作、公司网站首页的制作，以及淘宝网中宝贝详情页的设计与制作，有助于提高学生综合应用 Photoshop 软件的能力。

实 践 探 索

操作题

根据给定的习题素材，设计制作手机创意广告。

参 考 文 献

黄水生、滕浩群，2022．Photoshop CS6 核心应用案例教程[M]，广州：华南理工大学出版社．

李金明，李金荣，2012．中文版 Photoshop CS6 完全自学教程[M]．北京：人民邮电出版社．

刘斯，2014．Photoshop CS5 经典案例与项目实训[M]．北京：科学出版社．

锐艺视觉，2014．中文版 Photoshop CS6 平面广告设计实战宝典 505 个必备秘技[M]．北京：人民邮电出版社．

唯美映像，2015．Photoshop CS6 平面设计自学视频教程[M]．北京：清华大学出版社．

张绍博等，2013．Photoshop CS6 数码照片处理高手速成[M]．北京：电子工业出版社．